"他者"的伦理境遇：
古代人我之辩传统的当代发掘

苏　程　孙嘉阳　张应杭　著

ZHEJIANG UNIVERSITY PRESS
浙江大学出版社
·杭州·

图书在版编目（CIP）数据

"他者"的伦理境遇：古代人我之辩传统的当代发掘 / 苏程，孙嘉阳，张应杭著. -- 杭州：浙江大学出版社，2025.5. -- ISBN 978-7-308-26262-0

Ⅰ. B82-092

中国国家版本馆 CIP 数据核字第 2025YS1439 号

"他者"的伦理境遇：古代人我之辩传统的当代发掘

苏　程　孙嘉阳　张应杭　著

责任编辑	黄伊宁
责任校对	梁　兵
封面设计	黄伊宁
出版发行	浙江大学出版社
	（杭州市天目山路 148 号　邮政编码 310007）
	（网址：http://www.zjupress.com）
排　　版	杭州好友排版工作室
印　　刷	杭州钱江彩色印务有限公司
开　　本	710mm×1000mm　1/16
印　　张	23.25
字　　数	417 千
版 印 次	2025 年 5 月第 1 版　2025 年 5 月第 1 次印刷
书　　号	ISBN 978-7-308-26262-0
定　　价	88.00 元

　　本书作为浙江大学马克思主义理论和中国特色社会主义研究建设工程"中华优秀传统文化专项"课题——"古代人我合一之道对中国式现代化道路的当代启迪"的最终成果,受中央高校基本科研业务专项资金资助。

作为本书作者，我们要特别致谢香港理工大学酒店及旅游管理专业 2022、2023 级博士生，因为本书初稿作为内部讲义在课程中使用时，我们吸纳了他们非常多的建设性意见；我们也要致谢学界诸多的前辈时贤，因为在成书过程中大量参考了他们的相关研究成果，限于教材体例无法一一标注，在此谨致谢忱。

前　言

　　几年前，在一次回母校华东师范大学哲学系参加某论坛的时候，我有感而发谈过一个观点，曾引起师兄杨国荣教授的兴趣。他不仅鼓励我写成论文，还说愿意推荐给有关学术期刊。遗憾的是，我以"述而不作"为借口，终究辜负了杨师兄的美意。

　　我的这个观点是：既然我们今天讲马克思主义基本原理同中华优秀传统文化相结合，是开辟马克思主义中国化时代化新境界的重要途径，那就意味着经过批判性继承与创造性转换、创新性发展的中华优秀传统文化已然取得了意识形态的地位。这同时也就意味着，伴随着以中国式现代化实现中华民族伟大复兴进程的推进，现代中国一定会出现一道传统文化伟大复兴的文化风景线。对已有几千年积淀与传承的中华思想文化史而言，这将是一个五四新文化运动批判传统之后，形成新文化传统之后的再一次批判。这个批判的批判本质上是一个否定之否定，即新的肯定。这个对传统文化的新的肯定阶段发轫于构建文化自信的新时代，并将随着中国式现代化这一波澜壮阔伟业的展开而成为令世界瞩目，且成为蔚为壮观的一道中国文化景观。

　　正是置身于这一历史与现实交相辉映的文化复兴语境，我们以中华传统文化的一个具体论域——人我之辩为探究主题，试图通过梳理中华传统文化在其中积淀的传统，并将其与西方文化作比较研究，以中国式现代化进程中的"时代之问"为问题导向，从而梳理出值得激活、继承与创新的优秀成分，尤其着力开掘其中彰显中国叙事风格与凝结中国文化精髓的标志性范式，从而为中国式现代化的实践提供民族精神气质、价值共识与信仰支撑。

这构成我们全书义理研究与实践探寻的主旨。

为了更好地实现这一研究主旨，我和我的合作伙伴有意识地强化了如下两个向度的研究工作。

一是以"真"为视阈着力阐释清楚作为人我之辩中积淀的那些优秀传统理念背后的社会本体论依据。冯契先生曾说："中国传统哲学从一开始就面向'人道'，把伦理道德作为哲学思考的重点。"①中国古代人我之辩的论域尤其彰显这一特点。但是，以马克思主义基本原理的立场与方法而论，包括道德真理在内的真理一定是基于"真"的基础之上，才有"善"与"美"的魅力。丧失了"真"的本体论依据，注定会被视为"道德说教"或"道德绑架"而无法成为人们的价值共识与行动指引。强调对古代道德真理之"真"的理解是重要的，这就正如毛泽东在《实践论》中曾经说过的那样："只有理解了的东西才能更深刻地感觉它。"②同理，对西学东渐进入中国的相关西方文化理念的厘清与批判我们也持同样的求真方法论立场。

二是以"善"为视阈立足变换了时空条件的当下，着力阐释清楚古代人我之辩传统中那些具备"善"之属性，能够成为现代人"积善成德"（《荀子·劝学》）的优秀成分。孟子曾从最宽泛的意义上对"善"下过一个定义："可欲之谓善。"（《孟子·尽心下》）依据这一"可欲"与否的思考路径，我们在书中致力探究哪些传统理念因"不善"须决然予以去除，哪些则"善恶相杂"故可以批判性继承，哪些则是"善"念且具有穿越时空障碍的普适性，须予以激活与创新。这是探究人我之辩传统对中国式现代化之现代启迪的认知前提。

除了以上两个重点向度外，我们也还特意就中国古代人我之辩传统中那些具有全球性价值的内容做一些力所能及的开掘。这不仅是因为全球化已然是一个不可逆的世界潮流，更重要的还在于中国作为一个正在崛起的发展中国家，其国际影响力正在不断地提升。我们亟待与这一影响力相匹配的文化影响力。也就是说，通过对人我之辩传统中那些既是民族的，又是世界的，而且还对解决当今"世界之问"具有时代启迪的优秀成分予以现代激活与国际传播，显然也是构建文化自信、打造文化强国的题中应有之义。

重要的还在于，从西方现代化历程中暴露的所谓现代性困境来看，中国古代哲学在诸如人我之辩问题上彰显出的许多智慧，的确有匡正时弊之功。而

---

① 冯契：《中国传统伦理思想史》序，朱贻庭主编：《中国传统伦理思想史》，华东师范大学出版社1989年版，第2页。

② 《毛泽东选集》（第一卷），人民出版社1991年版，第286页。

这就为古老的中国哲学以创新的当代形态成为全球化语境下的世界哲学一部分提供了可能性。关于世界哲学马克思曾这样期待过："那时，哲学不仅在内部通过自己的内容，而且在外部通过自己的表现，同自己时代的现实世界接触并相互作用。那时，哲学不再是同其他各特定体系相对的特定体系，而变成面对世界的一般哲学，变成当代世界的哲学。"①中国哲学无疑迎来了这样的一个发展机遇。也许正是基于这一理由，冯友兰先生晚年曾如此断言："中国哲学将来要大放异彩！"②这是因为冯友兰先生不仅坚信以儒家为代表的传统哲学有着顽强的生命力，更确信它有着"阐旧邦以辅新命"的特质："盖并世列强，虽新而不古；希腊、罗马，有古无今。惟我国家，亘古亘今，亦新亦旧，斯所谓'周虽旧邦，其命维新'者也。"③与这一思想相映成趣的是西方哲人罗素的观点："若不借鉴一向被我们轻视的东方智慧，我们的文明就没有指望了。"④

　　这构成本书对古代人我之辩优秀传统探究的主要方法论。

　　在交代了本书的研究主旨与研究方法之后，有必要再对研究展开的学理逻辑及全书的体系编排做一简略的描述。黑格尔《小逻辑》里有句名言："哲学如果没有体系，就不能成为科学。"⑤一方面，就内容决定形式而论，这一说法的确有夸大逻辑体系之作用的弊端，事实上这也成为黑格尔严重低估孔子《论语》式的语录体哲学之深刻性的错误认识论根源。但另一方面，就形式反作用于内容而论，黑格尔的说法又是有道理的，有其片面的深刻性。逻辑体系的合理性，至少为叙事说理提供了条理性，并因这一条理性而容易被理解与接受。

　　本书探讨人我之辩的话题之所以选择"他者"为视阈，其逻辑依据有二：其一是就理论研究本身的逻辑而论，我们通过对这一论域前辈时贤累积的文献成果梳理后发现，已有的研究成果往往偏重于从"我"的视阈探讨问题。这一研究偏好不仅是传统哲学因循修身、齐家、治国、平天下的顺序，往往以"我"之修养为逻辑起点予以展开，即便是对马克思主义人学中论及的人我关系，学界也大多以"我"之本质乃"社会关系总和"⑥这一著名论断为学理的逻辑起点开

　　①　《马克思恩格斯全集》（第 1 卷），中共中央马克思恩格斯列宁斯大林著作编译局译，人民出版社 1995 年版，第 220 页。

　　②　宗璞：《旧事与新说：我的父亲冯友兰》，新星出版社 2010 年版，第 25 页。

　　③　冯友兰：《三松堂全集》（第十四卷），河南人民出版社 2001 年版，第 154 页。

　　④　罗素：《中国问题》，秦悦译，学林出版社 1996 年版，第 7 页。

　　⑤　黑格尔：《小逻辑》，贺麟译，商务印书馆于 1980 年版，第 56 页。

　　⑥　《马克思恩格斯选集》（第 1 卷），中共中央马克思恩格斯列宁斯大林著作编译局译，人民出版社 1974 年版，第 18 页。

始一系列相关问题的探究。为此,我们特意以"我"之对立面的"他者"为研究对象来展开人我之辩论域的叙事与说理。这一视阈的选择无论从老子"反者道之动"(《道德经》四十章)的观点,还是马克思唯物辩证法对立统一的立场来看都可以找到充足的理由。其二是就现实的生活逻辑而言,我们更是强烈感受到西学东渐中诸如存在主义"他人即是地狱"(萨特语)之类的离经叛道之说对现代中国社会的深刻影响,而且这个影响至今随处可见。2023 年某电视台讨论"熟悉的陌生人"现象引发的热议无疑就证明了这一点。正是有鉴于此,我们希望通过传统人我之辩中所赋予"他者"伦理境遇这一传统立场的回归与激活,既为改善现实生活中不尽如人意的人我关系贡献些许学理层面上的绵薄之力,也为中国式现代化进程中必然呼唤的中国精神、中国境界、中国信仰在人我之辩方面做一个具体论域方面的切实努力。

至于对"他者"伦理境遇本身的逻辑展开,大致是两个向度:第一个向度是基于"我"与世界的三重关系,即与他者(包括诸多他者集合而成的群体)、与自我、与自然界来展开论题的阐述。在书中依次表现为上篇的四章内容:第 1 章是人己之辩语境下的"他者"伦理境遇,这一视阈下的他者是一个个单个的"别人",故以人己关系来展开。第 2 章是群己之辩语境下的"他者"伦理境遇,这里论及的他者是形形色色的个人集合而成的"群",所有的叙事与说理都以群己关系为主线予以展开。第 3 章是身心之辩语境下的"他者"伦理境遇,在这一语境下人我之辩中的"我"由主体转换为客体,他者是"我"的实然形态——身(佛家①称"肉身",西学里习惯称"欲望之体"),故以身心关系予以展开论述。第 4 章是天人之辩语境下的"他者"伦理境遇,它所指向的他者是天地自然,这是颇显中国哲学特色的"他者"观,这种天人一元论的立场,张载有过形象的描述:"乾称父,坤称母,予兹藐焉,乃混然中处。故天地之塞,吾其体;天地之帅,吾其性。民吾同胞,物吾与也。"(《西铭》)

如果说上篇的这四章内容就人我之辩的叙事说理其向度是横向的话,那么下篇的 5 章内容则是对人我之辩之"他者"伦理境遇的纵向展开,依次是第 5 章善恶之辩视阈下的"他者"伦理境遇、第 6 章义利之辩视阈下的"他者"伦理境遇、第 7 章有无之辩视阈下的"他者"伦理境遇、第 8 章心物之辩视阈下的"他者"伦理境遇与第 9 章生死之辩视阈下的"他者"伦理境遇。下篇中呈现的

---

① 如果说佛教一词既可指中国佛教,也可指印度佛教乃至世界各地流行之佛教的话,那么"佛家"一词则通常用以指代中国佛教。这一称谓从诸子百家之"家"中转意而来,又借此表达佛教中国化过程中淡化宗教色彩,注重人生哲学的独特文化立场。

逻辑主要呈现为：人我之辩中"他者"从人之初性本善还是性本恶的追问与践行开始，经历诸如义与利的艰难抉择、有与无的坦然取舍、心与物何者更值得看重的纠结与决断，到生死之辩中完成了对死亡的超越，即生命终极意义的体悟，最终完成了人我之辩中"我"赋予"他者"伦理境遇的生命历程。

这就是全书叙事与说理的主要逻辑框架。

在交代了研究的主旨、研究方法与逻辑框架后，还有一个问题也值得特别地申明一下。这个问题就是，为何我们在本书中不使用"国学"而始终以"中华传统文化"这一范畴来叙事说理的缘由。众所周知，"国学"这一范畴源自近代西学东渐这一特定的历史境遇。在当下它再度成为热词时，其内涵与外延上大致与"中华传统文化"相当。故诸多学界同仁以"国学"一词叙事说理自然是无可非议。但基于谨慎的立场，我觉得与其用"国学"还不如用"中华传统文化"这一范畴更为合适。关于这一点钱穆先生曾于1931年出版的《国学概论》中很精当地阐明过其中的道理："学术本无国界。'国学'一名，前既无承，将来亦恐不立。特为一时代的名词。"①

在这篇"前言"里想表达的意思还有很多，不过写再多也有"言不尽意"（《周易·系辞上》）的感觉，于是还是赶紧收笔为好。希望如上文字能够为有兴趣的读者诸君在阅读本书时起到类似于向导的作用。

张应杭

2024年11月15日于浙江大学

---

① 钱穆：《国学概论》，商务印书馆1997年版，第1页。

目　录

上　篇

下　篇

引　论

　　我们在本书中对古代人我之辩传统进行梳理、探究与现代激活，将始终伴随着如下三个语境：一是中西之辩的语境，将着力于自近代肇始的西方个人主义、利己主义对中华文化影响的学理剖析与价值观厘清；二是古今之辩的语境，将致力于对优秀传统资源的古为今用、推陈出新；三是道术之辩的语境，将努力扬弃重术轻道的时弊，赋予中国式现代化以"大道之行也，天下为公"（《礼记·礼运》）的中国标识与中国气派。

——引言

　　中华民族伟大复兴的进程一定伴随着文化的复兴。但这个文化复兴不是复古主义者眼中的那种言必称先秦之类的文化复兴，而是立足中国式现代化的伟大实践，以马克思主义为指导对中华传统文化予以批判性继承与创造性转化、创新性发展的文化复兴。作为对中国之问、世界之问、人民之问、时代之问的重要理论回应与智慧应对，我们有理由期待它将成为21世纪世界文化景观中一道厚重而亮丽的中国风景线。正是基于这一现实语境，我们对传统文化中的一个具体论域——人我合一之道进行学理的梳理与现代性的发掘，以期为文化自信的构建提供一个具体的、带有中国叙事方式的、彰显中国标识与核心范式的学理尝试。

一、中西之辩语境下的人我之辩

近代中国知识界的中西之辩始于 1840 年爆发的鸦片战争。这场战争让近代中国无论是精英阶层，还是普罗大众无不领教了"船坚炮利，以悍济贪"（林则徐：《会奏穿鼻尖沙嘴迭次轰击夷船情形折》）之西方科技背后其文化的厉害。其中特别是甲午海战失败之后签订的马关条约对清政府官员及知识界人士影响尤大。众所周知，日本在明治维新之前是极度推崇古代中国的文明与文化的。他们的"遣隋使""遣唐使"制度即是明证。但随着西方工业革命的兴起，日本政府在明治维新中开始改弦易辙，在文化上甚至提出了"脱亚入欧"（福泽谕吉语）之类的全盘西化主张。正是在这个背景下，日本如西方列强那样在野蛮性地完成了资本的原始积累之后，便开始了其疯狂的对外殖民扩张。甲午海战一役，打败了北洋水师，日本海军终于逼迫清政府签订了丧权辱国的《马关条约》。

就这样，从中英鸦片战争到中日甲午海战，这期间无数次的战败迫使清政府与西方列强签订了数不清的诸如《马关条约》那样的屈辱条约，割让或租借了无数的土地，赔偿的白银几乎掏空了国库。在反思中国何以失败、何以面临亡国灭种之境这一时代之问的答案时，近代知识分子和具有维新意识的朝廷官员几乎不约而同地找到了传统文化方面的根源。于是，一方面是对传统文化的怀疑乃至否定，另一方面则是对西方文化的过度推崇，这两个极端倾向性的文化立场，便带有某种必然性地成了近代向现代转型中的中国文化景观中最无奈、最心酸、最让后世不愿目睹的一道风景线。

美国学者吉尔伯特·罗兹曼在其《中国的现代化》一书中曾提及这一点："到 20 世纪初叶，中国人已强烈地意识到现代化的重要性……借鉴外国的现代化文化成了知识分子尤其是归国学生的共识。"[①]重要的还在于，近代中国的这一段血与火写就，且充满着屈辱的历史作为一种惯性，正如吉尔伯特·罗兹曼断言的那样，一直延续到 20 世纪上半叶的中国。毛泽东曾以诗人的悲愤写下了"长夜难明赤县天，百年魔怪舞翩跹"（《浣溪沙·和柳亚子先生》）的诗

---

① 吉尔伯特·罗兹曼：《中国的现代化》，国家社会科学基金"比较现代化"课题组译，江苏人民出版社 2010 年版，第 443 页。

句来描述那个时代的中国。

　　幸运的是,以毛泽东为代表的中国共产党人不惜抛头颅、洒热血,终于带领中国人民推翻了帝国主义、封建主义、官僚资本主义这三座压在近现代中国人民头上的大山。但帝国主义并不甘心在中国的失败,自1949年新中国成立至今,西方帝国主义阵营或以武力威胁,或以经济制裁,或以文化渗透等诸多方式试图让中国再度沦为其殖民地或附庸国。尤其是借中国改革开放营造的西学东渐氛围,其在文化领域的形形色色渗透可谓不遗余力。正是在这样的历史背景下,一些诸如"现代化就是西方化""先殖民化再现代化"之类的极端主张也会赢得一些人的喝彩。

　　近现代中国置身这一历史语境下,对传统文化以批判乃至否定为基本话语样态的思潮便成为一道挥之不去、却之又来的文化景象。这正是中西之辩中,我们逐渐丧失了对传统文化自信的根本缘由。如果梳理一下中西之辩语境下的人我关系,那么我们便可以很明显地感受到西方个人主义、利己主义思潮的涌入对传统文化所产生的否定性影响。于是,在人我之辩语境下传统文化中推崇的诸如家国情怀、利他主义与自我牺牲的价值观遭遇到了前所未有的质疑与否定。在一些人那里,合理利己主义、精致利己主义、不违法的利己主义,甚至是极端的利己主义等便堂而皇之地成为其人生哲学的信条。

　　　人我之辩论域里反传统的一个典型的例子是:"人不为己,天诛地灭"这句源自《佛说十善业道经》的话被有意无意地误读。众所周知,这句话的真正含义是指人如果不注重自身的修养,就会为天地所不容。这句话的"为"字念作wéi,作修为解。这句经典语录强调的是人需要通过修身养性来达到与天地万物和谐共存的理想状态。相反,如果人不修为自己,那么就会为天地所不容,就无法在天地间立足。然而,正如有学者论及的那样,自西方文化"他人即地狱""自私的基因"之类的理论进入中国,它便成为一种强大的"文化暗示"颠覆了几千年来形成的克己立人的民族文化传统。① 于是,在这一西方文化的暗示下,"人不为己,天诛地灭"中的"为"被误读为wèi便理所当然了。

　　我们无意全盘否定西方文化进入近现代中国的积极意义。事实上,从历

---

　　① 黄寅:《传统文化与民族精神:源流、特质及现代意义》,当代中国出版社2005年版,第236页。

史哲学的视阈而论,这是一个带有必然性的历史进程。这也就是说,古老的中华传统文化在进入近代后已然呈现盛极而衰的明显迹象。就人我之辩来看,由于宋明理学以来过于强调了利己之心的扬弃,甚至提出了所谓的"饿死事小,失节事大"(《河南程氏遗书》卷二十二下)之类不近情理的主张。依据"反者道之动"(《道德经》四十章)的道理,它的确已经为走向自己的对立面提供了某种必然性。由此,西方推崇个人主义、张扬利己主义的文化进入近代中国自然便成为一种超越传统的文化时尚。尽管就人我之辩而论,这一推崇个人主义、利己主义的价值观本身内含着明显的不合理性,但在反传统的历史语境下它的不合理性便被许多人漠视乃至无视了。在当下的学界,这种"漠视""无视"典型地体现在诸如"市场经济必然匹配利己主义""个人主义从来是文明社会的最大推动力"之类的论断中。

问题的严峻性还在于,人我之辩中这种推崇西化、颠覆传统的认知与理念正带来实践层面的诸多问题。比如在我与他者的关系问题上,视他者为异己甚至是对立的存在,在为人处世方面充斥着利己主义的算计。又比如在我与团队的关系问题上,个人利益被无限放大,家国情怀、团队精神、集体主义等被任性地称之为道德说教。再比如在我与自身的关系问题上,也出现了"心为形役"①或身心分离等异化现象,"我"成为自我最熟悉的陌生存在。

可见,中西之辩语境下的人我关系问题,在当今中国正以中国式现代化的实现来谋求中华民族伟大复兴进程中,无疑是一个亟待重新反思的问题。

二、古今之辩语境下的人我之辩

与中西之辩相关的是古今之辩。或者说,就近现代中国而言正是中西之辩引发了古今之辩。因为鸦片战争以后西方列强的入侵,促使了中国开始反思中西文化的差异性以寻求救亡图存之路。这就是中西之辩在近代中国的出场语境。但在这个过程中有一个问题无法回避,那就是古代中国积淀的传统在救亡图存的今天还有没有存在的必要? 正是对这个问题的追问,由此开始了近现代中国的古今之辩。如果说中西之辩是横向的比较,那么古今之辩就

---

①　此语出自陶渊明:"归去来兮,田园将芜胡不归? 既自以心为形役,奚惆怅而独悲?"(《归去来兮辞》)本文借用此语以描述现代人在身心关系上,"心"被"身"(形体)之欲望所主宰、奴役的现象。

是纵向的比较。于是,中西之辩与古今之辩便纵横交错,构成了近现代中国文化发展的两条既关联交错又相对独立的发展脉络。

就古今之辩而论,虽然坚持传统文化的保守主义立场的阵营也颇为强大,但基于西方船坚炮利背后的文化强势进入近代中国,更势不可当的是对传统文化以及对主张固守传统的保守主义立场的批判。也就是说,古今之争中对古代文化传统的批判事实上成为近现代中国社会的主流。尤其是五四新文化运动中这一立场被推向极致。被誉为"五四新文化运动旗手"的陈独秀就曾经这样说过:"吾宁忍过去国粹之消亡,而不忍现在及将来之民族,不适世界之生存而归消灭也。"①主张彻底西化的历史学家陈序经甚至提出"我个人相信百分之一百的全盘西化,不但有可能性,而且是一个较为完善较少危险的文化出路。"②值得指出的是,这一古今之辩中否定传统,由此推崇以西学解决中国问题的主张持续至今仍有影响。一个基本的事实是,对传统文化采取极端否定立场的西化论者,在当下的中国仍然大有人在。事实上,这应该也是我们为何要强调文化自信的一个来自现实的重要缘由。

1922年梁启超为纪念申报建馆五十周年,写作了《五十年中国进化概论》。他对古今与中西之辩如此总结道:第一期先从器物上感觉不足,有了洋务运动;第二期是从制度上感觉不足,有了戊戌变法、建立中华民国等政治制度变革;第三期是从文化根本上感觉不足,有了新文化运动、启蒙运动等思想观念变革。在这里,梁启超构建了一个关于近现代中国思想文化变化的历史叙事框架,影响广泛而深远。而且,梁启超这一推崇西学的立场可谓是立场鲜明、态度坚定。他甚至下过这样一个论断:"国家欲自强,以多译西书为本;学者欲自立,以多读西书为功。"(《西学书目表序例》)更重要的是,梁启超以及他同时代的林则徐、魏源、严复、康有为等人在古今中西之争中所持的推崇西方文化立场深刻影响了几代人。

正是基于这样的历史语境,我们发现就人我之辩而论,"对古代人我观的彻底否定,与此同时对西方个人主义、自由主义对救亡图存中国的亟待性几乎是那个时代的一种'士人共识'"。③比如梁启超甚至对历来被传统视为异端

---

① 《陈独秀文存》,四川文艺出版社2009年版,第17页。
② 姜义华编:《中国现代思想史资料简编》(第三卷),浙江人民出版社1983年版,第643页。
③ 李波等主编:《中国古代文化简论》,中国文联出版社2001年版,第7页。

的杨朱"为我"之学也予以了正名："人类皆有两种爱己心，一本来之爱己心，二变相之爱己心。变相之爱己心，即爱他心是也。……故真能爱己者，不得不推此心以爱家、爱国，不得不推此心以爱家人、爱国人，于是乎爱他之义生焉。凡所以爱他者，亦为我而已。"（《饮冰室合集》卷五）且不说就人我之辩而论，这里的"为我"如何过渡到"为他"梁启超语焉不详，就他以西方的个人主义、利己主义来力图解决救亡图存的时代问题堪称书斋里的自说自话。事实上，包括梁启超在内的那个时代具有启蒙性质的思想家们的"启蒙"完全归错了"因"，自然也就无法带给近代中国强大之"果"。正是因此之故，戊戌变法、清末新政与立宪纷纷失败，洋务运动也步履维艰，好不容易建立起中华民国，但国家却依旧内外交困、动荡不安。

这里的根本问题在于，古今与中西之争的关键点"近代西方为何强大"的原因没有被正确揭示。包括梁启超在内的很多士人将其归因于西方重视个人价值与崇尚自由的现代性文化，并由此上溯至对古代诸如古希腊的民主与城邦制的认可乃至顶礼膜拜。众所周知，现代西方的兴起始于征服新大陆和以暴力方式建立起殖民贸易体系，从而通过殖民主义进行了迅猛的原始积累，并由此率先开始了工业革命的历史进程。然后，他们凭借工业革命生成的诸如坚船利炮的优势，变本加厉地以殖民全世界的方式呈现了西方列强的强大。难能可贵的是，最早与西方接触的林则徐、魏源就曾发现了这一事实真相。他们意识到既然西方之强在于其坚船利炮，因此中国也应当竭力推进工业化，尤其是为解救亡图存之燃眉之急宜优先发展军事工业。但历史的事实是这场工业化运动（洋务运动）的成果未能尽如人意。这显然和帝国主义疯狂瓜分世界市场，打压中国工业化的自主发展空间有着内在的必然联系。可遗憾的是，在近代的古今之辩中推崇个人主义、自由主义西方文化的启蒙学者没有洞察到这一点。

以毛泽东为代表的中国共产党人以历史唯物主义的立场与方法论科学总结了近代中国的古今之辩。毛泽东在《新民主主义论》中明确指出："中国的长期封建社会中，创造了灿烂的古代文化。清理古代文化的发展过程，剔除其封建性的糟粕，吸收其民主性的精华，是发展民族新文化，提高民族自信心的必要条件；但是决不能无批判地兼收并蓄。必须将古代封建统治阶级的一切腐朽的东西和古代优秀的人民文化即多少带有民主性和革命性的东西区别开来。中国现时的新政治新经济是从古代的旧政治旧经济发展而来的，中国现时的新文化也是从古代的旧文化发展而来，因此，我们必须尊重自己的历史，决不能割断历史。但是这种尊重,是给历史以一定的科学的地位,是尊重历史的辩证法的发展,而不是颂古非今,不是赞扬任何封建的毒素。"①毛泽东的这段经典论述,概括了中国共产党人在古今之辩问题上的两个基本原则:一是不能割断现代中国与古代中国的历史;二是必须批判地继承古代的历史文化,古为今用。显然,这既与颂今非古的西化论者划清了界限,又与颂古非今的文化保守主义者分道扬镳。

可见,在如何对待传统文化的问题上,在五四新文化运动中登上历史舞台的中国共产党,并没有被那个时代多少呈现出偏激情绪的反传统潮流所裹挟。其中作为中国共产党第一代领导核心的毛泽东堪称典范。事实上,正如毛泽东自己承认过的那样,近代颇为推崇西方文化的梁启超对其影响颇大。毛泽东曾经告诉斯诺,他 16 岁的那年其表兄送给他的几本书中"其中一本叫作《新民丛报》,是梁启超主编的。这本书刊我读了又读,直到可以背出来"②。但毛泽东在接受了马克思主义之后,与西方文化优越论者完全分道扬镳了。西方研究毛泽东的著名学者斯图尔特·施拉姆在其代表性著作《毛泽东的思想》中,曾写过这样一段颇有见地的话:"毛泽东确信中国文化是一个伟大的奇迹,而且或许是独一无二的奇迹,(这一文化)历史上的成就加强了他的民族自豪感。另一方面,他的目的非常明确:用民族传统中的思想和财富来丰富马克思主义。"③斯图尔特·施拉姆对毛泽东在中西之辩与古今之辩立场的如上概括无疑是精当的。这也许就是为什么冯契先生要这样总结近代中西与古今之辩说:"凡是在中国近代史上起了积极影响的哲学家,总是善于把西方先进思想与中国的优秀传统思想结合起来,以回答现实问题和理论问题,从而作出了创造性的贡献。"④

在中西、古今之辩中,毛泽东在那个时代的确呈现出与众不同的立场。比如,他就不热衷留洋、不盲目推崇西学。据曾任毛泽东秘书的李锐考证,1917 年青年毛泽东在《新青年》发表的"体育之研究"一文,总计从

①　《毛泽东著作选读》(上卷),人民出版社 1986 年版,第 398-399 页。

②　《毛泽东自述》(增订本),人民出版社 1996 年版,第 23 页。

③　斯图尔特·施拉姆:《毛泽东的思想》,"国外研究毛泽东思想资料选辑"编辑组译,中央文献出版社 1990 年版,第 127 页。

④　冯契:《中国近代哲学的革命进程》,《冯契文集》(增订版)(第七卷),华东师范大学出版社 2016 年版,第 6 页。

《论语》《礼记》《中庸》《孟子》《庄子》等古代教育经典中，共引用典故、成语、原文二十多条，涉及先贤人物十六人，如"仲尼取资于御射""庄子效法于庖丁"等。文中还特别标举顾炎武、颜习斋、李恕谷为文武兼备，德智体三育并重的师表，推崇备至。① 有意思的是，国外学者也注意到这一事实。如斯图尔特·施拉姆在其《毛泽东的思想》一书中说："这篇文章中共有 20 多处出自典籍的引文或注疏典籍的文字，其中 12 条是儒家的经典。"②

沿着毛泽东开辟的道路，进入新时代的中国共产党人以文化自信为核心理念对近现代以来的中西与古今之辩给予了新的历史性总结。尤其值得指出的是，在当今世界"软实力"已然成为热词的现实语境下，中国共产党提出在坚定文化自信的前提下推进文化自强，以铸就社会主义文化新辉煌的战略任务可谓是高瞻远瞩。也就是说，文化作为"五位一体"③总体布局中不可或缺的重要组成部分，是推进中国式现代化建设的题中应有之义，它是民族精神力量之源，是形成共同思想的基础，是最基本、最深沉、最持久的信仰力量之所在。重要的还在于，在新时代的文化自信自强建设中，中国共产党尤其强调了坚守中华文化立场的必要性与重要性。党的二十大最新修订《中国共产党章程》总纲部分对这一问题有这样清晰的表述："努力推动中华优秀传统文化创造性转化、创新性发展，继承革命文化，发展社会主义先进文化，提高国家文化软实力。"④值得指出的是，在《中国共产党章程》表述的中华优秀传统文化、革命文化、社会主义先进文化三项中，由于中华优秀传统文化所特有的源头性与基础性的地位，因而其对国家软实力的提升与中华民族伟大复兴无疑显得特别重要。它被视为中国式现代化在民族精神熔铸与信仰构建层面的源头与根脉。

这堪称中国共产党在进入新时代之后，对近代以来绵延不绝的中西与古今之辩问题的创新性总结。尤其需要指出的是，它不仅提出了文化自信自强的总体战略，而且还找到了实现这一战略的具体路径，即坚持把马克思主义基

---

① 黄丽镛：《毛泽东读古书实录》，上海人民出版社 1994 年版，第 343 页。
② 斯图尔特·施拉姆：《毛泽东的思想》，"国外研究毛泽东思想资料选辑"编辑组译，中央文献出版社 1990 年版，第 24 页。
③ "五位一体"首次提出于 2012 年中国共产党第十八次全国代表大会的政治报告，它是对"全面推进经济建设、政治建设、文化建设、社会建设、生态文明建设"的概括表述。
④ 《中国共产党章程》(修订版)，人民出版社 2022 年版，第 14 页。

本原理同中国具体实际相结合、同中华优秀传统文化相结合。这就正如在党的二十大报告中明确指出的那样："中国共产党人深刻认识到，只有把马克思主义基本原理同中国具体实际相结合、同中华优秀传统文化相结合，坚持运用辩证唯物主义和历史唯物主义，才能正确回答时代和实践提出的重大问题，才能始终保持马克思主义的蓬勃生机和旺盛活力。"①

这事实上就意味着做好这一马克思主义基本原理同中华优秀传统文化相结合的推进工作，不仅对于探索马克思主义中国化时代化，对于构建 21 世纪马克思主义新形态具有不可替代的意义，而且更为解决近代以来中西之辩中文化自信的缺失与扬弃古今之辩中对传统文化过度否定的偏颇，找到了最重要的意识形态立场与具体的实现路径。

也正是基于这一现实语境，我们探讨古代人我之辩中积淀的优秀传统，并力图激活、创新其具有现代性的成分，对中国式现代化的推进与中华民族复兴伟业的实现便具有特别重要的现实意义。这一方面是因为通过这一具体论域的着力探究，有望为马克思主义基本原理同中华优秀传统文化相结合找到一个具体的实现路径。当年毛泽东在延安时期通过对古代知行之辩中知行合一传统的批判性激活与创新性发展而写就的《实践论》无疑已为我们树立了这方面一个标杆式的范本。《实践论》的副标题"论知和行的关系"②阐明的正是这一意蕴。另一方面我们通过人我之辩这一具体论域的学理探究，更是因为在中西与古今之辩的诸多论题中，人我之辩堪称"争论最多，歧义最多、困惑最多，从而在实践中引发的问题也最多的重大论题，它对近现代及当代中国之民族精神塑造的影响不可小觑"③。为此，对这一问题的学理厘清与价值观上某种共识的达成，无疑是知行之辩层面释疑解惑、获取真知的必要前提。

三、术道之辩语境下的人我之辩

可以肯定的是，中华优秀传统文化的优秀性可以从不同的角度予以解读，但如果基于术道之辩的视阈来考察，重道与厚道应该是中华文化在历代传承

---

① 《党的二十大文件汇编》，党建读物出版社 2022 年版，第 13 页。
② 《毛泽东选集》（第一卷），人民出版社 1991 年版，第 282 页。
③ 万斌等主编：《困惑与思考：马克思主义原理课疑难问题探讨》，浙江大学出版社 1992 年版，第 375 页。

中彰显出来最根本且一以贯之的优秀特性。这一传统在公元前五世纪的春秋时期就已然奠定。无论是老子说的"惟道是从"（《道德经》二十一章），还是孔子说的"朝闻道，夕死可矣！"（《论语·里仁》）都彰显着这一古老的重道与厚道传统。特别意味深长的是，在春秋时期甚至在时人看来重计谋、崇武力的兵家也有着重道与厚道的传统，即孙子所谓的"不战而屈人之兵善之善者"（《孙子兵法·谋攻》）之道，这一善道被具体描述为"上兵伐谋，其次伐交，其次伐兵，其下攻城"（《孙子兵法·谋攻》）的价值排序。这与西方重术的军事观、战争观显然大相径庭。

在古代中国正是这一重道与厚道的历史传承，几千年来不仅形成了中国人不崇拜人格化的神，而崇拜天道或人道、推崇殉道者的独特信仰，还生成了诸如"君子谋道不谋食""君子忧道不忧贫"（《论语·卫灵公》）之类的生活态度与人生境界。我们今天积极推进马克思主义基本原理同中华优秀传统文化相结合，无疑要牢牢把握住这一中华传统文化的基本立场与总体特性。

而且，在冯友兰先生看来，中国人之所以没有西方式的宗教信仰，也是因为我们有对"道"的信仰。正是由此，他在任教美国宾夕法尼亚大学时出版的英文版《中国哲学简史》中这样写道："研究'道'的哲学在中国文化中所占的地位，历来可以与宗教在其他文化中的地位相比。……人们习惯说中国有三教：儒、道、佛。其实，了解中国文化的人都知道，儒家是一种推崇仁道的道德哲学，道家是教人顺乎自然的哲学，至于印度佛教也被中国人改造为'作为佛学的哲学'。现在许多西方人都知道，与别国人相比，中国人一向是最不关心宗教的。"①

的确，中国古代以儒、道、佛为主要代表形态的文化在其悠久的传承过程中，逐渐形成了以"道"为信仰的中华民族精神。比如，孔孟之道中仁道思想在中国古代历史上就以一种或是日用不觉的"居仁由义"（《孟子·尽心上》），或是非常时刻的"杀身成仁"（《论语·卫灵公》）、"舍生取义"（《孟子·告子上》）等方式呈现出来的民族信仰。事实上，这正是发轫于先秦儒家，后世儒家以理学、心学等方式将其弘扬光大的人我合一之道。我们探究与激活这一人我之辩中包括儒家在内的古代优秀文化传统，为中国式现代化提供价值指引与信仰构建的现代启迪，其学理价值与实践意义正在于此。

---

① 冯友兰：《中国哲学简史》，涂又光译，北京大学出版社 2013 年版，第 2-5 页。

这里有一个问题无法回避：作为中华民族信仰的这个"道"究竟是什么？我们显然不能以"大道无形"来搁置这一重要的问题。事实上，"大道至简"。在辜鸿铭看来："'道'的内容，就是教人怎样才能正当地生活，人怎样才能过上人的生活。"[1]以中华传统文化最具代表性的儒、道、佛而论，"道"可以被简洁明快地归结为"善"。比如，儒家信奉"积善成德"（《荀子·劝学》），道家持"善者善之，不善者亦善之"（《道德经》四十九章）的立场，佛家更是以"诸恶莫作，众善奉行"（《增壹阿含经》）教义渡人渡己。而且，如果做点语义学的溯源，我们即可发现"善"字作为会意字，从羊、从口。故《说文解字》里说"善，吉也"。羊口被古人视为吉祥的象征，一个很重要的缘故便是在众多的动物中，出自羊之口的声音对"他者"而言是最悦耳的。这正是中华文化历来所推崇的善道之本义。

当然，基于谨慎的立场出发，我们必须清醒地意识到在术道之辩中传统文化将"术"视为雕虫小技而不予重视，这显然是一个弊端。而且，众所周知的是，这一弊端还直接导致了诸如鸦片战争以来船坚炮利的西方对近代中国的欺凌与压迫。正是有鉴于此，痛定思痛的中国无论是近代的戊戌变法、洋务运动，还是现代的改革开放、大规模的留学潮都有一个重要目的，那就是在技术层面上赶超西方发达国家。事实上，一百多年来，中华民族以其特有的勤劳与智慧在"术"的方面做出了让西方刮目相看的非凡成就。而且，我们自信还将做出让世界更为瞩目的更多、更大、更新的成就。

在扬弃了术道之辩中的弊端之后，中华文化自古以来对"道"的敬畏与尊重的传统，对正在遭遇诸多现代性困境并因此而变得越来越不厚道的当今世界，无疑有积极而清明的价值观指引。比如，就人与自然关系而论，中华传统文化推崇的天人合一之道以及顺天、慎取、节用等民族精神，为克服西方文化长期以来存在的自然与人类二元对立提供了可贵的中国立场。这一立场的最终目标是在敬畏自然的基础上构建起天人和谐的理想境界。又比如，就我与他人的关系而论，中华传统文化推崇的人我合一之道以及孝亲、贵和、崇义等民族精神，为摆脱西方文化中因为视"他者"为异己而导致的利己主义困境提供了解决问题的中国方案。这一方案的核心理念是通过诸如"和而不同""美美与共"之类的路径构建起"我"与"他者"的和合关系。还比如，就我与自身的

① 辜鸿铭：《中国人的精神》，黄兴涛等译，中国人民大学出版社，2023年版，第149页。

关系而论，中华传统文化推崇的身心、欲理合一之道以及知耻、克己、尚俭等民族精神，为消解西方文化中诸如消费主义（Consumerism）、享乐主义（Hedonism）的片面性提供了中国主张。这一主张的核心是以道德理性来主导和制约诸如饮食男女之类的本能，从而营造出身与心、欲与理的平和状态。事实上，当今世界正遭遇着的所谓现代性困境，无非就具体呈现于与自然、与他者、与自身这样三向度的紧张或窘迫或无奈的关系之中。中华优秀传统文化对缓解乃至消解这一紧张或窘迫或无奈的关系显然提供了东方文明语境下的智慧与方法。

术道之辩具体到人我之辩层面上，我们同样需要着力梳理、激活、开掘传统文化注重人我合一之道这一悠久的历史文化传统。这个主张超越利己天性以生成诸如"仁者爱人，有礼者敬人"（《孟子·离娄下》）、"圣人无常心，以百姓心为心"（《道德经》四十九章）、"以兼相爱，交相利之"（《墨子·兼爱中》）、"自他不二"（佛家）之类的德性与德行的传统，显然具有针砭时弊、润泽人心的教化作用。这些以仁道、恕道、善道、慈道等不同方式呈现的"道"不仅在历史上塑造了中华民族善良的民族性格，而且在当下为改变不厚道的人际关系提供了来自思想史的丰厚营养。

与此同时，就术道之辩而言，我们在这个过程中还要特别留意如何清除西方文化的消极影响。西方文化重术轻道的现象在人我之辩，更进一步地说就是在处理人我关系不可避免的矛盾时，主要有两个技术主义的路径依赖：其一是对自私的天性（动物性）依赖法律的约束。但问题在于，一方面且不说立法的滞后性问题，即便我们假设立法总是及时而有效的，但由于人的行为的无限多样性注定了法律不可能有效约束所有的对"他者"不当的行为。更重要的一方面还在于，只对部分行为有效约束的法律其本身还是可以被违背的，所谓的以身试法、徇私枉法、权大于法之类的情形比比皆是。其二是预设了科学技术的发展可以无限地满足人的私欲。我们当然不否认科学技术具有创造财富的巨大潜力。但问题在于人对身外之物的占有欲同样是永无止境的，这就是成语欲壑难填所要揭示的贪婪人性的本来面目。俗语说的"人心不足蛇吞象"阐释的也是同一个道理。于是，问题的最终解决还得回到"道"的层面。正如我们在中国历史与现实中看到的那样，悟道的人从不挑战法律，悟道的人更是明了贪婪对人生的危害性。

关于人我关系中过度依赖"术"的弊端，西方的有识之士也屡有揭露与批评。比如，美国作家莱德勒与伯迪克在《丑陋的美国人》（*Ugly American*）一书中就这样批评美国外交政策的失败缘由是过于迷恋物质力量对他国的影响力，"我们唯一愿付的代价是美元……我们一直在向亚洲各国提供不正确的援助。我们已经忘记了自己的过去，竟以为出钱出枪就能换得友谊。"[①]众所周知，人我之辩的不同文化立场对一个国家外交政策的影响是巨大的。没有"道"的支撑，仅靠"术"是维持不好国与国之间和谐关系的。遗憾的是，美国的一些政客们至今没有意识到中国共产党提出的"各国行天下之大道"[②]的必要性与重要性。

令人欣慰的是，与政客们不同，在西方学术界一些著名学者看来，中华民族的这一以重道与厚道为基本特性的优秀文化正日益彰显出其全球性的价值。有"世纪智者"之誉的英国哲人罗素在反思西方文明的诸多弊端后，曾经这样感叹说："西方文明的希望日渐苍白，多么暗淡。带着这种心境，我前往中国，想在那里寻找新的希望。"[③]虽然从现有文献中我们似乎检索不到罗素最终是否寻找到这一新希望。但可以肯定的是，他憧憬的"文明新希望"在一个世纪之后，已然曙光乍现。这就正如有学者指出的那样：继中世纪末叶的马可·波罗时代之后，进入 21 世纪的世界再次把目光投向追求以道驭术、德智双修、天道与人道统一的中华文化。尤其在道与术的关系问题上，西方人开始意识到过于推崇船坚炮利的技术主义，如果没有"道"来支撑与引领，那人类社会的发展将会走进死胡同。[④]

我们有理由这样说，就人我之辩而论，当今世界文明与文化发展的一个趋势已悄然呈现：人类正试图从以中国为代表的东方文化与英美国家为代表的西方文化的比较与综合中，寻觅到全球化语境下更加和谐，且持续稳定的发展路径。比如，海外新儒学思潮方兴未艾，孔夫子主义（Confucianism）颇受推崇，"道"（Tao）流行于日常生活以及管理理念中，"中国禅"（Chinese Zen）不仅日益成为一些西方人人格修炼的基本功课，而且它还为西方的精神分析心理学所认同，"以佛疗心"成为精神分析治疗的一大时尚。还有，孙子兵法、中国功夫等等成为流行的话题，无一不是中国传统文化之世界意义的明证。

---

① 莱德勒等：《丑陋的美国人》，朱安等译，北方文艺出版社 1999 年版，第 303-304 页。
② 《党的二十大文件汇编》，党建读物出版社 2022 年版，第 47 页。
③ 罗素：《罗素论中西文化》，杨发庭等译，北京出版社 2010 年版，第 40 页。
④ 黄寅：《传统文化与民族精神：源流、特质及现代意义》，当代中国出版社 2005 年版，第 218 页。

这是一个地球村的时代。从文化交流而论,已然是没有任何壁垒的时代,它必然地要呈现为西方文化走向东方,东方文化也走向西方,且二者之间的交流日益频繁与密切的时代。我们坚信在这双向互动、借鉴与取长补短的交流中,中华传统文化在诸如人我合一之道、群己合一之道等方面呈现的关于"道"的智慧,其生命力将在不同文明与文化的对话与互鉴中得到证明,并得到进一步的展示和发展。

重要的还在于,就术道之辩而论,今天的中国共产党在引领中国人民推进中国式现代化以谋求民族复兴,以及回应世界人民的普遍关切、为人类谋大同的伟大征程中,既以"大道之行,天下为公"的胸襟与气度①,为实现中国人民对美好生活的向往而踔厉奋发、勇毅前行,也为世界各国人民前途着想,积极倡导"各国行天下之大道,和睦相处、合作共赢"②,从而开创人类更加美好的未来。见诸党的十九大与二十大政治报告的这两段庄严的文字,可以被视为置身新时代的中国共产党对术道之辩的重大义理解读与实践阐释。

古人云:"一引其纲,万目皆张。"这里的"一"无疑正是道。这就如老子说的:"道生一,一生二,二生三,三生万物。"(《道德经》四十二章)我们在引论的最后部分,之所以化繁为简地对中华传统文化重道与厚道这一优秀特性予以回望、阐释与激活,一方面固然是通过中西文化在术道之辩中不同立场的比较以彰显中华传统文化的优秀性,另一方面也是试图为我们在接下来对人我合一之"道"具体展开的叙述与阐释及其现代性的开掘,提供一个以道为纲、纲举目张的方法论指引。

我们将在接下来的文字中以"他者"的伦理境遇为叙事与阐理的视角,梳理中华传统文化在人我之辩中所积淀的人我合一之道这一优秀成果,并对其内蕴的现代性从"道"的层面上予以具体的阐发。

---

① 《党的十九大文件汇编》,党建读物出版社 2017 年版,第 48 页。
② 《党的二十大文件汇编》,党建读物出版社 2022 年版,第 47 页。

上　篇

第 1 章

人己之辩中"他者"的伦理境遇

　　有"汉代孔子"之誉的董仲舒曾总结说:"《春秋》之所治,人与我也。"(《春秋繁露·必仁且智》)依据现代哲学的主客体关系理论,如果把"我"视为主体,那么人己之辩之"人"就是客体。相比于主体之"我"而言,作为客体的"人"显然有两个指向:其一是他人;其二是由诸多他人构成的群体,比如家庭、单位、社区、国家、民族、全人类等。由此,在中国古代哲学的视阈中便有了人己之辩与群己之辩的论域。我们在本章中先讨论人己之辩中的中华优秀传统及其内蕴的现代性价值。

——引言

　　在人己之辩问题上,如果说西方文化从古希腊特别是文艺复兴以来,形成了比较悠久的利己主义传统的话,那么以儒、道、佛为代表的传统文化在人己关系问题上则形成了一种利他主义,甚至是自我牺牲的悠久传承。这一人己之辩折射出东西方文化的特质与差异显然非常值得我们关注和探究。因为在积极推进中国式现代化的伟大实践中,我们必然地要有与这一现代化实践相匹配,且彰显中华优秀传统文化特色的民族精神构建。比如,就人我之辩而论,我们要研究如何有效地构建起共融、共享、共赢的现代理念,要研究如何提升小我服从大我的自觉性,要研究与共同富裕这一中国式现代化的终极目标相适应的价值共识如何生成等。我们从赋予"他者"伦理境遇这个向度来开掘传统文化的这方面智慧,正是试图在一个具体论域里所做的一种积极尝试。

一、中华传统文化中的人己合一之道

在中国古代哲人看来，世界上无非就两个人：一个是"己"，一个是"他者"。这个"他者"可以是我的父母、我的家人、我的合作伙伴、我的单位同事，也可以是与我素不相识的陌生人等。由此，以中国哲学的视阈来看纷繁复杂的人际关系无非就是"己"与"他者"这样两个人之间的关系。这就是古代哲学人己之辩的缘起。几千年来，以儒、道、佛为主要代表的中国哲学形成了源远流长的人己合一传统。

1. 儒家对"他者"的仁义说

关于人己之辩，以孔子为代表的先秦儒家一方面明确地承认，人从天性上讲是自私利己的。比如，孔子就将自私、利己、好色等称为天性，他曾经感慨："吾未见好德如好色者也。"（《论语·子罕》）因为在孔子看来，好色是人的一种自私利己的天性，好德则必须是后天才能够培养的。另一方面，先秦儒家又认为这样一个自私利己秉性中诸如好色、贪生之类的冲动[1]，既然在天性当中就已经根深蒂固地存在了，作为一种后天的文化熏陶与德行的教化之道，当然就不能再去刺激它，更不能刻意去张扬它，相反，恰恰要规范和引导它。正是由此，儒家文化讲了几千年"克己复礼""将心比心"的道理，主张守持"仁道""恕道"之类的基本原则。这显然强调的是后天教化中以超越自私利己天性而生成利他主义德性为主要内容的伦理教化。在儒家看来所谓的人性正是这样生成的。这就正如冯契先生论及荀子的"化性而起伪"（《荀子·性恶》）、"积善成德"（《荀子·劝学》）思想时提出的一个著名论断：人性就是一种积善成德，由对天性的超越发展成为德性的过程。[2]

这也就意味着在人己之辩中，儒家主张通过赋予"己"之面对的客体"他

---

[1] 其实，在承认人的天性（兽性、动物性、生物性）方面儒家与西方传统没有太大的差异。比如，依据弗洛伊德对临床事实的研究，婴儿自三岁起便呈现出人的两大本能：一是性本能(libido)，二是求生本能。弗洛伊德相信，这两大本能决定了利己主义(self-love)的生物必然性。但与儒家的立场不同，弗洛伊德认为利他主义的德性往往只是外部力量强加给生命个体的，这种强加会压抑甚至伤害个体的精神世界。参见弗洛伊德：《弗洛伊德心理哲学》（杨韶刚等译，九州出版社2003年版），第100页、166页。

[2] 冯契：《智慧的探索》，华东师范大学出版社1994年版，第177页。

者"的伦理境遇,超越自私、利己之天性(兽性)从而成就自我的德性。

儒家把这个德性理解为仁与义。孔子曾明确地把"仁"的内涵定义为:"夫仁者己欲立而立人,己欲达而达人,能近取譬,可谓仁之方也已。"(《论语·雍也》)依照冯契先生的理解,孔子在这里对"仁"的解说主要包含有两层意蕴:"一是人道(仁爱)原则,即肯定人的尊严,主张人和人之间要互相尊重。建立爱和信任的关系;二是理性原则,即肯定人同此心,每个人的理性都能判断是非、善恶,所以'能近取譬'。"[①]正是有缘于此,孔子又强调了仁的境界不玄远,不高深,也不神秘。以孔子的话来说就是:"仁远乎哉?我欲仁,斯仁至矣。"(《论语·述而》)

> 在孔子创立儒学之前,"仁"字便已经出现。从文字学的溯源来看,古人以"人"为语源,取其音(人)与义(二人)而创造出了新词"仁"。这就以清晰简洁的会意法,传递出一个极为重要的认知结论:人最为重要、最为本质的特性应该是"仁"。这一名词的创造,一方面是中华先民基于自己的人生体验而自觉创作的过程;而另一方面它被创造出来之后又在一定程度上促成了中华民族对人的这种本质特性的关注、建构与发展。也许正是从这一"人,仁也"(《释名》)"仁也者,人也"(《孟子·尽心下》)语境下,我们可以理解文化学者的如下断言:"文化即在满足人类的需要当中,创造了新的需要,这恐怕就是文化最大的创造力与人类进步的关键。"[②]可见,当儒家的创始人孔子将"仁"作为儒学的核心范式时,就从人禽之辩的层面,为人与动物的区别奠定了中国文化视阈下的人本学依据,即仁德的培植与涵养是成人的根本。

特别值得一提的是,就人我之辩而论,超越"己"之自私利己的天性(兽性),赋予"他者"以伦理境遇,在儒家看来恰是一种快乐之道。故孔子有"仁者不忧"(《论语·子罕》)之说。在孔子看来,对"他者"的仁爱作为一种"己"之美德,它能带给自我审美的愉悦、审美的快感。事实上,也正是在儒家这一文化的熏陶下,汉语的"美德"一词把美和德连用,其所要表达的意思就是:美德之所以被称为美德是因为它给人带来美感。也就是说,在孔子为代表的儒家看

---

① 冯契:《中国古代哲学的逻辑发展》(上),《冯契文集》(增订版)(第四卷),华东师范大学出版社2016年版,第73-74页。

② 马林诺夫斯基:《文化论》,费孝通译,华夏出版社2002年版,第100页。

来,仁者之所以不忧、之所以快乐是因为仁者的德行可以为人与人交往带来快乐的体验。由此,孔子还有句名言："君子坦荡荡,小人长戚戚。"(《论语·述而》)这显然是"仁者不忧"思想的另一种表达。

正是缘于人己之辩中这样的伦理立场,儒家认为快乐与物质生活的富有程度无关。《论语》记载:子贡曰："贫而无谄,富而无骄,何如?"子曰："可也。未若贫而乐,富而好礼者也。"(《论语·学而》)这里记载的是弟子子贡向孔子提的一个问题："虽然贫穷却不去巴结奉承;虽然富有却不傲慢自大,这样做怎么样?"孔子回答说："这样算不错了。但是比不上贫穷却乐于道德的自我完善,富有却又崇尚礼节的。"孔子在这里提出"贫而乐"的人生哲学命题,成为儒家的一个"道统"而被后世儒家所继承。可以肯定的是,儒家并非教人要一味地生活在贫困中。正如我们熟知的那样,孔子就曾经明确地表达过诸如"富而可求也,虽执鞭之士,吾亦为之"(《论语·述而》)的立场。儒家在这里只是想告诫世人:当你不得已处在贫困的状态时,你不仅必须懂得"贫而无谄""贫而无怨"的道理,而且,还要能够拥有"贫而乐"的快乐境界。就人己之辩而论,这是对"己"的德性要求。

重要的还在于,孔子提出的"仁者不忧"思想,在当时就对儒门弟子影响极大。颜回就堪称孔子这一思想的践行者和体悟者。《论语》记载过孔子对弟子颜回这样一段评论："子曰:'贤哉,回也!一箪食,一瓢饮,在陋巷,人不堪其忧,回也不改其乐。贤哉,回也!'"(《论语·雍也》)孔子在这里是赞叹说："颜回是多么贤良呵!一筐剩饭,一瓢冷水,住在简陋的巷子里,别人都不能忍受那种苦楚,颜回却不改变他的快乐。多么贤良啊,颜回!"这就是儒家推崇的快乐之道,后世称其为孔颜之乐。可见,在儒家那里,快乐与人的富与贵无关,它是心灵中因为对"他者"生成了仁德而使"己"体验到的一种愉悦感受。这是人己之辩中因对"他者"施予仁爱之美德而带给"己"之快乐的过程,它与现代人习惯于追求财富来体验快乐的路径显然有着云泥之别。

儒家"仁者不忧"的快乐观对现代人的价值指引无疑是多维的。比如,它主张"不义而富且贵,于我如浮云"(《论语·述而》)的精神让人对财富的执念可以变得淡泊一些。又比如,它对美德涵养的重视,推崇"里仁为美"可以让我们领略"德不孤,必有邻"(《论语·里仁》)的人生快乐境界。还比如,"君子成人之美,不成人之恶"(《论语·颜渊》)的告诫,让我们明白助人为乐的为人处世道理。再比如,"反身而诚,乐莫大焉"(《孟子·尽心上》)的教诲让我们知晓什么是人生最大的快乐等。可见,针对时下人们太热衷于从诸如财富自由、豪车大宅之类的满足来理解快乐的偏颇,我们认为儒家以"乐道"为核心价值的快乐之道有助于我们确立起德性主义的快乐观。也就是说,在快乐的追求和体验中我们必须自觉地走出太过关注物质享受,忽视德性培植的迷局。因为很多情形下,恰是对"他者"的仁爱而生成了"己"之快乐。这应该是儒家"仁者不忧"思想对现代人最能彰显其价值意义之处。

> 有专家考证,汉语成语"助人为乐"也是源于儒家的仁道立场。因为在儒家人己之辩所持立场来看,"己"对"他者"的仁爱与帮助,恰恰是快乐之所以产生的缘由。而且,古人很早就懂这个道理。故《诗经》里说"投我以木瓜,报之以琼琚;匪报也,永以为好也!"(《诗经·卫风·木瓜》)这里的快乐逻辑是:我和他人之间在物质上的相互馈赠,不仅是物质上的获得,更是心灵世界美好感的获得。事实上,这也正是孔子推崇《诗经》的一个很重要缘由。[1]

孟子直接继承了孔子的仁学思想,但他更注重从仁义并举的角度理解儒家这一仁道思想。在他看来,"仁,人心也;义,人路也。舍其路而弗由,放其心而不知求,哀哉!"(《孟子·告子上》)可见,孟子讲"仁"和孔子略有区别:孔子谈"仁"注重行为,孟子则把"仁"理解为内心态度,而这种"仁"的内心态度表现在外就是"义"。由此,孟子认为:"人皆有所不忍,达之于其所忍,仁也;人皆有所不为,达之于其所为,义也。"(《孟子·尽心下》)

汉代的董仲舒则进一步把儒家人己之辩中需要培植的仁义之德区分为"我"与"他人"的不同指向:《春秋》之所治,人与我也。所以治人与我者,仁与义也。以仁安人,以义正我。……是故《春秋》为仁义法,仁之法在爱人,不在爱我;义之法在正我,不在正人。我不自正,虽能正人,弗为义;人不被其爱,虽厚自爱,不为仁。"(《春秋繁露·必仁且智》)董仲舒在这里显然对孔孟的仁义说做了更精细的界定:仁是对"他者"的,义是对"己"的。也就是说,仁的法则在于爱别人,不在于爱自己;义的法则在于修正自己,不在于修正别人。倘若自己不修正诸如自私利己的天性,即使能够修正别人也不能称为义;同样的道理,别人没有得到他施与的爱,即使他非常爱惜自己的名声之类的那也不能称为仁。董仲舒的这一区分,显然把人己之辩的讨论引向了更加精细化与具

---

[1]　韩文庆:《四书悟义》,中国文史出版社 2014 年版,第 233 页。

体化。

可见，在孔子、孟子、董仲舒等人看来，仁与义的本质在于学会爱人的同时要正我。恰恰是因为这一点，人超越了动物，脱离了弱肉强食的禽兽范畴而变成了人。这是一个推己及人、将心比心的过程：我有这个想法，他人也有这个想法；我有这个欲望，他人也有这个欲望；"己"和"他者"是人与人的关系，不是人与动物的关系。于是，这样一个人与人之间的关系不能等同于人与鸡鸭、马牛的关系。因为每一个人都是人，故必须要遵循着《论语》里提出的"己欲立而立人，己欲达而达人""己所不欲，勿施于人"这样两个基本的伦理原则。这就是人己关系当中的中华传统文化的儒家立场，以及解决人己矛盾时给出的"以仁爱人，以义正我"的具体路径。儒家认为这是一个人在德性方面的最基本要求。与此同时，它也是人区别于动物（禽兽）的最主要标识。

值得指出的是，在儒家看来人己之辩中爱"他者"的境界也可以超越将心比心的君子之道而达到更高的圣人之境。比如，忘我治水的大禹就是这样的圣人。孟子说大禹，"八年于外，三过其门而不入。"（《孟子·滕文公上》）这里体现的"仁道"境界显然是人己关系中将心比心的换位思考原则所无法比拟的，它已经提升到"舍身忘己""舍小家为大家"的崇高境界了。这显然是一种非常可贵的自我牺牲精神。在儒家伦理中，这是一种圣人的境界。孔子曾经表示自己不是圣人，达不到如大禹、周公这样的圣人境界。① 也是因此，孔子要求自己和学生达到的是"君子儒"的境界，即爱自己的同时也还能够爱他人的君子境界。可令孔子无比担忧的是，当时的社会只爱自己没有能力爱别人的小人特别多。正是基于这一人己关系的现状，《论语》曾这样记载孔子的忧虑：子曰："德之不修，学之不讲，闻义不能徙，不善不能改，是吾忧也。"（《论语·述而》）其实，孔子当年的忧虑，对当下的中国和世界而言，依然有超越时空的警示意义。

正是基于这一基本伦理理念，故而以儒家为代表的中国古代思想家明确主张治理者要有利他主义的伦理情怀，这是对"他者"伦理境遇的题中应有之义。儒家认为这是人己之辩中守持仁道立场对治国理政者的最基本要求，即仁政。同样的道理，普通老百姓也要拥有这样一种利他主义的情怀，以仁义立

---

① 依据诸多学者对《论语》的解读，孔子以仁德为标准主要论及了三种人：一是圣人，在人己关系上只爱别人不爱自己；二是君子，在人己关系上既爱自己也爱别人；三是小人，在人己关系上只爱自己不爱别人。孔子曾经说自己也不是圣人，故他倡导的是介于圣人与小人之间的君子境界。参见张应杭：《论语道论》（大众文艺出版社 2010 年版），第 206-207 页。

身。中国人所谓的厚道,讲的就是"厚"这一仁义之道。从汉代开始,中国社会一直倡导"三纲五常",其中"三纲"讲的是君为臣纲、父为子纲、夫为妻纲。这当然是封建糟粕。[①] 但五常说,即主张把仁、义、礼、智、信这五常德作为黎民百姓的基本道德规范,显然很深刻,也很有道理。它倡导的其实正是中华优秀传统文化在人己之辩中一以贯之的利他主义立场。这一立场的具体呈现就是"己"自觉地超越自私利己的天性,以仁爱之德的主动涵养赋予"他人"伦理境遇的过程。

儒家尤其要求居上位者拥有这样一个利他主义的伦理情怀,它甚至给了治理者在仁德、仁政坚守方面一个非常完整的内涵:其最低的界限是与黎民百姓的"将心比心",最高的境界则为国为民的自我牺牲,即"杀身成仁"(《论语·卫灵公》)"舍生取义"(《孟子·告子上》)的伦理抉择。这是为大我的利益而牺牲小我的高尚抉择。比如,汉代的大儒董仲舒就对历史上的统治者做过一个带有规律性的总结:"王者爱及四夷,霸者爱及诸侯,安者爱及封内,危者爱及旁侧,亡者爱及独身。"(《春秋繁露·仁义法》)这段话的意思是说,王者必然遍爱天下,爱百姓超过爱自身;霸者必然关爱诸侯国里的百姓,因为他希望这些人为他效力;图安逸的统治者所爱的范围要小一点,就是自己领地里面的那些老百姓;危险的统治者只是知道爱自己身边的妻儿老小;一个迟早要灭亡的统治者只知道爱自己。董仲舒这样一个总结,实际上讲的是君王在人己之辩中必需的德性涵养。这一德性涵养同时也是一种以德服人的治国之道。由此,董仲舒在告诫治理国家的人,必须要有一种博爱的胸怀,一种"天下为公"(《礼记·礼运》)的利他主义情怀。

先秦儒家推崇的这一人己之辩中赋予"他人"伦理境遇的利他主义,甚至是自我牺牲的文化立场,自汉代"罢黜百家,独尊儒术"(《汉书·董仲舒传》)之后,几乎成为中华传统文化中的"道统"。几千年来,正是在这个人己之辩中积淀的人己合一思想的规范和熏陶下,"中华民族形成了友善、包容、睦邻、平和之类的民族性格,它已然成为我们中华民族与其他民族不同的性格与性情方

---

① 事实上,学界对此也有不同的观点和争论。比如,《封神演义》在论及三纲时有这样一段文字:"君为臣纲,君不正,臣投他国。国为民纲,国不正,民起攻之。父为子纲,父不慈,子奔他乡。子为父望,子不正,大义灭亲。夫为妻纲,夫不正,妻可改嫁。妻为夫助,妻不贤,夫则休之。"参见许仲琳:《封神演义》(人民文学出版社 2008 年版),第 277 页。正是由此,一些学者认为三纲正确的理解应该是:君主应该成为臣下的表率,父亲应该成为儿子的表率,丈夫应该成为妻子的表率。它强调的是身处某种位置,就要承担相应的责任,即正人先正己的道理。参见韩文庆:《四书悟义》(中国文史出版社 2014 年版),第 122-123 页。

面的'文化识别码'"。①

2. 墨家对"他者"的兼爱说

在先秦不仅是儒家在人己之辩问题上形成了一个源远流长的利他主义文化传承,其他的诸子百家也颇有这样的情怀。就赋予"他人"以利他主义之伦理境遇而言,其中墨家的兼爱说无疑特别值得关注。而且,"兼爱"作为墨家人己关系立场上的核心范式,在先秦时期曾影响颇大。

墨家的创始人墨子曾这样具体描绘过其兼爱的主张:"天下之人皆相爱,强不执弱,众不劫寡,富不侮贫,贵不敖贱,诈不欺愚。凡天下祸篡怨恨可使毋起者,以相爱生也。"(《墨子·兼爱中》)当然,与儒家不同的是,墨子又是道德问题上的功利主义者,他强调"兼相爱,交相利"。在他看来:"爱人者,人必从而爱之。利人者,人必从而利之。恶人者,人必从而恶之。害人者,人必从而害之。此何难之有?"(《墨子·兼爱中》)正是由此,墨子非常强调"兼爱"则人己两利的思想。这显然是墨家在人己之辩中给出的基本立场。

但与此同时,作为人生的一种最高理想,墨子又提出了无功利的兼爱情怀:"文王之兼爱天下之博大也,譬之日月,兼照天下之无有私也。"(《墨子·兼爱下》)这与儒家在人己之辩中倡导的圣人境界相类似。而且,这种带着博爱情怀的爱犹如日月之光普照大地,而从不企望从中获得些什么私利回报的兼爱理想,其实也是墨子自己所躬身践行的一种理想人格。从这一点上讲,墨子的功利主义道德学说与西方的功利主义伦理观相比,显然又带有更多的利他主义乃至博爱无私的伦理立场。可见,墨家创始人在人己之辩中对"他人"伦理境遇给出了几乎与儒家相同的立场。后来的韩非子称:"世之显学,儒、墨也。儒之所至,孔丘也;墨之所至,墨翟也。"(《韩非子·显学》)正如有学者指出的那样,"显学"之谓不仅表明了儒、墨两家影响力卓越,更彰显出两家的文化立场被时人所认可与信奉。② 正是由此,我们有理由推断儒、墨在人己之辩中的立场,尤其是主张超越"己"之自私、利己天性,培植起爱"他人"之德性的观点,在先秦时期便已颇具相当的影响力。

后期墨家在人己之辩方面不仅继承了墨子的兼爱思想,而且做了进一步的阐发。众所周知,墨子讲兼爱是不分彼此和远近,在原则上是一律平等的。但在与"他者"交往的现实生活中,这种一律平等而视的爱只是一种抽象的可

---

① 黄寅:《传统文化与民族精神:源流、特质及现代意义》,当代中国出版社 2005 年版,第 55 页。
② 韩文庆:《四书悟义》,中国文史出版社 2014 年版,第 209 页。

能性。在真实的人际交往中,爱"他者"的德行一定有一个远近与亲疏的价值排序与选择问题。由此,与孟子同时代的后期墨家学派人物夷之对这个问题做了进一步的探讨和阐发。他说:"之则以为爱无差等,施由亲始。"(《孟子·滕文公上》)这句话的意思是说,爱别人是一条普遍的伦理原则,但具体实施时可以从亲近的人开始。事实上,就在人己之辩中很务实地提出并一定程度上解决了"己"之爱"他者"行动抉择的价值排序问题。

继夷之之后,后期墨家的其他思想家对这一问题同样进行了颇多的展开与创新。比如,他们提出了"伦列"说:"义可厚,厚之;义可薄,薄之;谓伦列。德行,君上,老长,亲戚,此皆所厚也;为长厚,不为幼薄,亲厚厚,亲薄薄,亲至,薄不至。"(《墨经》)这即是说,爱无厚薄,不分彼此,但付诸实施时可分厚薄。也就是说,兼爱之道在具体的实施过程中必然有一个秩序问题。《墨经》中的这一"伦列"思想无疑使兼爱的理想由抽象而变得具体了。就人己之辩而论,这显然是人己关系探讨在理论上的一个了不起的进步。正是这一进步,使得古人对"他者"之伦理境遇的实施变得更有可操作性。

值得指出的是,由于儒家和墨家都在其学说中强调一种人道主义原则,因而儒、墨两家在人己之辩问题上的利他主义立场自然是相通的。也因此,在儒家所勾画的"大同"理想中,我们可以看到其渗透着墨家的兼爱情怀:"大道之行也,天下为公。选贤与能,讲信修睦。故人不独亲其亲,不独子其子,使老有所终,壮有所用,幼有所长,矜寡孤独废疾者皆有所养。男有分,女有归。货恶其弃于地,不必藏于己,力恶其不出于身也,不必为己。是故谋闭而不兴,盗窃乱贼而不作。故外户而不闭,是谓大同。"(《礼记·礼运》)正如有学者提及的那样,"在这个大同的理想社会,无疑正体现了儒家仁爱和墨家兼爱理想的融会贯通。事实上,汉以后墨家思想即便衰微了,但其兼爱思想的精髓显然被儒家汲取而得以在后世延续"①。

从中华民族千百年的历史发展中,我们可以发现,《礼运》的这一以兼爱、博爱为基础的"天下为公"理想,对中国历代志士贤人的道德理想和人格追求产生了广泛而深远的影响。比如,孙中山先生当年就非常喜欢手书"天下为公"四字赠予党内同志。毛泽东则以"太平世界,环球同此凉热"(《念奴娇·昆仑》)的诗句来抒发自己追求大同理想的博大情怀。进入新时代的中国共产党

---

① 黄寅:《诸子经典散论》,中国言实出版社 2007 年版,第 134 页。

人,更是将"大道之行也,天下为公"①的语录写入党的全国代表大会的政治报告文本中,它充分彰显了我们党对中华优秀传统文化继承与创新的基本立场。

　　1919 年 6 月 2 日,孙中山在寓所接见了复旦学生、时任市学联总干事长朱承洵等学生代表,赞扬了上海学生超越一己之私利,积极声援五四运动的反帝爱国精神。同年 10 月 18 日,孙中山应复旦之邀为师生做了题为《救国之急务》的演讲。在演讲中孙中山评价五四运动"于甚短之时间,收空前之巨效"。几天之后,朱承洵再次晋谒孙中山,孙先生挥笔写下"天下为公"相赠。据考证,这是孙中山诸多"天下为公"题字中最早的一幅。② 事实上,"天下为公"已然是中国传统文化在人己之辩中最负盛名的名言佳句。

　　特别值得指出的是,在儒墨两家推崇的"天下为公"这一"大同"说中,其对人己之辩中的"己"与"他者"的伦理境遇给予了非常具体的界定与描述,并在实施路径、理想境界的实现等方面均做了很细致的阐释:"己"之伦理情怀是超越自私、利己之天性以达到"天下为公"之境,具体表现为诸如"货不藏于己""力不藏于身";与此同时,对老者、壮者、幼者,以及矜、寡、孤、独、废疾者等诸形态的"他者"则赋予"讲信修睦"的伦理境遇,从而真正实现"大同"世界。可见,就人己之辩而论,《礼记》"天下为公"所描绘的正是人己合一的理想境界。

　　3. 佛家对"他者"的布施心

　　众所周知,在儒、道、佛诸家中,以佛家的宗教色彩最浓。这使得我们常对佛家智慧的认同存在诸多的顾虑。其实,这种顾虑大可不必。当年章太炎先生曾这样阐述过这个问题:"细想释迦牟尼的本意,只是求智,所以要发明一种最高的哲理出来。佛法……与其称为宗教,不如称为哲学的实证者。"③仅就佛家在人己关系的相关教义而论,我们的确可以感受到其人生哲学的实证智慧。而且,这一智慧既是佛陀创立佛教时便已确立,更在传入中国后从中国古代诸子思想中汲取了丰厚的营养而被弘扬光大。

---

① 《党的十九大文件汇编》,党建读物出版社 2022 年版,第 48 页。
② 吴金水等:《历史的选择与选择的历史》,浙江大学出版社 1992 年版,第 13 页。
③ 章太炎:论佛法与宗教、哲学以及现实之关系,载《中国哲学》(第六辑),生活·读书·新知三联书店 1981 年版,第 156 页。

　　中国思想史上历来有儒、道、佛"三教合一"之说，我们除了要了解这里的三教之"教"不是宗教之教而是教化之教外，更应该了解这里的合一之"合"不是指它们没有差异性，而是指它们之间有着明显的相互影响痕迹。事实上，自印度传入的佛教在中国化的历程中就曾经深受儒、墨、道、阴阳诸家思想的影响。就以人己之辩而论，中国佛家非常推崇普度众生的境界，这其实正是儒、墨、道诸家在人己之辩中受利他主义立场影响的体现。[①]它的教义一直让世人要有一颗慈悲心，要学会对别人的苦难给予一种关怀。比如，当年观音菩萨有一个宏愿："只要人世间尚有苦难，就誓不成佛。"于是，无心其个人修炼而一心救苦救难的观音，虽然她只是一个菩萨而没有修习到佛的境界，因为她把解救众生的苦难视为头等大事而无心其人成佛与否。但正是由于她的这种利他主义、普度众生的情怀，而成为备受中国文化推崇的一位神。正缘于此，没有成佛的观音像前供奉很多、香火极旺，她的皈依者也甚多。这构成中国佛教非常独特的一个文化现象：观音崇拜。这一现象背后的本质，恰在于观音菩萨言行中体现的正是中国自先秦以来就被倡导的利他主义境界。

　　如果以人己之辩为视阈，我们可以说佛家是以观音菩萨崇拜之类的有神论方式揭示了与儒、墨、道诸家相同的世俗真理："己"若能够像观音菩萨那样关爱"他者"，就会得到别人的认同和追随，也只有这样"己"才能在与"他者"的交往中形成一种利人利己、成人成己的良性循环。由此，《金刚经》里佛祖教导弟子说："菩萨为利益一切众生故，应如是布施。"（《金刚经·离相寂灭品》）在这里布施是"己"之付出，一切众生作为"他者"便是布施的对象。这显然是佛家的人己合一之道。

　　正是有缘于此，在佛家的教义中作为六度修行之首的布施，即是指以"己"之福利施于"他者"，使其得到利益的加持。也就是说，不论是用我们的智慧、知识、财力、体力，或用语言用微笑鼓励人、帮助人，只要能让"他者"从困难中得到利益与救助都可称为布施。在佛家看来，布施有十万八千法门，但大致可归为三大类，分别为财物布施、佛法布施、无畏布施。财物布施能使"他者"的物质生活改善，佛法布施能使"他者"的精神生活充足，无畏布施能使"他者"择善而从、勇猛精进。这里诸形态的布施呈现的无非是佛家对"他者"伦理境遇的不同施予，是对"他者"慈悲的具体呈现。这就正如灵隐寺住持光泉师父所言："佛教的慈悲、布施等理念，是佛教慈善文化的具体内涵，也是佛教的根本

---

　　① 赵朴初：《佛教十讲》，宗教文化出版社 1997 年版，第 201 页。

情怀。"①

可见，就人己之辩而言，佛家的布施说阐述的道理与儒、墨诸家持完全相同的立场。比如，墨家断言："爱人者，人必从而爱之；利人者，人必从而利之"（《墨子·兼爱中》），这是一种善的循环；同样的道理，"恶人者，人必从而恶之；害人者，人必从而害之"（《墨子·兼爱中》），这是一种恶的循环。佛家推崇的"诸恶莫作，众善奉行"（《增壹阿含经》）也是类似的立场。这也是中国佛教在本土化过程中除特别推崇观音崇拜外，还特别认可布施心的一个重要缘由。这就正如有学者论及的那样："佛教在中国化的进程中，对中国本土文化汲取最多的一个理念无疑是儒家对利己心的克服与超越之主张。这一点，自唐代以来大江南北四处可见的寺庙里最流行的口头禅'施主'一语中便可形象地感知。这个口头禅的本质是希望每一个信众都成为'布施的主人'。而在印度的原始佛教里其口头禅是'阿弥陀佛'。这一口头禅的本意是'内心的光明'之意。这两个'口头禅'的不同，正是文化传统不同在语言中的流露。"②的确，"施主"这一颇具中国佛教特色的口头禅，其要传递的正是人己之辩中"己"通过布施之类的不断修行，以达成对"他者"的无量功德。这是佛家阐释的人己合一之道。而这一人己观的核心正是以布施心、慈悲心赋予"他者"以伦理境遇。

而且，佛家为了让布施的教义更有说服力，还进行了诸如"不二法门"之类的论证。比如，"自他不二"，就是佛家提出并论证的"己"与"他者"关系的一个真谛。在佛家看来，自我与他者的存在不是对立的，而是圆融合一的。因此一个觉悟的人一定懂得持一份对"他者"的布施心，因为善待他人就是善待自己。以禅宗的口头禅来表达，即是修一份好人缘。星云和尚曾把这个修行概括为"三好"："存好心，说好话，做好事。"③事实上，在现实生活中已经有无数成功和失败的事例表明，一个人缘好的人，其事业一定是好的。

如果撇开佛家"六道轮回"里讲的包括飞禽走兽在内的众形态"他者"，而只是着眼于人道的范围，那么佛家这一倡导对"他者"之爱的思想，作为处理人己关系的一个原则，它强调的是"众生相聚即是缘，故须广结善缘""以和善之心结缘，以惜缘之心布施，以布施之心达和谐、和顺、和睦、和美的觉悟之境"④的平常道理。

① 释光泉：《佛泽》序，张望：《佛泽》，浙江摄影出版社2016年版，第2页。
② 黄寅：《传统文化与民族精神：源流、特质及现代意义》，当代中国出版社2005年版，第305页。
③ 释星云：《迷雾之间·福报哪里来》，台北佛光文化出版公司2014年版，第86页。
④ 释星云：《迷雾之间·福报哪里来》，台北佛光文化出版公司2014年版，第31页。

可见,就人己之辩而言,佛家同样给出了人己合一的立场。这显然是佛家智慧中很高明的待人之道。它能够指导已然习惯于接受个人主义甚至是自我中心主义的现代人领悟出平等、合作、互利、共赢精神的重要性。美国著名的人际关系理论专家卡耐基就曾这样评述过西方无处不在的利己主义文化对他人的伤害:"每个人都有自尊心,员工有自尊心,顾客也有自尊心,都有平等地受人尊重和自我尊重的需要,侵犯了别人的自尊心,就会激起别人的恼怒和不满,人际关系必然受到冲击。而爱的德行则能使自尊得到最好的滋养。"①在我们理解看来,佛家的布施说以及"自他不二"的教义对现代人的启迪意义也正是由此得到彰显的。

讨论并激活佛家教义在人己之辩中的利他主义立场是非常必要的。冯友兰曾断言:"佛教传入中国,是中国历史中最重大的事件之一。从它传入以后,它就是中国文化的重要因素,在宗教、哲学、文学、艺术方面有其特殊影响。"②这也就是说,就人己之辩而论,我们如果缺乏对佛家人己观的考察,那么对古代人己合一之道的当下解读无疑就是不完整的。众所周知,佛教起源于公元前 6 世纪至前 5 世纪的古印度,由古印度迦毗罗卫国(今尼泊尔南部)释迦族的一个王子悉达多·乔达摩创立,它自东汉③传入中国,并在隋唐时期完成了中国化。在这个中国化的进程中,出现了一些很有意思的现象。比如,依据印度原始佛教的义理,拜佛应该比拜菩萨更能获得加持力。④ 但在中国的诸多寺院丛林中,却比比皆是拜观音菩萨的现象。在民间甚至出现"只知观音不知佛""只拜菩萨不拜佛"的奇特景观。不同时代的许多学者对这一现象做过诸多的探讨与解读,常常是见仁见智。其实,对这一现象的最合理解释也许就是,中国佛教这一颇为普遍的观音崇拜,正是对古老中国这一方水土其原生的利他主义与自我牺牲文化传统的契合与相互印证。也就是说,观音崇拜的现象并不是对观音菩萨所谓的有求必应之神力的迷信或顶礼膜拜,其本质正是对古已有之的人己之辩中积淀的人己合一之道的认可与崇拜,是对"他者"伦

---

① 卡耐基:《成功的人际管理》,宁彦等译,河南人民出版社 1989 年版,第 27 页。

② 冯友兰:《中国哲学简史》,涂又光译,北京大学出版社 2013 年版,第 230 页。

③ 佛教何时传入中国历来有不同说法。有一种观点认为佛教在春秋时期便已传入,这种观点甚至认为佛陀不过是老子隐世之后二十九个弟子中的一个弟子。但据冯友兰先生考证,其传入的时间应该是西汉末年至东汉初年,即汉明帝时期(公元 58 年至 75 年在位)。参见冯友兰:《中国哲学简史》(涂又光译,北京大学出版社 2013 年版),第 230-231 页。本书采纳这一说法。

④ 在佛教的修行层次上由低到高依次是罗汉、菩萨、佛。也即是说,就佛教的修行教义而言,佛比菩萨的修行阶位要更高,因而其加持力自然更高。

理境遇的一种佛家特色的加持。

2019年的某一天，浙江舟山接待了来自英国的14位客人。他们不是来参观普陀山这一著名佛教圣地，他们是为祭奠77年前在此遇难的亲人以及感恩当年渔民舍命相救而来。此事经媒体报道后，许多读者由此了解到了二战期间一段尘封已久的往事：1942年9月27日满载1816名在香港沦陷后被俘英军的日本船只——"里斯本丸"，在浙江舟山附近海域遭到美国潜艇的鱼雷攻击而沉没。日军在将关押战俘的船舱封死后弃船而逃。就在这危急时刻，当地群众冒着生命危险，救出了300多名英国军人。这一历史事件折射的正是中华民族历来善待"他者"的优秀品质。中国电影人经过多年的努力，真实还原了这一段几乎要被遗忘的历史。2024年9月6日《里斯本丸沉没》正式在全球公映，赢得了相当不错的口碑。

可见，以儒、墨、佛为主要代表形态呈现出来的中国传统文化具有超越自私利己本性，生成利他主义德性的共同立场。这也是儒、墨、佛诸家之所以预设人性本善的重要学理依据。因为从人性本善的基本理念出发，必然在人己关系问题上倡导利他主义，主张一种仁爱、兼爱、布施情怀的培植和修养。也就是说，在古人看来人己之辩中所做的利他主义抉择，正是一个人战胜兽性，习得人性的基本要求。事实上，这也就是人己之辩中"己"之性善是否养成的最基本标志。这无疑构成中华传统文化在人己之辩中的一个最基本的传承。

值得一提的是，中国古代在人己之辩中积淀的对"他者"的这一伦理境遇，也大量呈现在历代文人的诗词中。我们以唐诗为例，其中便有大量诸如"海内存知己，天涯若比邻"（王勃：《送杜少府之任蜀州》）、"相知无远近，万里尚为邻"（张九龄：《送韦城李少府》）、"以文长会友，唯德自成邻"（祖咏：《清明宴司勋刘郎中别业》）之类的诗句。而且，这种对"他者"的善意不仅体现在对友人："五花马，千金裘，呼儿将出换美酒，与尔同销万古愁"（李白：《将进酒》），也施加在陌生人身上："同是天涯沦落人，相逢何必曾相识"（白居易：《琵琶行》）；不仅是对志同道合者，也宽容地对待"不同调"者："人生交契无老少，论交何必先同调"（杜甫：《徒步归行》）；不仅是在年少得志时善待他人，在垂暮之年也依然如此："少年乐新知，衰暮思故友"（韩愈：《除官赴阙至江州寄鄂岳李大夫》）。古代中国历来推崇"诗教"，中华传统文化在人己之辩中的这一善待"他者"的传统,更是为其增添了一条诗意的传承路径。

二、西方利己主义文化传统的批判与超越

与中国传统文化不同,在人己之辩问题上西方一直有悠久的利己主义传统。西方这一利己主义的伦理观是建立在人类的所谓生存和发展的利己天性(动物性)上的。这种理论认为,人为了生存和发展,就其天性而言一定是自私利己的。这是人作为动物所必然具有的一种自然秉性与生物本能。在当下的西方社会,不仅诸如合理利己主义、自私的基因之类的理论正是由此而被提出并被信奉,而且这一理念还被视为"人性的真理"正借全球化的发展态势被传播到世界各地。因此我们对这一西方传统进行必要的厘清与超越,无疑是充分必要的。

1. 超越利己主义对"己"的执念

就人己之辩而言,在古希腊伦理学的创始人亚里士多德那里,便已涉及"己"之追求自身利益的"生物倾向性"。他认为人一方面是理性的政治动物,另一方面又还总是自然界的一种生命存在,故总有利己的欲望和冲动。① 在亚里士多德之后的中世纪宗教神学家们固然承认人有利己的天性,但认为这与神性相背离,是应该遭诅咒的"恶"之品性。然而,这种对利己倾向的诅咒,并未真正消灭人的天性中真实存在的诸如利己、好色、贪婪之类欲望的骚动与勃发。相反,即使一些宗教神职人员本身也正如意大利作家薄伽丘在其名作《十日谈》②中所尖刻讽刺的那样,是一些道貌岸然的利己主义或纵欲主义者。

文艺复兴运动对中世纪以神性压抑人性的异化现象进行了彻底的批判。在人性问题上,一大批思想家们的观点惊人地一致,这就是承认人的利己天性的合理性。他们认为利己心是人固有的权利,哲学研究应从这种现实的人性出发。这种理念经过启蒙思想家的论证和发展,到了 18 世纪法国唯物主义哲

---

① 《古希腊罗马哲学》,北京大学哲学系外国哲学史教研室编译,商务印书馆 1979 年版,第 121 页。

② 薄伽丘的《十日谈》采用故事会的框架结构把十日里讲述的 100 个故事有机地组成一个叙事系统,深刻地揭露了中世纪宗教神学的黑暗与虚伪。比如第六天故事之十中,善于坑蒙拐骗的教士无耻地骗取乡下人的钱财;第二天故事之五中,大主教下葬的当晚,那些贪婪的教士们就去盗墓等。参见卜伽丘:《十日谈》(方平等译,上海译文出版社 2004 年版)第 306 页、第 109 页。

学家那里得到了全面的阐述，并第一次系统地提出了所谓合理利己主义的思想。

这一时期，主张合理利己主义的思想家们坚信，人己关系中就"己"之本性来说一定是自私利己的，但"己"又必须对这种自私利己之心有所克制，在追求个人利己心的满足和幸福时要兼顾"他者"的存在。否则，自私利己的追求必然要受到"他者"的干扰和阻碍，最终势必危及自我利己心和自我幸福的实现。比如，霍尔巴赫就曾有过如下一段著名的说法："为了自保为了享受幸福，与一些具有与他同样的欲望、同样厌恶的人同住在社会中，因此道德学将向他指明，为了使自己幸福，就必须为自己的幸福所需要的别人的幸福而工作；它将向他证明，在所有的东西中，人最需要的东西乃是人。"①

西方人己之辩中的合理利己主义原则，在德国哲学家费尔巴哈那里几乎达到了最完整而系统的阐发。费尔巴哈从感性主义的人本学理论出发，认为人本质上既然是一个自然的存在，为了维护自己的生命和存在，为了感官的欲望，人必然是追求自我保护的。由此，就人己之辩而论，"己"的本性必然是利己的，而且利己主义的这种本性根植于人的生理的新陈代谢之中，因而与人的生命共存亡。也正是由此，他断言："这种利己主义和我的头一样是这样紧密地附于我，以至如果不杀害我，是不可能使它脱离我的。"②然而，费尔巴哈同时也认为，由于单个的"己"是无法生存的，因而"己"与"他者"之间是相互需要的。这样，他得出的结论便是在追求"己"之幸福的同时必须顾及"他者"和社会的幸福。因为在费尔巴哈看来，个人的利己主义幸福追求，只有在人们的共同生活中才能实现。

费尔巴哈称这是一种"完全的、合乎人情的利己主义"原则。这个原则有两个最基本的方面：其一是正确估计自己追求幸福行为的个人后果，对自己行为要进行合理节制；其二是正确估计自己追求幸福的社会后果，不要影响别人对幸福的追求。这一原则的实施依靠爱，即既爱自己又爱别人的爱。这构成人的另一种本质。费尔巴哈认为正是这个爱的本质使利己主义走向合理有了可能："如果人的本质就是人所认为的至高的规定，那么，在实践上，最高和首要的基则，必须是人对人的爱。"③

---

① 《十八世纪法国哲学》，北京大学哲学系外国哲学史教研室编译，商务印书馆 1979 年版，第 649 页。

② 《费尔巴哈著作选集》（上卷），荣震华等译，生活·读书·新知三联书店 1959 年版，第 565 页。

③ 《费尔巴哈著作选集》（上卷），荣震华等译，生活·读书·新知三联书店 1959 年版，第 315 页。

这就是近代西方文化在人己之辩中形成,并至今仍非常流行的主流文化。而且,借助"西学东渐"的历史机遇,它进入中国后得到了许多国人的认可乃至推崇。可以肯定的是,合理的利己主义伦理原则把被困于中世纪神性压抑和专制统治下的人性解放出来了,这无疑具有历史的进步性。而且,这里还必须指出的是,合理利己主义的理论其实有一个可取之处,这就是它并没有只停留在自私利己的自然本性中认识人性,而是同时还意识到人总处于与"他者"的社会关系之中。因此暂且不论这种伦理主张在实践中是否可行,但至少在理论上它合理地强调了必须兼顾"他者"、自我节制、以爱心引导追求个人的幸福等。可见,这一理论比之极端的利己主义要进步和合理一些。因为它至少认可了"己"之外"他者"存在的合理性。

然而,合理利己主义从根本上讲却是不合理的。因为它不可避免地要在生活实践中使人陷入窘境。因为合理利己主义在人己关系中内含了一种最基本的逻辑:人性是自私利己的。从人性自私利己的基本点出发,因而这种理论仅把自己视为目的,而他人必然地只是实现自己目的的一个手段。这一点,无论是合理利己主义理论的倡导者还是信奉者都明白无误地予以承认的。比如,霍尔巴赫就说:"爱别人,就是爱那些使我们自己幸福的手段,就是要求他们生存,他们幸福。因为我们发现我们的幸福与此相联系。"①爱尔维修则声称:"如果爱美德没有利益可得,那就绝没有美德。"②但问题在于,显然所有的人都要把自己视为目的,而把"他者"作为实现自己目的的手段。而冲突的最终结果又不可能做到合理的自我节制,因为合理的自我节制只是为了实现自我幸福这个目的的一个手段。如果这个目的也在节制的手段中丧失了,那么,不仅自我节制的手段是没有意义的,而且失去目的的手段其本身就不可能再存在了。

正是有缘于此,我们认为在人己之辩问题上,它是一种呈现为对"己"之利己本性过度认同的"执念"。众所周知,作为禅宗的一个重要范式"执念"与八正道中的"正念"相对应,属于要放下或断舍离的念头。否则,它会使人生出贪、嗔、痴等诸多的不自在情绪,以及因这一情绪而滋生的诸多恶行。事实上,因形形色色的利己主义对"己"之本能的执念而导致的恶行,在这个世界上几

---

① 《十八世纪法国哲学》,北京大学哲学系外国哲学史教研室编译,商务印书馆 1979 年版,第 650 页。

② 《十八世纪法国哲学》,北京大学哲学系外国哲学史教研室编译,商务印书馆 1979 年版,第 512 页。

乎每时每刻都在发生着。这也就意味着，放下这一执念便是现代人经常要做的一门修行功课。

也正因为这一"己"之执念的不合理性，故合理利己主义在现实生活实践中最终无非是两种结果：一个是导致极端利己主义行为的出现。因为手段要服从于目的，"合理"作为手段是为了利己之目的服务的。当手段无法"合理"时，目的就会使得他放弃这种手段，从而采取极端自私的行为来实现利己的欲望和目的。这种由合理利己主义走向极端利己主义的情形，在历史和现实中都是屡见不鲜的。合理利己主义在实践中的另一个比较罕见的结果则是导致某种自我牺牲的出现。也就是说，当"合理"的手段与"利己"的目的发生冲突时，人们自觉或被迫地牺牲目的，以维持手段的合理性。而这必然或多或少地以自我的某种牺牲为代价。比如，爱尔维修虽然竭力宣称"人都为利己之目的而存在着"①，但他自己的一生却表明他并没有去追求这一目的。正如我们知道的那样，他在反对专制政府和天主教会的斗争过程中，在书被焚毁、人身遭到攻击甚至迫害的情形下，依然著述不止。这显然不是自私利己之目的所能解释的。也就是说，无论爱尔维修本人是否承认，在他的人生中是超越了自私和利己而具有了自我牺牲精神的。

但问题的严峻性在于，当"合理"的手段与"利己"的目的发生冲突的时候，现实生活中更多的人往往本能地选择"利己"的目的，而弃"合理"的手段不顾。这就是合理利己主义之所以不合理的现实生活印证。这也就是我们为什么要断言，在人己之辩中合理利己主义是一种对"己"之利己本性的执念的缘故。我们必须在学理逻辑与生活实践层面厘清其不易被看清的利己主义本性。

从我们对合理利己主义的学理剖析可以看到，西学东渐过程中进入中国的西方思潮的确有极大的似是而非性。为了澄清其中的是与非、善与恶，亟须我们做好正本清源的工作。中共中央、国务院于2019年颁布的《新时代公民道德实施纲要》正是基于这一现实背景："党的十八大以来，以习近平同志为核心的党中央高度重视公民道德建设，立根塑魂、正本清源，作出一系列重要部署，推动思想道德建设取得显著成效。"②对这段文字，正如有学者评论的那样："如果说'立根塑魂'是用爱国主义、集体主义、社会主义进行正面引导的话，那'正本清源'就是对形形色色的利己主义，以及由此衍生的拜金主义、享

---

① 《十八世纪法国哲学》，北京大学哲学系外国哲学史教研室编译，商务印书馆1979年版，第513页。

② 《新时代公民道德实施纲要》，人民出版社2019年版，第2页。

乐主义的错误予以清理与批判。"①

可见,无论在西方还是在中国有多少合理利己主义信奉者的存在,也无论有多少合理利己主义者振振有词地申明,他们在合理利己主义原则引领下找到了利己与利他之间所谓的平衡,我们想指出的是:合理利己主义依然是一种利己主义,只不过这是一种在人己之辩问题上羞羞答答的利己主义。而且,合理利己主义的"合理"手段因为利己主义的目的,在对"己"之利己目的与对"他者"之合理手段发生冲突的情形下是无法真正地被实现的。也是因为这样的缘故,我们主张激活并回归中国古代推崇的人己合一之道就彰显出非常强烈的现实必要性。

2. 批判自私基因论对"他者"的漠视

就人己之辩而言,西方利己主义文化的世代传承至今不仅依然坚守自私、利己的文化立场,而且在当代还出现了诸多新的形态。其中最具代表性的莫过于"自私基因"论。

众所周知,与中国古代哲人瞩目"人之异于禽兽者"(《孟子·离娄下》)的传统不同,在西方文化的演进与传承中,学者们更认同人本质上就是动物的结论。在人禽之辩中,古希腊哲人关于人的最著名的一则定义就是:"人是直立行走的动物。"近代西方主张进化论的生物学家坚信人类只是某一物种的延续。这也正是达尔文学说在西方为什么会产生那么惊世骇俗的影响力之重要缘由。对此,美国著名的历史学家理查德·霍夫斯塔特曾这样写道:"这个绝妙的真理被提出、辩论、确立,实属几个世纪都难得的机遇。"②于是,因为达尔文学说的加持,西方学者们愈加确信人作为动物与其他物种一样,不可避免地遵循着弱肉强食、适者生存的丛林法则。如果霍布斯说"人对人像狼"还附加了定语"自然状态"的话,那么当代英国学者道金斯在《自私的基因》一书中则用实验的观察与统计数据,证明了人从基因深处就注定了与动物一样自私。而且,在他看来基因的这种"为自己的目的"是普遍而永恒的。③

在道金斯看来,生存竞争实际上是"自私的基因"竞争。他认为,植物、动物、人类不过是具有"自私的基因"的生存机器。这种生存机器原初非常简单,

---

① 如何解读《新时代公民道德实施纲要》的现实意义,人民网·大家时评,2019-12-10-19:51。

② 理查德·霍夫斯塔特:《社会达尔文主义》,魏琦梦译,中国科学技术出版社 2024 年版,第 2 页。

③ 道金斯:《自私的基因》,卢允中译,吉林人民出版社 1998 年版,第 11 页。

随着时间的推移变得越来越复杂,而人便是这种生存机器的最高形态。DNA就是居于人体中的自私基因。在道金斯看来,所有的生存机器(包括人类)的行为都受"自私的基因"的指挥和操纵。为此,道金斯曾在《自私的基因》一书中表述他的如下观点:"这种基因一代又一代地从一个个体转移到另一个个体,用它自己的方式和为自己的目的,操纵着一个又一个的个体。"①在道金斯看来,基因的这种"为自己的目的"是永恒不变的,而且是冷酷无情的。这样,凡是从生存竞争中生存下来并能获得发展的基因,总是"自私的基因",这在人的基因DNA中表现得最为明显。正是由此,他提出了人性受"自私的基因"支配的基本命题。

道金斯的这种理论不仅对进化论、生物学、动物学产生了重大的影响,而且也对人类学如何认识人自身的本性产生了近乎颠覆性的影响。一些学者认为,如果从这样一个理论出发去观察人的行为,可以毫无悬念地认定人人皆受"自私的基因"所支配。受这种控制的人的行为在价值取舍上总是倾向于个体自身的生存和发展。一旦缺乏这一条件,人的生命个体就会消失。当然,道金斯也承认人是有理性意识的,人能生成理性并借助于意志去谋求自身的生存需要与"他者"及社会的某种协调性。但是,只要把人的行为作生物学的透视就会发现:人的行为其生理的、本能的机制无不受DNA的基因支配。这种支配作用因人而异和人格相关,可能很直接也可能很间接,可能很强烈也可能很微弱,但毕竟永远存在着。从这一点上讲,道金斯的一个最终结论是:基因是自私的,因而人性也是自私的。这一结论在科学主义②占据主流话语权的当代西方似乎被认为是确信无疑的。正是在这种确信的语境下,诸如"人对人像狼""他人即是地狱"之类的执念便肆意流行。由此也就注定了,当今西方社会像中华传统文化那般对"他者"赋予的伦理境遇自然也就无法实现。

然而,西方学者借助生物学所得出的结论并不意味着人性的问题便已然昭然若揭了。事实上,对人性是否自私问题的研究,如果立足于中国传统文化

---

① 道金斯:《自私的基因》,卢允中译,吉林人民出版社1998年版,第11页。

② 科学主义(Scientism)是指主张以自然科学的实证手段为整个学说的基础,并确信它能解决一切问题的哲学观点。科学主义盛行于当今西方学界,它把自然科学奉为哲学的标准,自觉或不自觉地把自然科学的方法论和研究成果简单地推论到社会生活中来。如果说文艺复兴以来人文主义(Humanism)是西方文化主流的话,那到了19世纪随着科学技术越来越彰显其力量,科学主义便逐渐占据主流。事实上,当今社会由于科学主义的泛滥,以所谓的科学结论的普遍性(或统一性)而对人类社会的人文关怀、人性尊严的维护以及对"他者"的道德宽容、自我价值的多元实现等均构成了巨大的威胁。

中的人己合一之道,尤其是立足儒家伦理历来推崇有加的仁道立场,那么我们也许就可廓清其中的迷雾。

在儒家看来,人固然有来自生物学(禽兽)的自私本能,但是人更有使自己超越生物学本能的利他主义德性,即以仁义为核心道德理性。人正是因此而成了人。以儒家的这一立场而论,生物学的研究仅仅是生物学意义上的,这不过是人性问题在天性(自然性、动物性)层面的一个事实存在。也就是说,借助于儒家在人己之辩中的仁道立场,我们真正考察人性问题就必须从生物学的结论中走出来。因为这里有一个简单却无比重要的事实:人不仅仅是一般的动物,而是社会的动物,并因为对这一社会性的理性认知和洞察,人就成了可以在后天生成利他主义德性来超越利己本性的动物。而这正是人之所以为人的最本质规定和最基本的内涵。可见,如果只是限于生物学的动物性上来把握人类本性,其结论必然失之偏颇。

早在春秋战国时期的古代哲人就敏锐意识到对人身上动物性(兽性)超越的充分必要性。比如,孟子就论证过仁义之德性是人与禽兽的根本差别之所在:"人之所以异于禽兽者几希,庶民去之,君子存之。"(《孟子·离娄下》)这里提及的"几希"之物在孟子看来,就是仁义之德。"人之有道也。饱食、暖衣,逸居而无教,则近于禽兽。"(《孟子·滕文公上》)孟子甚至告诫说:"仁义充塞,则率兽食人,人将相食。"(《孟子·滕文公下》)可见,以孟子的人性论看来,一旦仁义之德对人性润泽的通道被堵塞了,人天性中原本就存在的兽性就会大发,人与人之间就会如动物那般相互猎食。这无疑是人己关系中最残酷、最没有人性的现象。

尤其值得指出的是,也许正是基于对儒家成人之道思想的无视或无知,我们还发现有一种观点恰恰来自对生物学意义上"自私"概念的误读。事实上,即便在道金斯那里,"自私的基因"也有其特定的含义,它是指基因得以生存和发展的必要条件。这与伦理学中用以指称那些自私者行为的"自私"是两个不同的概念。生物学家只是用"自私"来概括人之生物本能的一种利己倾向而已,人类社会中出现的"自私"其特定的含义是指只顾自己不顾他人,或指损人利己的那些行为价值取向。关于这一点,道金斯本人也再三重申,人类由于受文化、教育及法治的社会环境等后天获得性因素的影响,可以摆脱"自私的基因"的控制,并能够自觉地有意识地选择某些利他行为。因为人类面对自私基因的作用"至少可以有机会去打乱它们的计划，而这是其他物种未能做到的"①。这正是人来源于动物，但又高于动物的地方。

道金斯这里提及的"人类由于受文化、教育及法治的社会环境等后天获得因素的影响"而可以超越自私的结论，显然是其合理性的地方。但道金斯同时又充满自信地认为，近代以来由契约论发展而来的法治完全可以把"自私的基因"控制在合理、有序的范围之内。② 这事实上便跌回到了"法治万能论"的窠臼。事实上，现代社会固然是法治社会，但法治也有其内在的局限：一方面法律法规是可以被违背的，所谓的法不责众甚至是以身试法指的就是这种情形。另一方面社会生活的复杂性必然地存在着大量的法律法规盲区，即所谓的法不能及的情形。这就要求实施法治的同时需要德治的齐头并进，需要德治精神的弘扬以涵养向善之心、敬畏之心，从而达到"从心所欲不逾矩"（《论语·为政》）的自觉与自由状态。中国古代的儒法之辩涉及的正是这一问题。而且，我们想特别提及的一个事实是，就总体而论，以儒家为道统的中华传统文化更推崇"以德为本"的德治路径。这就如孔子归纳的那样："道之以政，齐之以刑，民免而无耻；道之以德，齐之以礼，有耻且格。"（《论语·为政》）

可见，道德和法律这些人类文明与文化的存在物，恰恰表明人和动物一样虽然具有"自私的基因"，但人类并不能因此必然在后天的社会活动中形成自私人性。因为人必然和动物不一样。以马克思主义的立场而论，这是因为人在改造外部自然的同时也改造了自身的自然属性。也就是说，人类在进化过程中逐渐获得了区别于其他动物的体质形态、大脑结构等生理方面的特征，同时又凭借这种特有的肉体组织特征不断适应以生产劳动为主要形式的社会活动。正是由此，人和动物虽都有满足肉体生存的需要，但人的需要是积极的，它会随着生产力的提高和社会化的加剧而呈现出一个不断超越的过程。而且，在劳动中产生的新的需要——享受需要、发展需要和精神需要，则完全是专属于人的需要。法治精神和道德情怀以及其他的诸如审美需求等就是这一精神需要的衍生物。于是，在人类的活动中，吃、喝不只是充饥而成为美食，两性交往不只是性欲的满足而成为爱情，如此等等。比消极的享受更高级的是发展需要，那就是表现自己的生命力，发展自己的潜能，实现自我的需要。特别重要的还在于，即便是肉体的生存需要，也已不是纯粹本能式的需要，它是

---

① 道金斯：《自私的基因》，卢允中译，吉林人民出版社 1998 年版，第 139 页。
② 道金斯：《自私的基因》，卢允中译，吉林人民出版社 1998 年版，第 202 页。

作为人的需要结构中的一个层次而产生的。正是由此,马克思断言:"有意识的生命活动把人同动物的生命活动直接区别开来。正是由于这一点,人才是类存在物。"①

　　　从文字学的视阈看,中国古代先民不仅有"人,仁也"的阐释,而且还进一步创造了"仁者,二人"的文字样态。"仁"字表达的这一"己"与"他人"这二人须合二为一的会意成词,以无可辩驳的事实证明了中国古代从文字产生的那一刻起,就自觉意识到超越利己主义天性(即"己"之动物性、生物学视阈下的本能特性)与培植起利他主义德性(即将"他者"也作为人来善待)对于成为人的充分必要性。否则,人就无法成为人。这一中华优秀文化传统在当今世界的继承与弘扬,对于我们厘清西方文化中所谓的"人对人像狼"(霍布斯语)、"他人即地狱"(萨特语)、"自私的基因"(道金斯语)的迷障,构建起人与人、国与国、民族与民族的和谐关系,无疑具有清晰明了的价值观指引。

　　可见,正是人类特有的这一类本性,使得在诸如人己之辩中"己"可以超越自私、利己本能,从而赋予"他者"以伦理境遇。在这一点上,马克思主义与古代中华优秀传统文化有了深刻的契合性。

　　值得欣慰的是,在西方文化弥漫着自私基因论的语境下,一些推崇马克思主义立场的学者开始也对此进行了批判。比如,新弗洛伊德主义者弗罗姆在批判弗洛伊德的自然主义倾向时曾这样写道:"人之存在的本质特征是:他已逾越出动物王国与本能相适应的藩篱,超越了自然(尽管他绝不可能最终完全摆脱它,且将始终是它的一部分)。而一旦人脱离了自然,他便丧失了返还它的任何可能性;……人别无选择,他必须舍弃那已无可挽回地丧失了的前人类特性,不得不发展其理性,追寻新的人性的和谐,并不断朝前走下去。"②

　　可见,与中国古代人禽之辩积淀的立场相类似,西方马克思主义者也开始从人何以为人的视阈讨论动物性的超越问题。他们相信人类通过活动不仅使外部自然的性质越来越人化,同时也使自身的自然本性(天性、兽性、动物性)越来越人化。这种人化进程突出地表现为两个方面:一是人为了生存而必须

　　①　《马克思恩格斯全集》(第 42 卷),中共中央马克思恩格斯列宁斯大林著作编译局译,人民出版社 1979 年版,第 96 页。

　　②　弗罗姆:《爱的艺术》,陈维纲译,四川人民出版社 1986 年版,第 8 页。

在社会协作中进行的劳动作为一种不可逆转的推动力，支配着人类进化的方向，驱使人的体质形态、大脑组织等不断适应社会生活的需要；二是社会化的劳动使人的需要对象和内容以及满足需要的方式，不断趋于丰富和完善。这也就是说，不能把人的自然属性同动物的自然本能相提并论，人的自然属性是对自身动物本能改造之后的结果。正是由此之故，我们如果把自私利己理解为人性的本质，那显然是缺乏依据的。这也正是许多西方马克思主义者在"回归马克思""保卫马克思"的过程中，为什么会特别强调人的自然存在要高于动物的自然存在的一个重要理由。这显然为人己之辩中扬弃古希腊以来过于肯定人之诸如自私利己之类自然性的弊端提供了重要的学理依据。

更值得欣慰的是，西方马克思主义学派中还有一些学者主张直接回归到孔夫子主义(Confucianism)的立场。这正是在人己之辩中海外新儒家一些学者往往要从人和动物(禽兽)区分来批判与超越西方利己主义的精深用意之所在。尽管海外新儒家具体的学术主张颇为不同，但以人禽之别来强调超越利己之心这一点上几乎是共同的。此外，一些虽不属于新儒家学派，但却认可孔子思想的学者也在这方面发表了诸多真知灼见。比如德国存在主义哲人雅斯贝尔斯就曾说"人的本质是仁"①，即认为仁是人性与动物性的本质区别之所在。在他看来，人和动物的区分固然有很多方面，但是超越自私利己的自然性(兽性)的能力显然是最主要的方面。

重要的还在于，在中国古代不仅儒家，道家、佛家、墨家等诸子百家基本都持这一立场。也就是说，它代表了中华传统文化在人己之辩中一个最基本的立场。而主张超越"己"之自私利己之类的动物性而生成利他主义的德性，从而自觉地赋予"他者"伦理境遇正是由此成为可能的。

三、人己合一之道内蕴的现代价值发掘

马克思说过："哲学家们只是用不同的方式解释世界，问题在于改变世界。"②从人己之辩的角度来解读中华传统文化中形成的人己合一之道，它涉

---

① 何兆武等主编：《中国印象——世界名人论中国文化》上册，广西师范大学出版社2001年版，第320页。

② 《马克思恩格斯选集》(第1卷)，中共中央马克思恩格斯列宁斯大林著作编译局译，人民出版社2012年版，第136页。

及的是作为"己"的个人与作为"他者"的个人之间的矛盾关系的理性解决。它否定了西方文化将"他者"视为异己性存在的二元论思维,它主张人己之间要体悟将心比心、自他不二的圆融之道。在人际关系中越来越凸显出利己、冷漠、内卷之类消极现象的当今社会,这一人己合一的中华文化传统其内蕴的以文化人智慧几乎是不证自明的。新时代中国共产党人在人己之辩问题上对这一优秀传统文化的批判性继承与创新性发展,正改变着当今中国乃至世界在人己关系问题上的诸多不尽如人意的现实,从而为美好生活的向往与追求提供了人己观方面的积极规范与价值引领。

1. 笃行立德树人的理念

著名的现代化问题专家阿历克斯·英格尔斯有句在学界流传甚广的名言:"现代化首先是人的现代化。"[①]同样的道理,中国式现代化的最重要前提无疑是人才的培养。而人才培养首要的任务就是立德。德若不立,人便无安身立命之基。这就是"大学之道,在明明德,在亲民,在止于至善"(《大学》)阐明的道理之所在。正是对这优秀文化传统的继承与创新,党的二十大报告明确指出:"育人的根本在于立德。要全面贯彻党的教育方针,落实立德树人根本任务"[②];"要实施公民道德建设工程,弘扬中华传统美德,加强家庭家教家风建设,加强和改进未成年人思想道德建设,推动明大德、守公德、严私德,提高人民道德水准和文明素养。"[③]

作为人己合一传统之现代智慧开掘的重要维度之一,那就是我们必须旗帜鲜明,并久久为功地落实好立德树人这一教育的根本使命。因为从人己之辩的视阈而论,"己"之德性的生成,不仅可以赋予"他者"以伦理境遇,更证明了"己"在成人之道方面的完成。在这个过程中,如果我们太执念于利己主义立场,或沉湎于自私基因论无法自拔,那我们就无法成为有德之人。

为此,我们需要旗帜鲜明地反对"与市场经济相匹配的道德原则是合理利己主义""在利他主义与利己主义中确立第三种真正道德——合理利己主义"之类的错误论调。我们必须清晰而明确地意识到,立德树人之"德"对于人性的充分必要性。这就正如孟子所论证的那样,人就其动物性而言的确存在极

---

① 英格尔斯:《人的现代化——心理·思想·态度·行为》,殷陆君译,四川人民出版社 1985 年版,第 7 页。

② 《党的二十大文件汇编》,党建读物出版社 2022 年版,第 26 页。

③ 《党的二十大文件汇编》,党建读物出版社 2022 年版,第 34 页。

多的诸如自保、贪婪、好色之类的利己天性，但人和动物的根本区别恰在于人有超越这些天性的能力，在人己关系中生成仁、义、礼、智这些最基本的德性。也正是从这个意义上我们可以说，道德本质上就是对人性的自觉规范。① 如果依然只是以利己主义、自私的基因作为行为的基本出发点，那道德的存在就没有必要了。因为从某种程度上讲，"利己主义""自私的基因"是每个人从自然本能的特性上讲就客观存在的，而道德存在对人生之所以必要是因为正是在道德中人借助于自觉的理性和意志，对这些自然本能的属性进行自觉、自愿地规范。一旦没有了这些自觉、自愿的规范，那么人就降低为一种只凭借生存竞争的自然法则而生存的动物性存在了。从这个意义上讲，道德的自我规范，对人性显示了最重要的意义。如果把这一点也任性地称之为道德说教，那么，"人"无疑就丧失了人之为人的最基本规定。这是立德树人的人本学依据。

　　在辜鸿铭看来："在人类社会的初始阶段，人们不得不利用物质力量来压抑和克制其内心的情欲，这样，原始人群就不得不受制于纯粹的物质力。但随着文明的进步，人类逐渐发现，在征服与控制人类情欲方面，还有一种比物质力量更加强大和更加有效的力量，名之曰'道德力'。"②远古时期借助外在的甚至是神秘的"物质力"来制约内心的情欲，中西文明史上均出现过。但基于对现存的远古神话传说以及原始部落的考古发掘等资料的梳理与研究，我们有理由认为，中华先民是世界上诸多古老民族中最早认识到"道德力"的族群之一。比如，在远古的夸父逐日、女娲补天、精卫填海等神话传说中我们都可以感受到先民们敢于超越生物学方面诸如自私、利己、贪欲、好色等天性，勇于自我牺牲的道德情怀。走过了远古时代的中华文明以儒家为主要代表，将这一推崇"道德力"的传统继承、创新并形成了系统的德性理论。

　　而且，中国古代以儒家为主要代表的这一德性理论与马克思主义的立场非常地相似和契合。众所周知，马克思主义的人性理论一方面承认人有"饮食男女"之类的自然本能的属性："吃，喝，生殖等等，固然也是真正的人的机能。

---

① 关于道德的本质是什么问题学界是有争议的。本文作者汲取中国古代儒家文化的思想资源，曾提出过如下的观点：道德的本质就是对人性中的动物性（兽性）所作的自觉、自愿从而也是自由的规范。参见张应杭：《伦理学概论》（浙江大学出版社 2009 年版），第 37 页。
② 辜鸿铭：《中国人的精神》，黄兴涛等译，中国人民大学出版社，2023 年版，第 2 页。

但是,如果加以抽象,使这些机能脱离了人的其他活动领域,并成为最后的和唯一的终极目的,那它们就是动物的机能。"①这些"动物的机能"我们暂且可以称之为这是自私、利己的天性。但另一方面马克思又认为人的本质是社会关系的总和②,人注定要处于一定的社会关系之中,他总是自觉地意识到自己与他人、与集体、与社会处于一种铁定的不可分离的联系之中。这样,尽管人和动物一样有自私、利己的本能特性,但人却能够为维护一定的社会关系而自觉地以理性和意志来规范这种本能属性。正是由此,人便不可能像动物那样在生存竞争的搏杀和争斗中去实现自己的天性,而总是能依据和遵循一定的社会为其成员制定的行为规范和法则,去实现自己的各种人生追求。"这些行为规范、准则内化为每个人内心的确信不移的信念,便是道德规范;而这种确信不移的信念以一个稳定的价值目标的方式表现出来,即是道德信仰。"③这便是马克思主义理论对立德树人的学理阐释。

可见,无论是基于中华优秀传统文化,还是马克思主义的视阈,道德对人性都显示了最充分的必要性和重要性。这可谓是当下我们在推进中国式现代化的伟大实践进程中,始终笃行立德树人理念的社会本体论依据。我们唯有坚定这一认知,才能够真正为中华民族伟大复兴提供强大的精神动力。

正是有缘于此,在人己之辩中的利己主义与利他主义之争,以及与此相关的是否必须赋予"他者"伦理境遇的问题上,我们能否形成共识就具有了重要的意义。在这个问题上,我们想特别阐明一个重要立场,那就是,就人己关系而言,道德之为道德其本身内含了利他主义的倾向。因为规范"己"之自私利己天性,就内含了某种程度对"他者"的伦理义务。事实上,通常所谓的道德境界的高尚与否,无非也就是行为中是否具有或具有多少对"他者"的利他主义和自我牺牲精神。因此我们认为自近代以来一些西方学者把合理利己主义奉为人生的一种道德原则,恰恰是非道德的。或者说这种追求正是对道德本质的否定。当然,我们同时必须强调的是,道德对"己"之自私利己本性的规范不是否定它,而是以对"他者"的伦理义务去调整、规范或节制这些自然本性,使"己"在与"他者"交往中因利他主义乃至自我牺牲的德性而被他人悦纳、被社

---

①　马克思:《1844 年经济学哲学手稿》,中共中央马克思恩格斯列宁斯大林著作编译局译,人民出版社 2014 年版,第 51 页。

②　《马克思恩格斯选集》(第 1 卷),中共中央马克思恩格斯列宁斯大林著作编译局译,人民出版社 1995 年版,第 56 页。

③　季塔连柯主编:《马克思主义伦理学》,黄其才等译,中国人民大学出版社 1984 年版,第 15 页。

会首肯。这正是人己之辩中立德树人的要义所在。它与诸如合理利己主义、自私基因论等格格不入。

于是，我们要进一步探讨的问题便是：既然合理利己主义是一种不合理的追求，那为什么在当今中国的自我人生实践中，人们又重提合理利己主义这一西方文化的"舶来品"，并冠之以"真正的道德原则"之美誉？它为什么会有那么多信奉者和实践者？这不能不引起我们的深思。其实，正如黑格尔"凡是现实的总是合理的"[①]这一名言所说的那样，在当今一些中国人生活实践中出现合理利己主义的追求，也应作如是观。也就是说，这种追求的出现显然具有某种必然性。我们认为对这个必然性至少可做如下三方面的分析。

其一是经济改革与市场经济的发展所使然。经济改革在带给中国社会令世界为之瞩目的成就的同时，也不可避免产生一些消极的影响。仅就人己关系方面的影响而言，一方面随着经济体制的改革而出现的个体经营、民营企业以及个体所有制在很多方面为"己"之自私利己欲望提供了某种现实依据。另一方面市场与商品经济中的交换原则、货币拜物教的产生，又加剧了这一自私利己观念的滋长。于是，竞争、优胜劣汰等观念便在许多人那里以利己主义的形式表现出来，只要不犯法、不昧良心，亦即是坚持所谓的合理原则，许多人便公开在自己的人生哲学旗帜上写上"利己主义"的字样。

其二是对以往共产主义道德教化中过分强调自我牺牲说教的逆反。马克思主义是我们的主流意识形态。马克思主义倡导的最高伦理境界当然是大公无私的共产主义道德。但是，在相当一段时期以来，我们的道德宣传和道德教育无视我们处在社会主义市场经济这一发展阶段的客观事实，总是片面地以最高形态的共产主义道德比如自我牺牲、公而忘私来要求社会的每一个成员；与此同时，在人己之辩中我们的道德教育又无视或很少论及"己"之个人利益的正当追求，一味地被要求承担对"他者"的伦理义务。理论与实践上的这一片面性，终于导致了现实生活中的物极必反。

其三是西方伦理观念的影响和冲击。改革开放对当今中国人观念的一个最大影响是西学东渐语境下西方文化的大规模涌入。从文艺复兴开始，西方文化就形成了根深蒂固的利己主义价值思潮，并一直成为近现代以来西方文化的主流价值取向。由于我们一方面在经济领域的变革，强调发展市场经济，

---

① 转引自恩格斯：《路德维希·费尔巴哈与德国古典哲学的终结》一文，参见《马克思恩格斯选集》（第4卷），中共中央马克思恩格斯列宁斯大林著作编译局译，人民出版社1995年版，第215-216页。

弘扬个体生命的自主意识,并鼓励一部分人通过正当谋利率先富起来。这就为利己主义提供了某种滋生的社会土壤。另一方面,我们又强调对外开放,向西方学习一切对中国走现代化道路有益的东西。于是,西方这样一个有着悠久利己主义传承的伦理价值观,便随着开放不可遏制地在当今中国拥有了一些信奉者和践行者。

其中特别值得指出的是亚当·斯密的影响。作为古典政治经济学的创始人亚当·斯密明确地把人性中的自私利己特性看成是市场经济行为的天然推动力。在他看来没有自私利己这一天性,市场经济本身是无法理解的。正如有学者指出的那样,一些人尽管害怕亚当·斯密的这一结论,但是其内心却又不得不承认这一结论。[①] 也就是说,在许多人看来,市场经济必然使活动主体成为锱铢必较的"经济人"。于是,信奉利己主义或合理利己主义原则便成为"经济人"行为的基本准则。而且,这一利己主义原则不仅被学者认为是市场经济活动得以开展的事实前提,而且也被认定是最基本的道德原则。[②] 这就把在市场经济条件下利己主义作为一种"经济人"行为基本原则的合理性直接推导出它也是"道德人"行为的基本原则。由此,在一些人那里利己主义作为现实的经济法则便被简单地推衍为一条基本的道德法则。正是基于这一历史与现实语境,古代人己之辩中积淀下来的对"他者"的优秀传统诸如将心比心、推己及人、助人为乐等则被视为道德说教而任性地被抛弃了。

可见,合理利己主义的追求在当代中国的出现具有某种必然性。无论承认还是否认这一点,这种价值追求在相当一部分人的自我人生实践中已是一个客观的事实存在。然而,正如恩格斯指出的那样,当黑格尔说"凡是现实的都是合理的"这个命题时,他却以隐晦的形式表现了另一层含义:"凡是不合理的终将丧失其现实性。"亦即是说,从发展的观点来看,那些现实性的东西,如

---

① 彼得·J.多尔蒂:《谁害怕亚当·斯密——市场经济如何兼顾道德》,葛扬等译,南京大学出版社 2009 年版,第 171 页。

② 新古典主义主流经济学从其功利主义伦理学的推理出发,认定完全竞争的市场安排是"最优"和"最合理",因而实际上必须默认它也是"最合乎道德"的。经济学家茅于轼甚至提出了一条原则:凡是能够促进社会经济发展的,都是符合道德的。茅于轼还推论,交换的目的就是赚钱牟利,既然交换可以为双方带来利益,那么赚钱牟利就是符合道德的。可以说,这是当代主流经济学之伦理基础(即功利主义伦理观)最浅显的表达。这一经济伦理观,与新古典主义经济学所暗含的"能达到社会最大多数人的最大利益(即帕累托最优)的机制安排是最合理因而也是最道德的"价值观是完全一致的。参见茅于轼:《中国人的道德前景》(暨南大学出版社 1998 年版),第 45 页。

果其逐渐丧失了合理性，那么最终就会被新的现实性所取代。① 当今中国在一些人那里极为信奉的合理利己主义的自我人生价值追求，可以肯定地说，从最终意义上讲也将丧失其合理性。

重要的还在于，正如我们在历史与现实中看到的那样，这种合理的利己主义往往使人走向极端的利己主义，以其贪婪、不诚信、不择手段地攫取私利而走向人性的堕落。在当今中国的道德生活实践中，此类教训比比皆是。可见，无论合理的利己主义拥有多少信奉者，也无论这种所谓的真正的道德原则具有多大的吸引力，我们都必须坚定自己的认知信念：只要道德是对人性向善的一种规范，那么，任何形式的利己主义都只是一种非道德的追求，都只会导致人性的放任和堕落。

也许正是因为看到了这一点，在人己之辩问题上，当下的中国尤其强调激活与创新中华文化中彰显的利他主义传统，强调清算与超越西方形形色色的利己主义价值观带来的消极影响，就有了充分的学理逻辑与现实依据。立德树人这一育人理念的强调，显然是人己关系中当今中国社会一个回归传统且带有标志性意义的呈现。

事实上，对于古代人己之辩中积淀下来的以仁爱为核心立场的中华优秀传统美德，中共中央在《新时代公民道德建设实施纲要》中明确提出必须予以继承与弘扬："我们要深入阐发中华优秀传统文化蕴含的讲仁爱、重民本、守诚信、崇正义、尚和合、求大同等思想理念，深入挖掘自强不息、敬业乐群、扶正扬善、扶危济困、见义勇为、孝老爱亲等传统美德，并结合新的时代条件和实践要求继承创新，充分彰显其时代价值和永恒魅力，使之与现代文化、现实生活相融相通，成为全体人民精神生活、道德实践的鲜明标识。"②

可以肯定地说，人依据什么成为人的问题在中西文化中显然有各种各样的学说。在中国古代，占据"道统"地位的是儒家的观点。这一观点认为正是对"他者"的仁爱之德使"己"成人。值得欣慰的是，儒家伦理的这一"成人"之道作为中国智慧正引起全球学者的关注。2018 年 8 月 13 日在北京召开了第24 届世界哲学大会。这不仅是始创于 1900 年的世界哲学大会首次在中国举办，而且也是首次以中国哲学传统作为基础学术架构的一次全球哲学盛会。

---

① 《马克思恩格斯选集》(第 4 卷)，中共中央马克思恩格斯列宁斯大林著作编译局译，人民出版社 1974 年版，第 211-212 页。

② 《新时代公民道德建设实施纲要》，人民出版社 2019 年版，第 8 页。

这次大会的主题便是"学以成人"(Learning To Be Human)。① 这一主题凸显的正是古老中国的智慧,即成人不是一个自然的过程,它需要学习诸如人己、义利、欲理(道)之辩中的义理,并在对这个义理的认同过程中既内化于心,又外化于行。正是由此,人才从动物(禽兽)世界里分离出来而成了人。赴会的诸多学者高度评价了这一大会主题及内含的伦理智慧。

> 林语堂先生当年给西方人介绍孔子学说中"仁"的确切内涵时用了real man 一词,他解释说:"孔子哲学的精义,我觉得是在他认定'人的标准是仁'这一点上。设非如此,则整个儿一套儒家学说就完全破产,也毫无实行的价值了。"② 林语堂的解读与翻译是对的。事实上,在古代汉语中"仁"与"人"不仅意思一样,发音也相同。而且,林语堂坚信儒家"以仁成人"的中国文化立场,对消弭"人是直立行走的动物"这一西方文化的弊端,对超越"人对人像狼"之类的利己主义算计与丛林法则的信奉具有强烈的现实针对性。

可见,在人己之辩问题上传统的成人之道从孔子到孟子到董仲舒,再到朱熹到王阳明无一例外地崇尚对"他者"的利他主义抉择,对"己"则主张超越自私利己的天性而培植起利他之德。正是在这个对"他人"与对"己"的双向伦理抉择中,人才真正成为"人"。事实上,汉语成语中诸如"以德配天""厚德载物""德高于才""年高德劭"之类的说法,无一不是立德树人这一中国文化智慧的具体表述。纵观今天许多高学历、高智商却因缺乏利他情怀,被一己私欲遮蔽而铸下人生悲剧的官员、学者、企业经营者,无疑让我们更加坚定了回归人己合一这一优秀传统文化立场的信心。

2. 利他主义德性的涵养

在人我关系中否定了"己"之利己自私人性的合理性之后,人己合一传统之现代价值开掘的更重要维度无疑是对"他者"利他主义德性的涵养。从"学以成人"的德性培植逻辑而论,这是一个否定之后的肯定过程。事实上,就人己之辩而论,在古代中国一直推崇的很多道德范式至今具有相当的现代性。新时代的中国共产党正在当代中国人的家庭生活、职业生活、社会公共生活等

① 王博主编:《学以成人——第 24 届世界哲学大会论文精萃》,商务印书馆 2024 年版,前言。
② 林语堂:《中国哲人的智慧》,中国广播电视出版社 1991 年版,第 11 页。

领域里予以积极地继承和创新。

比如孝亲之德。这一行为范式的基本要求是对父母及长辈的爱。从人己关系而论,孝亲是对最亲近的"他者"(父母)的爱,即"善事父母为孝"(《尔雅》)。东汉的文字学家许慎正是这样解这个字的:"孝,善事父母者,从老省、从子,子承老也。"(《说文解字》)在这里,许慎从文字学的构造上解释了孝的内涵:它是"老"字省去右下角和子女之"子"字组合而成的一个上下结构的会意字,即父母年老了,做子女的要居下位而侍奉上位的父母。可见,孝道的本意其实正是人己合一之道在作为子女的"己"对作为"他者"的父母长辈之爱的具体体现。正是基于这样一个推己及人的伦理立场,儒家把孝视为最基本的仁道:"孝悌也者,其为仁之本与。"(《论语·学而》)孟子也说:"孝子之至,莫大乎尊亲"(《孟子·万章上》)。而且,儒家认为孝道还是推己及人之道的起点,即古人所谓的百善孝为先。

值得一提的是,在古代中国孝亲不仅仅是儒家的伦理立场。如《墨经》也云:"孝,利亲也。"汉代贾谊的《新书》也有"子爱利亲谓之孝"之说。事实上,先秦至汉唐的文献基本上都推崇孝道。但自五四倡导新文化运动以来,孝亲这一文化传统遭遇到了空前的批判与否定。毋庸讳言的是,几千年传承下来的孝文化肯定存在着诸如无视子女的独立人格,倡导"无违即孝"(《孝经》)之类的盲从和把宗法血亲关系凌驾于法律之上的"父子相隐"之类的糟粕,但对其采取彻底否定的态度显然又矫枉过正了。事实上,在中华文明发展史中,孝文化能够传承几千年恰恰说明它是有生命力的。我们仅从孝的"善事父母",即利亲、养亲、尊亲、敬亲之内涵而言,就可以感受到它无疑是具有普世价值与基础性意义的一个伦理规范。

重要的还在于,孝亲作为推己及人之道的起点,证明了"己"可以战胜生物学上的自私、利己本能,从爱父母开始构建起与"他者"的一系列和谐关系。比如将对父母之爱(孝)推及兄弟姐妹身上,即为悌;推及至同事及诸多同事组成的集体乃至国家,即为忠;推及与我们交往的每一个陌生人那里,即为信。一个社会的和谐便由对孝、悌、忠、信等伦理规范的谨守而真正地被构建起来。

"孝"之所以成为利他主义德性的逻辑起点,那是因为它是仁道、仁德对最亲近从而也是价值排序中首先应当施予的"他者"——父母开始的。由此出发,从最亲近的父母到素不相识的路人,乃至于远在天边的异族同类,作为"他者"均被赋予了善待的伦理境遇。这就正如有学者论及的那样:"孔子哲学所孕育的,首先是一种'他人'意识,强调做人要懂得孝、悌、忠、信、礼、义、廉、耻。对父母要孝敬,对兄弟要友爱,对国家要忠诚,对朋友要守信,交往要讲礼节,处世要讲正义,为官要讲廉洁,办事要讲公平,做人要懂得羞恶。"①就人我之辩而论,这是一个由"孝"开始,最终生成了涵盖几乎所有与"他者"关系的德性规范。

也许正是基于孝亲之德的这一基础性地位,党的十九大报告在论及加强思想道德建设时,把"向上向善、孝老爱亲"与"忠于祖国、忠于人民"并列为提高人民道德水准和文明修养的最基本道德规范。② 这充分彰显了中国共产党人对孝道文化的现代认同。也正是在这一理念的引领下,全国各地各行业纷纷结合自身特色以评选诸如"孝亲好少年""慈孝之家"之类的方式推动着孝文化走进千家万户,对改变社会道德风尚起到极为不错的促进效应。

又比如睦邻之德。从人己关系而论,这一道德范式的基本要求是"己"对作为邻居的"他者"施以友善,予以关爱。与孝亲之德相类似,这一德性也源自先秦儒家。孔子最早论及这一德性:原思为之宰,与之粟九百,辞。子曰:"毋,以与尔邻里乡党乎!"(《论语·雍也》)这段文字非常形象地描述出孔子的仁者情怀。他明确地告诉自己的弟子:你把多余的俸禄拿去救济那些穷苦的邻里乡党们,不是很好吗! 也是基于人己合一的仁道立场,孔子留下了一句名言:"德不孤,必有邻。"(《论语·里仁》)这里的意思是说,一个能够战胜私心拥有仁德的人是不会孤单的,一定有志同道合的邻里与他相伴左右。正是基于这一优秀文化的历代相承,中国人的民族基因里积淀了历史悠久,且不断与时俱进的睦邻友好德性与德行。

相传康熙年间,清朝大学士张英桐城老家的家人和邻居就宅基界线问题发生了争执。官司打到了县衙。为了不让自己吃亏,张英的家人写信给在朝廷为官的张英求援。张英写了首诗回复家人:"千里修书只为墙,让他三尺又何妨;万里长城今犹在,不见当年秦始皇!"于是,惭愧不已的家人主动让了三尺宅基。邻居家见状,也自觉让了三尺。于是,在安徽桐城留下了一个著名的历史文化景点——六尺巷。当今天来自全国各地

① 成龙:《东方方化中的"我"与"他"——中国哲学对主体间关系的构建》,中国社会科学出版社2015年版,第95页。

② 《党的十九大文件汇编》,党建读物出版社2017年版,第29页。

的游客来到这一景点参观时,无不深为古人的睦邻之德而感动不已。

事实上,这样一个源自先秦的睦邻之德,世代相传,不仅成为古人处理人己关系的一个重要行为规范,而且也引申为不同国家、不同民族之间友好相处的基本伦理规范。古人描述的"海内存知己,天涯若比邻"(王勃:《送杜少府之任蜀州》)即是这一睦邻之德的真实写照。

还比如贵和之德。这一道德范式的基本要求是在人己关系中"己"在与"他者"的交往中推崇和气、和顺、平和的人际关系。据专家考证,"和"字最早可见于金文。[①] 它足以证明这一传统源远流长。贵和也因此被认为是最体现中华文化特质的行为范式之一。作为人己合一之道的体现,这一伦理规范使得"己"和"他者"的关系出现分歧和矛盾时能够维护一种和谐的人际关系。事实上,在儒家文化中,贵和是儒家礼教的核心命题,即"礼之用,和为贵"(《论语·学而》)。孟子直接继承了《论语》的这一思想。他有一句被广为流传的名言:"天时不如地利,地利不如人和。"(《孟子·公孙丑下》)后世儒家也非常推崇这一德性:"和也者,天下之达道也。"(《礼记·中庸》)董仲舒甚至断言:"德莫大于和。"(《春秋繁露·循天之道》)

值得指出的是,儒家在人己关系中"己"主张在尊重"他者"立场,推崇"和为贵"的同时并不逃避矛盾、回避分歧。故孔子又说:"君子和而不同"(《论语·子路》)。《中庸》的作者进而提倡:"君子和而不流。"(《礼记·中庸》)借用程颢、程颐的话说就是:"世以随俗为和,非也,流徇而已矣。君子之和,和于义。"(《河南程氏粹言》卷一)

可见,贵和之道并非如一些望文生义者理解的那样是无原则的一团和气,事实上它意味着对"己"和"他者"人际关系中各种分歧、差异、矛盾的承认,并主张"己"可以坚持自己的立场,即不同、不流;但依据推己及人的原则,它更主张"己"以一种对"他者"立场的包容而求同存异,从而最终以一种和合的方式消弭分歧、解决矛盾。

宋淳熙二年(1175年)六月在鹅湖书院,倡导"理学"的朱熹与推崇"心学"的陆九龄、陆九渊兄弟各执己见,互不相让,争论长达三天。这就是著名的"鹅湖之会"。值得称道的是,此后的朱熹与陆九渊交往如故。

---

① 黄寅:《传统文化与民族精神:源流、特质及现代意义》,当代中国出版社2005年版,第201页。

史籍里有这么一则记载堪称美谈:朱熹在主持白鹿洞书院时,曾主动邀请陆九渊上山讲学。陆九渊也欣然应邀前往。某次,陆九渊的演讲题目为《论语》"君子喻于义,小人喻于利"。由于他所讲内容言辞恳切,语言生动,切中时弊,从而引发了学生内心世界的强烈共鸣,以致不少学生被感动得当场泪流满面。朱熹对此大为感动,特意把陆九渊这一演讲内容刻石留念。后世学者评论此事说:"古代圣贤以自己的言传身教,完美诠释了'君子和而不同'的真义。"①

不仅儒家推崇贵和之德。事实上,贵和也是道家的伦理立场。老子的天道观之一即是:"万物负阴而抱阳,冲气以为和。"(《道德经》四十二章)在法自然的道家那里,由这一阴阳和谐的天道内化为人的德性,自然要得出贵和的结论。正是在这个贵和之道的基础上,老子主张人己关系上要有"为而不争"的谦让之德:"夫唯不争,故天下莫能与之争。"(《道德经》二十二章)这一谦让之德的客观依据正是每一个"己"对"他者"的自然存在有一份认同之心。有了这样一份认同之心就必然会走出利己主义的困顿与迷局,培植出与"他者"的一种合作与共赢的贵和之德。而且,在道家看来人己关系一旦摆脱了二元对立,那么贵和恰恰是最自然、最理性的状态。故老子说:"既以为人,己愈有;既以与人,己愈多。"(《道德经》八十一章)可见,唯有推己及人的贵和之德才可以营造出人己关系中自然和谐的人际关系。

重要的还在于,古人认为人己关系中如果做事能够心平气和,做人宽容大度,就能事事吉祥如意;如果做事意气用事,做人又性情乖张,则事事就会不顺利。即古人所谓的"和气致祥,乖气致异"(班固:《汉书》卷三十六)。这句话出自刘向之口。故事说的是,有一次汉元帝的老师萧望之担忧外戚纵欲、宦官专权,便向汉元帝提出一些自己的建议。不料汉元帝并不认同。见此情形,一些阿谀奉承之人趁机诬告萧望之别有用心,被蒙蔽的汉元帝一怒之下将萧望之下了大狱。不久,汉元帝有所悔悟,准备下诏起用萧望之。那些奸佞小人出于私利又在汉元帝面前百般诋毁萧望之,并唆使汉元帝下诏再次关押萧望之。结果生性刚直,不愿蒙冤再度入狱的萧望之在家饮鸩自尽。刘向闻知此事极为愤慨,向汉元帝上疏告诫道:"和气致祥,乖气致异。"极具讽刺意味的是,据史书记载,这位汉元帝"善史书,通音律,少好儒术"。但一个显而易见的事实

---

① 韩文庆:《四书悟义》,中国文史出版社 2014 年版,第 166 页。

是，从《汉书》记载的故事看，我们完全可以断言这位汉元帝根本就没有读懂儒家"和为贵"的命题。从人己之辩而论，儒家之所以强调贵和之道，根本缘由就是因为"己"与"他者"对一件事常常是不可能立场或观点完全一致的。因此当这种情形发生时，非常需要"己"对"他者"立场或观点的包容，这样才有"和气致祥"的结局。

古往今来多少成败得失的故事证明了贵和之德的难能可贵。重要的还在于，置身全球化的当下，古代人己之辩中这一贵和之德传统的激活与创新，能让现代人以最博大的情怀，追求各国、各民族、各宗教、各地区、各集团间的和谐、和睦、和合，从而避免或消除误解，制止为己国、己民族、己宗教、己集团之利而产生矛盾、冲突、对抗，甚至爆发战争。可见，正是从这一点而言，贵和之德甚至具有构建和平、发展、合作、共赢之生存世界与意义世界之功效。这正如古代圣贤说的那样："中也者，天下之大本也；和也者，天下之达道也。致中和，天地位焉，万物育焉。"（《礼记·中庸》）也正是基于对贵和之德之现代价值的发掘，张立文教授不仅认为"和合"是中华文化在当今时代的首要价值①，而且还创立了"和合学"以应对全球化语境下冲突与危机不断的现代性困境。②

3. 推进共同富裕的中国式现代化

自 1978 年开始的思想解放运动以来，人己之辩问题一直是理论界和现实生活实践中争议最多、讨论最激烈、分歧也最大的问题之一，并因为理论上的模糊，而直接导致了实践上的许多混乱与迷失。在改革开放以前，在人己关系问题上，我们在传统伦理文化熏陶和影响下着重强调的是"己"对"他者"利益的维护和利他主义德性的生成，却忽视了"己"之个体存在及利益的重要性，这无疑是片面的。而在改革开放以后，当我们接受了西方的伦理文化，在人己关系上大力纠正传统伦理重他人、轻自我的偏差时，又走向了另一极端。一时间，在理论界和社会上似乎形成了一种风气：只有无限制或绝对地大谈自我及其个人价值的理论，才是正确的和合乎时代潮流的理论；而那些肯定他人、推崇利他主义的理论，则统统都被贴上"道德说教"或"道德绑架"的标签。

市场经济又助长了人己之辩中这一反传统的利己主义价值观的滋生与蔓延。于是，一个不容忽视的现象出现了：西方现代化进程中出现的贫富悬殊现象也在中国开始出现。这直接影响了社会的和谐与经济的可持续发展。正是

---

① 张立文：《和合学与文化创新》，人民出版社 2020 年版，第 262 页。
② 张立文：《和合学与文化创新》，人民出版社 2020 年版，第 374-392 页。

基于这一现实语境,我们党从国家治理层面审时度势地提出了共享发展的理念。就人己关系而论,如果社会分配导致贫富悬殊,那一定会导致人与人之间关系的不和谐。为此,当我们党发现我国现阶段在发展成果惠及全体人民方面出现了一些突出问题时,不仅高度重视和警觉,而且积极在实践层面上探索化解矛盾的应对之策。共享发展的理念正是在这一背景下出场的。2015年党的十八届五中全会提出:"坚持共享发展,必须坚持发展为了人民、发展依靠人民、发展成果由人民共享,作出更有效的制度安排,使全体人民在共建共享发展中有更多获得感,增强发展动力,增进人民团结,朝着共同富裕方向稳步前进。"[①]可见,共享发展首先是我们党对经济社会发展理念的创新发展,反映了我们党对执政规律和建设规律认识的升华。

如果就传统文化的视阈而论,共享发展的理念也是中国共产党对人己合一之道在新时代的创新性发展。在当今中国如果人与人享有的社会产品悬殊,出现两极分化,既不符合社会主义原则,也与传统文化倡导的人己合一之道相违背。仅就人己之辩而论,共享发展的伦理本质是反对天下为私,主张对"他者"的尊重与关爱。为此,作为人己合一之道的必然衍生,儒家历来主张将超越自私、利己的利他主义视为人成为人的伦理本质。这一伦理本质在儒家的大同理想中体现得最为充分:"大道之行也,天下为公。选贤与能,讲信修睦。故人不独亲其亲,不独子其子。使老有所终,壮有所用,幼有所长,鳏寡孤独废疾者皆有所养。"(《礼记·礼运》)党的十八届五中全会提出并强调"按照人人参与、人人尽力、人人享有的要求,坚守底线、突出重点、完善制度、引导预期,注重机会公平,保障基本民生"[②]的实践主张,堪称这一古代圣贤理想的当代实现。

正是基于中国共产党人对共享理念的积极践行,在今天的中国"共同富裕"正成为解读中国式现代化的一个关键词。事实上,共同富裕作为社会主义的本质要求与中国式现代化的重要特征,一直是新时代中国共产党人的奋斗目标。如果说在改革开放初期,我们基于特定的历史发展阶段,必须如邓小平说的那样:"让一部分人、一部分地区先富起来,大原则是共同富裕。一部分地

---

① 中国共产党第十八届中央委员会第五次全体会议公报,《人民日报》,2015年10月30日,第1版。

② 中国共产党第十八届中央委员会第五次全体会议公报,《人民日报》,2015年10月30日,第2版。

区发展快一点，带动大部分地区，这是加速发展、达到共同富裕的捷径。"①但是进入新时代的中国，以习近平同志为核心的党中央把握发展阶段新变化，推动区域协调发展，采取有力措施保障和改善民生，打赢脱贫攻坚战，全面建成小康社会，为促进共同富裕创造了良好条件。因此新时代的发展要求我们党把逐步实现全体人民共同富裕摆在更加重要的位置上。换句话说，新时代的发展阶段已经到了扎实推动共同富裕的历史方位。而且，中国共产党把促进全体人民共同富裕作为为人民谋幸福的着力点，既是适应我国社会主要矛盾的变化，更好满足人民日益增长的美好生活需要，也是不断夯实中国共产党长期执政基础的不二选择。

　　党的二十大报告在论及共同富裕如何实现时，提出了"增强均衡性和可及性，扎实推进共同富裕"②的主张，这事实上意味着我们党审时度势在效率与公平的辩证关系把握方面开始着力解决公平问题。尤其在分配制度这个促进共同富裕的基础性制度的完善方面有了新的思路，其目标是坚持按劳分配为主体、多种分配方式并存，构建初次分配、再分配、第三次分配协调配套的制度体系。事实上，这也可以被视为是古老的人己合一传统在分配制度层面的当代彰显。它具体表现为人己关系中，为避免西方式的贫富悬殊现象的出现，每一个"己"对富裕的追求与"他者"对富裕的追求将有一个均衡性与可及性的考量问题。从实质上讲，这正是如何更好地赋予"他者"伦理境遇的问题。

更重要的还在于，作为新时代人己合一的理想境界，共同富裕意味着新时代中国共产党人在人己关系问题上，一方面要有不忘初心、不负人民的使命担当，以久久为功的韧劲继续创造好充裕的经济、政治、生态、文化诸方面的财富，让人民切实可以享有幸福生活，这是共产党人作为人己关系中"己"之角色的使命担当。另一方面，作为执政党的中国共产党人又必须教化与引领人民懂得幸福生活都是奋斗出来的，共同富裕要靠勤劳智慧来创造的道理。这是共产党人对人己关系中"他者"之角色的价值观引领，它包括如何分配好"蛋糕"在内的相关政策的制定与实施。这是避免"躺平"，避免平均主义、福利主义陷阱的最重要保障。

---

① 《邓小平文选》（第三卷），人民出版社 2001 年版，第 116 页。
② 《党的二十大文件汇编》，党建读物出版社 2022 年版，第 35 页。

　　众所周知,西方许多发达国家工业化搞了几百年,贫富悬殊问题依然非常严重,这除了表明西方以私有制为基础的社会制度不合理之外,也说明共同富裕的追求与实现有其内在和外在诸多因素的制约,寄希望于一朝一夕之功无疑是空想主义的表现。但新时代中国共产党人有坚定的信心和足够的能力来实现共同富裕这一宏伟的社会治理目标。事实上,从《礼记》的"大道之行"到陶渊明的《桃花源记》,再到康有为的《大同书》和孙中山的"天下为公",这一人己合一的理想目标自古以来就被中国历代圣贤孜孜以求。进入新时代的我们有理由断言,当今中国比历史上任何时期都更接近这一目标的实现。也正是基于对这一"天下为公"之大同理想的实现,党的二十大政治报告在诠释中国式现代化的本质内涵时,把"共同富裕"列为其中一个重要的内涵:"中国式现代化是全体人民共同富裕的现代化。共同富裕是中国特色社会主义的本质要求,也是一个长期的历史过程。我们坚持把实现人民对美好生活的向往作为现代化建设的出发点和落脚点,着力维护和促进社会公平正义,着力促进全体人民共同富裕,坚决防止两极分化。"①

　　新时代中国共产党对古代人己合一之道继承创新的最伟大实践成就,无疑是在全国范围消灭了绝对贫困。众所周知,贫困是人类社会的顽疾,是全世界面临的共同挑战。其中中国的贫困规模之大、贫困分布之广、贫困程度之深的确世所罕见,故贫困的治理难度超乎想象。然而,就在建党 100 周年这一具有特殊意义的时间节点上,我们党自豪地向全世界庄严宣布:依据联合国制定的关于绝对贫困的标准,中国已经彻底告别了贫困的时代!也就是说,中国共产党团结带领人民以坚定不移、顽强不屈的信念和意志与贫困做斗争,在解决困扰中华民族几千年的绝对贫困问题上取得了伟大历史性成就,完成了这项对中华民族、对人类社会都具有重大意义的伟业。这一被誉为"人类减贫的中国样本"②的伟业,堪称中国共产党人对历代志士仁人之富民梦想的当今实现。

　　不仅如此。如果把人与人之间的关系扩展为国与国之间的关系,那么当今中国正将这一人己合一之道内蕴的共享与共同富裕的理念积极主动地传递给世界。也就是说,中国共产党人正着力向全世界传递这一源自中华民族5000 多年文明史所孕育的中华优秀传统文化的声音。众所周知,当今世界以"美国优先"(America First)为主旨的美国霸权主义正企图凭借其强大的国力

<hr />

　　① 《党的二十大文件汇编》,党建读物出版社 2022 年版,第 17 页。
　　② 中国成功脱贫提振全球减贫信心,《人民日报》,2021 年 6 月 8 日,第 10 版。

为后盾而称霸全球。尤其在经济领域里,美国凭借其美元的强势地位,在全世界范围内"薅羊毛"。面对美国日益膨胀的这一国家利己主义行径,世界各国为之不安。正是在这一严峻的现实境遇下,中国却以一个负责任大国的担当精神提出了"和平、发展、合作、共赢"全球新价值观的倡导,这无疑让全世界听到了"中国好声音"。

而且,这一积极倡导人己合一的"中国好声音"正在不断转化为中国方案、中国行动、中国力量。当今中国正以一个负责任大国的形象在诸如合作应对气候变化、打造"一带一路"国际合作平台、加大对不发达国家的援助等方面积极地行动,从而切实地推动着"和平、发展、合作、共赢"这一全球新发展观的落实进程。这既是世界范围内如何解决人我之间矛盾的中国智慧和中国行动,也是中华传统文化人己合一之道的价值原则具有现代性和世界性的重要证明。

四、小 结

冯契先生在《中国近代哲学的革命进程》一书的"绪论"中认为:"中国古代哲学的近代化就是对经学的否定。"①如果做点思想史的追溯,那么应该说以儒家为代表的人我关系上注重和合,主张推己及人的这一经学传统的确是在近代受到西方文化挑战的。比如,康德在评述孔子等先哲推己及人的道德黄金律(Golden Rules)时曾经断言"己所不欲,勿施于人"不是一条普遍的道德规律,因为它既不包括对自己也不包括对他人负责。② 康德认为构成道德普遍规律的内容应该表述为:"不论是谁在任何时候都不应该把自己和他人仅仅当作工具,而应该永远看着自身就是目的。"③这就是后来被海内外诸多学者极力推崇的"人是目的"论。

但真理总是具体的,道德真理也不例外。就康德的"人是目的"论而言,将其置于人与上帝的关系而论强调人是目的无疑具有真理和启蒙价值;将其置于人与自然关系而论过分强调人是目的,正如我们已经看到的那样会导致人类中心主义的偏颇;将其置于人与他者的关系而论断言人是目的,那就要进一

---

① 冯契:《中国近代哲学的革命进程》,《冯契文集》(增订版)(第七卷),华东师范大学出版社2016年版,第8页。

② 康德:《道德形而上学原理》,苗力田译,上海人民出版社1986年版,第82页。

③ 康德:《道德形而上学原理》,苗力田译,上海人民出版社1986年版,第86页。

步追问:"己"是目的,还是"他者"是目的? 如果两者都是目的,那"己"之目的与"他人"目的冲突时如何进行价值排序和伦理抉择? 对这一理论困顿的实践解决往往是利己主义选项的出现与流行。中华传统文化在人己关系上却没有这样的理论困顿。因为它从人己合一的基本立场出发,追求"己"和"他者"目的二者兼得的和谐境界。一旦"己"之目的与"他者"之目的发生冲突了,则明确给出了推己及人的原则。这是一个"己"作为手段去实现"他者"目的的过程。而一旦"己"与"他者"的主客体关系互换,即每一个"己"都确立起这样的伦理自觉,那么人己关系中就会出现既互为目的,又互为手段的和合、和谐、和美境界。

可见,如果说以康德为代表的西方哲学从人神之辩中确立了"人是目的"的立场,具有启蒙意义的话,那么这个"人"是"己"还是"他者"的追问便会带来一个需要进一步启蒙的问题:"己"是因为有生物学意义上诸如自私的基因而如动物那样对待"他者",还是超越这一动物性以德性与德行善待"他者"? 这一启蒙的完成显然需要借助中华传统文化"学以成人"的立场与方法。这就如杨国荣教授论及的那样:以"人禽之辩"为前提,儒学确认了人之为人的根本规定,这一规定不同于"彼岸"的宗教向度,而是立足于"此岸"的现实进路。① 以人己之辩而论,这一进路的具体呈现正是通过对"他者"施加仁道以及忠、恕之道,从而完成"己"之成人的实现。

也正是基于这一现实语境,我们可以理解"己所不欲,勿施于人"这句孔子名言,为何会被西方学者称之为新的"道德黄金律"。联合国教科文组织的相关专家为孔子的这一名言找到美国近代著名画家诺曼·洛克威尔的一幅画,画面上各种肤色、各种年龄、各种阶层的人济济一堂,和谐相处。画被做成了马赛克镶嵌的样式,画作中有三行金字的英文句子:"DO UNTO OTHERS AS YOU WOULD HAVE THEM DO UNTO YOU。"文字居画的正中央,很有视觉冲击力。这段金色的文字通常被翻译为:"像你希望别人怎样对你那样去对别人。"其实,以中国人耳熟能详的语言来表达就是:"己所不欲,勿施于人。"它出自《论语》:"子贡问曰:'有一言而可以终身行之者乎?'子曰:'其恕乎! 己所不欲,勿施于人。'"(《论语·卫灵公》)

这正是我们以"时代之问"为导向,探究、激活并创新古代人我之辩中人己合一这一优秀传统文化的理论与现实意义之所在。

① 杨国荣:《哲学:思向何方》,中国社会科学出版社 2019 年版,第 242-244 页。

第2章

群己之辩中"他者"的伦理境遇

在讨论过人己之辩中积淀的中华优秀传统文化之后,从学理逻辑审视,作为人我之辩的进一步展开,我们在本章中讨论群己之辩。不可否认的是,在这一问题上传统文化有重群体、轻个体的偏颇。但近代的西学东渐,已然使个人主义成为群己之辩中对当下中国社会影响更大的另一个文化偏颇。据此,以中国式现代化进程中的"时代之问"为问题导向,重新梳理与审视群己之辩传统中的精华与糟粕,尤其是对古代圣贤诸如"人生不能无群"(《荀子·王制》)之类的论断,在继承与创新中形成价值共识应该具有匡正时弊之效。

——引言

在中国古代如果说人己合一的追求的是"己"与"他者"的统一与圆融,那么群己合一追求的则是"己"与诸多的"他者"集合而成的家、集体、国家、民族乃至全人类的统一与圆融。与西方文化强调"原子式"个人的至上性不同,古老的中华文化更推崇个人与群体的不可分割性。这种不可分割性被过分强化,固然有忽视个体权益的整体主义,甚至集权主义的风险,但就其理想化的形态而言则是形成了源远流长的自觉将"小我"与家、与集体、与国家、与族群、与天下的"大我"相融合的可贵立场。这不仅是我们今天在以中国式现代化实现中华民族伟大复兴进程中非常需要培植的家国情怀,而且从全球治理的视阈来看,也是人类命运共同体得以有效构建和积极推进的重要知识储备、信念支撑与价值引领。

一、中华传统文化的群己合一观

中国古代群己合一的基本伦理立场是注重群体,克制一己私欲,主张为维护群体利益甚至可牺牲自己的生命。中国古代涌现过许多仁人志士,他们以家国为重,以天下为己任,不计较个人得失,并为后世留下了许多脍炙人口的至理名言。比如,"先天下之忧而忧,后天下之乐而乐""天下兴亡,匹夫有责""鞠躬尽瘁,死而后已"等。这些高度体现了中华民族群体意识的名言佳句内化为一种民族精神,千百年来成为我们中华民族得以稳定发展和不断壮大的价值共识和不竭精神动力。

1. 儒家的群己观

如果对儒家的群己观做一个思想史的追溯,那么便可发现是孔子最早确立了儒家群己之辩的基本立场。这一立场是对人己合一之道的进一步展开。孔子显然清晰地意识到每个具体的个人总是和社会群体相联系的。因此当一些"避世之士"和"隐者"劝导孔子仿效他们去过离群索居的生活时,孔子回应说:"鸟兽不可与同群,吾非斯人之徒与而谁与?"(《论语·微子》)孔子在这里的意思是说,作为个体的自我不能和鸟兽合群为伍,只能存在于与我一样的诸多个体形成的群体之中。对于群己关系的论述,《论语》中还有如下一则颇有意思的记载:"子曰:小子何莫学夫诗,诗可以兴、可以观、可以群、可以怨。"(《论语·阳货》)清代学者刘宝楠注解这一段语录时说:"案《诗》之教,温柔敦厚,学之则轻薄嫉忌之习消,故可以群居相切磋。"(《论语正义》)可见,在孔子首创的《诗》教理念中,"兴""观""群""怨"所指向的都是"己"对作为他者的"群"在社会秩序架构中如何积极践行仁义之德,以及相应的情感表达。也就是说,在孔子看来,"群"是"己"通过读《诗》悟道而与众多的"他者"达成和谐关系与氛围的重要方式。

正是有缘于此,在《论语》中孔子有大量关于群己关系的论述。比如,"君子和而不同,小人同而不和。"(《论语·子路》)又比如,"君子周而不比,小人比而不周。"(《论语·为政》)还比如,"君子矜而不争,群而不党。"(《论语·卫灵公》)孔子在这里提及的"和",说的是"己"与"群"一致性,"和而不同"是谋求共识,但不随声附和,放弃自己的立场和观点;"周"说的是"己"意识到居"群"中团结的重要性,故"周而不比"是指团结一切可以团结的力量,但不朋比为奸,为非作歹；"矜而不争"说的是"己"在"群"里的谦和、退让，"群而不党"是说"己"居"群"中要有对群体或团队的凝聚力与向心力，与群体风雨同舟，但却不因此拉帮结伙，更不据此结党营私，做蝇营狗苟之事以谋取私利。也许正是这个缘由，有学者认为，中国古代诸子百家对群己问题的讨论与争鸣发端于春秋时期的孔子。①

可见，在儒家的创始人孔子看来，既然个体的"己"无法离开"群"而存在，那么"己"遵循一定的伦理规范以约束自我，从而维护"群"的和谐就是充分必要的。事实上，这正是儒家在群己之辩问题上主张赋予"群"这一他者存在以伦理境遇的社会本体论依据。在儒家占据"道统"地位的年代，努力将这一社会本体论的结论有效地转化为社会认识论及价值论的信念，便是群己关系问题上源远流长的群己合一之道的生成过程。

儒家在这个过程中，尤其强调对"己"施以礼的约束。正是有缘于此，先秦儒家自孔子开始就非常推崇周公之"礼"。汉以后，儒家出现仁、义、礼、智、信这个"五常德"之说。正如有学者指出的那样："在儒家的'五德'之中，'礼'实乃家或国作为群体对个人施加的规矩，可视为'群规'。"②也正是有缘于此，儒家历来把礼教视为是"群"对"己"之个体修养的必要功课。《论语》记载："颜渊问仁。子曰：'克己复礼为仁。一日克己复礼，天下归仁焉。为仁由己，而由人乎哉？'颜渊曰：'请问其目？'子曰：'非礼勿视，非礼勿听，非礼勿言，非礼勿动。'"（《论语·颜渊》）孔子在这里甚至非常具体地讨论了作为"群"之规矩的礼在视、听、言、动中制约个体的作用。与孔子相类似，荀子也曾从这一立场论证过"礼"之必要性："故人生不能无群，群而无分则争，争则乱，乱则离，离则弱，弱则不能胜物。故宫室不可得而居也，不可少顷舍礼义之谓也。能以事亲谓之孝，能以事兄谓之弟（悌），能以事上谓之顺，能以使下谓之君。君者，善群也。"（《荀子·王制》）荀子在这里提及的孝、悌、顺、君就是群己关系中，"己"面对家与国这一"群"之最基本样态时需要涵养的伦理规范。而这正是群己之辩中，"己"赋予"群"以伦理境遇的具体实现方式。

尤其值得称道的是，荀子还论证了人和动物的区别恰在于"能群"的思想："水火有气而无生，草木有生而无知，禽兽有知而无义，人有气、有

---

① 蒋孝军：传统"群己之辩"的展开及其终结，《哲学动态》2011年第9期，第34页。
② 韩文庆：《四书悟义》，中国文史出版社2014年版，第201页。

生、有知,亦且有义,故最为天下贵也。力不若牛,走不若马,而牛马为用,何也? 曰:人能群,彼不能群也。"(《荀子·王制》)在荀子看来,"群"之所以是"水火""草木""禽兽"与"人"相揖别的标志,那是因为"人"虽然与自然界诸如水火、草木、禽兽等一样都共享着"气"的禀赋,但唯有"能群"则是"人"相较于"禽兽"以及之前例举诸物完全特殊的性质。可见,正是人类特有的与"他者"因"有义"而生成的合群性,使人超越了禽兽成为了人。

汉代"独尊儒术"之后,儒家的这一群己观自然便成了主流文化。它不仅作为伦理规范,而且还成了制度被固化。这就是"三纲六纪"。有必要指出的是,为了与大一统的封建国家治理相呼应,群己合一在这一时期更多地凸显了家与国等群体存在对个体的优先性。尔后的宋明理学继续沿袭并强化了这个立场。正是由此,我们可以发现宋明时期学者们几乎都倾向于对"己"之个人身心中诸如私欲、趋利等天性予以制约,他们几乎毫无例外地推崇代表"群"生存的公义、天理。这一群己之辩中的重群轻己倾向虽然促进了个人对群体的理解和认同,但对于个人身心的正常发展而言无疑是一种压抑,因为个人的独立性与自在性被削弱了。这又是我们当下开掘儒家群己观的现代价值时必须予以扬弃的糟粕。也就是说,在群己之辩中我们高度认可儒家对"己"以克己、合群为立足点的群己合一之道,尤其积极评价儒家以克己为主要手段而达成的对家国的孝忠之德培植的重要性。但是,我们反对宋明理学以"群"之所谓的天理而无视"己"之私欲的做法。这显而易见是"以理杀人"(戴震语)的偏颇。它是儒家群己之辩中必须予以坚决清除的封建糟粕。

值得一提的是,正是由于儒家在群己之辩的角度肯定了对作为"他者"之群体的伦理境遇,故自先秦孔孟开始一直非常强调治国理政须"得众"的道理。事实上,群己之辩也是儒家仁政理念经常论及的问题。比如,孟子就曾经把孔子的仁义观发展为以"行仁政"为核心内容的"王道"思想。而且,孟子在王霸之辩中之所以力推"王道",正是因为他认为倘若国君能以一"己"之德引来众人归顺,那何愁不得天下。为此,他曾这样对梁惠王比喻说:"王知夫苗乎? 七八月之间旱,则苗槁矣。天油然作云,沛然下雨,则苗浡然兴之矣。其如是,孰能御之? 今夫天下之人牧,未有不嗜杀人者也。如有不嗜杀人者,则天下之民皆引领而望之矣。诚如是也,民归之,由水之就下,沛然谁能御之?"(《孟子·梁惠王上》)孟子在这里以苗木得遇及时雨为比喻,希望君王治国理政也要如天降甘露那样,给予民众仁爱之心。由此,孟子最终的结论就是:"仁人无敌于

天下。"(《孟子·尽心下》)

可见，儒家"王道"的核心内涵从群己之辩而论，就是居王位者要以"己"之仁爱之心施以仁政，这样便可赢得"群"之认可，国泰民安自然也就可以期待。也是基于这一立场，荀子总结说："道者，何也？曰：君道也。君者，何也？曰：能群也。能群也者，何也？曰：善生养人者也，善班治人者也，善显设人者也，善藩饰人者也。善生养人者，人亲之；善班治人者，人安之；善显设人者，人乐之；善藩饰人者，人荣之。四统者俱而天下归之，夫是之谓能群。"(《荀子·君道》)这里的意思是说，所谓的君王之道的核心要义是"能群"，即能够使群众服从。如何使群众服从呢？要善于好生养活群众，善于管理好群众，善于提拔任用群众，善于制作不同的服饰美化群众生活。做到了这四点，天下人都会归顺这样的君王。从群己之辩而论，荀子这里是阐述了作为"己"的君王，必须要有仁义之心对待作为"他者"的群众。否则，群众就不可能归顺君王。

与荀子相类似，董仲舒曾经这样总结治理者的成败得失："王者爱及四夷，霸者爱及诸侯，安者爱及封内，危者爱及旁侧，亡者爱及独身。"(《春秋繁露·仁义法》)可见，在董仲舒看来，"得群""服众"之多少，与统治者治国安邦的成功与否成正比关系。这是儒家在治国理政方面呈现出来的群己之辩立场。正是有缘于此，儒家最具代表性的典籍之一《礼记》中有了如下总结性的话："得众则得国，失众则失国。"(《礼记·大学》)

正是有鉴于此，儒家群己之辩中这一"得众则得国，失众则失国"的治理思想自汉以后一直是封建社会统治者治国理政的最重要理念之一。包括像《贞观政要》《资治通鉴》那样的著作几乎都是围绕这一主题展开的。事实上，在"得众"与否的问题上几千年的封建社会留给我们的既有正面的，也有反面的诸多历史教训。在新时代中国共产党引领中国人民以中国式现代化谋求民族伟大复兴的伟业中，显然需要深刻总结其中的成败得失。因为它可以让我们以史为鉴，从而更好地走向未来。这不仅是我们自古以来就有以史为鉴的传统，更重要的还在于这些诸如群己之辩问题上的义理，通过一个个历史事件会呈现出更生动更具体的说服力。

2. 墨家的群己观

墨家明确主张"兼爱天下"的利他主义精神，因此与儒家一样，它在群己之辩中必然衍生出群体高于个体的伦理立场。关于这一点，孟子在谈到墨子时曾这样评价说："墨子兼爱，摩顶放踵，利天下，为之。"(《孟子·尽心上》)这是对墨家天下观的最早最直接的具体描述。而在《庄子·天下》中更是对墨家所崇尚的部落（群体）利益高于个人利益的感人事迹做了如下的记载："墨子称道曰：昔者禹之淹洪水，决江河，而通四夷九州也，名川三百，支川三千，小者无数，禹亲自操稿……腓无月友，胫无毛，沐甚雨，栉疾风，置万国。……日夜不休，以自苦为极……虽枯槁不舍也。"可见，墨子显然极为推崇大禹的自我牺牲精神，并以此为自我人生效法的楷模。事实上，从相关的史料记载来看，墨子和他的弟子们在自己的生活实践中的确是以"兼爱天下"的胸怀，在"自苦为极"过程中，实现其"利天下"的人生理想追求的。这显然是群己合一之道的真正践行。尤其难能可贵的是，墨子在这里彰显出的以一"己"的无私，造福"群"体之利的崇高精神，一直为后世所推崇与效法。

　　值得指出的是，正如有学者指出的那样，在群己观上儒家似乎不如墨家那样具有"摩顶放踵""以自苦为极"的理想主义情怀，以及因这一情怀而派生的积极进取性。[1] 的确，儒家在行为实践上更倾向于秉持"用之则行，舍之则藏，惟我与尔有是夫"（《论语·述而》）的立场。比如，当孔子周游列国，到处碰壁后，便返回故乡从事教学和整理古籍的活动。孟子把孔子这一"用之则行，舍之则藏"的思想进一步阐发了，用他的话说就是："得志，泽加于民；不得志，修身见于世。穷则独善其身，达则兼善天下。"（《孟子·尽心上》）在这里，孟子显然修正了他"如欲平治天下，当今之世，舍我其谁也"（《孟子·公孙丑下》）的豪情壮志。孔孟这一群己观上的立场，自汉代以来深刻地影响了古代士大夫的人格塑造和心态养成。

　　可见，在先秦同为"显学"的儒墨在群己观上，两者是有差异的。事实上，墨家更具理想主义的情怀。当然，有必要指出的是，儒家的这个群己观虽然没有墨家那样带有理想主义色彩，因而也可以说这是一种有所保留的群体主义精神，但这种"独善"与"兼善"的态度却更为现实，也更符合人生处世的经世致用原则。也因此，儒家这一"穷则独善其身，达则兼善天下"（《孟子·尽心上》）的人生态度较之墨家在尔后的中国思想史上产生了更大的影响作用。事实上，这应该也是推崇利天下的墨家理想后来在思想史上影响力衰落的一个重要缘由。这不能不说是中国古代思想史上的一桩憾事。

　　晚清以来民族危机的加深，促使一些知识分子在中西之辩中力图从悠久的民族文化中寻找救国的良药，墨学因此被一些人视为可以救治时

---

① 黄寅：《传统文化与民族精神：源流、特质及现代意义》，当代中国出版社 2005 年版，第 177 页。

弊的思想工具而得以复兴。一些学者坚信，作为中国传统之"道统"的儒家也许难以为继，但墨家却可在与西学的比较与借鉴中继往开来。正是基于这一历史语境，对《墨子》五十三篇尤其是《墨经》部分的重新校订和释读，以及胡适、梁启超对墨学包括群己之辩在内的义理研究及与西学的比较文化研究之成果颇令世人瞩目。这一复兴思潮被认为延续至今，现代新墨家的宣言式文章《新墨学如何可能》①即是一例明证。

事实上，正如近代主张复兴墨家思想的一些学者认为的那样，墨家一派由于出身底层，其主张在"兼相爱、交相利"这一理想主义的宏大视野下，还衍生了诸多属于具体践行层面的智慧。② 就墨家的群己观而论，这些践行层面的智慧的确颇为丰富。

比如，"去私"说。《吕氏春秋》记载过这样一个故事："墨者有钜子腹䵍，居秦，其子杀人。秦惠王曰：'先生之年长矣，非有它子也，寡人已令吏弗诛矣。先生之以此寡人也。'腹䵍对曰：'墨者之法曰：杀人者死，伤人者刑。此所以禁杀伤人也。夫禁杀伤人者，天下之大义也。王虽为之赐而令吏弗诛，腹䵍不可不行墨者之法。'不许惠王，而遂杀之。"这里记载的是：墨家之徒腹䵍的儿子杀了人。国君考虑到腹德高望重，且只有一个儿子，就下令赦免了他儿子死罪。但腹䵍大义凛然地拒绝了。于是，《吕氏春秋》的作者感慨道："子，人之所私也；忍所私以行大义，钜子可谓公矣。"（《吕氏春秋·去私》）从这个评价看，涉及的正是群己关系处理的问题。以腹䵍的一"己"之利而言，当然希望儿子可以不死，但若从"群"之公义而论，杀人者偿命是那个时代公认的规矩。这里涉及的私利与公义正是群己之辩的本质。墨家主张超越"己"之利而维护"群"之义的立场显然与儒家相类似。而群己之辩中对"他者"的伦理境遇正是由此得以呈现的。

又比如，"尚贤"说。墨子曾以自问自答的方式论及治国理政为何要"尚贤"的道理："子墨子言曰：'今者王公大人为政于国家者，皆欲国家之富，人民之众，刑政之治。然而不得富而得贫，不得众而得寡，不得治而得乱，则是本失

---

① 此系张斌峰、张晓芒在《哲学动态》1997 年第 12 期公开发表的论文。这篇以康德式发问为起头的"宣言"，阐述了新墨家可在墨学做现代性诠释的过程中着力展开的三重方法，即"作者意""文字意""精神意"。

② 陈来教授曾经把儒家的智慧概括为实践智慧。在他看来"儒家哲学的特点是：突出人的实践智慧，而不突出思辨的理论智慧。"而且，其他诸子哲学也基本具有这样的特质。参见陈来：《中国哲学的现代视野》（中华书局 2023 年版），第 305 页。

其所欲,得其所恶。是其故何也?'子墨子言曰:'是在王公大人为政于国家者,不能以尚贤事能为政也。是故国有贤良之士众,则国家之治厚;贤良之士寡,则国家之治薄。故大人之务,将在于众贤而已。'"(《墨子·尚贤上》)从这段语录看,墨子显然将国家的乱与治、老百姓的贫与富与能否"尚贤"相勾连。儒家也持类似的立场,故孔子在论及为政之道时明确给出了"先有司,赦小过,举贤才"(《论语·子路》)这样三条建议。有学者在回应儒墨两家为什么不约而同主张"尚贤"说时,给出了这样的答案:"贤良者,能以德性战胜自私、贪利、好色、妒才等天性之人也;小人者,因无德而放纵自私、贪利、好色、妒才等天性之人也。故'尚贤'乃'尚德'之谓也。"[1]的确,就"己"之天性而论,本能地会衍生出诸多不利"群"之恶习。正是有缘于此,群己之辩中的群己合一之道,自然要求"己"之德性与德行的有效生成来超越天性从而维护社会的和谐。这是对"群"之伦理境遇的一个重要实现途径。

还比如,"尚同"说。墨子曾通过讨论"人"与"众"的关系,强调了"尚同"的必要性与重要性:"子墨子言曰:古者民始生,未有刑政之时,盖其语,人异义。是以一人则一义,二人则二义,十人则十义。其人兹众,其所谓义者亦兹众。是以人是其义,以非人之义,故交相非也。是以内者父子兄弟作怨恶离散,不能相和合;天下之百姓,皆以水火毒药相亏害。至有余力,不能以相劳;腐朽余财,不以相分;隐匿良道,不以相教。天下之乱,若禽兽然。"(《墨子·尚同上》)可见,在墨子看来,当一人就有一种意见,两人就有两种意见,十人就有十种意见,尤其是人越多,他们不同的意见也就越多时,社会是无法有效治理的。更严峻的还在于,每个人都以为自己的意见对而别人的意见错,因而相互抱怨甚至相互攻击时,必然会导致家庭里父子兄弟因意见不同而相互指责,使得家人离散而不能和睦相处;天下的百姓因意见不一甚至因意见水火不容而相互残害,天下就会混乱得犹如禽兽世界一般。正是由此,墨家推崇"尚同"的相处智慧。借用今天的话语来表述就是,每一个人固然可保留"己"见,但为了避免"群"之缺乏凝聚力乃至土崩瓦解,须寻找到最大公约数,以便众人可据此和谐相处。这显然是墨家在寻求如何做到群己合一之路径方面的又一具体智慧。

再比如,"节用"说。与儒家不同,墨家提倡"节用",主张简化礼仪、节约资源,尤其反对颇耗财力物力,且烦琐无比的祭祀、丧葬仪式:"是故古者圣王制为节用之法,曰:'凡天下群百工,轮车鞼匏,陶冶梓匠,使各从事其所能,曰:凡

---

[1]　韩文庆:《四书悟义》,中国文史出版社 2014 年版,第 112 页。

足以奉给民用,则止.'诸加费不加于民利者,圣王弗为."(《墨子·节用中》)我们之所以把墨家的"节用"说也视为墨家群己观的一个具体呈现,是因为这一主张背后涉及的正是治国理政者如何超越"己"之私欲,顺从天下"群"众之公欲.为此,墨子曾经举例说,古圣王于宫室、衣服、饮食、舟车、蓄私等生活需求,仅求"便于生"或"便于身"而已.当今之君主却背道而驰,厚作敛于百姓群众而满足其私欲之奢靡行为,必因群怨四起而招致天下之乱.而且,墨子还认为不仅治国者要"节用",普通百姓也一样.故墨子留下了"圣人之所俭节也,小人之所淫佚也""俭节则昌,淫佚则亡"(《墨子·辞过》)之类的诸多经典语录.

可见,与儒家相类似,墨家在群己之辩中也留下了极为丰富,且充满实践智慧的思想遗产.这些遗产尽管因为诸多原因后来并没有形成系统的学说,但它对中国文化的影响依然不可小觑.事实上,墨家的群己观被汉以后的儒家学者所汲取,从而以一种"潜隐"的方式与儒家一起共同构成了中国古代哲学在群己之辩中的"道统".

3. 道家的群己观

道家从"道法自然"(《道德经》二十五章)的立场出发也得出了群己合一的结论.事实上,"自然"作为以老庄为代表的道家哲学的核心概念,其内涵不完全指谓自然界,它同样涵盖了人类社会的自然存在.李泽厚曾经论述过这一点.他认为老子的"道"并不像时下学人所认为的那样,仅仅是对自然现象的观察、概括,它不过是借自然以明人事而已.[①] 正是由此,我们可以发现在老庄的相关论述中"自然"更多的话题指归的不是自然界而是人类社会本身.这构成了我们梳理与发掘道家群己之辩中相关思想的学理前提.

老子在古代哲学史上的一个重要贡献是他论证了人在天地之间自然存在的合理性:"故道大,天大,地大,人亦大.域中有四大,而人居其一焉."(《道德经》二十五章)老子在这里指谓的"人"当然既包括"己"也包括"他者"的自然存在.然而,因为人们习惯于肯定"己"之存在的自然,而无视"他者"以及诸多"他者"组成的群体之存在的自然,故道家特别地对"他者"自然生命存在的天然合理性进行了论证.比如,庄子就有这样的论断:"非彼无我,非我无所取."(《庄子·齐物论》)在这里他明确肯定了"己"以外的"彼"(即他者)之存在的自然性.庄子曾有这样一则形象的比喻:昭文弹琴,师旷奏乐,惠施坐在梧桐树

---

① 李泽厚:《中国古代思想史》,人民出版社 1979 年版,第 92 页.

边上论道,这三个人是那样的自然和谐。如果有人要把自己个人的爱好强加于这三人,那么人与人之间自然和谐的格局就被破坏了。于是,庄子的结论是:"道之所以亏,爱之所以成。"(《庄子·齐物论》)可见,在庄子看来,自然之道之所以会出现亏损,皆是因为人们无视"他者"的自然而偏执于对"己"的爱好所致。正是基于这一点,道家也有与儒家类似的"爱人利物谓之仁"(《庄子·天地》)之类的论断。事实上,道家从自然哲学立场证明的"彼者"(他者)与诸多他者集合的"群"的自然性,无疑充满睿智,且具有不可辩驳的合理性。

正是基于这样的自然哲学立场,道家非常认同并尊重"他者"存在的自然性。故老子说:"圣人无常心,以百姓心为心。"(《道德经》四十九章)这即是说,圣人①懂得以"他者"(百姓)的自然为自己的自然,因此没有"己"的偏执之心。也因圣人拥有无私无我的境界,故能够以"他者"及天下百姓之意愿为自己的意愿。可见,老庄哲学充分肯定了每一个自然生命的他在性,并因此强调尊重和敬畏"他者"的自然生命,以及因这一自然生命生存和发展需求而必然延伸的诸多自然权利。正是缘于此,比如像孙思邈那样悬壶济世,像丘处机那样不顾个人安危成功劝阻成吉思汗停止杀戮以清静无为之道治理国家,像张三丰那样不愿散淡逍遥而以精湛的武学功夫和宏丰的道学著述力挽日渐式微的道家学派于宋明之际,体现的都是道家这一群己观的可贵立场。

中国有一座唯一用道士命名的城市,沿用了 1400 多年,从未改过名字。这座城市就是广东的茂名。茂名这个地方曾名高州。根据《高州府志》的记载,在西晋末年的高州发生了一场严重的瘟疫,百姓死伤无数,民不聊生。道士潘茂名得知后便在东山和西山两处炼制了两种丹药,分别叫作"大还丹"和"小还丹"。他用"大还丹"治疗重症患者,用"小还丹"预防轻症患者,结果瘟疫很快就被控制了。百姓们对潘茂名的救命之恩自然感激不尽。为了纪念潘茂名的这一功德,隋朝开皇十八年(公元 598 年)朝廷在传说其升仙的地方设置了茂名县。唐朝贞观十八年(公元 644 年),又把南宕州以潘茂名的姓为名改称潘州。由此,茂名和潘州,成为中国古代唯一一个以道士之姓设州,以名设县的城市。

---

①　从《论语》与《道德经》的文本解读看,道家理解的圣人与儒家理解的圣人有所不同。老子在《道德经》一书中,多达三十几次出现"圣人"的概念,其指称的可以是普通人,也可以是国君,只要悟道了都可以称之为圣人。但在《论语》中,圣人一般是指仁道境界最高之人,多指国君。也就是说,道家的"圣人"以悟道的智慧为标志,而儒家的"圣人"以仁德的最高境界生成为标志。

可见，在群己关系问题上，道家以与儒家不同的方式论证了诸多"他者"（彼者）存在的自然，从而要求一个悟道的人懂得尊重这一自然，由此在内心生成一种"自然"的心态。也就是说，如果从词源来考证，正是道家给出了古代传统文化培植自然心态的哲学理由。比如，中国人日常口语中所谓的"为人处世心态要自然"，其"自然"一词的意思与天地万物自然的"自然"几乎没有关联性，它是指对形形色色的"他者"以及"他者"之集合体（群）自然存在的一种肯定与包容。

重要的还在于，在老庄看来一个懂得尊重"他者"与诸多"他者"之集合的群体生命自然性的人，一个心态自然的人，一定要摆脱自我中心主义的偏执。道家认为只有这样人才可以功成名就。以老子的话说就是："不自见，故明；不自是，故彰；不自伐，故有功；不自矜，故长。"（《道德经》二十二章）因为正如有日月星辰、江河湖海等的诸多自然构成天地自然的整体一样，人类社会也由诸多"他者"的自然生命个体构成不可分割的整体存在。为了维护这一整体的存在，作为个体的每一个"己"就必须培植起对待众多"他者"的自然心态。也是因为这样的道理，所以老子才会说："圣人不积，既以为人，己愈有；既以与人，己愈多。"（《道德经》八十一章）老子在这里明确给出了圣人在人己关系、群己关系问题上要守持的立场：悟道之人不存占有之心，而是尽力照顾别人，他自己也因此更为充足；他尽力给予别人时，自己反而更富有。

可见，道家哲学"既以为人，己愈有；既以与人，己愈多"的这一主张与儒家的仁道、墨家的兼爱观一起共同培植了中华传统文化在群己之辩中群己合一的宝贵思想传承。这一在群己关系中主张克"己"之私欲以维护"群"之公义的传统文化立场，培植起了中华民族源远流长的诸如家国情怀、心怀天下之类的优秀品格与精神气质。在全球化不可逆转的当下，中华传统推崇的家国情怀、心怀天下的人生境界，比之西方的个人主义文化显然更具有匡正时弊的现代价值。

二、西方群己观的批判性超越

如果说在人己之辩中，西方形成了包括合理利己主义在内的形形色色利己主义文化传承的话，那么在群己之辩中西方文化则积淀了鲜明的个人主义价值观。这一个人主义价值观在西学东渐的过程中对近现代中国，尤其是改革开放的中国影响不可谓不大。有鉴于此,我们在讨论人我之辩中的优秀传统文化继承、弘扬与创新的话题,显然有必要对这一西方价值观做一些学理反思和批判,并在这个基础上予以理念与行动的超越。

1. 群己关系中的个人本位主义剖析

正如有学者指出的那样,被公认为是西方文化核心价值观的个人主义这个概念通常是含义宽泛且词义模糊的。因为在西方社会的文明进程中,个人主义作为一种生活方式、人生观和世界观不仅具有整体性和普遍性的意义,而且就具体表现形态而言,个人主义在西方社会生活各方面的渗透至少可以粗略地归纳为哲学上的人本主义、政治上的民主主义、经济上的自由主义以及文化上要求个性独立、绝对包容、差异性等不同层面的内容。[①] 重要的还在于,在许多情形下"个人主义"是一个中性词甚至是褒义词。比如,当我们将其与"整体主义"相对应而使用时,"个人主义"显然是就其合理性与进步性而言的。为此,我们不得不对它做进一步的语义限定和逻辑厘清才可能讨论它。正是基于这一理由,我们认为如果从群己之辩的角度来解读个人主义,那么个人主义可以被理解为在个人和社会关系问题上的个人本位主义。[②]

尽管学界往往习惯于将古希腊普罗泰戈拉说的"人是万物的尺度"一语视为西方思想史上个人主义的滥觞[③],但严格意义上的个人主义其实是西方近代文明的产物。其产生的历史背景是,伴随着现代资本主义生产方式的产生与确立,传统的建立在血缘或地缘基础上的族群共同体逐步瓦解,资本得以摆脱一切中介直接将无数的鲜活个体纳入其现代生产体系。正是在这一"群"与"己"之传统关系遭遇颠覆的历史语境下,近代西方产生了有关"原子式个体"的假设。对这一假设的解释西方学者们并不一致,但几乎均认同如下一个立场:将原子般分散独立存在的个体生存状态视为人类社会个体的恒常的、自然的、本位的状态。事实上,这就完成了对于资本主义制度的天然合理性的学理基础的构建,以及意识形态层面的辩护。从这一假设延伸出的个人主义,以及由此衍生的以个体作为社会构成之绝对基础和政治、经济、文化生活之出发

---

① 浙江省哲学社会科学联合会编:《当代社会主义与资本主义研究》,浙江人民出版社 2003 年版,第 107 页。

② 正是因此缘故,本文将学界经常论及的"个人主义"范畴更严格地表述为"个人本位主义"。借用中国哲学的表述,它表征的含义是指在群己之辩中将"己"视为比"群"更本位的一种价值观。

③ 《古希腊罗马哲学》,北京大学哲学系外国哲学史教研室编译,商务印书馆 1979 年版,第24 页。

点，自然也就获得了主流意识形态的地位，并逐渐演变为西方资本主义文明与文化的核心价值观。可以肯定的是，个人主义的具体形态林林总总，如果就社会与个人（群己）的关系而论，它可以被理解为是一种主张个人比社会更基础、更本位、更重要的个人本位主义价值观。

在西方的意识形态语境下，个人本位主义的立论基础通常是：社会集体一定是由个人集合而成的。比如，英国功利主义学派的创始人边沁就认为，社会只是一种虚构的存在，它事实上是由许许多多真实的个人构成的；个人不存在，社会也就不存在；不懂得个人，就无法了解社会。可见，从起源和重要性上讲，个人都在社会之先与社会之上。边沁正是从这一命题出发，引出其推崇的个人本位主义这一道德原则的。他在《道德与立法原理引论》中说："社会是一种虚构的团体，由被认作是成员的个人所组成。那么社会利益又是什么呢？……它就是组成社会之所有单个成员的利益之总和。"后来在《关于刑赏的学说》中，他又借批判"个人利益必须服从社会利益"这一命题时发问道："这是什么意思呢？每个人不都是像其他一切人一样，构成了社会的一部分吗？你们所人格化了的这种社会利益只是一种抽象：它不过是个人利益的总和"，并且他还引申说："如果承认为了增进他人的幸福而牺牲一个人的幸福是一件好事，那么，为此而牺牲第二个人、第三个人，以至于无数人的幸福，那更是好事了。"由此他得出结论说："个人利益是唯一现实的利益。"①

恩格斯曾对边沁的上述思想做了深刻的批评："他的论点只是另一个观点——人就是人类——在经验上的表现""这里边沁在经验中犯了黑格尔在理论上所犯过的同样错误；他在克服二者的对立时是不够认真的，他使主体从属于谓语，使整体从属于部分，因此把一切都弄颠倒了。……他不把代表全体利益的权力赋予自由的、自觉的、有创造能力的人，而是赋予了粗野的、盲目的、陷入矛盾的人。"②从群己关系而论，恩格斯的确击中了边沁上述思想的要害。边沁固然可以说没有个体就没有群体，但反过来说就个体的合群本性而言，我们同样可以说没有群体就没有个体存在的可能性。这就如民间谚语所说的"一滴水离不开大海"是一样的道理。

可见，就群己之辩而论，如边沁那样的一些西方思想家在群己之辩中遵循了二元论思维，故必然得出不正确的结论。恩格斯批评边沁在群己关系上"克

---

① 《边沁文萃》（上册），林红本译，香港海风出版社 1999 年版，第 341 页。

② 《马克思恩格斯选集》（第 1 卷），中共中央马克思恩格斯列宁斯大林著作编译局译，人民出版社 1972 年版，第 675-676 页。

服二者的对立时是不够认真的",指的就是这个意思。事实上,在这个问题上中国传统哲学秉持的一直是群己关系的一元论立场,并由此而得出群己合一的基本结论。这显然比西方文化要更为真实地揭示出群己关系的本然状态。

中国佛教有一个流传甚广的故事。一次,佛祖释迦牟尼问他的众弟子:"一滴水怎样才能不干涸?"弟子们面面相觑回答不出。释迦牟尼只得自己给出了答案:"把它放到江、河、湖、海里去。"这个故事非常具象地呈现了中国哲学在群己之辩中的一元论思维。它极为形象地阐明了作为"己"之比喻的一滴水,与作为众多他人集合的"群"之比喻江、河、湖、海密不可分的关系。一滴水离开了江、河、湖、海,一缕阳光就让它蒸发了,一把尘土把它遮蔽了,一阵风就把它吹干了。可见,正如一滴水是离不开江、河、湖、海一样,一个"己"是无法离开"群"而独立存在的。这正是佛家主张慈悲为怀、泛爱众生的最重要学理根据。

然而,置身西学东渐的历史语境下,近代中国的启蒙学者几乎都或多或少地接受了这一西方传来的个人本位主义思想。比如,龚自珍就曾这样说过"众"与"我"的关系:"天地,人所造,众人自造,非圣人所造。圣人也者,与众人对立,与众人为无尽。众人之宰,非道非极,自名曰我。我光造日月,我力造山川,我变造毛羽肖翘,我理造文字言语,我气造天地、我天地又造人,我分别造伦纪。"(《壬癸之际胎观第一》)可见,在龚自珍看来众人造了天地万物,而众人的主宰不是道,不是太极,而是"我":"我"光造日月,"我"力造山川,"我"理造语言文字与伦理纲纪等。这显然一方面是对传统群己之道立场的反叛,另一方面又是对西方唯我论、唯意志论观点的接受。无独有偶,在这一问题上章太炎也持类似的立场。他认为:"凡诸个体,亦皆众物集成,非是实有。然对于个体所集成者,则个体且得说为实有,其集成者说为假有。"(《国家论》)这就是说,在章太炎看来,与个体比起来群体只是个人的集合,故其没有自在性,它不是真实的存在("假有")。于是,章太炎的最终结论就是:"个体为真,团体为幻。"(《四惑论》)可见,在近代中国的群己之辩中,龚自珍、章太炎等人明显地对传统立场予以了反叛,受西学影响的他们更倾向于主张以个体为基础,通过推崇个人自由的实现来救亡图存。

钱穆先生对近代学界的中西之争有过一个颇为精彩的评价:"无气力的东

西洋哲学之辩,盲目的守旧,失心的趋新而已。"①的确,就群己之辩而论,龚自珍、章太炎等对西方个人本位主义思想的认同,其实正折射出处于那个时代的中国知识分子在对传统失望之余,从而对西学因"趋新"而呈现出过度认同的心态。值得指出的是,当代中国 1978 年开始的思想解放运动,以史无前例的改革开放勇气主动开启了西学东渐的国门。这一个人本位主义的思潮继龚自珍、章太炎那个时代之后再一次就不可避免地涌入中国,并对中国思想界和中国人的生活实践产生了巨大的冲击。

正是基于这一历史和现实的语境,在积极推进中国式现代化伟业之际,我们在着力营造起与这一伟大实践相匹配的民族精神与价值共识的过程中,在思想文化与意识形态领域必须正本清源,在包括群己之辩在内的一系列问题上守正创新。具体到正确群己观的构建上,我们既反对宋明理学那样"存天理,灭人欲"无视个体利益的偏颇,同时也反对西学过度推崇个体利益、无视整体利益的错误立场。也就是说,在群己之辩中我们既反对个人本位主义,也反对社会本位主义,我们要在摆脱群己二元对立之片面性的基础上,回归传统文化推崇的群己合一立场。

令人欣慰的是,在新时代的群己之辩中,中国共产党人以鲜明的反对个人主义立场积极引领中国人民投身于中华民族伟大复兴的事业中去,正取得越来越多令世界为之瞩目的实践成就。比如,在 2019 年突发的全球性新冠肺炎疫情肆虐之际,有学者就曾对中美抗疫实践结果做过文化层面的比较分析:"美国社会推崇的原子式的个人主义注定了其抗疫成绩单的难看,因为这种美国人曾引以为豪的个人主义及其派生的自由主义甚至在'戴不戴口罩'这么简单的问题上都要争论不休,于是,个人主义在疫情肆虐的际遇下便演变为任性和不负责任。"②相比之下,中国的抗疫成绩单却得到了包括世界卫生组织在内的诸多专业团体和政府官员、专家学者以及普通民众的认可。其中一个重要的因素被认为是中国共产党人在这场突如其来的疫情中,成功地激活了中国人民自古以来就有的家国情怀。"生命至上、举国同心、舍生忘死、尊重科学、命运与共"③的伟大抗疫精神,正是这一家国情怀的具体彰显。正是从这一意义上,从群己之辩的视阈而论,中华民族世代推崇、践行不怠的家国情怀不仅是我们民族存亡之际的救世良方,更是中国人平时日用而不觉的处世

---

① 钱穆:《国学概论》,商务印书馆 1997 年版,第 363 页。
② 张维为:《这就是中国》第 67 期,上海东方卫视 2021-11-15-20:10。
③ 全国抗击新冠肺炎疫情表彰大会在北京召开,《人民日报》,2020 年 9 月 9 日,第 1 版。

之道。

2. 个人本位主义的需要观、利益观、价值观批判

从群己关系中必然引申出个人需要与社会需要、个人利益与整体利益、自我价值与社会价值等的关系问题。在这些问题上,西方的个人本位主义衍生出许多似是而非的认知偏差和实践迷失,同样亟待我们予以拨乱反正。

个人本位主义的需要观在二十世纪八九十年代,曾经使大陆中国的许多人趋之若鹜。比如,德国哲学家尼采在论及他的"超人"人格时,曾经宣称:"根本上我就是一个战士。攻击是我的本能。一个人应该要能够成为别人的敌人。"①为此,尼采把"超人"描述为不仅是那种最大限度满足自我需求的人,而且是能够把自我需求的强力意志(Will to Power)强加给别人、国家和他生活的时代的那个人。改革开放初期,中国出现尼采热的时候,尼采的这个说法曾经博得很多人的认可。可问题在于,尼采自己都没能够做到把自己的需要强加给他那个时代而悲剧性地发疯了。尼采的悲剧在于,他割裂了个人需要与社会需要的关联性,片面夸大了个人需要及其这一需要实现的重要性。但遗憾的是那个时代的许多尼采推崇者并未意识到这一个人本位主义需要观的错误本质。

与西方群己关系中个人需要常常被过度张扬或凸显不同,在中国古代哲人们更倾向于探究个人需要如何与群体、整体需要相融合的话题。荀子甚至从群己合一之道提出了为官者的七条标准:"古之所谓士仕者,厚敦者也,合群者也,乐富贵者也,乐分施者也,远罪过者也,务事理者也,羞独富者也。"(《荀子·非十二子》)这意思是说,古代的士大夫出来做官的,一定是那些朴实厚道之人,是和他人关系融洽之人,是乐于成为富而且贵之人,是乐意施舍之人,是远离罪过之人,是努力按道理办事之人,是以独自富裕为羞耻之人。以现代的话语来表述就是,能够将个人的需要与"他者"及诸多"他者"的群体需要相统一是基本的为官之道。

马克思曾经很深刻地论述过个人需要的社会性制约问题。马克思一方面

---

① 尼采:《瞧,这个人——尼采自传》,刘琦译,中国和平出版社 1986 年版,第 11-12 页。

肯定了需要是人的本性,"他们的需要即他们的本性"①;但是另一方面又指出:"作为确定的人,现实的人,你就有规定,你就有使命,你就有任务……,这是你的需要及其与现存世界的联系而产生的。"②马克思在这里把需要作为人的本性予以理解并不像一些西方学者所理解的那样,从中可以得出个人主义的结论。因为在这里作为人的本性的需要依然和人的社会关系的存在及社会本性必须是一致的。否则,个人的需要是无法得以真正实现的。

可见,与中国古代哲人"人生不能无群"(《荀子·王制》)之类的论证相类似,在马克思主义的立场看来,由人类需要的社会性便滋生了个体的需要和社会需要之间的关系及矛盾。可以肯定地说,以集团需要、阶层需要、群体性需要而表现出来的社会需要,不是简单的个体需要的总和,而是更高层次的、有着自己独特规定的需要。群体需要是全体成员需要获得满足的前提和保证。但群体需要必须转化为每个个体的需要,并引起每一个个体协调一致的行为才可能被实现。一定的群体按照自己的需要规范个体需要,这个过程是个体需要的社会化。就一般而言,群体通过道德准则和法令法规两个途径实现对个体需要的社会化规范。其中前者的规范尤为重要。因为与法的强制性不同,道德原则和道德规范是基于自觉自愿条件之上的,因而在这个过程中具有更大的普遍性和渗透性。

正是从这个意义上我们认为,在人类社会历史中不存在可以脱离社会关系及由此决定的社会道德与法律规范制约的纯粹的个体需要。而且,以中华传统文化的立场而论,在对个体需要进行规范与引导的问题上,德治的作用显然更被重视。而德治的作用要有效地得以呈现,就群己观的层面而论必须确立的立场之一就是"己"须超越自私利己的本性,从而实现对"群"之伦理境遇的认可与确立。

孔子在回答子张时说过一句话:"宽则得众"(《论语·阳货》)。汉代的曹参对这句话的领悟可谓绝妙。曹参继萧何后任丞相搬进了相国府。当时有许多官员的房舍靠近相国府的后花园。因为天下太平,众官员几乎天天喝酒喧闹。一次,曹参的随从故意引主公到后花园中散步,企图让

---

① 《马克思恩格斯全集》(第3卷),中共中央马克思恩格斯列宁斯大林著作编译局译,人民出版社1960年版,第514页。

② 《马克思恩格斯全集》(第3卷),中共中央马克思恩格斯列宁斯大林著作编译局译,人民出版社1960年版,第329页。

好清静的宰相大人去制止或惩罚这一众官员。令人始料未及的是,曹参见此场景后竟下令摆上酒席,自己也大呼小叫地与墙外的声音遥相呼应,最后尽兴而归。曹参舍得"己"之一品宰相的颜面,反而赢得一"群"官员对自己宽厚之德的敬仰。这件小事被记入史籍,也许正是因其很好地彰显了"己"之所需与"群"之所需如何合一的大智慧。毛泽东就曾幽默地评价说:"曹参是个聪明人,懂得团结群众。"①

从群己之辩中还必然引申出个人利益与整体利益的关系问题。在个人利益和整体利益的问题上,边沁曾经这样质疑说:"整体利益通常是一些别有用心的人为了实现他自己不可告人的个人利益而虚构出来的。可善良的人们却经常被这个说法所迷惑。"②正是因此,他认为:"个人利益是唯一现实的利益。"③不仅是边沁,事实上西方学者常常以社会利益是以个人利益为基础,从而把利益归结为纯粹的个人利益。

但马克思主义认为,从历史的主体即人的社会本性上理解,纯粹意义上的个人利益是不存在的。事实上,这也是荀子"人生不能无群"(《荀子·王制》)要表达的意思。因为任何个人都生活在社会之中,离开社会的个人是不能存在的,因而在这种社会性制约下,"私人利益本身已经是社会所决定的利益,而且只有在社会所创造的条件下并使用社会所提供的手段,才能达到;也就是说,私人利益是与这些条件和手段的再生产相关系的。"④这就是为什么在原始社会中,社会利益和个人利益之间没有明确的区分,而是自然地融合在一起的缘由。事实上,在人类历史上曾经有过这样一个被称为原始社会的时代,维护社会利益就是维护个人利益,个人利益直接表现为社会利益,对社会利益的追求就是对个人利益的追求。只是到了私有制的社会产生以后,原始社会的混沌一致的利益分解为阶级利益,并往往处于对立统一的关系之中。不同的阶级、阶层和集团,都以社会利益来掩盖其阶级利益,"每一个企图代替旧统治阶级地位的新阶级,为了达到自己的目的,就不得不把自己的利益说成是社会

---

① 周溯源:《毛泽东评点古今人物续集》(上卷),红旗出版社 1999 年版,第 177 页。

② 《边沁文萃》(上册),林红本译,香港海风出版社 1999 年版,第 301 页。

③ 《边沁文萃》(上册),林红本译,香港海风出版社 1999 年版,第 341 页。

④ 《马克思恩格斯全集》(第 46 卷)(上),中共中央马克思恩格斯列宁斯大林著作编译局译,人民出版社 1979 年版,第 102-103 页。

全体成员的共同利益"①。在这种情形下,不管个人是否意识到,他总是自觉或不自觉地代表一定阶级的利益,他所追求的个人利益实质上是本阶级利益的直接或间接的反映。

就群己关系而论,无产阶级由于自己在社会生产中的地位和状态决定了他们是人类历史上社会进步利益的最彻底代表者。正是因为这种立场,列宁才告诫党内同志,无产阶级在为自己阶级利益而奋斗时,必须公开声明:"社会发展的利益高于无产阶级的利益,整个工人运动的利益高于工人个别部分或运动个别阶段的利益"②。也正因为这样,马克思主义对人类社会历史发展和进步才显示了最深刻最强大的向善力量。可见,个人的利益追求必须自觉地置于阶级的、民族的、全人类的整体利益之中才"真"且"善"。以中国古代群己之辩的主流立场而论,这里涉及的其实正是"己"摒弃个人利益至上的立场,主动赋予作为"群"之整体利益以伦理境遇之实现的过程。

与个人利益与整体利益相类似,就群己之辩而论它通常还涉及个人价值与社会价值的关系问题。马克思对"价值"范畴曾有过如下一个著名的论断:"'价值'这个普遍的概念是从人对待满足他的需要的外界物的关系中产生的。"③这表明价值和利益一样是一个关系范畴,它表明的是主体与满足它需要的客体之间的肯定或否定的关系。事实上,价值是需要的另一种表现形式。价值是客体的性质和主体的需要的结合,而人是价值关系的主体,能满足主体需要的对象是价值关系的客体。如果客体不能满足人的需要或者主体没有某种需要,就不存在价值关系。从这样一个角度来理解人自身的价值,那么,我们认为所谓的人的价值反映的也是客体需要与主体需要之间的一种关系。只不过与作为客体的其他物的存在不同,人这个"物"既是主体,又是客体。人作为主体和客体的两个含义既对立又统一。每一个人既是他人同时也是自己所反映和关注的客体,又成为他人和自己所反映和关注的主体。在这里,不仅处于一定社会关系中的人们之间互为主客体,而且人自己也互为主客体。而所谓的一个人自身的价值,呈现的就是作为主体的人的需要同作为客体的人能

---

① 《马克思恩格斯选集》(第1卷),中共中央马克思恩格斯列宁斯大林著作编译局译,人民出版社1972年版,第53页。

② 《列宁全集》(第4卷),中共中央马克思恩格斯列宁斯大林著作编译局译,人民出版社1958年版,第207页。

③ 《马克思恩格斯全集》(第19卷),中共中央马克思恩格斯列宁斯大林著作编译局译,人民出版社1963年版,第406页。

否满足这种需要之间的关系。这就如马克思比喻的那样,一把斧头对农民有价值是因为它能够满足他刀耕火种的需要,而一般而言斧头对流水线上的工人则没有价值,因为它满足不了流水线上的劳动所需,但扳手也许就是有价值的。正是因此我们认为,一个人的价值便取决于他的存在对自己、他人和整个社会的需要与否和多大程度上得到满足。

可见,人的价值不是每个人生来就有的抽象物。资产阶级思想家宣称"人的价值就在人自身"的说法是空洞与抽象的。既然人的价值大小是以他的存在对自己以及他人和社会需要的满足程度来衡量的,因此从群己关系来审视,人的价值就必然地包含如下两个基本要素:其一是人的需要,即社会对个人需要的尊重和满足。以群己之辩而言,呈现为"群"对"己"之需求的满足。这是人的价值的主体根据。每一个历史活动的主体都必然要"索取"对自身"有用"的东西来满足自己,失去了这种需要的满足,所谓人的价值就因为失去了主体而不再存在了。其二是人的成就,即个人对他者、对社会集体的责任和贡献。以群己之辩而言,呈现为"己"对"群"之需求的满足。这是人的价值的客观形态。如果说对物体的价值,人可以依靠对外部现成东西的索取和占有来拥有和实现,那么在人的价值中,索取和占有的对象性东西恰恰是人自身的存在,这个存在以人的成就作为满足和实现的根基。这也即是个人为世界创造价值的过程。在这个创造过程中,我们的价值既得到社会的首肯,也得到自己的承认。而所谓自我价值正是从中生成并被实现的。这显然是古代群己之辩中群己合一这一理想境界的真正实现。

可见,在人的价值的两个因素即索取和贡献的关系方面,我们必须着重反对只从索取、享受、权力来理解人的价值的错误本位观念。这一错误从群己之辩而论,显然在于夸大了"己"的重要性,跌入了个人主义的泥潭。事实上,由于社会要能够提供实现每个成员"自我价值"的物质和精神的条件首先需要社会成员把它们创造出来,所以我们在强调人的价值时首先要注重的不是索取、享受和权力,而恰恰是贡献和创造。历史上那些先进的分子都曾自觉地意识到这一点。比如,范仲淹崇尚"先天下之忧而忧,后天下之乐而乐"(《岳阳楼记》)的精神,爱因斯坦认为"一个人的价值,应该看他贡献什么,而不应该看他取得什么。"①马克思则更是深刻地指出:"如果人只为自己而劳动,他也许能

---

① 海伦·杜卡斯等:《爱因斯坦谈人生》,李宏昀译,复旦大学出版社 2013 年版,第 23 页。

成为著名的学者、大哲人、卓越诗人,然而他永远不能成为完美无瑕的伟大人物。"①事实上,中国历史上那些彪炳史册的志士仁人无一不深谙其中的道理。仅从他们留下的那些被传颂至今的豪言壮语中,我们便可深切地感受到这一点。比如,"路漫漫其修远兮,吾将上下而求索"(屈原)"富贵不能淫,贫贱不能移,威武不能屈"(孟子)"鞠躬尽瘁,死而后已"(诸葛亮)"先天下之忧而忧,后天下之乐而乐"(范仲淹)"位卑未敢忘忧国"(陆游)"三十功名尘与土,八千里路云和月;莫等闲,白了少年头,空悲切"(岳飞)"人生自古谁无死,留取丹心照汗青"(文天祥)"苟利国家生死以,岂因祸福避趋之"(林则徐)。这些中国人耳熟能详的语录,折射出的正是古代群己之辩中以"己"之付出、奉献乃至牺牲来成就"群"之大义的可贵品格与崇高境界。

> 公元 1034 年范仲淹赴任苏州。他在南园购得了一处房舍,请阴阳家来相看时被告知这是风水宝地,若居于此子孙世代必出公卿。范仲淹转念一想:"如此吉壤,与其仅供我一家居住,不若让天下士子都住进来读书。"于是,他便在此建造起了苏州府学。府学建成,自然要延请名师,范公思来想去,请来了德才兼备的胡瑗主持教务。胡瑗自然不负众望,后来名震京师。他一生中弟子无数,如程颐就曾先后受教于周敦颐和胡瑗,但他对周敦颐并未以师事之,对胡瑗却终其一生都尊其为"先生"。可见程颐对胡瑗的礼敬之重。但正如后人评论的那样,胡瑗的成就与范仲淹的赏识与提携,尤其是苏州府学这个平台的提供起到了重要的加持与促进作用。可见,这位留下过"先天下之忧而忧,后天下之乐而乐"之千古名句的范仲淹,在群己之辩层面达到的境界的确令人高山仰止。

尤其值得指出的是,在群己关系中,中国古代诸如范仲淹那样的人生价值观,与马克思主义的自我价值论具有高度的契合性。就群己之辩而论,两者都是从"己"对家、对国、对天下的付出与奉献来诠释自我的人生价值。这无疑是人的价值问题上的最具真理和道义的认知结论。也正因为如此,我们认为那些凡是不以个人对社会做出实际贡献来评论个人的价值,而是以诸如出身、职务、学历、资历、性别、年龄,甚至陈腐的宗法关系、金钱等衡量个人的价值观念

---

① 《马克思恩格斯全集》(第 40 卷),中共中央马克思恩格斯列宁斯大林著作编译局译,人民出版社 1982 年版,第 7 页。

无疑都是根本错误的。

我们以中国古代群己之辩积淀的群己合一传统,尤其是发掘中华优秀传统文化视阈下"己"总能自觉地赋予"群"之伦理境遇的传统立场,从而对西方个人主义以及在需要观、利益观、价值观层面的错误立场予以厘清与批判,绝不仅是为厘清而厘清,为批判而批判,而是遵循"不破不立""先破后立"的进路,为中国式现代化的实践推进去除认知上的迷障与谬误。这一学理厘清与批判的必要性与重要性,正如有主流媒体评论提及的那样,已然是一种"来自事实层面的呼唤":从清华、北大到复旦,一桩桩简单粗暴的投毒案无不警醒我们,个人主义价值观在现如今的中国有着多大、多深、多可怕的影响力。我们可是有着几千年利他主义、家国情怀传统的国家,可就在我们国家排名最好的这几所大学校园里却接二连三地发生了如此残酷的事件。无论是学界还是政界,显然都无法漠视这一来自事实层面的呼唤,它呼唤我们必须将这一问题的解决作为意识形态引导与民族精神重塑的当务之急。因为从亲密室友到下毒伤人,该反思的不仅是教育![1]

三、中华群己合一传统的现代价值发掘

从人我之辩的角度来解读中华传统文化中形成的群己合一之道,它涉及的是作为"己"的个人与作为诸多"他者"集合而成的群体之间的矛盾关系的理性解决。可以肯定的是,群己的张力在中西文化中都客观地存在着,但对于如何消弭这一导致群己关系紧张的张力,中西文化给出了不同的解决路径。我们探究在文化自信的语境下如何以马克思主义理论和方法为指导,发掘出中华传统文化在群己关系上的优秀成分,对中国式现代化实践所需的精神支撑与价值引领作用,无疑有着重要的现实意义。

1. 新集体主义的弘扬

在群己之辩中,集体主义作为个人主义的对立面,它在"群"与"己"的价值排序问题上明确主张集体(群)高于个人(己)的立场。因此集体主义是我们解决群己矛盾、化解两者之间张力的不二选择。这一点也是传统文化推崇的群己合一之道在现时代对我们以文化人、以文育人,从而为中国式现代化提供相

---

[1] 参见《新华视点》,2021-10-08,17:34。

匹配的民族精神与信仰力量的一个重要路径。

在群己关系问题上,马克思主义的立场与中国古代群己合一之道有诸多的契合之处。与儒家"人能群"(荀子语)"仁者,二人"(董仲舒语)等思想强调人的社会性相类似,马克思也从人的社会性视阈解读人的本质。于是,正如儒家从仁道衍生出家国情怀一样,马克思、恩格斯主张的集体主义的道德原则正是由人的社会性而衍生的。

事实上,在马克思历史唯物主义的语境中,"集体"的最根本含义就是指人的社会性。在马克思看来,人与动物的区别在于人总是处于一定的并被自觉意识到了的社会关系之中。以群己关系而论,只要走出"己"之自我,我们便不可避免地走入作为"群"之集体、社会之中。可见,集体这个概念就其最广泛的意义而言,便是指人们的社会集合体。这个集合体之所以会存在是因为个人无法摆脱集体,相反只能在集体中才能生存和发展。现代社会的发展、分工与协作的高度融合统一,更使个人无法摆脱集体。也就是说,每一个"己"每时每刻都处于作为"群"之集体之中,民族、国家、政党、社会、团体、家庭等都是范围不同、性质不同的群体形式。而且,我们通常还总是处于多重的、关系错综复杂的不同群体之中。

作为群己张力解决路径的集体主义道德原则,其最初的系统论述者马克思、恩格斯就是从这样一个社会本体论和社会认识论相统一的角度来界说集体主义原则的。他们这样写道:"只有在集体中,个人才能获得全面发展其才能的手段,也就是说,只有在集体中才可能有个人自由。"[①]列宁对马克思、恩格斯的上述思想做了进一步的阐发,并通俗地把集体主义原则理解为了"人人为我,我为人人"的道德规范:"我们将双手不停地工作几年以至几十年,我们要努力消灭'人人为自己,上帝为大家'这个可诅咒的常规。……我们要努力把'人人为我,我为人人'的原则灌输到群众的思想中去,变成他们的习惯,变成他们的生活常规。"[②]

显然,列宁的论述不仅生动,且异常精辟。"人人为自己,上帝为大家"的道德原则之所以要诅咒,那是因为上帝是不存在的,剩下的便只有"人人为自己"才是真实的存在。而这种"人人为自己"的追求必然导致社会整体利益的

---

① 《马克思恩格斯全集》(第3卷),中共中央马克思恩格斯列宁斯大林著作编译局译,人民出版社1960年版,第84页。

② 《列宁全集》(第31卷),中共中央马克思恩格斯列宁斯大林著作编译局译,人民出版社1958年版,第104页。

丧失,从而最终使每一个成员的利益也直接受到损害。可见,从根本上讲这是对人的社会本性的否定。而"人人为我,我为人人"的原则却是真实可行的。因为一方面每个人有自己的个人利益,故必须"人人为我";但另一方面,每个人又处于社会集体之中,必须在集体中才能获得个人的发展,故必须"我为人人"。这正是一种人我一体、利己与利他合一、个人利益与集体利益统一的人我合一、群己合一境界。事实上,这两个方面的相互规定也就是集体主义道德原则的一般本体论根据。

其实,从群己关系的辩证本性来看,无论是个人主义,还是集体主义显然都不构成独立的本体,它们的存在只是被给定的。这也就是说,作为一种社会道德原则,集体主义的本体论根据还必须从具体的社会形态中予以界定。以马克思主义的历史唯物主义理论来理解这个根据,那就是社会主义社会的制度及其政治上层建筑和意识形态的现实存在。这是群己之辩中马克思主义给出的最基本立场。

科学社会主义从它的创始人马克思、恩格斯那里开始,经历了百余年血与火的洗礼,已从理想走向了现实。这就是说,无论人们承认与否,社会主义已成为一个既定的现实存在。确立这一事实的哲学方法论意义就在于,它为集体主义道德原则提供了坚实而具体的社会本体论根据。从社会主义产生的历史来看,社会主义与历史上其他的社会形态一样,在以自己的要求创造或选择经济的、政治的主张及原则的同时,也必然以自己的要求创造或选择道德主体及基本的价值准则。就群己之辩而论,这个价值准则就是集体主义。正如资本主义的经济、政治制度必然衍生的是个人主义是同样的道理。这是历史唯物主义关于经济关系决定道德关系这一基本原理的必然结论。亦即是说,从社会主义经济关系本质及其内在需求机制中必然引申出道德规范上的集体主义原则。

社会主义在自己的本质构成中,把生产资料公有制作为自己最基本的规定之一。这一公有制的基本制度规定就意味着不是孤立的"己"之个人,而是作为"群"的广大劳动群众共同占有生产资料,并因此有着共同一致的整体利益。正是这一社会存在的基本事实从根本上决定了社会主义的道德价值取向只能是集体主义。而与此同时,集体主义也最能够反映这一经济关系的内在本质及其广大群众利益的根本需求。

从这个意义上我们也可以说,在社会主义与集体主义之间有着一种内在的联系:集体主义是社会主义的必然产物,同时,集体主义又构成社会主义在道德实践领域中的本质特征。其实,社会主义与集体主义的这种内在关系甚至已包含在社会主义的拉丁文词源 Socius 之中,因为 Socius 本身就含有社会的、共同的和集体的生活之意蕴。空想社会主义者也曾用"社会主义"一词来表达他们不满于资本主义社会中盛行的个人主义而期望实现的集体主义理想,并积极地在实践中加以尝试。也是因为这样的缘由,空想社会主义的代表人物几乎一致地反对资本主义的个人主义、利己主义,向往自由与平等的集体主义生活。事实上,在群己之辩的问题上,无论是空想社会主义,还是科学社会主义在对个人主义的批判方面立场完全一致。

但与空想社会主义不同,马克思主义的创始人则在唯物史观的科学理论和方法基础上将社会主义与集体主义内在地统一了。尽管在马克思、恩格斯的著作中尚未使用"集体主义"这个概念,但他们却不止一次地在批判资产阶级利己主义和个人主义的同时,表达了他们关于未来社会主义和共产主义的集体主义道德原则的思想。这一切正说明着,社会主义不仅在自己的本质内涵中包含了集体主义的道德原则,而且有着集体主义道德原则生成和培育成长的内在根据、条件和运行机制。可见,从社会认识论的角度审视,集体主义在社会主义社会这一历史形态中便具有了深刻的本体论根据。也正是有缘于此,我们断言集体主义道德原则绝不是某个人或某个政党、或某个团体主观选择的结果,而是由社会主义社会产生和发展的内在必然性在道德生活领域里的呈现。从这一特定的意义上我们甚至可以说,中国历史选择了社会主义,同时也就在道德生活领域选择了集体主义。

这构成了中国共产党主张和倡导集体主义这一基本道德原则的最重要社会本体论依据。重要的还在于,这同时也是我们党把马克思主义基本原理与中华优秀传统文化相结合,从而对古老的群己合一之道的继承与发展的一个重要缘由。

但如果做些思想史的追溯与梳理我们就会发现,二十世纪八十年代伴随着改革开放和思想解放运动的不断推进,一些人开始对集体主义产生了诸多的怀疑乃至否定情绪。比如在中共中央、国务院 2001 年颁布的《公民道德实施纲要》中,曾经明确提出以爱国主义、集体主义、社会主义为指导思想开展公民道德教育。然而,包括诸多知名学者在内的一些人,却在文章或演讲中公开质疑集体主义的合理性。① 质疑者们认为,在改革开放和大力发展社会主义商品经济的现时代,因商品经济与市场竞争的内在要求,我们需要的是有独立性、自主性和充满进取、创造品性人格。为此,他们主张在群己之辩中需要张扬的是一种个人主义的道德原则,而不是集体主义。在这种观点的持有者们看来,集体主义必然扼杀个性,窒息个体进步的生机和活力,所以这是一种与时代精神相悖的道德说教。如果说,这是对以往极"左"思潮下的集体主义原则的批判,那么它尚有一定的可取之处。但如果因此得出结论说,集体主义道德原则在改革开放和商品经济发展的现时代,丧失了"真"的根据,因而必须摒弃,那么,我们认为这个结论肯定是错误的。因为这种观点无视一个最基本的事实,就是在现时代集体主义道德原则依然有其社会本体论的根据。

可以肯定地说,改革开放和发展社会主义市场经济,既使人的社会性以及维系这一社会性的利益关系变得更加丰富也更加复杂,也使社会主义社会存在的诸多具体形态发生了极多变更。但同样可以肯定的是,这并未改变群己之辩中集体主义的一般本体论根据和具体的社会本体论根据。

其一,从集体主义的一般本体论根据而言,人的社会性和集体性是同质的范畴,集体性可以说也是人的本质规定之一,而这一本质规定以及由此必然派生的利益关系,总要求人们以集体主义的态度从事自我人生的实践,否则,我们就将丧失自我的本质规定。正是从这个意义上我们认为,离开人的社会关系,离开集体(整体)利益的个人的利益从来是无法实现的。或者说,道德上的个人主义从来不可能是真正属于人的道德规范。因为它没有本体论的根据,是一种对人的社会集体性否定的不"真"。

《说文解字》对"群"的文字学解读为:"群,辈也。从羊君声。"清代著名的语言学家、训诂学家、经学家段玉裁对许慎《说文解字》里对"群"字的解读做了如下的阐释:"朋也,类也,此辈之通义也。……羊为群,犬为独。引申为类聚之称。"(《说文解字注》)可见,从汉语的象形会意而论,"群"即诸多"他者"的集合。儒家主张以礼法划分等级名分,从而组织起家庭、社会、国家,此即明分使群。以荀子的话说即是:"救患除祸,则莫若明分使群矣。"(《荀子·富国》)睿智的古人为我们从汉字学的层面,阐释了群己

---

① 在国内这方面质疑量最多地来自经济学界。参见茅于轼:《中国人的道德前景》(暨南大学出版社 1998 年版),第 45-51 页。

合一之道，它非常形象地以"羊为群"为例解读了"己"与"群"合一的必然性。事实上，这就从一个独特的向度论证了"集体""集体主义"对于个体之"己"的本体论依据。

就群己关系而论，我们承认在西方资本主义发展的历史上，个人主义曾与资本主义制度相契合，引发过资本主义生产力水平及物质文明的巨大进步。关于这一点，马克思、恩格斯在《共产党宣言》里也是给予充分肯定的："资产阶级在它的不到一百年的阶级统治中所创造的生产力，比过去一切世代创造的全部生产力还要多，还要大。"①但我们必须认识到社会进步并不只以物质文明为标志。事实上，在人我关系中资本内蕴的唯利是图本性必然导致："它使人和人之间除了赤裸裸的利害关系，除了冷酷无情的'现金交易'，就再也没有任何别的联系。它把宗教虔诚、骑士热忱、小市民伤感这些情感的神圣发作，淹没在利己主义打算的冰水之中。"②事实上，资本主义从其诞生的那一刻起，人我之辩中个人主义、利己主义的道德追求，就给资本主义的进一步发展造就了巨大的精神障碍。正是由此，一些西方社会批判论者也已认识到如下一个事实：在现代世界，个人主义并不是最优越的文化精神，资本主义的发展，同样需要强有力的诸如"公益主义""团队精神""国家主义""全球主义"的精神凝聚力。③

其二，从集体主义的具体的社会本体论根据而言，现时代我们所进行的改革开放和发展社会主义市场经济，没有也不可能变更社会主义社会的根本性质。一个基本的事实是，我们的市场经济是社会主义公有制基础上的市场经济，而且这个市场经济还是不甚发达的。这样，要迅速改变我国生产力水平落后的状况，从而跻身世界发达国家行列，就尤其需要弘扬集体主义的道德原则，使全体人民以忘我的劳动和踔厉奋发的进取精神来实现我们国家的强盛和中华民族的伟大复兴。个人主义的后果只能是在唯利是图、私欲滋生的过程中最终导致人心涣散，从而给我们的中国式现代化事业带来不可低估的危

① 马克思、恩格斯：《共产党宣言》，中共中央马克思恩格斯列宁斯大林著作编译局译，人民出版社 2014 年版，第 32 页。

② 马克思、恩格斯：《共产党宣言》，中共中央马克思恩格斯列宁斯大林著作编译局译，人民出版社 2014 年版，第 30 页。

③ 万斌等主编：《马克思主义视阈下的当代西方社会思潮》，浙江大学出版社 2006 年版，第 209 页。

害。因此只要我们改革开放是坚持社会主义的,我们也就必然要以社会主义的道德基本原则——集体主义作为道德行为的必然与当然之则。

其实,进入了新时代的中国,集体主义所要维护和调整的利益关系,比任何时候都具有更加明确的内涵。这就是作为中华民族的每一个成员,维护我们民族生存和发展的最根本利益。这个利益在现时代就是推进中国式现代化的宏伟事业以实现中华民族的伟大复兴。在当前,集体主义所要维护的正是这一中华民族整体的最高利益。只要我们置身于这一时代中,我们也就置身于这样一个神圣的集体之中,就必须为我们民族的生存和发展,为中华民族的伟大复兴最大限度地尽到自己的义务。事实上,我们每个人也正是在为民族的图强奋进和伟大复兴做出自己贡献的同时,获得个人物质利益和精神生活的最真实享受,从而最大限度地实现自我的人生价值的。

正是基于对集体主义原则的这一社会本体论层面的洞察,新时代中国共产党人在群己之辩问题上旗帜鲜明地强调必须始终如一地坚持集体主义原则。这既是对中华优秀传统文化在群己关系上群己合一之道的激活、继承与创新,更是对马克思主义人的社会本质理论立场的坚信与坚守。因此,在2019 年颁布的《新时代公民道德实施纲要》中,中共中央、国务院依然坚持2001 年颁布的《公民道德实施纲要》的立场,把集体主义作为新时代公民道德建设的最基本原则:"以集体主义为导向,持之以恒、久久为功地推动全民道德素质和社会文明程度达到一个新高度。"①

> 我们党在新时代的治国理政伟大实践中,尤其是坚定文化自信自强,繁荣社会主义文化事业中正赋予集体主义原则以新的时代内容。在党的十九大报告中对"集体主义"予以了如下的定位:以集体主义为思想教育的核心理念,引导人们树立正确的历史观、民族观、国家观、文化观;深入实施公民道德建设工程,推进社会公德、职业道德、家庭美德、个人品德建设,激励人们向上向善、孝老爱亲,忠于祖国、忠于人民。② 这事实上对集体主义原则不仅赋予了道德建设中的核心地位,而且还对新时代的集体主义具体内涵做了基本的规定,这就是:向上向善、孝老爱亲,忠于祖国、忠于人民。

---

① 《新时代公民道德实施纲要》,人民出版社 2019 年版,第 5 页。
② 《党的十九大文件汇编》,党建读物出版社 2017 年版,第 29 页。

重要的还在于,善于与时俱进的中国共产党人在总结以往经验教训的基础上,还结合新时代的实践发展对集体主义原则也赋予新的时代内涵。这个必须汲取的经验教训既有古代群己之辩中重"群"轻"己"的带有封建色彩的整体主义偏颇,也有极左年代一味地以"毫不利己,专门利人"这样一个最高要求来教化普通民众的带有空想主义的失误。正是有鉴于曾经有过的偏颇,中国共产党人强烈意识到传统的群己合一思想和集体主义原则需要予以创新性的发展。这个发展的一个关键生长点就是要高度关注个人利益的维护与满足。这就正如邓小平曾经指出的那样:"一定要关心群众生活。这个问题不是说一句话就可以解决的,要做许多踏踏实实的工作。"①中国共产党人之所以受到中国人民的拥戴,一个很重要的缘由就在于在群己之辩的解决方面,无论是争取民族独立的战争年代,还是在建设社会主义现代化强国时期,中国共产党人能够自觉地以忘我甚至无我的奉献精神为人民服务。这堪称古代群己之辩中圣贤境界的当代彰显与体现。

正是为了区别于以往带有忽视个人利益的集体主义,有学者主张用"真正的集体主义"来更精准地描述我们当下倡导的集体主义。② 其实,马克思也曾有"真实的集体"的提法:"在真实的集体条件下,各个个人在自己的联合中并通过这种联合而获得自由。"③马克思在这里表达的意思是,"真实的集体"克服了以往一切往往只是反映统治者集团甚至是个人利益的所谓集体之虚幻性,把社会整体利益与个人利益真实地统一于自由人的联合体中。在马克思看来正是在"真实的集体"中,集体主义才被行之有效地确立的。

就群己之辩而论,由于集体主义首先是"己"与"群"、个人与集体关系中的一种群、社会更本位的抉择,故马克思所称的"真实的集体"首先必然是"群"对"己"、集体对个体的要求。这些要求大致上可概括为:其一,坚持集体利益和个人利益的结合,要求个人为增进社会集体利益贡献自己的力量,要求社会集体中的个人为集体的正当利益的实现积极创造条件;其二,坚持社会整体利益高于个人利益的原则,反对任何理由下的个人利益绝对优先的价值理念与实践追求;其三,在个人利益与集体利益发生矛盾又不能兼顾时,个人利益应当

---

① 《邓小平文选》(第2卷),人民出版社1994年版,第27页。

② 朱晓虹:《文化批判理论视阈下的中国传统文化现代意义研究》,浙江大学出版社2023年版,第125页。

③ 《马克思恩格斯选集》(第1卷),中共中央马克思恩格斯列宁斯大林著作编译局译,人民出版社1972年版,第82页。

自觉地服从整体利益。

也就是说,从群己关系来看,集体主义就意味着"己"之个人的发展只有同时表现为对"群",即对集体、社会有贡献时才可完成个人价值的实现,表现为个性的真正的全面发展。这样,"己"为求得自身的发展和自我价值的增值,就应自觉地担负起对"群"之集体的责任,努力地为集体做贡献;在集体利益和个人利益发生矛盾又不能兼顾时,个体自觉地以克"己"之心服从集体利益,做出或重或轻的自我牺牲,使自身的精神价值得到升华,并从中体现出高尚的道德境界。以邓小平的话来概括就是:"每个人都应该有他一定的物质利益,但是这绝不是提倡个人抛开国家、集体和别人,专门为自己的物质利益奋斗,绝不是提倡各人都向'钱'看。要是那样,社会主义和资本主义还有什么区别""我们从来主张,在社会主义国家中,国家、集体和个人利益在根本上是一致的,如果有矛盾,个人的利益要服从国家和集体的利益。"①

但与此同时,"真实的集体"也意味着"己"对"群"、个体对集体也有所要求。它要求集体必须关心、保障和满足个人的正当利益,为个人的发展积极创造条件,在个人做出牺牲之后,应给予精神上或物质上的一定补偿。重要的还在于,集体通过对个人的关心,还可使个体对集体产生感情上的共鸣和首肯,从而使行为个体在内心深处产生接受集体主义原则的要求。

实践证明,我们如果能加强对集体的完善和改造,使集体富于凝聚力,其影响就会贯穿到集体和个人双方,从而使集体主义实践更为有效。而如果我们忽视对集体的完善和改造,集体就会停留于一种有缺陷的、不能关心和切实保障个人正当利益的状态,从而损害个体为集体做贡献的积极性。长此以往,就必然会产生两种结果:一是集体主义不能发挥其优越性,而被虚假的集体主义如封建的整体主义所取代,压抑个人自由,贬斥个人利益。这方面我们已经有了深刻的历史教训。二是个人不把集体看成是自身的忠实代表,只依靠自身的力量争取自身的利益,造成集体的分崩离析,使个人主义盛行。这在我们当代中国人的道德生活实践中已经和正在产生诸多的经验教训。

我们可以把真正的集体主义视为新时代的群己合一之道。也就是说,作为对传统群己合一思想的继承与创新,马克思"真实的集体"思想构成了我们当下倡导的集体主义的基本含义。以这样一个真正集体主义的立场来审视,我们便可发现在相当长的一段时期里,我们宣传的集体主义其实不是一种真

---

① 《邓小平文选》(第 2 卷),人民出版社 1994 年版,第 337 页。

正的集体主义，而是一种在极"左"思潮影响下的与人性相左的虚假的"集体主义"。这种虚假的集体主义有一个最明显的特征，那就是忽视或无视个人利益。处于这样一种集体主义之下，人们总是被喋喋不休地告诫，要抑制对个人利益的要求，要不惜牺牲个人利益等。这显然是我们要予以扬弃的。

正是基于这一历史与现实的语境，在集体主义原则的坚持和发展中，新时代的中国共产党正以身作则，积极践行这一被赋予了新内涵、新思路、新境界的社会主义核心价值观之根本原则。这一真正集体主义原则从群己之辩的维度审视，有两个基本的内涵规定：其一是在群己关系中，群体必须高度关注个体身心方面的合理诉求和美好向往；其二是作为一种向上向善的倡导与引领，又要求群体中的"己"之个体有为自己委身其间的群体利益做出奉献甚至自我牺牲的自觉。两个规定性相辅相成，共同构成真正集体主义的本质内涵。

有必要做点展开的是，这一群己之辩中的集体主义要求转换为治国理政的理念，就具体化为执政的中国共产党人面对全体中国人民这一群体时，不仅懂得敬畏人民，而且懂得依靠人民的道理。正是有缘于此，在党的二十大报告中我们党明确提出了"为民造福是立党为公、执政为民的本质要求。必须坚持在发展中保障和改善民生，鼓励共同奋斗创造美好生活，不断实现人民对美好生活的向往"①。从群己之辩而论，这堪称新时代共产党人在治国理政方面群己观的经典表述：一方面，它彰显了共产党人对人民美好生活向往的积极认可，并将其视为自己的奋斗目标。事实上，早在党的十八大政治报告中，我们党就审时度势地提出了社会主要矛盾已然发生转变的重要判断，这个矛盾被表述为："人民日益增长的美好生活需要和不平衡不充分发展之间的矛盾。"②我们党之所以要对社会主要矛盾做这一新的表述，一个很重要的现实依据就是正视人民不断增长的对美好生活的诉求。就群己之辩而言，这是作为个体的执政党成员，尤其是执政党的领袖对来自人民群众的呼声、诉求与向往的倾听与遵从。另一方面，它更提出了将这一倾听与遵从转化为不忘初心、执政为民的使命担当。事实上，党的十八大以来正是在这一执政理念的引领下，中国共产党人以不负历史、不负时代、不负人民的使命担当，与全国人民一起通过踔厉奋发、笃行不怠的奋斗精神，以举世瞩目的成就创造着当今中国百年历史从未有过的美好生活。

---

① 《党的二十大文件汇编》，党建读物出版社 2022 年版，第 35 页。
② 《党的十八大文件汇编》，党建读物出版社 2012 年版，第 3 页。

时至今日,"人民美好生活"无论在民间还是正式媒体及学术研究中已然成为热词,在某种程度上恰恰印证了这一事实。重要的还在于,新时代中国共产党并没有停止前进的步伐,面对着世界之变、时代之变、历史之变正以前所未有方式展开的机遇与挑战,中国共产党清醒地意识到,满足人民对美好生活的向往的事业是一项伟大而艰巨的事业,"前途光明,任重道远,我们必须增强忧患意识,坚持底线思维,做到居安思危、未雨绸缪,准备经受风高浪急甚至惊涛骇浪的重大考验。"①就群己之辩而论,这显然是作为中华优秀传统文化的忠实传承者与弘扬者的中国共产党,在新时代对群己合一之道的激活、传承与创新的理念彰显与实践担当。

2. 群己合一之道的当代传承

在中华传统文化中,与人己合一的具体德目体现为孝亲、睦邻、贵和等相类似,群己合一的伦理境界也体现为诸多的具体德目之中。对这些具体德目进行梳理和发掘,不仅可以让我们更具体、更详实地理解传统群己观中那些合理且具备优越性的理念,而且它本身就是学习与践行优秀传统文化的一个具体路径。正是由此,中国共产党人在继承、弘扬和创新这方面的传统美德方面着力颇多,取得的实践效果也令人欣慰。

比如敬业之德。这是群己之辩中作为个体的"己"以小我的一技之长服务群体、服务社会从而体现自我价值的一个德性规范。在我国古代早在春秋时代的《尚书》中,就记载了官吏的敬业之德:"宽而栗,柔而立,愿而恭,乱而敬,扰而毅,直而温,简而廉,刚而塞,强而义。"(《尚书·虞书·皋陶谟》)在《孙子兵法》中对军人的敬业之德则有如下的规定:"将者,智、信、仁、勇、严。"(《孙子兵法·计篇》)对医者的敬业精神,从春秋战国的《黄帝内经》中"疏五过""征四失"到扁鹊"随俗而变"的高尚医德,再到唐代孙思邈在其《大医精诚》中"不得问其贵贱贫富、长幼妍媸、怨亲善友、华夷愚智"的职业规定,可谓非常翔实。而对教师的敬业之德韩愈在《师说》中将其概括为"传道""授业""解惑"三个基本规范。这一切无不表明我国古代的敬业传统几乎和社会分工的出现一样源远流长。这些职业道德规范的思想显然具有超越时空的魅力。

　　正是基于敬业之德的这一教化意义,中共中央在 2019 年颁布的《新时代公民道德实施纲要》中不仅提出了"要把社会公德、职业道德、家庭美

---

① 《党的二十大文件汇编》,党建读物出版社 2022 年版,第 20 页。

德、个人品德建设作为着力点"，而且，还提出要"推动践行以爱岗敬业、诚实守信、办事公道、热情服务、奉献社会为主要内容的职业道德，鼓励人们在工作中做一个好建设者。"①这事实上就在继承的基础上发展与丰富了传统敬业之德的内涵，让新时代的公民在敬业之德的坚守方面有了明确的价值指向。

再比如崇义之德。这是群己之辩中作为个体的"己"在利己与利集体、利国家、利民族乃至利天下之间发生冲突时，勇于战胜利己之心的一个价值抉择。这是群己之辩在义利观中的体现。传统文化既然推崇人我合一、群己合一的立场，在义利之辩中就必然要主张"见利思义"（《论语·宪问》）。荀子曾这样阐述这一伦理抉择："义与利者，人之所以两有也，虽尧舜不能去民之欲利。然而能使其欲利不克其好义也……故义胜利者为治世，利克义者为乱世。"（《荀子·大略》）也由此，荀子认为"不学问，无正义，以富利为隆，是俗人者也""惟利所在，无所不倾，若是则可谓小人矣。"（《荀子·不苟》）可见，正是基于人我合一、群己合一的立场出发，古代圣贤必然在义利合一的基础上主张义在利先，反对唯利是图的行为。

中华民族的这一崇义之德的现代性价值是显而易见的。众所周知，由于市场配置带来的效率，市场经济被普遍认可为现代经济的最流行模式。但问题在于，其间必然有一个义与利的价值排序与伦理抉择问题。中华传统文化基于人我合一、群己合一的文化传统，历来反对见利忘义、唯利是图。但由于西方文化中因个人主义传统而必然衍生的"利益最大化"原则的泛滥，当今社会在"己"与"他者"、"己"与集体和社会的交往实践中见利忘义、唯利是图者大有人在。事实上，当见利忘义的企业不断地以毒奶粉、毒胶囊、假疫苗等挑战社会的道德底线，当唯利是图的公职人员贪赃枉法、以权谋私不断地激起民怨和民愤，当医生为了回扣之类一己之利而不守医道滥开处方，当教师缺失了师道而在课堂上推销学习软件或课外读物……我们真的再也无法任由这样的现状持续蔓延。当然，要解决当下中国义利之辩中存在的诸多不尽如人意的现状，需要多维度、多层次的社会系统工程的协同作用，但其中以文化人、以文育人显然是基础性的工程。也就是说，在义利关系问题上清算西方功利主义文化的消极影响，重新回归到见利思义、以义谋利的中华传统文化立场，显然是

---

① 《新时代公民道德实施纲要》，人民出版社 2019 年版，第 6 页。

一个重要途径。

在中华文明史的发展进程中,崇义的最经常表现就是爱国主义情怀的培植。就群己之辩而论,爱国主义是"己"对作为"群"之呈现的国家的热爱,它是一种对自己生长的国土、民族、文化所怀有的深切的依恋之情。这种感情在历史的长河中经过积淀、传承和不断创新,最终被整个民族的社会心理所认同,从而升华为对国家尽责、为国家奉献的意识和情怀。正如有学者提及的那样,"中华民族的历史虽历经磨难但却始终绵延不绝,与中华文化历来将爱国主义作为一种精神支柱和民族信仰密不可分。"[1]的确,正是一代又一代"以天下为己任"的爱国主义者作为民族脊梁为中华民族文明史留下了一幅幅绵延不绝的精美画卷。比如,不畏强暴的晏婴,英勇抗击匈奴的卫青、霍去病,精忠报国的岳飞,"男儿到死心如铁"(《贺新郎·同父见和再用韵答之》)的辛弃疾,"留取丹心照汗青"(《正气歌》)的文天祥,保卫北京的于谦,抗击倭寇的戚继光,横戈戍边抗清的袁崇焕,少年英雄夏完淳,收复台湾的郑成功,以及吟诵着"赢得孤臣同硕果,也留正气在乾坤"(《绝命诗》)从容就义的张苍水……这些熠熠生辉的名字彪炳中华史册。

在党的二十大修订后正式颁布的《中国共产党章程》在其总纲部分明确把爱国主义概括为民族精神的核心:"弘扬以爱国主义为核心的民族精神和以改革创新为核心的时代精神。"[2]这意味着新时代中国共产党以章程的形式把爱国主义规定为每一位中国共产党人的必须培植和涵养的道德情怀。这是中国共产党在新时代对群己之辩中对古老的爱国主义传统的现代激活。它一定可以极大地助力中国式现代化的积极推进与中华民族伟大复兴的早日实现。

崇义与爱国主义的最高境界是"杀身成仁""舍生取义"。孟子曾有这样一段被广为传诵的名言:"鱼,我所欲也,熊掌亦我所欲也;二者不可得兼,舍鱼而取熊掌者也。生,亦我所欲也,义,亦我所欲也;二者不可得兼,舍生而取义者也。"(《孟子·告子上》)这一思想显然是对孔子"志士仁人,无求生以害仁,有杀身以成仁"(《论语·卫灵公》)思想的继承与发展。中华传统文化中所推崇的这种"杀身成仁""舍生取义"的浩然正气对中华民族产生了强烈而持久的精神感召作用。尤其是在外敌入侵、民族危亡之际,总有无数的志士仁人挺身而出,以自己的生命和鲜血,谱写了一曲曲"惊天地,泣鬼神"的"正气歌",它构成

① 黄寅:《传统文化与民族精神:源流、特质及现代意义》,当代中国出版社 2005 年版,第 229 页。
② 《中国共产党章程》,人民出版社 2022 年版,第 13 页。

中华民族最宝贵的精神财富。

正是由此，在中共中央、国务院印发的《新时代公民道德实施纲要》中，以爱国主义为核心的民族精神不仅被视为是中华民族生生不息、发展壮大的坚实精神支撑和强大道德力量，而且在新时代的爱国精神被具体解读为：伟大的创造精神、奋斗精神、团结精神和把祖国建设成为繁荣昌盛国家的梦想精神，以及这些精神的具体呈现，即团结统一、爱好和平、勤劳勇敢、自强不息的思想和观念。① 这显然正是对古代源远流长的爱国主义情怀的继承与创新，它必将在新时代中华民族共有的精神谱系里增添亮丽的内涵。

再比如兼善天下。这是群己之辩中古代志士仁人憧憬和推崇的最高境界，它意味着"己"对"群"的伦理情怀，已然由爱家、爱集体、爱国最后升华到了兼爱天下的胸怀。儒家说的"四海之内，皆兄弟也"（《论语·颜渊》）表达的即是这一境界。正是基于这一缘由，孟子说自己的人生理想是"达则兼善天下。"（《孟子·尽心上》）而且，不仅是儒家在群己之辩中有这样的立场，事实上墨家也非常推崇这一兼善天下的伦理情怀。墨子固然非常强调"兼相爱，交相利"，即人己两利的思想。但与此同时，作为人生的一种最高理想，墨子又提出了无功利的那种"兼爱天下"情怀："文王之兼爱天下之博大也，譬之日月，兼照天下之无有私也。"（《墨子·兼爱下》）这种带着博爱情怀的爱，犹如日月之光普照大地，而从不企望从中获得些什么私利回报的兼爱理想，其实也是墨子自己所躬身践行的一种理想人格。儒、墨诸家这一"天下为公"（《礼记·礼运》）"以四海为一家"（梁启超：《墨经校释》）的思想显然也是当今全球化时代非常需要的一种天下观。

然而，令人遗憾的是，由于西方文化及其话语体系的强势，当今世界在群己之辩问题上国家利己主义②还是颇为流行的。由于形形色色的国家利己主义畅行无阻，无论是国家、地区、民族之类的共同体，还是共同体中的个体无不深受其害。这就更加凸显了向世界传播与弘扬中华文化中兼善天下之情怀的急迫性与重要性。

---

① 《新时代公民道德实施纲要》，人民出版社 2019 年版，第 9 页。

② 从谨慎的立场出发，也许我们得承认"国家利己主义"这一范畴在学界是有争论的。但是，与学界的争论形成鲜明反差的是，在当今国际关系领域里它却是个不争的事实。比如，美国总统特朗普当年在其第一个任期时提出的"美国优先"战略其实就是一个实例。法国国立工艺学院的经济学教授洛朗·达弗齐于 2015 年出版了一本名为《新本土利己主义：国家的重疾》的书，尖锐地批评了国家利己主义的诸种行径。参见《中国社会科学报》，2015 年 3 月 6 日，第 5 版。

中国共产党人在这方面堪称是当下继承、弘扬与创新,并积极践行这一群己合一之道的引领者。众所周知,置身全球化的现时代,林林总总的西方价值观不可避免地涌进开放的中国。在群己关系问题上,那种认为市场经济必然匹配个人主义的论调就典型地属于西方价值观的消极影响。问题的严峻性在于,国内却有相当一些学者和民众却对其持认同的立场。于是,在选择了市场经济的当下中国,个人主义便似乎有了合法性的外衣。显而易见,这严重地减损了民众对走中国特色社会主义现代化道路的信心,极大地挫伤了社会各阶层投身实现中华民族伟大复兴这一中国梦的积极性。

面对改革开放和发展社会主义市场经济条件下思想意识多元多样多变的新特点,面对世界范围思想文化交流、交融、交锋形势下价值观较量的新态势,迫切需要中国共产党对此积极地加以应对。公民价值观基本规范的提出和培养正是由此应运而生的。党的十八大提出了社会主义核心价值观:富强、民主、文明、和谐,自由、平等、公正、法治,爱国、敬业、诚信、友善。它分别确立了国家层面、社会层面和公民层面的价值目标、价值取向和价值规范。党的十九大报告更是明确提出:"要以培养担当民族复兴大任的时代新人为着眼点,强化教育引导、实践养成、制度保障,发挥社会主义核心价值观对国民教育、精神文明创建、精神文化产品创作生产传播的引领作用,把社会主义核心价值观融入社会发展各方面,转化为人们的情感认同和行为习惯。"[1]党的二十大报告同样强调了这一价值观培植对于文化自信自强的基础性意义:"以社会主义核心价值观为引领,发展社会主义先进文化,弘扬革命文化,传承中华优秀传统文化,满足人民日益增长的精神文化需求,巩固全党全国各族人民团结奋斗的共同思想基础。"[2]新修订的《中国共产党章程》更是要求全党:"加强社会主义核心价值体系建设,坚持马克思主义指导思想,树立中国特色社会主义共同理想。"[3]

就群己之辩而论,新时代中国共产党对公民层面的爱国、敬业、诚信、友善这八字概括,实质上提出了处理群己关系时"己"所必须遵循的最基本价值规范。这些规范无一不凸显出中国共产党对群己合一这一优秀传统的继承与创新:爱国作为"己"对祖国命运的一种深切关怀之情,由古代的精忠报国发展到今天积极投身于民族复兴的伟业;敬业作为"己"对自我"业精于勤,荒于嬉"

---

①　《党的十九大文件汇编》,党建读物出版社 2017 年版,第 29 页。

②　《党的二十大文件汇编》,党建读物出版社 2022 年版,第 33 页。

③　《中国共产党章程》,人民出版社 2022 年版,第 13 页。

(韩愈:《进学解》)的自觉规范发展到今天"我为人人、人人为我"的职业奉献;诚信作为"己"对自我为人处世"言必信,行必果"(《论语·子路》)的承诺发展为市场经济运作中"真诚到永远"的新义利观坚守;友善作为"己"对自我修为中恪守"君子成人之美,不成人之恶"(《论语·颜渊》)的仁爱之心发展为今天积极参与构建美美与共的和谐社会,以及为人类命运共同体的构建尽一份使命担当的兼善天下情怀。

特别令人欣慰的是,正如《中共中央关于党的百年奋斗重大成就和历史经验的决议》指出的那样:"中华优秀传统文化是中华民族的突出优势,是我们在世界文化激荡中站稳脚跟的根基,必须结合新的时代条件传承和弘扬好。"[①]事实也的确如此。当下的中国在诸如人我之辩、群己之辩等众多领域里,优秀传统文化正在不断地被激活、传承与弘扬,它与革命文化、先进文化一起正塑造与涵养起中国人民特有的精神气质与人格品性,从而为中国式现代化的伟业提供着不竭的精神动力。

3. 以人类命运共同体理念引领全球化

就群己之辩而论,如果说中华民族共同体是国家共同体,那么人类命运共同体则是由许多国家共同体融汇而成的全球共同体。中国共产党在全球化不断遭遇单边主义、霸权主义严峻挑战的时代背景下提出了推动构建人类命运共同体的主张,其深远的现实意义正不断地彰显于当今世界。

如果我们把人我关系放大到国与国之间的关系,那么随即可以发现,当今世界在人我、群己关系方面可谓问题多多、矛盾重重。一方面,全球化已然是个无法逆转的世界性趋势,但另一方面,主导和推动全球化的某些西方国家在对"谁的全球化"进行解读时充满着国家利己主义的盘算,而这种盘算必然遭到别的国家的反对。于是,现代人不得不直面一个严峻的问题:全球化的道路究竟应该怎么走?

正如有学者论及的那样:"肇始于启蒙运动的现代性发展已然经历了从现代性方案到全球现代性危机的嬗变之路,全球化的推演与资本主义现代性的扩张相辅相成,由西方资本主义主导的现代性进程及其衍生的矛盾困境在全球化时代被无限放大,对人类社会的发展前途和人的生存境遇带来不可回避

---

① 《中共中央关于党的百年奋斗重大成就和历史经验的决议》,人民出版社 2017 年版,第 23 页。

的负面影响。"①就"己"与他人、"己"与群体的关系而论,人类创造了现代性,但生活在"地球村"里的人们却处在一个由"陌生人""陌生国家"构成的使人困惑和极易迷失的虚幻共同体中。

我们党倡导的推动构建人类命运共同体的全球治理理念堪称对全球化道路究竟应该怎么走这一全球性问题的积极回应。事实上,从已经有和正在有的实践检验来看,这一中国理念对于全球化语境下如何破解诸如国家利己主义带来的困境产生了非常积极的理论感召力和实践功效。

陈来教授曾经把中华文化的基本价值观概括为"崇仁、贵和、尚德、利群"②这样四个核心范式。依据这一概括,命运共同体的理念构建与实践推进,堪称是中华文化这一传统价值观的当代呈现。由此,我们可以肯定地说,推动构建人类命运共同体理念与行动固然是中国共产党在新的时代条件下对马克思、恩格斯在《共产党宣言》中奠定的共同体思想的继承和发展,但与此同时,它更是新时代中国共产党以马克思主义为指导对传统群己合一之道的激活、传承和创新。

比如,在人类命运共同体理念中我们可以看到中华传统天下观的可贵立场。作为群己合一之道的一个具体展开,中华传统文化历来有"四海之内皆兄弟"(《论语·颜渊》)"海内存知己,天涯若比邻"(王勃:《杜少府之任蜀洲》)"青山一道同云雨,明月何曾是两乡"(王昌龄:《送柴侍御》)之说,这其实是以朴实的语言揭示了人类命运共同体的人性基础。墨家更是给世人详细地描述了这种天下观的愿景:因为"兼相爱"自然会有"交相利"的治理效果:诸侯相爱,就不会发生战争;大夫相爱,就不会互相篡夺;人与人相爱,就不会彼此伤害;天下的人皆相爱,强对弱,众对寡,富对贫,贵对贱,智对愚,都做到兼爱互利,那就是天下太平的盛世景象。

可以肯定的是,古人所谓的"天下",未必就可等同于现代汉语语境下的"世界",它更多的其实是对家国之外的存在的一种非实体性的、文化意蕴更浓的想象,由此也就决定了"天下为公""大同天下"的理念更多呈现为古代士大夫基于理想主义的一种伦理构建。但正如沈湘平教授在其

---

① 刘同舫:《全球现代性问题与人类命运共同体智慧》,《福建论坛》(人文社会科学版),2019 年第 9 期,第 59 页。

② 陈来:《中华文明的核心价值:国学流变与传统价值观》,生活·读书·新知三联书店 2015 年版,第 116 页。

2024 年出版的著作《中国式现代化的传统文化根基》一书中指出的那样："'天下'观念确实打开了一种可能性，展现了一种超越的、普遍的维度，蕴涵着中国特色的世界主义思想。"①这种中国特色的世界主义思想显然正被与时俱进的中国共产党人激活、传承与创新："我们真诚呼吁，世界各国弘扬和平、发展、公平、正义、民主、自由的全人类共同价值，促进各国人民相知相亲，尊重世界文明多样性，以文明交流超越文明隔阂、文明互鉴超越文明冲突、文明共存超越文明优越，共同应对各种全球性挑战。"②

又比如，在人类命运共同体理念中我们可以感受到中华传统和合观的大智慧。作为人我、群己关系处理的基本原则，以儒家为主要代表的中华文化历来倡导以和为贵、求同存异、睦邻友邦、和成天下等理念，它为同处命运共同体的各国提供了如何和平共处、共享共赢的中国智慧。这是承认与包容差异性的基础上追求同一性的智慧。这一智慧意味着虽然不同国家的经济体量、政治制度、文化传统、地理环境等都有差异性，但遵循求同存异的原则就完全可以结成命运共同体。值得指出的是，正如古人说的那样"智者察同，愚者察异。"(《黄帝内经·素问篇》)在当今世界，人与人、国家与国家、文化与文化，都有各自的特点和具体情况，倘若过度凸显差异，其结果只能制造无谓的误解和冲突。世界各国应该要把着眼点放在追求"生活越来越好"这一"同"上，从而寻求利益最大公约数，共享机遇的同时也共迎挑战。

还比如，在人类命运共同体理念中还可体悟到中华传统以天下为己任这一士大夫的崇高情怀。在中国古代历来推崇忧国忧民忧天下的士大夫情怀。比如，孔子当年就曾感慨说："德之不修，学之不讲，闻义不能徙，不善不能改，是吾忧也。"(《论语·述而》)为此他周游列国，历尽艰辛却无怨无悔。也正是在这样的传统熏陶下，才有了张载"为天地立心，为生民立命，为往圣继绝学，为万世开太平"(《横渠语录》)的情怀，才有了范仲淹"先天下之忧而忧，后天下之乐而乐"(《岳阳楼记》)的豪迈。事实上，古人以天下为己任、为世界谋太平的圣贤志向和天下情怀无疑是古代人我之辩、群己之辩中推崇与追求的最高境界。

更值得一提的是，在当今中国这一构建人类命运共同体理念不仅仅是理

---

① 沈湘平：《中国式现代化的传统文化根基》，江苏人民出版社 2024 年版，第 183 页。
② 《党的二十大文件汇编》，党建读物出版社 2022 年版，第 13 页。

念,更是一种真真切切的行动。因为我们深知"一语不能践,万卷徒空虚"(林鸿,《饮酒》)的道理。正是基于这一知行合一的立场,我们积极参与全球治理体系改革和建设,践行共商、共建、共享的全球治理观,坚持真正的多边主义,推进国际关系民主化,推动全球治理朝着更加公正合理的方向发展;我们坚定维护以联合国为核心的国际体系、以国际法为基础的国际秩序、以联合国宪章宗旨和原则为基础的国际关系基本准则,反对一切形式的单边主义,反对搞针对特定国家的阵营化和排他性小圈子;我们积极推动世界贸易组织、亚太经合组织等多边机制更好发挥作用,扩大金砖国家、上海合作组织等合作机制影响力,增强新兴市场国家和发展中国家在全球事务中的代表性和发言权;我们还积极参与全球安全规则制定,加强国际安全合作,积极参与联合国维和行动,为维护世界和平和地区稳定发挥建设性作用。正是有缘于此,我们可以断言中国构建人类命运共同体理念与行动的深远影响力将不断在当今世界亮丽彰显,并注定将被世界历史所铭记。

四、小　结

美国当代著名的政治哲学家迈克尔·沃尔泽曾认为,个人确实是被社会塑造的,仅这一点而言,社群主义对自由主义的批判立场没有错。但问题是社群主义没有看到的是现代社会已经改变,其中一个最大的变化就是高度流动性。这不仅指的是地理上的流动,也包括身份的流动,婚姻的流动以及政治上的流动。当今社会的社群大多呈现为"自愿型的社群"。与传统社群相比,自愿型的社群想退出即可退出。婚姻这一最小的社群最典型地体现了这一特点。沃尔泽将这种高度流动的社会状况,叫"后社会状况"。为此,这位受聘普林斯顿高级研究院任社会科学终身教授的著名学者曾断言:"置身'后社会状况',我们依然相信传统的社群主义对孤立的、原子化的个人的各种批判注定不会消失,但社群主义在可见的未来将永远无法战胜孤立的、原子化的个人主义。"①

正如有学者指出的那样:"就世界范围而论,人们几乎都同意这样一个看法:21世纪的时代主题无论是东方还是西方都毫无例外的是现代化。东方是

---

① 《迈克尔·沃尔泽论文选萃》,何家俊编译,香港文艺出版社 2022 年版,第 207-210 页。

要努力实现现代化,西方是要竭力破解所谓的现代化困境。"①面对着这一时代主题,在经历了种种曲折和迷误之后,理性的烛照终于使现代人发现,现代化的进程不仅是物质文明的高度发达,它还要有精神文化的相应建构。然而,现代社会发展的种种迹象使我们对这个问题感到深深的忧虑。因为我们不得不承认,当今世界无论是经济发达的西方,还是正在崛起的中国,社会生活都面临着过度物质化、功利化和外向化的问题。人的心性问题尤其是伦理问题被严重地忽视。其中一个最亟待解决的问题就是"个人主义被简单粗暴地理解为在物质财富上合理合法地剥夺'他者'而实现自我的成功人生,而成为财富榜上的赫赫有名者更是成为太多人从孩提时代就有的梦想"②。

可见,如果说形形色色的利己主义是人己之辩层面西方文化对中国人我之辩传统的最大挑战,那么强调原子式个人的个人主义则是群己之辩层面对当下中国主流价值观的最严峻挑战。正是有缘于此,在群己关系问题上我们亟待两方面具有意识形态意义的工作:一方面是清除西方以原子式个人崇拜为特征的形形色色个人主义价值观的影响,努力把道理阐明、把事理厘清;另一方面是以马克思主义世界观与方法论为指导,对传统群己之辩的优秀成分,以及彰显这些优秀成分的核心范式、标识性概念等予以激活、传承与创新,并将其转化为以文化人、以文育人的重要理念,从而使其成为塑造与涵养与中国式现代化实践相匹配的精神气质与价值共识的一个重要路径。

一旦我们在群己之辩中能够自觉地通过超越一"己"之利,而赋予作为"群"之呈现的家、国、天下以利他主义的伦理境遇,从而使"我"成为了"我们",并因为这个"我们"而体会到了在告别了小我的形影相吊、自怨自艾状态之后的美好,那么,这就是群己合一之道的真正实现。

这正是我们以"时代之问"为导向,探究、激活并创新古代人我之辩中群己合一这一优秀传统文化的理论与现实意义之所在。

---

① 万斌等主编:《马克思主义视阈下的当代西方社会思潮》,浙江大学出版社 2006 年版,第209 页。

② 黄寅等:《要有钱也要有人性》,湖南人民出版社 2010 年版,第 57 页。

第3章

身心之辩中"他者"的伦理境遇

　　在人我之辩的视阈下,古代哲学不仅有人己之辩、群己之辩,还有身心之辩①。在这个身与心的关系问题上,主客体是统一的,都是"己"的存在。我们之所以将身心之辩作为人己之辩的又一个具体论域予以展开,一方面固然是因为它本来就是对人己之辩中"己"之探究的细化,另一方面更是因为对这一将主体之"己"作为客体之"他者"的深入探究,并在这个探究中对"己"如何更和谐地解决好身之欲与心之理的张力问题,从而为摆脱当下中西文化均必须直面的诸如心为形役、身不由己之类的所谓现代性困境找到一条出路。

——引言

　　如果说人己之辩要解决的是"己"与"别人"的矛盾、群己之辩要解决的是"己"与不同形态的"群"之矛盾的话,那身心之辩要解决的是"己"之存在中的"身"与"心"的矛盾。这一矛盾具体呈现为自我生命中不断勃发的身之"欲"与心之"理"("道")的冲突。与人己之辩、群己之辩相类似,在身心之辩问题上中华传统文化也形成了自己独特的传承。这主要体现在与西方文化的身心二元对立不同,中华传统文化历来主张身心合一、欲理合一的立场,它推崇的文化立场是通过以理制欲的自我规范,从而达到身之欲与心之理的内在和谐。这

---

　　① 　也有学者更倾向于用欲理之辩这一范式来概括。因为在古代哲人那里,所谓的身心合一其内容主要就呈现为身之欲与心之理的平衡。具体参见张岱年:《中国伦理思想研究》(上海人民出版社1989年版),第134页。

构成了自先秦以来在"反求诸己"（《孟子·公孙丑上》）、向内做功层面的一个基本道统。而且，作为中华传统文化中历来备受推崇的身心合一之道，它在儒、道、佛诸家中均有悠久的历史积淀。由此，我们在身心之辩的向度上梳理、研究和发掘中华传统文化中的优秀成分，并将其做现代性的转换，不仅可以为中国式现代化需要相匹配的民族精神构建找到一个具体的路径，而且其内蕴的以文化人、以文育人智慧启迪对现代人身心健康层面的价值指引也是非常值得期待的。

一、中华传统文化的身心合一之道

在古代中国，当哲人们理性的目光由"他者"以及诸多"他者"构成的群体转向自我，便有了绵延不绝的身心关系问题的探究。就身心之辩要解决的是自我生命中欲与理的矛盾而言，身心之辩与欲理之辩几乎可以被视为是同质的范畴。也就是说，中华传统文化历来主张的欲理合一立场，其实质正是身心合一之道，它推崇的是身之欲与心之理张力的化解乃至消除从而达到内在的和谐状态。

1. 身心、欲理之辩中的儒家传统

为有效地解决身与心、欲与理时时刻刻存在的张力，儒家在其创始人孔子那里就把理智作为一个重要的德性规范予以阐述。孔子在《论语》里有如下著名的语录："仁者不忧，智者不惑，勇者不惧"（《论语·子罕》）。其中的"智者不惑"[①]一句论述的就是对欲望的理性节制。孔子这句语录是告诫世人，有理智的人是不受诱惑的。事实上，孔子之后的儒家代表人物均非常注重这个智德。从学理上分析，智德之"智"首先是一种逻辑推理能力，它能够对一个行为的后果做一个预先的把握。如果觉得这个后果无法承受，那么他就会说服自己不去做这件事情。正是由此，孔子又说："人无远虑，必有近忧"（《论语·卫灵公》）"必也临事而惧，好谋而成者也。"（《论语·述而》）。这里提及的"虑""惧"

---

① "智者不惑"这句语录通常有如下一个望文生义的误读：因不断求取知识故有智慧的人就不会被遇到的事情所迷惑。百度则将其解释为：用自己求取的知识来解决自己的困惑。这样一来，"惑"就被理解为认识论范畴，即迷惑、困惑之惑。其实，我们知道孔子的仁学思想讨论的主要是伦理学问题，因而本书作者认为此处的"惑"应解读为诱惑，它是伦理学范畴。事实上，后儒整理的仁、义、礼、智、信这五常德里的"智"也是指伦理学层面的意蕴。

"谋"就是一种理智能力,它能够保证一个人做事深谋远虑,能够不被身体的欲望及其冲动牵着走,而是谋定而后动。

正是由此,儒家历来非常强调理智力对人生诸如男女之欲、饮食之欲、财富之欲的制约作用。继孔子"智者不惑"的教诲之后,孟子提出了"养心莫善于寡欲"(《孟子·尽心下》)的主张。有弟子曾经追问孟子为什么要减少自己的欲望呢?在孟子看来道理很简单,因为人的精力是有限的,人不可能什么欲望都去追求,故理智的结论便是要学会"寡欲"。其实,俗语称"人生一世,草木一秋",说的也是这个道理。当然,孟子讲"寡欲"除了精力不济外还有另一个重要的原因,这就是即便那些精力可以顾及的欲望也有一个善与不善的理性考量与审视。在孟子看来,人内心深处有一些欲望是善的,还有一些欲望却是不善的,故孟子又说"可欲之谓善。"(《孟子·尽心下》)这就是说,可以成为欲望的那些欲望才是善的欲望。只有这些善的欲望,人才可以去追求。这是孟子在对待内心无时无刻不在勃发的身之欲望所持的理性立场。自古以来,孔孟的这一立场构成了中国传统文化在身心、欲理之辩中主张和坚守的君子之道。

> 儒家还特别地论证了"身"之私欲对君子成就事业的危害性。孟子就曾经提出过一个命题"人皆可以为尧舜"(《孟子·告子下》)。但为什么绝大多数人却成不了像尧舜这样的人呢?结论是:因私欲所致。于是,孟子的结论是:"人有不为也,而后可以有为。"(《孟子·离娄下》)后来的朱熹在注解孔子"克己复礼"语时也说"克己,即克己之私欲"(《四书章句集注·论语集注》);王阳明心学主张"破心中贼"指的也是革除心中的不当私欲。事实上,在身心之辩问题上对"身"之欲有可能带来的危害性予以高度警觉这一传统,自先秦以来古人留下了极多这方面的警示之语。比如,"私欲弘侈,则德义鲜少"(左丘明:《国语·楚语》);"不私,而天下自公"(《忠经·广至理章》);"不以一毫私意自蔽,不以一毫私欲自累"(朱熹:《四书章句集注·中庸集注》);"心无私欲,自然会刚;心无邪曲,自然会正"(张伯行:《困学录集》)等。

在身心、欲理之辩中正是基于对人之理智能力的充分自信,孟子还提出了一个具体的思路:"不使可欲"。这是回避欲望的智慧。这一思路的具体办法就是不使一些欲望成为欲望。在孟子看来,人的欲望有两类,一类欲望是天生就有的,比如饮食男女之欲;但是还有一类欲望则是需要通过后天的了解、学习,或后天的尝试之后才能成为欲望的。孟子主张对后一类欲望须有不让它成为欲望的理智能力。古代历史上,回避欲望最典型的人或许就是楚国的楚庄王了。楚庄王登基之后,因他治国有方而使楚国迅速地跻身五霸之列。据《韩诗外传》记载:有一次,令尹(楚国最高军政长官)子佩为表达对主公治理国家劳苦功高的钦佩之情而欲请楚庄王赴宴。庄王爽快地答应了。可当子佩在楚国最著名的高台胜景——京台把宴席的一切均准备停当时,结果楚庄王却失约了。第二天,子佩去见楚庄王问及不来赴宴的原因时,只见楚庄王呵呵一笑地解释说:"我听说你是在京台摆下的酒宴。京台这地方风景秀丽,人到了那里会快活得忘记了死的痛苦。像我这般德性浅薄的人,难以承受如此的快乐。我怕我会沉迷于此,流连忘返,从此无心治理国事。故而想想还是不去为好!"子佩听闻这个解释后不由得愈加钦佩自己的主公。

这个故事非常形象地印证了孟子以"不使可欲"的理智来回避欲望的人生智慧。也就是说,人的理智有时候恰恰表现在有意识地不让某一个欲望成为欲望。正是由此,中国古代文化在身心、欲理之辩中,一直把回避欲望看成是一种人生处世的大智慧。它的道理其实也很简单。因为人的欲望有时候确实是很可怕的,对一些很有诱惑力的东西所产生的欲望,有时甚至能让人产生一种情不自禁、不由自主的冲动。于是,既然知道自己的定力不够,那就干脆有意识地不让这个欲望成为欲望。可见,尽管欲望有时很让人心旌摇动,但理智总会有办法使人不为诱惑所动。这正是儒家推崇的身与心、欲与理合一与和谐的一则重要的修身智慧。这一修身智慧的本质就在于,"心"中的理智能力能够赋予"身"不欲、不为的定力。身心之辩中"身"作为"他者"的伦理境遇完全由"心"的理智力而生。也就是说,这一指向"身"的伦理境遇得以实施,其核心环节是智德在"心"中的自觉生成。

也是基于这一身心、欲理之辩中的立场,儒家还特别地提出了"慎独"的修养之道。对"慎独"的内涵,古人有如下一段著名的阐述:"天命之谓性,率性之谓道,修道之谓教。道也者,不可须臾离也,可离非道也。是故君子戒慎乎其所不睹,恐惧乎其所不闻,莫见乎隐,莫显乎微。故君子慎其独也。"(《礼记·中庸》)尽管五四新文化运动以来有许多学者认为《中庸》的作者从人的天性出发,提出"修道",进而提出了伦理教化和道德修养的重要性和必要性,缺乏足够的说服力。因为在质疑者们看来,就"天性"而言推导出的显然只能是饮食男女一类的动物性存在。① 但即便是质疑者们也不得不承认,这里有两方面思想却是异常深刻的:一方面,作为一种修养境界,"慎独"必须"须臾不离道"。即"慎独"不是外在强加的要求与规范,而是从人的"天命之性"中内化而来的,故这里彰显或强调的是道德主体的自觉。另一方面,作为一种修养方法,"慎独"强调"戒慎",尤其在"隐"与"微"处下功夫。就是说,哪怕只有天知地知,行为主体也能高度自觉地规范自己,故这里的关键是道德主体的自在与自由。正是有缘于此,我们可以说"慎独"堪称是儒家身心之辩中"身"作为"他者"的伦理境遇得以实现的最理想状态。这种状态因"心"的自觉而实现了"身"的自在与自由。

> 古人所谓的慎微之道,强调的是防微杜渐,从小事做起。古代的很多名言都是讲这个道理的。比如,"勿以恶小而为之"(《朱子家训》)。又比如,"堤溃蚁孔,气泄针芒"(《后汉书·郭陈列传》)。还比如,"贪如火,不遏则自焚;欲如水,不遏则自溺"(《韩非子·六反》)等。唐德宗时候的大臣陆贽堪称是深谙此理之人。他做宰相的时候,曾一概拒绝下属赠送的任何礼物,即使是像马鞭、靴子一类的小东西也绝不收受。有些人以陆贽不近情理而向皇帝告状。德宗皇帝也觉得陆贽这样做有些不近人情。一次,君臣在聊到这一话题时,陆贽理直气壮地回怼了皇帝:"收取贿赂的口子一旦打开,就会越扩越大!先是鞭子靴子之类的小东西,到后来就是金玉珠宝了。每天沉溺于物欲之中,又怎么能做到为官的公正廉洁呢?"

如果从否定的方面来讨论"心"对"身"赋予的伦理境遇问题,那么孔子的"三戒"说无疑最为著名:"君子有三戒:少之时,血气未定,戒之在色;及其壮也,血气方刚,戒之在斗;及其老也,血气既衰,戒之在得。"(《论语·季氏》)孔子在这里是说:"君子有三件事要警觉戒备:年轻时血气尚未稳定,要警戒自己不可贪恋美色;壮年时血气正旺盛,要警戒自己不可争强好斗;年老了血气衰退,应警戒自己不可贪得无厌。"

众所周知,中国历史上那些亡国之君固然其亡国的具体原因很多,但是有一点几乎是共同的,那就是他们往往不知敬畏戒律,并因为没有敬畏之"心"故他们有一个通病,那就是极易放纵自己的"身"之欲望。就以孔子说的"戒之在

---

① 杨益权:《读〈中庸〉,悟处事》,团结出版社 2016 年版,第 34 页。

色"为例，从商纣王宠爱妲己而天怒人怨最终被周灭国，周幽王为博美人一笑烽火戏诸侯而失去诸侯的信任成孤家寡人，吴王因好西施美女之色而亡国，到陈国的陈叔宝终日与张丽华等妃嫔歌舞欢宴最终沦为阶下囚等，其实都表明着儒家在身心之辩中主张对"身"之欲须常怀戒备"心"的必要性与重要性。值得一提的是，后人读史时对那些好色而做了亡国之君其人其事，往往习惯发一通"红颜祸水"的感慨。其实，这对"红颜"是不公允的。事实上，关于人的好色之心孔子曾经有一句名言："吾未见好德如好色者也。"(《论语·子罕》)可见，好色是人的天性，是一个正常发育者自然而然的"身"之欲。而且，它也与性别无关。问题的实质在于，一个懂得身心合一、欲理合一的人是有能力以"心"之理(如敬畏心)去战胜"身"之欲的。这正是儒家"修齐治平"功课中的起始功课——"修身"的必要性与重要性之所在。有学者将这一重要性简洁地概括为：内无"私欲"则外无"妄动"。[1] 这的确颇为精当。

朱熹对孔子在"三戒"说中提及的"血气未定""血气方刚""血气既衰"中的"血气"一词注解说："血气，形之所待以生者，血阴而气阳也。得，贪也。随时知戒，以理胜之，则不为血气所使也。范氏[2]曰：'圣人同于人者血气也，异于人者志气也。血气有时而衰，志气则无时而衰也。少未定、壮而刚、老而衰者，血气也。戒于色、戒于斗、戒于得者，志气也。君子养其志气，故不为血气所动，是以年弥高而德弥邵也。'"(《四书集注·论语集注》)朱熹以及诸多注家细究"血气"的确切含义无疑是有意义的。就身心关系而论，我们的确可把孔子提及的"血气"二字做一个词义并列的词组来解读："血"指"我"之可见可触摸的物质基础方面，是生理层面的存在，它构成身体的活力；"气"则指"我"之看不见摸不着的精神方面，是心理层面的存在，可以理解为"心"之理智与性情等。以这样的方式解读"血气"之说，便可发现圣人与普通人在"血气"方面虽有同样的血肉之躯(即"血")，但圣人因为有"心"中战胜"身"之好色、好斗、好得等欲望的志气(即"气")而成为了圣人。这正是儒家身心之辩中身作为"他者"伦理境遇的实现过程。

---

① 成龙：《东方文化中的"我"与"他"——中国哲学对主体间关系的构建》，中国社会科学出版社2015年版，第187页。

② 朱熹这里提及的范祖禹是北宋时期的一位学者。范祖禹于宋仁宗嘉祐八年考中进士，主要成就包括参与编撰《资治通鉴》，并独立完成了《唐鉴》十二卷、《帝学》八卷以及《仁宗政典》六卷。他的著作《唐鉴》深入分析了唐朝三百年的治乱兴衰，深受学者尊敬，被尊称为"唐鉴公"。此外，《宋史本传》中还记载了他有五十五卷文集汇编存世，这些著作在后世都有广泛的影响。他的学术观点在朱熹的《论语集注》中颇有援引。

儒家这一身心、欲理合一的理性主义传统,尤其是主张向内做功以解决身心、欲理张力的修养方法,其对中华民族文明史和中国人性格、心性的影响是深刻而久远的。正如有学者论及的那样,它是中国人内敛、慎独、敬畏等民族性格形成的文化学根源。① 我们与时俱进地继承与创新这一文化传统对于解决当下社会存在的诸如物欲主义、享乐主义带来的或萎靡,或焦虑,或放纵等身心困顿无疑有显而易见的解蔽之功效。

2. 身心、欲理之辩中的道家传统

在中国传统的身心、欲理之辩中,道家也主张以理制欲,即推崇"心"之道对"身"之欲的引导与提升。因为在道家看来,欲望是危害人性的。故老子称:"不欲以静,天下将自正。"(《道德经》三十七章)也是由此,在欲理之辩方面,老子主张"无欲"的立场。当然,老子从"道法自然"(《道德经》二十五章)的立场出发自然无法否认人从根本上讲是有欲望的。因为这是生命的自然现象。比如,老子就说过"甘其食,美其服,安其居,乐其俗"(《道德经》八十章)的话。事实上,老子的"无欲"乃是指人依据自然与否这一根本标准,应有所不欲,应知足常乐,应使欲望降低到对自然心伤害的最小程度。因为在老子看来:"罪莫大于可欲,祸莫大于不知足,咎莫大于欲得,故知足之足,常足。"(《道德经》四十六章)与老子的立场相同,庄子也明确主张人生应当有所不欲。他认为:"其嗜欲深者,其天机浅。"(《庄子·大宗师》)由此,他主张"同乎无欲,是谓素朴,素朴而民性得矣。"(《庄子·马蹄》)可见,道家无欲论的一个重要结论是,它认为对欲望过分执着,恰恰违反"法自然"这一道家的根本立场,它是人生所以有灾祸、苦难和不如意的一个根源。事实上,俗语称做人做事心态要自然,此处"自然"一语即源自道家哲学。

正是有缘于此,道家主张见素抱朴的生活态度:"见素抱朴,少私寡欲"(《道德经》十九章)。在古汉语中,"素"指未经漂煮的本色生帛,在此即指人性的本来面目;"朴"指未经雕饰的木材,在此则指人心淳厚,与道合一,没有私心,没有私欲的本原状态。也就是说,"见素抱朴"是指人要保持自身本来的纯朴状态,内心淳厚无妄念,行为朴素而自然。因而以老庄为代表的道家在身心、欲理之辩中的一个必然性结论就是:"见素抱朴"者自然"少私寡欲"。这是道家在身心之辩中"身"作为"他者"之伦理境遇的最基本含义。老子的《道德经》主张由"道"而"德"的一个重要指向就是以"道法自然"为依据对身之"欲"

---

① 黄寅:《传统文化与民族精神:源流、特质及现代意义》,当代中国出版社 2005 年版,第 107 页。

做道德引导与提升。以《菜根谭》作者的话说就是"塞得物欲之路，堪辟道义之门。"（《菜根谭》）

从人我之辩而论，正因为主张见素抱朴、少私寡欲，故道家在"己"的自我修养方面又有"尚俭"一说。这样一个"尚俭"的原则是由老子最早概括的："我有三宝，持而宝之：一曰慈，二曰俭，三曰不敢为天下先。慈，故能勇；俭，故能广；不敢为天下先，故能成器长。"（《道德经》六十七章）

老子在这里论及的"己"之修养三大法宝中，其一为"慈"。"慈，爱也；从心，兹声。"（《说文解字》）可见"慈"的词义即为爱。以人己之辩、群己之辩的立场而论，就是要求"己"能够生成战胜私心爱"他者"的能力。老子论及的三大法宝之二为"俭"。这是彰显道家身心、欲理之辩立场的重要范式。在道家典籍中，"俭"有时也称为"啬"，意即节俭、俭约，故老子称："治人事天莫若啬"（《道德经》五十九章）。可见，在道家那里，俭啬之德也即守持自己的纯朴本性，减除私心和贪欲。可以肯定的是，道家的创始人老子并不是一个禁欲主义者，他并不完全否定私欲，他只是反对过分地沉溺于欲望之中。因为老子坚信，不知足、不知止、贪欲过分，不仅会丧失自身的本性，还会危及自身的生命。正是由此，老子才说："知足不辱，知止不殆，可以长久"（《道德经》四十四章）。也就是说，在老子看来只有遵循俭啬之道，少私寡欲，不为"身"之欲望所溺，才是保全性命的修行之道。这是道家一派在身心、欲理之辩中由其创始人老子最初便清晰确立的基本立场。老子论及的人生三大法宝之三为"不敢为天下先"。此句语录历代注家颇有不同解读，如果立足道家自然哲学的立场，它讲的无非就是有无之辩中对不自然的人事要无为。故韩非子解此句时曾有如下之论："欲成方圆而随其规矩，则万事之功形矣。而万物莫不有规矩，议言之士，计会规矩也。圣人尽随于万物之规矩，故曰'不敢为天下先。'"（《韩非子·解老》）从韩非子的解读看，老子在这里强调的依然是身心、欲理之辩中"心"对"身"、"理（道）"对"欲"的有所不为、有所不欲之理。

老子之后的庄子直接承继了老子这一有所不为、有所不欲的思想。庄子向世人反复论证以生命为贵、以名利为轻的人生哲学理念。他曾这样批评世俗之人："今世俗之君子，多危身弃生以殉物""今世之人，居高官尊爵者，皆重失之，见利轻亡其身，岂不惑哉！"（《庄子·让王》）为此，庄子主张"能尊生者，虽富贵不以养伤身，虽贫贱不以利累形。"（《庄子·让王》）可见，就身心之辩而论，庄子明确地批评了因对"身"之欲的过度追逐而导致的危身、弃生、亡身、伤身、累形等本末倒置的做法。这种做法显然是身心之辩中"心"对"身"的非伦理,乃至是反伦理对待。这恰是以老庄为代表的道家所反对的。

　　值得一提的是,东汉创立的道教尽管在诸如求长生不老、画符驱鬼等
问题上没有很好地守住老庄自然哲学的立场,但在欲理关系上却是个例
外。比如《太清元道真经》中说:"六不妄入,三不妄出,此道也。"所谓的六
不妄入,即心不妄入:保持内心的宁静,不起心动念,不贪恋世俗之乐;目
不妄视:不随意观看不适当的内容,保持视觉的纯净;耳不妄听:不听信不
实之言,保持听觉的清净;鼻不妄香:不随意闻嗅不当的气味,保持嗅觉的
纯净;口不妄言:不发表不恰当的言论,避免妄语;舌不妄味:不贪恋不当
的饮食,保持味觉的纯净。所谓的三不妄出,即恶语不出:避免使用伤害
他人的言语;妄语不出:不发表没有根据的言论;绮语不出:不发表无意义
的言论。这显然是将老庄的身心观、欲理观进行了具体化。它无疑更有
利于信奉者践行。

　　有必要指出的是,道家自先秦创立以来关于身心、欲理关系方面的探究在
诸子百家中可以说是最为令后世瞩目的。也是因此,其相关的理念、范式与论
证思路在思想史上的积淀蔚为壮观。如果化繁为简,我们可以从道家"道法自
然"(《道德经》二十五章)的核心立场出发,对其身心、欲理之辩中以理制欲的
合理性立场做如下两方面的概括:其一,道家认为过度的欲望会伤害身体的自
然承受性。比如,老子说:"五色令人目盲,五音令人耳聋,五味令人口爽,驰骋
畋猎令人心发狂,难得之货令人行妨。"(《道德经》十二章)道家在这里是教谕
世人必须顾惜自我身体的自然性,不可在声、色、货、利的过度追逐中和耳、目、
口、鼻等感官之欲的过度沉湎中伤害自我生命。其二,道家认为过度的欲望必
然拖累自我的情志和心性。比如,老子就曾这样追问道:"名与身孰亲? 身与
货孰多? 得与亡孰病?"(《道德经》四十四章)可见,老子认为身心的愉悦比名、
利、货、贷的占有更值得世人珍惜。而且,在老子看来,世人之所以患得患失,
"得之若惊,失之若惊"(《道德经》十三章),全然是因为心中有太多的欲望之
故。庄子继承和弘扬光大了老子的这一思想,并做了进一步的论证。庄子认
为欲望多的人必然以欲"患心"(《庄子·田子方》)、不得"悬解"(《庄子·大宗
师》)、"谬心"且"累德"(《庄子·庚桑楚》)。
　　就身心之辩而论,道家论及的诸多范式中"心为形役"尤其值得现代人细
细品味与反省。如果做一点思想史追溯,这个范式最早源自对道家自然哲学

颇为推崇的晋代文人陶渊明:"归去来兮,田园将芜胡不归?既自以心为形役,奚惆怅而独悲?"(《归去来兮辞》)众所周知,自先秦始中国古代士人便一直有"学而优则仕"(《论语·子张》)的传统,陶渊明自然也不例外。然而,陶渊明在如愿以偿做了县令后却发现,正直清廉的他根本无法忍受那个时代官场腐败、小人得志的现状。于是,陶渊明在醒悟到"吾不能为五斗米折腰,拳拳事乡里小人"(《晋书·陶潜传》)的道理后,辞官不做了。毛泽东曾对此感叹道:"陶令不知何处去,桃花源里可耕田?"(《七律·登庐山》)的确,虚无缥缈的桃花源自然耕不了田,但陶渊明的归去从身心之辩来看,至少使"身"不再身不由己,使"心"不再为形所役,而是身心合一、自在逍遥:"怀良辰以孤往,或植杖而耘耔;登东皋以舒啸,临清流而赋诗。"(《归去来兮辞》)

道家尤其强调在身心两方面均要做到自然地对待自己的生命,就必须减少内心的欲望,即"恬淡为上"(《道德经》三十一章)。按庄子的话说就是:"平易恬淡,则忧患不能入,邪气不能袭,故其德全神不亏。"(《庄子·刻意》)可见,道家承认人生而有欲是一种自然。以老庄为主要代表的道家之所以反对放纵欲望,恰恰是因为在道家看来纵欲是不自然的。这种无止境地追逐功、名、利、禄和声、色、犬、马的物欲人生不仅会使人的德性败坏,而且本身也必然给自我的自然生命带来身心两方面的伤害。故老子的结论是:"圣人去甚、去奢、去泰。"(《道德经》二十九章)这就是说,悟道的人懂得不让自己的欲望太极端、太奢侈、太过分,否则,它一定会拖累和伤害自我生命的自然承受性。于是,虽然与儒家的论证路径或方式不同,但是道家同样得出了以理制欲的理性主义结论。这与儒家可谓殊途同归。

值得一提的是,先秦由老庄在身心、欲理之辩中奠定的这一传统,并没有在汉代"独尊儒术"之后销声匿迹。相反,在诸如严子陵、陶渊明、李白、苏东坡、黄公望等一代又一代文人墨客的认可、谨奉与践行中,一直延续到近代。道家主张并推崇的这一身心合一、欲理合一的思想对中国人尤其是知识分子阶层产生了巨大的影响。其中在身心、欲理之辩中积淀的诸如见素抱朴、以俭养身之类的思想,在整个中华民族精神的塑造方面留下了极为深刻的痕迹。就以老子论及的身心修养之"俭"德而言,从"静以修身,俭以养德"(诸葛亮:《诫子书》),到"克俭节用,实弘道之源;崇侈恣情,乃败德之本"(刘昫:《旧唐书·于志宁传》),再到"有德者皆由俭来。"(司马光:《训俭示康》),再到毛泽东当年告诫全党不要学李自成,"务必使同志们继续地保持艰苦奋斗的作风"①,这些思想无疑都与道家见素抱朴、少私寡欲的尚俭思想一脉相承。而这些思想从身心关系而论无非都是"心"对"身"的伦理境遇的有效赋予。

　　3. 身心、欲理之辩中的佛家传统

　　就佛家而论在身心、欲理之辩问题上,由印度传进中国的原始佛教显然有些不近情理,因为它力行禁欲,主张苦行僧式的生活。比如,世人在佛家的教义中经常能看到"缘障未开,业尘犹拥,漂沦欲海,颠坠邪山"(温子昇:《定国寺碑》)的告谕。佛家因此告诫世人,必须把生命之欲的一切对象性存在视为"空",才能从深广如海的贪欲、情欲、物欲中拯救出自我心性。这无疑凸显了明显的禁欲主义色彩。

　　但我们知道,印度佛教在汉代传入中国经过中国文化的改造之后,在欲望问题上面也并不主张什么欲望都一律地要禁绝,它也主张有所欲、有所不欲。特别是主张"佛法在世间,不离世间觉"(《坛经·般若品》)的禅宗,因其关注世俗生活,故在对待人的世俗欲望方面其实颇为辩证。比如,北禅宗的少林和尚甚至可以"酒肉穿肠过"即为一例。因为身处兵荒马乱的年代,护法僧如果吃素会体力不济,故住持和尚允许他们喝酒吃肉,但是告诫他们"佛祖心中留"。也就是说,喝酒吃肉只是权宜之计,决不可因此忘记佛祖不杀生、不饮酒的清规戒律。事实上,这正是一种以理制欲的智慧。也是因为这个以理制欲的立场,故佛家主张持戒修行。在佛家戒、空、慧"三学"中,"持戒"被置于"三学"之首。它也是佛门"六度"修行的重要功课之一。可见,主张持戒修行,推崇规诫人生,构成佛家在身心、欲理之辩中的基本立场。

　　佛家之所以强调持戒,以佛祖释迦牟尼的教谕而论是因为人性有贪、嗔、痴诸恶扰乱心智,而因需要因戒而定,因定生慧。佛经里规定佛家所持之戒常见的有五戒、八戒、十戒、具足戒等。对居家修行的男女信徒而言,通常只持五戒即可。这五戒为:不杀生、不偷盗、不邪淫、不妄语、不饮酒。佛家除五戒之外,也还有八戒一说,就是在五戒的基础上,再加上不眠坐高广华丽之床,不装饰、打扮及观听歌舞,不食非时食(如过午不食)。对皈依佛门的出家人而言,则其所持之戒不仅严整而且繁多。初入佛门的小沙弥和沙弥尼,在没能够正式取得比丘、比丘尼资格以前的观察阶段,须守十戒,即不杀生、不偷盗、不淫乱、不妄语、不饮酒、不涂饰香鬘、不视听歌舞、不眠坐高广大床、不食非时食、

---

　　①　《毛泽东选集》(第四卷),人民出版社 1991 年版,第 1439 页。

不蓄金银财宝。按佛门规矩,小沙弥、沙弥尼一旦长大到二十岁,并经过十戒考验后,就可以受"具足戒"了。具足戒男女有别,比丘守男戒,所受为二百五十戒;比丘尼持女戒,所受为三百四十八戒。可见,佛门的清规戒律可谓是方方面面的。也因此,曾有学者把佛家的人生观概括为"规诫人生"①,以此和儒家的"道德人生"、道家的"自然人生"相提并论。

世人往往会认为,佛门讲那么多的清规戒律实在是束缚自我,自讨苦吃。其实,从佛门教义来看,持戒恰是一种度脱人生苦海的智慧法门。曾任上海佛学院院长的上海龙华寺住持明旸法师曾经这样阐述其中的道理:"戒的本质指菩萨受持佛所制定的清净戒法,佛陀认为唯有此法可助人战胜欲望。"②这里的要义是以戒来战胜"身"之欲。美国纽约东初禅寺住持圣严法师在一次专门为皈依弟子所作的讲禅法会上,对诸多的听众也说过如下一段话:"佛陀讲'以戒为师'是指引众生的解脱法门。因为戒律能给人绝对的安全感,使人能放下一切身心内外的不满足、舍不得、看不开,它是佛法无边之普遍性的呈现,自然也是最重要处世法则。我们也可以称其为最基本的修行法则。"③明旸、圣严法师为世人所讲的这一番道理无疑是十分中肯的。事实上,在佛家那里,有能力持戒恰恰是面对内心欲望的一种理智力的呈现。这便是佛家在身心、欲理之辩中的大般若(即大智慧)。这可谓是佛家对身心之辩中"心"对"身"(皮囊)这一"他者"赋予的最基本伦理境遇。

而且,在中国佛教最经典的形态——禅宗④的教义中,外在的规诫只有转化为内在的"心戒"才能算是真正抵达"得道"的觉悟境界。这显然是深受儒、道两家身心合一思想的影响。在这个"心戒"的语境下,禅宗主张"心中有,那才是真的有"(慧能语)的立场。这就将对"身"之欲约束与规范的戒律由外在(如经书里的记载或师父的叮嘱)转向了内"心"。后来明代的王阳明更是直接将儒、道、佛三者的义理融为一体,创立了"阳明心学"。正是由此,慧能明确提

---

① 苏渊雷:《佛学十日谈》,上海书店出版社 1996 年版,第 57 页。

② 明旸法师:《佛法概要》,上海古籍出版社 1998 年版,第 263 页。

③ 圣严法师:《佛禅与现代社会(讲演录)》,台湾远流出版事业股份有限公司 1991 年版,第 101-102 页。

④ 学界一直有"佛教诞生于印度,却成就于中国"之说。其中一个很重要的缘由是因为禅宗自唐代开始远播海外的全球影响力。从禅宗发展史上我们得知在印度有禅修,却无禅宗。也是因此,虽然禅宗追认印度的达摩为禅宗的初祖,但五祖弘忍与六祖慧能却被学界更多的学者认定是禅宗的真正创始人:"弘忍及门下弟子的黄梅系标志禅宗的初步形成,而至慧能及《坛经》的产生则标志禅宗的成熟定型。"参见杜继文等:《中国禅宗通史》(江苏古籍出版社 1993 年版),第 64 页、第 178 页。

出了修佛道须直指人心、见性成佛的观点。在他看来:"前念迷即凡,后念悟即佛""迷闻经累劫,悟则刹那间。"(《坛经·般若品》)这意思是说,对身外之物如荣华富贵、功名利禄(即色界)心中念念不忘,即是执迷不悟,这就永远成不了佛道;如要真正成就佛道,就必须回到内心"息妄修心"。可见,在身心、欲理之辩问题上它强调"佛向心中求"的修行路径。以慧能的话说就是"一念悟时,众生是佛。"(《坛经·般若品》)这就是中国佛教在解决身之欲与心之道的矛盾与冲突时给出的路径(法门)。它把对"身"之欲望的合规与"心"之觉悟视为"不二法门"①,从而真正实现了身心之辩语境下赋予"身"这一"他者"伦理境遇的目标。

　　早期曾投禅宗门下参学,并且还在禅宗中开悟的明代大哲王阳明在融会贯通了儒、释、道相关思想的基础上,创立了"心学"②。阳明心学的精神内涵包括"心即理""知行合一""致良知"等。阳明心学诞生后,王阳明兴办龙冈书院,授徒讲学,声名远播,后又受到贵州提学副使席书的邀请,讲学于贵阳书院。其诸如"破山中贼易,破心中贼难""知者行之始,行者知之成""此心不动,随机而动""克己方能成己""种树者必培其根,种德者必养其心""心狭为祸之根,心旷为福之门""吾心自有光明月,千古团圆永无缺""无私心就是道""人人自有定盘针,万化根源总在心"之类的心学名言在他生前就曾广为传播。有学者认为,在传统的身心、欲理之辩问题上王阳明的心学理论无疑是古代学术传统的集大成者。③ 也是缘于此,其后世的影响力不仅远播韩日等亚洲国家,甚至也被美英等西方国家的学界所熟知。

---

　　① "不二法门"系佛家特有的用语。"不二"指不是两个东西或两个极端;"法门"指修行入道的门径或入口。出自《维摩诘经·入不二法门品》:"如我意者,于一切法无言无说,无示无识,离诸问答,是为入不二法门。"在慧能看来,"佛法是不二之法"(《坛经·行由品》),只有理解了这一"不二法门"才可以说是进入了佛法智慧之门。在众多"不二法门"中经常被提及的主要有自他不二、苦乐不二、解行不二、心法不二、身心不二、生死不二等。借用辩证法的观点其实质就是要求从对立统一的角度去理解事物的存在与发展。比如解行不二,其中"解"是指对佛家教义认知上的理解,"行"是行为中的躬行落实。在佛家看来,"解"和"行"虽然是一个事物的两个方面,但在日常生活中必须要努力体学以致用,谨守说的和做的一致的原则,即尽可能地把解和行圆融为一体。可见,这一说法类似于儒家讲的知行合一。本章讨论的身与心、欲与理,在佛家看来均属"不二法门"。

　　② "心学"一词,最早见于东汉安世高所译《大比丘三千威仪经》,其意是指佛教三学中的"定学"。在隋唐佛教史籍中,"心学"一词专指习于禅定的学问。隋唐以后,"心学""心宗"又成为禅宗与天台宗的代名词。道教"心学"一词,最早出于陶弘景《真诰》,晚于佛教。作为学术名词的儒家"心学",最早见于南宋胡宏所撰《知言》中。自宋至明,儒家"心学"主要含义是与汉唐训诂、辞章之学相对立的论心与治心之学。"心学"作为学派专名指称的则是阳明之学,始于明嘉靖年间,至万历后渐趋定型。

　　③ 度阴山:《知行合一王阳明》(第 1 卷),北京联合出版公司 2014 年版,第 347 页。

中国古代的身心、欲理之辩发展到明代王阳明心学的横空出世，通常被认为是思想史的一座丰碑。对阳明心学在中国思想史上的贡献自然可做多向度的解读与评价，但如果立足于身心、欲理之辩的视阈，那么可以说阳明心学的最大贡献是，它摆脱了宋代以朱熹为代表的理学在"天理"与"人欲"无休止缠斗却没有合乎人性的解决路径的困境。正是就这一点而言，有思想史学者评价说："'心学'的作用在于拨乱反正，倡导治学要直指本心，简捷明快"。[①] 事实上，在阳明心学的核心命题"知行合一"中我们便可看到其对身心关系解决的这一"简捷明快"特性："知是行的主意，行是知的功夫；知是行之始，行是知之成。"（《传习录》卷上）如果用身心之辩来表述这段话的意思就是："心"知晓了理，便有了主意；"身"的行动便有了目标。故"心"知理是"身"之行的开始，"身"的身体力行是"心"知理的归宿。这就是阳明心学的要义。可见，在身心之辩问题上阳明心学对"身"之伦理境遇的赋予凸显的是"心"的作用。以王阳明的话说就是："身之主宰便是心，心之所发便是意，意之本体便是知，意之所在便是物。"（《传习录》卷上）

值得指出的是，熔儒、道、佛三家于一体的王阳明心学之所以彰显出其如此备受瞩目的现代性，至少表明如下一个事实，那就是在当代面对着身心、欲理之辩问题上出现的诸如过于注重"己"身之欲的张扬与追逐，忽视或无视回到内心的现代人亟须拨乱反正与迷途知返，在回归理性主义的立场上重新构建起自我人生的"心学"世界观与方法论。而这也许正是中国古代身心合一、欲理合一之道穿越时空出场于当下的重要现实语境。

二、西方欲望论的批判与超越

改革开放初期，对各种各样的比较张扬欲望的西方哲学理论，比如说尼采、叔本华、萨特、弗洛伊德的学说我们曾经颇有认同感，在一些人那里甚至对其推崇备至。正是由此，当下的我们多少有些无奈地发现：今天的人们对饮食的欲望、对玩乐的欲望、对财富的欲望、对权力的欲望，以及对男女之欲等，不仅流行着很多错误的认知，而且在行动上往往也表现出过分执着和痴迷了。我们无意把当下中国身心、欲理之辩中出现的错误理念及行为均归结为西方

---

① 杨念群：《问道：一部全新的中国思想史》，重庆出版社 2024 年版，第 308 页。

文化的影响,但西学东渐而来的西方相关理论的确是一个重要的影响因子。正是从这个意义上,我们也许有必要对西方文化语境下的欲望论做一学理的厘清与批判。

1. 非理性主义视阈下的西方欲望论

在身心、欲理之辩中,西方文化形成了与中华文化迥然不同的立场。西方文化有着悠久的张扬欲望的传统,这一传统源自古希腊罗马。黑格尔曾经称古希腊人习惯把人生看作行乐的过程,他们心目中的天国便是阳光普照下永远不散的盛宴。① 法国哲学家丹纳在《艺术哲学》一书中曾经这样写道:"荷马史诗中称最幸福的人就是能享受美好青春,到达暮年大门的人"。② 因为在荷马史诗的作者看来,青春就意味着可以随心所欲。不仅是希腊人推崇欲望,罗马人也一样。考古学家发现,古罗马人的曾经的华服豪饮、居所及娱乐场所的金碧辉煌甚至让现代人也为之叹为观止。也许正是这种极度张扬欲望的罗马人也影响了古希腊哲人,甚至使得以德谟克利特、亚里士多德为代表的理性主义哲学家对待生命之欲的态度也变得矛盾起来:一方面他们主张要对自我生命之欲采取理性的节制,在一些哲人那里甚至有禁欲主义的色彩,但另一方面,他们又对欲望的放逐和张扬给予了相当程度的认可。比如,德谟克利特就说道:"一生没有宴饮,就像一条长路没有旅店一样""省吃俭用而忍饥挨饿,当然是一件好事,但在适当的时候,挥金如土也同样是好事情。"③亚里士多德也认为节欲的目的是欢乐,而不是自找苦吃,故在他看来:"贪享一种欢乐,在任何欢乐面前都不止步的人,就成为纵欲无度,反之,像乡下人一样避开任何一种欢乐的人,则变成麻木不仁。"④这无疑就带有非理性主义色彩了。

在欲望问题上,古希腊哲人也有非常坚持理性主义立场的人。对柏拉图与亚里士多德影响颇深的苏格拉底就是具有代表性的一位。相传有一次,一位推崇人生就要尽可能满足欲望的人,充满挑衅意味地问了苏格拉底一个问题:"难道你没有欲望吗?"苏格拉底非常平静地回答说:"我当然有欲望。但我与你不同的地方在于,你是欲望的奴隶,而我是欲望的主人。"苏格拉底没有如

① 黑格尔:《历史哲学》,王造时译,生活·读书·新知三联书店1956年版,第286页。
② 丹纳:《艺术哲学》,傅雷译,人民文学出版社1983年版,第262-263页。
③ 《古希腊罗马哲学》,北京大学哲学系外国哲学史教研室编译,商务印书馆1979年版,第115-118页。
④ 《古希腊罗马哲学》,北京大学哲学系外国哲学史教研室编译,商务印书馆1979年版,第324-325页。

老子、孔子、墨子那样留下著述，其人其事的传说也往往是真假难辨。不过这一对话却被许多研究者认为是可信的。因为苏格拉底的弟子色诺芬在《回忆录》里留下了类似的文字记载。[①] 而且，它也与苏格拉底灵魂构成三要素说（即理性、激情与欲望）以及相应的智慧、勇敢与节制三美德说相契合。但正如我们知道的那样，公元前399年，当时的城邦统治者以雅典式的民主投票方式处死了苏格拉底，其罪名是"毒害青年和亵渎神灵"。可见，当时雅典的非理性主义势力对理性主义的打压有多不可思议。这大概也是当苏格拉底有机会逃跑却不愿意这么做的一个重要缘由，因为"逃避死亡并不难，真正难的是逃避罪恶。"那个时代的罪恶正是对欲望的无节制放纵。

依据黑格尔的理解，后来中世纪经院哲学对欲望的严厉打压，从本质上可以视为是对古希腊罗马过度张扬欲望的一种必然否定。但这个否定因为过于用神性来打压人性了，于是，近代西方的文艺复兴对中世纪又进行了否定。在这个否定之否定（即新的肯定）的过程中，张扬欲望的古希腊罗马非理性主义传统再一次被肯定。这一时期的文学、艺术、哲学纷纷对世俗的欲望给予了赞美与讴歌。比如，我们在薄伽丘的《十日谈》、达·芬奇的《蒙娜丽莎》、米开朗琪罗的《大卫》、提香·韦切利奥的《乌尔比诺的维纳斯》等作品里可以非常直观地感受到作者对人的欲望那热情而欢愉的感性肯定。事实上，文艺复兴的这一传统深刻地影响了尔后的叔本华、尼采、基尔凯郭尔、柏格森、萨特等人的哲学思想。这就是西方在身心、欲理之辩中非理性主义传统的大致形成过程。在这个传统中，"身"之欲被过度地张扬，"心"之理却被本能、直觉、强力、性释放等非理性取而代之。

如果说近代西方文艺复兴时期的哲人、作家、艺术家们还只是以人文主义的立场来肯定或赞美"身"之欲望的话，那么到了现代西方随着科学主义的兴起，一大批学者则从生物学、医学、心理学等视角对人的利己天性以及饮食男女欲望进行了诸多的科学论证。如果说在人我之辩、群己之辩中这一科学主义论证以道金斯"自私的基因"理论为主要代表的话，那么在身心、欲理之辩中科学主义思潮的代表人物无疑首推弗洛伊德。弗洛伊德因其创立的精神分析学说而被誉为"真正的科学心理学的创始人"（弗洛姆语）。[②] 的确，在精神病诊断和治疗方面，弗洛伊德不仅提供了一套成体系的治疗理论，而且开创了现

---

① 汪子嵩等：《希腊哲学史》（第二卷），人民出版社2014年版，第264页。

② 弗洛姆：《在幻想锁链的彼岸——我所理解的马克思和弗洛伊德》，张燕译，湖南人民出版社1986年版，第10页。

代医学心理学之先河。弗洛伊德精神分析学说的核心是其原欲理论。这一理论认为人的情欲等原始本能的东西，构成个体生存活动和传宗接代的主要驱动力。诚然，弗洛伊德也不得不承认，外部的一些诸如社会习俗、文化传统、伦理规范在一定程度上会约束人的这种所谓的原欲冲动，但他根据大量的临床经验和医学实验断定，人的非理性的本能诸如性本能、自保本能欲望在其中始终是起主宰和主导作用的："爱欲或性本能不仅包括不受禁律制约的性本能和具有升华作用的冲动或由此派生的受目的制约的冲动，而且包括自我保存的本能……这两种本能在每一个生命实体中，虽然是在大小不同的实体中，却都是最活跃的。"①

弗洛伊德的学说对西方文化的影响是巨大的，它甚至被誉为"对人的科学的最独特贡献，因为它业已改变了未来关于人的图景"。② 但也正如越来越多的西方学者指出的那样，弗洛伊德以原欲论为核心的精神分析理论在艺术创作、教育及其他人文科学方面得到过度推崇与应用之后带来了诸多的消极后果。就身心、欲理之辩而论，其中最令人担忧的一个后果就是，这一本质上属于非理性的精神分析学说使现代人在相当程度上对自身包括性欲在内的诸多欲望的理性控制丧失了信心。③

事实上，现代西方的诸多非理性主义哲学思潮，从叔本华的生命意志说和尼采的酒神赞歌，到萨特的神圣的自由之欲理论，再到弗洛伊德的泛性欲主义，人类的身心关系中其"身"之诸多的感性欲望，甚至性本能之欲纷纷被学者们奉为另一个"上帝"而大加崇拜。于是，经过文艺复兴以及科学主义的荡涤，虽然天国里的"上帝死了"（尼采语），但新的"上帝"不仅被造出来而且还被顶礼膜拜。这个新的"上帝"就是爱欲（性欲）、权力欲、财富欲、自我表现欲等。关于这一点，当代美国心理学家罗洛梅有着非常明确的立场。他主张现代人应该而且必须把欲望解读为一种原始生命力。他认为："原始生命力是掌握整个人的一种自然功能，性欲与爱欲，愤怒与激昂，以及权能的渴望，便是主要的例证……这种原始生命力是每一个人肯定自身，确认自身，增强自身的一种策动力。"④

---

① 弗洛伊德：《弗洛伊德心理哲学》，杨韶刚等译，九州出版社 2003 年版，第 31-32 页。

② 弗洛姆：《在幻想锁链的彼岸——我所理解的马克思和弗洛伊德》，张燕译，湖南人民出版社 1986 年版，第 12 页。

③ 梅耶尔主编：《弗洛伊德批判》，郭庆岚等译，山东人民出版社 2008 年版，中文版序言。

④ 罗洛梅：《爱与意志》，宏梅等译，甘肃人民出版社 1987 年版，第 165 页。

可以肯定的是,改革开放之后的西学东渐,包括欲望论在内的西方文化带给了中国社会许多积极的东西。比如,就身心、欲理之辩而言,西方文化对财富欲望的肯定至少构成我们社会主义市场经济体制得以顺利确立并迅速发展的一个重要理念支撑。重要的还在于,其中的积极影响决不仅体现在财富之欲方面。但如果对西方这些林林总总的欲望论对中国社会的影响做一个全面的审视,那么我们又必须承认其消极的一面也是客观存在的。曾经有学者指出其最大的一个消极后果是:"西方文化对习惯于做'心学'功课,习惯于约束自我的中国人产生最直接的一个影响就是,今天在欲望问题上我们开始离经叛道,我们过度地张扬、任性乃至放纵自我之欲,而对理性、理智能力的内心生成与培植却显得无所谓或冷漠。"①正是基于这一理由,我们在"不忘本来",即继承创新优秀传统文化的同时,要特别注意在"学习外来",即在汲取西方文化合理性的过程中高度重视剔除其糟粕性的成分。就身心、欲理关系而论,我们主张对西方欲望论中的非理性主义本质予以揭示、批判和超越,正是因此具有了现实必要性和紧迫性。

这个揭示、批判和超越就身心、欲理之辩而论,就是要在马克思主义世界观与方法论的引领下,对具有悠久理性主义传统的中国哲学立场的守正创新,从而厘清西方欲望论的非理性迷障,为当代社会"心"之理与"身"之欲平衡的重新建构,尤其是在身心关系上对"身"之欲的伦理境遇与道德规范的重新确立做切实的努力。

2. 西方欲望论的困境与出路

从全球范围来看,近代以来工业文明的发展,尤其是科学技术的进步为消费主义、享乐主义的兴起打下了坚实的物质基础。但也正如法兰克福学派的马尔库塞批判的那样,每一个生命个体欲望无限膨胀的结果必然地导致了物对人的压迫、摧残与统治,自我每时每刻必须面对与其内在需要相对立的"异己的世界"。② 正是因此,对名车豪宅的过度追逐导致的身心疲惫、性自由主义的放荡不羁带来了诸如艾滋病的蔓延、因财富梦想的破灭而抑郁乃至跳楼,以及吸毒、酗酒、沉湎网络游戏而无法自拔等问题才会困扰着当今西方社会。这一切无不昭示着在身心、欲理关系问题上,西方文化过度张扬欲望这一做法

① 黄寅:《传统文化与民族精神:源流、特质及现代意义》,当代中国出版社 2005 年版,第 78 页。
② 马尔库塞:《理性和革命——黑格尔和社会理论的兴起》,程志民译,重庆出版社 1993 年版,第 31 页。

正面临着空前而严峻的困境。

　　正如有学者指出的那样，进入 21 世纪的中国人与西方人共同"面临着重新审视欲理关系这一古老的新问题，正经历着欲望问题上非理性主义立场的痛定思痛之后，对理性主义立场之回归的渴望。"①的确，以马克思的理论视阈来看，西方传统中自文艺复兴以来过于推崇"身"之欲的满足并不符合传统理性主义的立场。故马克思对这一西方文化传统一直是持批判态度的。在《1844 年经济学哲学手稿》中，马克思就明确指出："吃，喝，生殖等等，固然也是真正的人的机能。但是，如果加以抽象，使这些机能脱离了人的其他活动领域，并成为最后的和唯一的终极目的，那它们就是动物的机能。"②对身与心、欲与理之辩中的享乐主义哲学，马克思更是尖锐地批判道："享乐哲学一直只是享有享乐特权的社会的知名人士的巧妙说法，……一旦享乐哲学开始妄图具有普遍意义并且宣布自己是整个社会的人生观，它就变成了空话。"③事实上，马克思的这一立场也成为现代诸多西方马克思主义学者（如马尔库塞）坚决捍卫的世界观与方法论立场。

　　值得关注的是，与西方马克思主义的思路不同，今天的西方学界还有一些学者则开始关注古老的中华传统文化，试图通过汲取中华传统文化的智慧来摆脱这一因过度追求物欲而带来的身心困境。事实上，新儒家在西方成为一道颇为亮丽的文化风景线正是这一努力的一例明证。其实，不仅是儒家的道统引起西方的关注，道家、佛家文化也受到西方学界乃至普通民众程度不同的关注。在当今美国颇具影响的新道家代表人物张绪通博士就曾这样论及老子欲望论的现实意义：老子说"虽有荣观，燕处超然"（《道德经》二十六章），就是教人不可执着与沉溺身外之物，要像燕子那样超然于物欲之上。试想一个人连手中的一根烟，唇边的一杯酒都胜不过，如此一个弱者却心心念念要与天下人争胜夺利，岂非是一个自不量力的大糊涂？④至于中国佛教如禅宗的修行理论在西方政界、实业界流行，"中国禅"的课程进入政府学院、管理学院更是屡见域外媒体报道。这一切也许在某种程度上证明着以儒、道、佛为主要代表

　　①　袁呈祥：《中国古代的欲理之辩与当下价值开掘》，台北台湾智慧大学出版公司 2013 年版，第 5 页。

　　②　马克思：《1844 年经济学哲学手稿》，中共中央马克思恩格斯列宁斯大林著作编译局译．人民出版社 2014 年版，第 51 页。

　　③　《马克思恩格斯全集》（第 3 卷），中共中央马克思恩格斯列宁斯大林著作编译局译．人民出版社 1958 年版，第 489 页。

　　④　张绪通：《黄老智慧》，人民出版社 2005 年版，第 250 页。

的中华传统文化也在"东学西渐"。

就新儒家对西方的积极影响而论,首推是同属"儒家文化圈"①的日本。尽管明治维新之后的日本因"脱亚入欧"而曾与这一文化圈渐行渐远,但儒家文化并未销声匿迹。相反,古老的孔夫子主义与西方的自由主义成为现代日本社会的"双向选择"②。比如,儒家身心合一的理念,在日本著名企业家稻盛和夫那里不仅演绎成了"敬天爱人"的经营心法,而且还成就了日本企业伦理文化的一段佳话:1983 年,京都的年轻企业家们向稻盛和夫提出了一个希望学习其经营之道的愿望。稻盛和夫以如何超越财富之欲,以及因财富欲实现之后的饮食男女之欲的自由主义追逐为话题,引导这些年轻人开始讨论经营者的身心观与欲理观。自此,由 25 名年轻人组成的学习会启动了。学习会以中国古代私塾式的方式进行,以学习其"敬天爱人"的经营哲学为主旨,称为"盛和塾"。因为塾生们一传十,十传百的传播效应,盛和塾的名声越来越大,至 2019 年末,"盛和塾"的规模达到国内有 56 家分塾,海外也有 48 家分塾的程度。

与西方社会开始立足新儒家、新道家、"中国禅"的立场来思考、探究真实的身心、欲理关系形成反差的是,当下中国对传统文化这方面话题的关注却有些不尽如人意。尤其令人忧虑的是,随着改革开放之后的西学东渐,以叔本华、尼采、萨特、弗洛伊德为主要代表的张扬欲望学说在当今中国却正发生着不容忽视的影响。在消费欲望和享受欲望等问题上特别呈现出严峻性。事实上,包括消费主义和享乐主义在内的这些曾经的西方潮流也开始在当今中国社会出现并有日渐严重的趋势。改革开放以来,我们在发展经济、充分关注人的物质欲望满足的过程中出现了诸多偏差,一些人的心灵家园可怕地荒芜了,在其人生追求中出现了诸如热衷于灯红酒绿、纸醉金迷的不健康生活情趣,一些媒体也迎合这些低俗之趣,甚至提出诸如"享受至上""娱乐到死"之类的错

---

① 文化圈(Cultural sphere)的概念最初是由文化人类学家莱奥·弗罗贝纽斯首先提出的。他认为文化圈是一个空间范围,在这个空间内分布着一些彼此相似且相关的文化丛或文化群。学者们一般认为全球有三大国际性文化圈,即基督教文化圈、伊斯兰教文化圈和儒家文化圈。基督教文化圈主要分布在欧洲、美洲、澳洲等地,伊斯兰教文化圈主要分布在亚洲西部、南部和北非等地,儒家文化圈则主要分布在东亚及东南亚部分地区。儒家文化圈从地域上说主要指中国(包括港澳台地区)、朝鲜、韩国、日本、越南、新加坡等地。

② 姜林祥:《儒学在国外的传播与影响》,齐鲁书社 2004 年版,第 98 页。

误口号。解决这些问题固然有很多路径,但是从价值观上培植出传统文化主张的身心、欲理合一立场,重新在国民教育中确立以理制欲的身心观肯定是大有裨益的。它至少可以为问题的解决提供价值理性的指引。

也就是说,就身心关系中的欲理之辩而论,回归传统,坚定文化自信就意味着要重新回望传统的欲理合一观,并将其有效地培植为当代中国人的人生观、价值观、身心观。与此同时,我们还必须特别认真地检讨和清算西方文化过度张扬欲望之传统对改革开放之后的中国带来的现实危害。我们必须清醒地意识到,在自我人生的追求中,人的物欲被过分张扬,世人因此特别迷恋物质人生、财富人生的流俗是本末倒置的。

正是有缘于此,我们有理由断言在生命之欲的问题上,推崇张扬欲望的纵欲主义的错误不在于首肯和张扬了个人的欲望,而在于把这种对生命之欲的首肯和张扬置于不合理的地位。从理论上分析这种不合理性,至少表现在如下两方面:其一,纵欲主义把对生命原欲的追逐理解为一个毫无节制的过程,主张无节制地放纵自我,这也许正是纵欲主义之"纵"的一个基本特征。事实上,在生命之欲与社会规范的冲突中,理性主义的立场总是要求对社会的道德法律等规范给予谨奉和遵循。这正是节欲之所以必需的社会本体论根据。因而,人生中从来不存在一个人的自我欲望可以为所欲为的情形。其二,纵欲主义事实上追求的是一种虚假抽象的人生可能性。正如我们凭常识和经验就可以知道的那样,生命之欲的勃发就其本性而言是永无休止的,正所谓欲壑难填,而自我人生的精力和时间却是有限的。因此倘若我们把对生命欲望的放纵作为"身"与"心"的根本目的来追求,那么我们的人生往往会是徒劳无益的。这也许就是为什么在历史和现实中的纵欲主义者,其人生往往笼罩在消沉与悲观之中的一个根本缘由。

事实上,就身心、欲理之辩而言,中国古代的欲望论主张对内心勃发的欲望采取理性主义的立场,无疑充满睿智。它事实上是在对内心的欲望做"正"与"妄"的理性判定,它尤其主张对妄念予以克己、消弭。佛家说的"一念天堂一念地狱"即是此意。朱熹"内无妄思,外无妄动"(张伯行:《朱子语类辑略》)的语录更是对先秦欲理合一智慧的激活,不仅在他那个时代产生了深远影响,即便是在当代人读来也是深感既情真意切,又充满睿智。

可见,就身心、欲理之辩而论,在自我"身"之原欲问题上的纵欲主义追求不仅是不合理的,而且从根本上说就是不可能的。那些把自我生命放逐于这种纵欲主义的追求之中的人们,无疑必须尽快地从这种认知上的迷误中走出来。否则，这种不真不善的追求只会导致自我人生的迷茫、困顿和失足。为此，我们在原欲的认知问题上必须反对把原欲作纵欲主义的张扬，而是在欲望与理智之间寻找一条中庸之道，即以理制欲。这可以说是传统文化启迪我们在身心、欲理之辩问题上的一个重要认知结论和行动原则。我们主张的在身心、欲理之辩中赋予"身"之欲以伦理境遇，其本质上正是力图激活与创新传统的同时，实现对当代西方欲望论之种种偏颇与弊端的一种批判性超越。

三、传统身心合一之道价值的现代发掘

我们有理由认为，传统文化中身与心、欲与理合一的文化理念可以为当下处于资本逻辑统治下的人们在自我心性解放层面提供来自思想史的智慧启迪。它所给出的让人身心合一、欲理和谐的立场对当下中国社会有着积极而清明的指引意义。当代中国虽然身处于全球化、市场化的时代大潮之中，但吸吮着五千多年中华优秀传统文化的养分，同时借助于马克思主义这一我们这个时代最先进的思想体系，我们在身心、欲理关系问题上不仅可以在理论上提出独特性的理念建树和创新性的方法论建构，而且还可以从以文化人、以文育人的实践层面为国民教育与德性涵养发掘出诸多积极的价值观原则。这无疑是中国式现代化实践在价值观层面的重要组成部分。

1. 廓清财富主义、消费主义的迷障

从身心、欲理之辩而论，人类理性面对自身欲望的实现问题无非给出了两种路径：一是向外扩张以改变甚至征服外部环境，从而以类或个体的方式实现欲望的尽可能满足。传统的西方文明基本崇尚的是这一路径。二是向内做功以通过节制或消弭欲望从而缓解欲望因求不得而产生的内心冲突。以中国为代表的东方哲学尤其推崇这一解决思路。① 鸦片战争后的西学东渐，尤其是改革开放之后西方文化的大规模涌入，使中国人在人生欲望的追求中，一方面反对以儒、道、佛为主要代表的节制主义乃至禁欲主义的文化传承，另一方面则渐渐认同甚至推崇西方文明张扬欲望的反传统思路。正是基于这一历史与现实语境，当今中国人无论是饮食男女的欲望，还是财富功名方面的欲望追求均有着理所当然的勃动和激情。这固然是社会进步的必然，事实上它也带给

---

① 朱元桂：《在欲望与理性之间》，香港天马图书有限公司 2003 年版，第 45 页。

了中国社会前所未有的活力。

但与此同时,我们也尴尬地发现,在这个过程中却出现了欲望被过度张扬的偏颇。尤其是推崇财富最大化的市场经济体制由争论到迅速确立,更是让一些人全身心地投身于财富欲望最大化的激情与冲动之中。当今中国人的欲望世界里正面临着来自中华两方面的诱惑:一是做人过程中刚性递进的财富占有欲的诱惑;二是做事过程中由市场经济必然内置的财富最大化法则的诱惑。正是有缘于此,今天我们关注、整理和发掘诸如老子的无欲论,孔子的节欲、孟子的寡欲说,以及禅宗的"看破、放下、自在"(郑虚和尚语)六字真言中的合理思想,重提有所不念、有所不欲、有所不为的儒、道、佛智慧,不仅是对哲学史上这些理论命题或伦理范式进行学理阐发,更是希望为现代人过度张扬欲望的现实人生提供某种来自中华传统哲学的有益启迪。它让我们懂得在追求饮食男女、财富、名利、权力等欲望中永远守持身心合一、欲理合一这一理性法则的重要性。

就身心、欲理之辩而论,就是让"心"回归理性、理智的立场,并在此基础上赋予"身"之欲望以道德规范与伦理境遇的加持。可以肯定的是,这方面的论域颇多且繁杂,但我们认为其中对财富主义与消费主义的理性主义厘清与批判尤其彰显了重要性。因为这是当下中国许多人在身心、欲理关系问题上紧张、焦虑,乃至问题频出的重要人生观与价值观根源。

毋庸置疑的是,财富主义的错误显然不在于财富本身。事实上,我们显然无法否定正常的财富需要。但时下人们对财富的推崇使得财富已逐渐演变为一种"异化"的力量反过来压抑自由人性。在过度的财富欲望的逼迫下,现代人为车、为房,甚至为一款时尚的手机、名表、时装而急功近利地去打拼,其人生的幸福感自然大大地打了折扣。更有甚者,一些人因为对财富的极度痴迷,甚至不惜去挑战法律的权威与道德的底线。比如,被查处的某官员被网民戏称为"表哥",其几十万一块的名表居然多达 11 款;又比如,被网民戏称为"房叔"的某土管局领导其住房竟然多达 20 套;还比如,某建筑公司老板因拖欠工人工资被法院强制执行时,执行法官惊讶地发现其保时捷、奥迪 Q7 等高档车就有 4 辆之多;再比如,某站在被告席上的贪官,检察机关起诉书中罗列其贪污受贿的数目竟达 17 亿之多,其情妇居然达 100 多人。尤其值得一提的是,这一财富主义的执念几乎在所有的领域蔓延。刘东教授在其《国学的当代性》中曾这样感慨道:"眼下就连最不该沾染铜臭的地方,从大学到太庙,从书肆到私塾,从写作到讲学,从书院到山房,也全都沾满了金钱的气味,真不知还能把此心安在何处！"①以古代身心、欲理之辩的立场来看，这些令人咋舌的世间景象归根到底是因为世人内心太执着于财富，太痴迷于身外之物多多占有的缘故。

我们同样可以毋庸置疑地说，消费主义的错误也不在于消费本身。人需要正常的消费，社会生产也需要消费的推动。但是，现代西方无处不在地消费主义却把正常的消费异化为人的对立面存在。在推崇"我消费，故我存在"的消费主义者那里，我们可以发现一个本末倒置的逻辑：人仿佛是为了消费才存在的。于是，消费本来是为了生存，现在却反过来了，生存的目的与价值被曲解为消费。

> 其实，当下的西方学界也已经开始了身心、欲理关系方面的认知反省与学理批判。面对着西方社会正经历着"快乐感的缺失、幸福生活变得虚无缥缈，仿佛只有在商场或亚马逊网站上无休止地消费、在酒吧或聚会场所灯红酒绿的喧嚣中沉醉、在尼古丁或大麻或层出不穷的毒品麻醉中才有片刻欢愉"之类的困境，美国作家约翰·格拉夫曾在其畅销书《流行性物欲症》中将当今西方发达国家描述为物质主义（Materialism）盛行的社会："在这个物质主义社会，人们都患上了'物欲症'（Affluenza），将'美好生活'等同于'物质生活'。"②尤其意味深长的是，约翰·格拉夫还发出了的如下断言：在全球化的当下导致"物欲症"的病毒正急速地蔓延，"在全世界每一块大陆上都不难找到这种病毒的身影。"③就当下的中国而言，我们的确看到了"物欲症"正在某种程度上蔓延的现状。

可见，在身心与欲理关系问题上，置身新时代的我们发掘以理制欲这一古代智慧的现代价值对于社会大众来说，可以使人们厘清消费的真实本性以避免出现消费异化，启发人重新回归真实的生活，从而在关注身与心、欲与理合一的过程中构建起理性而自由的现代生活方式。其中我们尤其强调"心"以理性、理智的方式赋予"身"之饮食男女、豪车大宅之类的欲望以必要的道德规范，以实现身心之辩语境下作为"他者"之身的伦理境遇。

因为在我们的理解看来，当今中国出现的财富主义与消费主义毫无疑问

---

① 刘东：《国学的当代性》，中华书局 2019 年版，第 9 页。
② 约翰格拉夫等：《流行性购物症》，闾佳译，中国人民大学出版社 2006 年版，封底。
③ 约翰格拉夫等：《流行性购物症》，闾佳译，中国人民大学出版社 2006 年版，第 3 页。

是身心、欲理之辩中凸显出来的价值观偏差。这一偏差将直接导致中国式现代化建设事业和谋求民族复兴的伟业会缺乏来自人格和精神层面的某些推进机制,会消弭与这一伟业相匹配的精神气质与价值共识。正是基于这样的现实语境,我们认为在人的物欲被过分张扬的当今时代,在世人还特别沉湎于诸如物质人生、财富人生、消费人生、享乐人生的今天,中国古代的身心、欲理合一之道无疑特别地凸现其现实指引意义和以文化人的智慧。也就是说,我们有理由认为,传统文化中的身与心、欲与理合一的文化理念可以帮助我们清晰地意识到现代社会以财富主义、消费主义以及物欲主义、享乐主义等方式所表露出来的现代人对自我欲望的过度张扬,以及对自我身体的肆意放纵,其本质源自理性的迷失。因这一迷失便因认不清生活的本真状态而必然成为马尔库塞声称的"单向度的人",即忘却了人的思想、道德、审美、社会批判等多向度追求,而沦为了单向度的物欲满足者或商品的占有者、消费者。①

事实上,当年马克思在资本主义还处于其蓬勃发展的上升时期,就已经敏锐地意识到资本内蕴的这一消费主义之"恶"。由此,马克思提出了"建立在个人全面发展这一前提下的自由个性"②的发展理论来超越这一资本逻辑。这里的"全面发展"显然是针对资本逻辑下把人变成"经济人"或"消费人"的片面性而言的。因此,当今中国就欲理关系而论,我们亟待在批判消费主义的现代性迷失中构建起中国特色的消费观。这一消费观必须以理性主义的立场坚守作为学理与方法论的基础。

与马尔库塞一样同属于西方马克思主义阵营的弗洛姆,也曾批判现代西方无处不在的消费主义把人变成了"消费机器"。③ 在弗洛姆看来,消费主义源自资本主义牟取利润的本性。为此,它必然以各种方式创造出"虚假消费"以实现资本牟利的目的。问题的严峻性在于,借助西学东渐之风,消费主义也涌入了中国,并在执政党内也有所滋长。一时间奢侈消费、攀比消费、盲目消费和符号性消费,不仅滋生了大量的贪腐行为,极大损害了执政党在人民心目中的形象,而且也使得整个社会出现了风气因上行下效而渐趋奢靡的严峻现状。为此,我们必须清醒地意识到这一问题亟待在思想文化层面的高度重视和解决。

---

① 马尔库塞:《单向度的人》,刘继译,上海译文出版社 2008 年版,第 41 页。
② 《马克思恩格斯文集》(第 8 卷),中共中央马克思恩格斯列宁斯大林著作编译局译,人民出版社 2009 年版,第 52 页。
③ 弗洛姆:《健全的社会》,孙恺祥译,上海译文出版社 2011 年版,第 87 页。

解决这一"时代之问"的路径固然需要多渠道的齐头并进。但其中一条重要路径无疑是回望与激活传统的身心、欲理合一之道，并积极予以创造性转化与创新性发展。在这方面，中国共产党在引领人民谋求中华民族伟大复兴的进程中，不仅谋篇布局了文化自信的总体发展思路，而且在对中华优秀传统文化的继承与创新方面以身作则、率先垂范。就身心、欲理关系方面，最值得称道的无疑是2012年底中央政治局会议审议通过的关于改进工作作风、密切联系群众的"中央八项规定"。这事实上开启了中国共产党包括反对消费主义在内的全面从严治党的作风之变。十多年来，有关部门针对违反"中央八项规定"的查处力度不仅越来越大在党内形成了巨大的影响力，而且其影响力还从党内溢出到整个社会，带动了全社会风气的巨大转变。于是，党风、政风、社会风气为之一新，诸如炫耀式消费、屡禁不止的请客送礼、津津乐道于歌厅会所享乐、热衷于豪车大宅的拥有等开始被唾弃，传统的节俭之风开始回归。

正是基于这一点，我们想特别指出的是，绝不能忽视"中央八项规定"所内蕴的世界观、人生观、价值观层面的指引意义。这种意义既有中国共产党优良作风的历史性传承，也有对中华传统文化身心合一、欲理合一以及勤俭持家、勤俭建国之风在当下的有效激活。事实上，它已然卓有成效地抑制了消费主义的蔓延和扩张。对于中国共产党自身的"自我革命"来说有助于避免陷入消费主义的陷阱，从而不忘初心更加坚定共产主义的理想信念；对于社会大众来说可以在执政党的榜样力量感召下，使人们可以厘清消费的真实本性以避免沦为"消费机器"，启发人重新回归真实的消费生活，从而在关注身与心、欲与理合一的过程中构建起自由而理性的现代生活方式。也正是从这一点上我们可以说，在身心、欲理之辩层面上如何更好地实现身心合一，从而赋予"身"之欲望以伦理境遇，我们党以诸如"中央八项规定"的创举与践行给时代交了一份优异的答卷。

2. 身心、欲理之辩中道德理性的回归

我们讨论人我之辩中"他者"的伦理境遇，并在身心、欲理之辩中将这一"他者"具体解读为"身"之欲的道德约束与伦理境遇的赋予。这事实上也就内蕴了德性主义的立场与方法。因为在中国古代哲学中，道德、伦理、德性通常是内涵相近且大致上同质的范畴。对这些范畴内涵与外延等问题尽管有不同观点的争议，但中国古代以儒、道、佛为代表的伦理学说被视为是德性主义的开创者这一点却是学界的共识。① 如果从身心、欲理之辩的语境下来审视德性主义，那么其基本立场即可被理解为"心"之道德理性的生成与坚守要高于"身"外之物的占有与消费这一伦理排序与价值抉择。

正是由此，当下的我们对身心、欲理之辩问题上，中华传统文化注重道德理性传统的开掘、激活与创新，不仅要关注其以理制欲的基本立场，而且还应关注其对实现这一立场的具体路径探寻方面的合理性思想。这些合理性的思想在古代它常常体现在伦理道德的诸多具体范式方面。相比于西方文化而言，这些传统伦理的范畴显然更体现着中国特色、中国精神和中国智慧。正是有缘于此，我们认为立足德性主义立场，对身心、欲理关系中"身"之欲的伦理境遇实现，就具体呈现为诸多德性的生成、培植与涵养。

比如勤俭之德。这自古以来就是中华民族的传统美德，"勤"是指对所从事的事业的尽心竭力，孜孜以求的态度和行为；"俭"则是指在自我人生活动中对财富的珍惜和爱护。在中国古代哲人那里，勤与俭向来被视为齐家治国的最重要德性之一。事实上，我国早就有"克勤于邦，克俭于家"（《尚书·大禹谟》）的名言警句记载。

作为对生命之欲的一种德性规范，勤俭德性的生成、培植与涵养无疑是非常重要的。就身与心、欲与理的关系来审视，我们甚至可以发现一个类似于道德真理的现象，那就是自我人生活动中对生命之欲的所有追求都与勤与俭相关。也就是说，勤俭之德并非如一些人理解的那样是无关人生大局的"小德"。在这些人看来，在人类超越了农耕文明进入了现代社会乃至后现代社会的境遇下，是可以将其收进历史博物馆的"过时之德"。事实上，就生命之欲的实现与"勤"的相关性而言，自我人生的欲求都是通过辛勤的劳作努力而得以实现的。也因此，在中国古代历来将勤与劳并称。比如，曾国藩就曾说过："勤不必有过人之精神，竭吾力而已矣。"（《曾文正公全集·家书》卷七）可见，"勤"是一切生命之欲、所有人生理想得以实现的德性基础。

同样的道理，就生命之欲的实现与"俭"的关系而言，由于自我人性就其天性而言内在地有侈欲的特性，故俭作为对侈欲的一种制约同样是必不可少的。也是有鉴于此，古代哲人几乎毫无例外地要倡导崇俭的德性，以俭为善、以奢为恶。比如，在《左传》中就有"俭，德之共也；侈，恶之大也"（《左传·庄公二十四年》）的语录。孔子也极为倡导俭之美德："礼，与其奢也，宁俭"（《论语·八佾》）。

---

① 冯契：《智慧的探索》，华东师范大学出版社 1994 年版，第 162 页。

在中国古代德性主义的立场传承中，《家训》不仅功不可没而且也最具中国特色。以俭德为例，我们非常熟悉的话："一粥一饭，当思来处不易；半丝半缕，恒念物力维艰"就出自明末清初理学家朱柏庐所撰的《朱子家训》。它不仅以具体的一粥一饭、半丝半缕为例告诫世人要勤俭节约，不可铺张浪费的道理，而且针对蒙学阶段的儿童它还以骈文①的语言呈现方式传递这些道理。因为骈文既朗朗上口，又容易记忆。就俭之德的道理而论，除了前文所引格言之外，还有诸如"宜未雨而绸缪，毋临渴而掘井""自奉必须俭约，宴客切勿流连"之类的骈偶佳句流传甚广。2012年为杜绝愈演愈烈的"舌尖上的浪费"现象，中央电视台推出了一个"光盘行动"的公益广告。在广告词中编导就引用了《朱子家训》的如上格言，收到了非常好的传播效应。

当然，对于生命之欲的实现而言，勤可以说是人生财富的开源，而俭则是人生财富的节流。也因此，在勤俭的德性生成中，人们更注重于勤劳品性的造就。也就是说，勤可以说是自我人生活动中的一个更具普遍意义的德性。而且，在古代针对不同的阶层、不同职业的自我个体而言，勤的具体德性要求又有所不同。对于劳动生产者而言，勤的要求是辛勤劳作，关于这一点古人早有"民生在勤，勤则不匮"（《左传·宣公十二年》）的说法，也是鉴于勤的这一重要性，在我国历代劳动人民当中自古就有吃苦耐劳的优秀品德；对于治国理政的各级为政者而言，勤的要求是勤政尽职，诸葛亮在《后出师表》中留下的"鞠躬尽瘁，死而后已"这一千古名言可谓是勤政尽职最生动感人的写照；对于诸多在学之人而言，勤则又意味着勤奋刻苦，努力学好本领以报效国家与父母的养育之恩等。

可见，在身心、欲理之辩中，勤俭的德性在自我生命之欲的实现过程中具有重要的意义。这一重要性正如韩愈所言"业精于勤，荒于嬉"（《韩昌黎集》卷一）。正是从这个意义上我们可以说，这一德性作为人性的最重要的德性规范之一是自我之所以长进、人生之所以成功的根本保证。也是因此，我们将勤俭之德视为身心、欲理之辩对"身"之伦理境遇实现的一个重要德性涵养。

---

①　"骈"原本指两马相并，"骈文"顾名思义就是以对仗、对联方式写的文章，每句都两两相对，讲究平仄对仗，朗朗有韵。从语言学的视阈而论，骈文是颇能展现汉语独特魅力的一种文体，它在魏晋南北朝时最为兴盛。朱柏庐所撰的《治家格言》因为以骈文形式写成，每句都对仗。这不仅朗朗上口而且容易记忆，还方便以对联方式悬于厅堂屋室，从而对家庭成员尤其是子弟起到以文化人的功效。

又比如戒贪之德。自我生命之欲的冲动就其天性而言是贪多不止的。这不仅是汉语成语"欲壑难填"要表达的基本意思,也是佛家"人心不足蛇吞象"这一口头禅所告谕的含义之所在。由此,道德理性的规范必须对这些欲望进行合理的节制。戒贪的德性要求正是由此而被古代哲人所强调的。

在中国古代的哲人那里,贪欲从来就被视为万恶之源,是成功人生所必须特别加以警策的。比如,明代哲人洪应明就曾这样说过:"人只一念贪私,便销刚为柔,塞智为昏,变恩为惨,染洁为污,坏了一生人品"(《菜根谭》)。也正是基于以上的认识,先哲们历来十分强调戒贪作为生命德性的重要性。一些哲人既以"不贪为宝"①自勉,也以此语警谕世人。而古代的廉士则更是以"不贪为宝"自律。包拯就曾立下过如下一条极为严厉的家规:"后世子孙仕官有犯赃滥者,不得放归本宗,亡殁之后,不得葬于大茔之中。"(《包拯集》卷十,《家训》)可见,廉洁不贪的德性要求自古以来就被高度看重,它也构成我们民族最重要的传统美德之一。

> 被康熙誉为"天下清官第一"的张伯行曾写过一篇著名的《却赠檄文》"一丝一粒,我之名节;一厘一毫,民之脂膏。宽一分,民受赐不止一分;取一文,我为人不值一文。谁云交际之常,廉耻实伤;倘非不义之财,此物何来?"此文是他任江苏巡抚时所作。众所周知,江南是鱼米之乡,繁华富庶甲天下。可是当时江南一带官场的浮华奢靡、贪污腐败之风也差不多是甲天下的。于是,张伯行就写了这篇檄文,悬挂在居所以及衙门前。其语殷殷,其情切切,令人动容。难能可贵的是,张伯行是知行合一的。据记载当他离任之时,当地百姓知他为官清廉,就只带来了蔬菜和水果之类的馈赠之物。在被他婉言谢绝后百姓不忍,说出了一段百年之后仍让我们为之感动的话语:"公在任,只饮江南一杯水;今将去,无却子民一点心。"感动之余的张伯行也就只好破例,收下了一棵青菜和两块豆腐,寓意"一清二白"。

其实,作为对自我生命之欲的一种德性规范,戒贪也还是一种理性的智

---

① "不贪为宝"的说法出典于《左传》。其原文为:宋人或得玉,献诸子罕,子罕弗受。献玉者曰:"玉人以为宝也,故敢献之。"子罕曰:"我以不贪为宝,尔以玉为宝,若以与我,皆丧其宝,不若人各有其宝。"(《左传·襄公十五年》)可见,正因为子罕以"不贪为宝",把戒贪这一德性视为自我人生最重要最珍贵的宝贵财富,故他才能在利的诱惑面前保持了自己德行的尊贵。

慧。因为自我人生有一个基本的事实是，我们显然不可能去追求所有生命欲望的满足。关于这一点，叔本华在其生命哲学的理论中曾有过深刻的阐述。在叔本华看来，生命意志是人生最基本的欲求，但这个欲求在实现的过程中却只会带给人两种感受：一是痛苦，一是厌倦。痛苦是源于欲望没有实现，故有求不得之苦；而厌倦是源于欲望实现时发现不过如此，于是马上又会有新的欲望产生。欲望的这种永不竭尽的贪婪总是要降临在众生的内心世界。叔本华曾对因原欲太多而导致的厌倦人生做过这样形象的描写："古代的卢克利特斯，曾在诗里描述陷于'厌倦'的富人的可怜景象，他诗中所描写的仍可见于今日每个大都市中……那里富人很少待在自己的家里，因为那儿令他厌烦，但他在外面也不好受，所以仍不得不回到家里；或者会急如星火地想奔赴郊外，好似他在那儿的别墅着火了一般；一旦到了郊外，他却又立刻厌倦起来，不是匆匆入睡，好使自己在梦里忘怀一切，便是再忙着启程回到都市中……"①为了摆脱生命的这种痛苦和厌倦感，叔本华最后无奈地得出了禁欲主义的结论。

显然，就身心、欲理之辩而论，以禁欲来钳制贪欲，这无疑是以一种片面性反对另一种片面性。在这一点上叔本华的智慧显然不及中国古代那些主张"不贪为宝"的哲人。事实上，在自我生命欲望的追逐中，不禁欲与不贪欲应该是自我生命之欲实现过程中的两个最重要的智慧。这不仅是一个人欲成就自我德性与德行的两个相辅相成的前提条件，它更是身心、欲理关系中"心"与"理"赋予"身"与"欲"伦理境遇的实现路径。

不仅如此。在古人看来，要有效地戒贪须常怀敬畏之心。有"宋代孔子"之誉的朱熹曾经有"君子之心，常存敬畏"（《四书集注·中庸章句》）语录流传后世。由此，古代圣贤几乎均明白一个道理：人有所畏，其家必和；官有所畏，其政必兴；行有所畏，其业必成。

事实上，早在先秦时期的儒家创始人孔子就很好地阐述过敬畏之道。孔子说："君子有三畏：畏天命，畏大人，畏圣人之言。"（《论语·季氏》）孔子这里所说的就是人应当心存敬畏的三方面内容：一是天命，即敬畏天道运行的规律，敬畏事物的法则、社会人生的规则；二是大人，即敬畏有德有位的人，以其为自我行事处世的楷模；三是圣人，即敬畏既仁且智者的谆谆教诲。也正是这个缘由，《礼记》的开篇就有"毋不敬"三字。这堪称对古代敬畏之道言简意赅的表达与概述。

---

① 叔本华：《人生的智慧》，张尚德译，黑龙江人民出版社1987年版，第21页。

　　正是在诸如君子有"三畏"之类的文化熏陶下,中华民族素有培植敬畏之心的传统。"敬"会让人有所为,知晓自己应该做什么;"畏"又会让人有所不为,警告自己不该做什么。这不仅是一种行为准则,更是一种人生态度,不仅是为人处世的存身之道,更是蕴含着为官从政的大智慧。古往今来,许多为官者因"敬畏"而产生清醒的认识,故权力在手时能行为不越界、权力不用偏。比如,清朝乾隆时期的河南巡抚叶存仁,为官甘于淡泊,毫不苟取。他离任时,手下一位部属执意送行话别,可却迟迟不见人影。叶存仁有些纳闷地等到明月高挂时,终于来了一叶小舟。原来是这位部属欲临别赠礼,故刻意等至夜深人静以避人耳目。叶存仁执意将礼物全部回绝,赢得众人的敬仰。此事不经意间传至朝廷,文武百官无不交口称赞。人们常说"头顶三尺有神明,不畏人知畏己知",其典故就来自叶存仁。这是敬畏观念在古代中国产生深刻影响的一个经典故事。

　　依据王阳明的观点,虽然"身"有私欲乃正常之事,然"心"有良知良能则更是天经地义之事。人作为天地之间的存在,其"心"若无致良知的本事,其"身"必被"心中贼"之本能所害(《传习录》卷上)。也就是说,依据阳明心学在身心关系的逻辑来看,"心"的本事如果被"身"的本能所遮蔽,那人生迟早要遭遇祸害。在王阳明看来,"心"致良知的本事之一就是须培植起敬畏之心,并因这一敬畏之心而不会在"月黑风高无人见"的自欺欺人中乱了心智,不会在"你知我知天知地知"的花言巧语中迷了方向,不会在"富贵险中求"的侥幸心理中铤而走险,更不会在"法不责众"的错误认识中恣意妄为。

　　　为什么上自天子,下到黎民百姓,都对官员的戒贪之德——清廉如此重视呢?明清时代非常流行的一则《官箴》把这个道理说透了。这则《官箴》是这样说的:"吏不畏吾严而畏吾廉,民不服吾能而服吾公。廉则吏不敢慢,公则民不敢欺。公生明,廉生威。"这则《官箴》,出自明初学者曹端之口。因其警策意义深刻,被后世不少正直的士大夫奉为圭臬。它一针见血地指出,为官之本概括说来无非就是两点:一是公正,二是廉洁。但我们还想补充的是,在很多情境下,廉洁其实是公正的前提。这个道理正如俗语揭示的那样:"吃了别人的嘴软,拿了别人的手短"。也就是说,当为官者手里有贿赂,又怎么能奢望他心中有公正呢?这正是阳明心学揭示的为官之道。

正是从这个意义上，我们可以断言中国共产党人在身心、欲理之辩中激活了传统文化倡导的敬畏之道，可谓功莫大焉。事实上，党的十八大以来，党中央对腐败现象坚持无禁区、全覆盖、零容忍，重拳出击、整治到底、震慑到位。但仍有一些干部我行我素、顶风违纪。他们不是不知道纪律规矩，而是根本没有敬畏之心。的确，从这些年查处的案件来看，贪腐者们所犯的哪一项不是党纪国法所明令禁止的？所作所为的哪一件没有前车之鉴？可见，"敬畏之心就是流经我们思想之渠的源头活水，涤荡着不时落下的贪欲、邪念的泥垢。心存敬畏，才能心有所畏、言有所戒、行有所止"①

再比如知耻之德。在自我人生的活动过程中，知耻是指自我生命个体基于一定的是非、善恶、荣辱观的基础之上而产生的一种对耻辱之行为自觉不为的一种道德情感和德行。就身心、欲理关系而论，作为对自我生命之欲的一种德性规范，知耻能使自我行为主体在欲望的冲动面前自觉地予以理性节制。可见，就欲理之辩而言，知耻的德性要求，对于自我生命之欲的追求也是一个重要的不可或缺的德性。

也是从这个意义上，我们可以理解为什么古代的哲人要非常强调知耻之教。孔子要求人们"行己有耻"（《论语·子路》）；孟子认为"耻之于人大矣""人不可以无耻"（《孟子·尽心上》）；管子则将耻与礼、义、廉诸德并称为"国之四维"："守国之度，在饰四维……四维不张，国乃灭亡。"（《管子·牧民》）清代思想家顾炎武对管子的这一"四维说"更是推崇备至，并认为四维之中，知耻最为重要，因为在他看来，"人之不廉而至于悖礼犯义，其原皆生于无耻"（《日知录》卷十三）。在生命之欲的追求过程中，知耻的重要性在于它乃是自我生命个体为善去恶、积极向上的内生动力。对生命之欲可能导致的恶行，知耻之心使我们有所警惕、有所自律，从而有所不为。也就是说，知耻可以使社会道德和法律的外在约束通过自觉的认知而变成内在的自我规范。

而且，重要的还在于，这种由内心的羞耻、知耻、自耻而形成的自律、自制，在生命之欲的追求中对自我的引导和约束的效果是外在的规范和钳制所无法比拟的。这种效果就如朱熹所言："人有耻则能有所不为"（《朱子语类》卷十三）。事实上，儒家重德治而不重法治，与此相关。因为在儒家看来，外在的律法因侥幸之心而常被违背，但内在的知耻之心却可以不仅不违背律法，也不违背人伦。正是有缘于此，经过宋明理学家的整理和提炼，中华传统文化在为人

---

① 万刚：君子之心，常存敬畏.《解放军报》，2017年3月28日，第4版。

处世的德性规范方面,提出了"八端"①说,即孝、悌、忠、信、礼、义、廉、耻。"知耻"由此成为其中一个重要的行为规范。

就身心、欲理之辩而论,知耻对于生命之欲追求的德性规范意义还体现在它能在自我行为主体那里激起不甘落后、奋发向上、见贤思齐的上进心,从而成为自我成功,自强不息的推动力。关于知耻的这方面作用,孟子曾有如下的圣贤教诲:"不耻不若人,何若人有?"(《孟子·尽心上》)这句语录的意思是说,不以赶不上他人为羞耻,又怎能赶上他人呢? 可见,在孟子看来,一个人倘若能以赶不上他人为耻为愧,便能奋起直追,赶超他人。或许这也就是俗语"若能知耻,即是上进""人必能知耻,而后能向上"之类格言的教谕意蕴之所在。可见,知耻不仅有规范"身"之欲不为恶的制约作用,而且也还有鼓励"身"之欲奋发向善的鞭策作用。

正是由此我们说,一方面知耻对于生命之欲而言是一道极其重要的道德心理堤防。一旦这个心理堤防坍塌或决堤了,各种恶行丑行必将在自我人生中肆意泛滥,人生就会因此而跌入无所不为、无恶不作的魔道之中。也许正是对知耻之德性意义的这一认识,古人才有"五刑不如一耻""人之患莫在乎无耻"之类的格言警句流传于后世。另一方面,知耻对于生命之欲而言又是一条引导自我人生向善的正道,它促使每一个自我生命个体因为羞恶憎丑而对美与善产生仰慕之心,从而自觉地接受教化,从而努力从事修身养性的道德克制与涵养功夫。这是自我人生从内心深处由"耻于不善"走向"至于善"的进步过程。自我生命之欲也正是在这个过程中拥有其美与善之内涵的。而这正是身心之辩中"心"对"身"之伦理境遇的赋予过程。

不仅如此。古人还在知耻的基础上推衍出克己之功。这就如朱熹所言:"由知耻进而知克己。"(《四书集注·论语集注》)这也就是说,克己这一行为范式是基于知耻基础上而对内心欲望所做的理性、理智的自我克制。中国古代自先秦以来的哲人们在承认欲望之合理性的同时,几乎毫无例外地主张对欲望必须进行克制。故孔子称:"克己复礼为仁。"(《论语·颜渊》)按朱熹的解释:"'己'谓身之私欲也""己私既克,天理自复,譬如尘垢既去,则镜自明;瓦砾既扫,则室自清。"(《四书章句集注·论语集注》)可见,克己就是抑制自己的私

---

①　有学者甚至考证民间骂人的俗语"王八蛋"实乃"忘八端"的误传。因为把王八(鳖)的蛋作为贬义词并不好理解,但是说一个人"忘八端"了,那就是缺德的同义词。因"王八蛋"与"忘八端"两者声音相仿,于是便出现了以讹传讹的现象。参见韩文庆:《四书悟义》(中国文史出版社 2014 年版),第219 页。

欲,引导它符合礼的社会规范,从而形成孝、悌、忠、信、礼、义、廉、耻之类的德性。与孔子的思路不同,荀子则从人天生有纵欲之恶的本能来论述克己之必要性。在他看来,每一个自我生命"生而有耳目之欲,有好声色焉,顺是故淫乱生而礼义文理亡焉。"(《荀子·性恶》)由此,他的结论是:"以道制欲,则乐而不乱;以欲忘道,则惑而不乐。"(《荀子·乐论》)可见,在荀子看来,以一定的礼义规范(道)引导人之欲望才能使人"乐而不乱"。

不仅儒家主张克己,道家也持相似的立场。事实上,正是看到了不受约束的生命之欲对人生的不自然性,主张"道法自然"(《道德经》二十五章)的道家也持克己之道。为此,老子提出了"见素抱朴,少私寡欲"(《道德经》十九章)"祸莫大于不知足,咎莫大于欲得"(《道德经》四十六章)的观点。老子告诫世人:"知足之足,常足"(《道德经》四十六章)。庄子也有"至人无己"(《庄子·逍遥游》)之说,并提出了"坐忘""心斋""悬解"等克己的具体途径。在道家看来,只有克己才能够做到少私寡欲,不为欲望所溺,才是真正恪守了保全自我生命的自然之道。

这方面号称传承道家立场的魏晋名流,其实并未悟得老庄真谛。竹林七贤就曾经在"越名教而任自然"(嵇康语)的理念下,在诸如饮食男女之欲方面颇为放达不羁。比如,刘伶经常乘坐一辆鹿车,怀抱一壶酒出游。他车旁还跟着一个扛着铁锹的随从。路人不解问其故,刘伶解释说:"醉死,可就地埋我!"又比如,竹林七贤的另一位阮咸,母亲丧礼期间与前来吊丧的姑母家婢女暗通款曲,后姑姑返家时阮咸恳求把婢女留下,其姑认为不合礼教便带婢女走了。阮咸得知连丧服都来不及脱便骑驴追赶,终于把婢女追了回来。被时人所讥。还有一次,他的亲友邀其赴宴,他不用酒杯改用大盆盛酒,喝得醉醺醺的。席间有人笑他如猪一般贪吃。阮咸不仅不恼,还就真的效仿猪的样子喝酒。而且,他一面饮酒,一面鼓琴,可谓是不亦乐乎。不久,阮咸"与豕同饮"就被传为笑话。

在先秦诸子思想中,墨家、兵家、法家、农家、小说家等也都持与儒、道相类似的克己立场。汉代传入中国的佛家,其教义中本来就有"诸法无我"的教谕,其清规戒律更是林林总总的克己规范。融儒、道、佛于一体的王阳明心学可谓集古代克己之学之大成。而且,王阳明曾有名言:"破山中贼易,破心中贼难"(《与杨仕德薛尚谦书》),此语的重点是强调了克己之难。但在王阳明看来,正因为克己之不易,所以才有了圣贤与俗人在心学功课和人生成就方面的高下之分野。而这正是阳明"心学"得以确立的人性论基础。

重要的还在于,在古人看来,克己恰恰是自由的前提。也就是说,只要对自我内心欲望进行有效的克己,通过长期的自觉、自制与自律最终才能达到自由的境界。这是一个从自发到自觉再到自由的过程。孔子"从心所欲,不逾矩"(《论语·为政》)语录描述的正是这样的自由境界。可见,自由不是随心所欲的任性,更不是肆无忌惮的妄为,它恰恰以对自我生命欲望的克己为前提条件。就人我之辩而言,克己是瞩目"己"之身心、欲理的现实境遇,因敬畏而"不敢"、因制度而"不能"、因觉悟而"不想"。由此,"心"与"理"赋予"身"与"欲"的伦理境遇便得以真切地实现。

毋庸讳言的是,就身心、欲理之辩在当今所呈现的现状而言,我们不得不承认一个多少有些不尽如人意。其中最令人忧虑的无疑是人的物欲被过分张扬了。这种过分在反腐倡廉的某些典型案例中甚至出现了,诸如贪污受贿 30 余亿元被判死刑还不服判决喊冤要上诉的、因包养情人多达 146 个仍不满足居然去嫖娼因此而被卖淫者供出落马的、因被举报房产多达 2714 套,其总面积达 43.3 万多平方米于退休三年后最终被查等,令人叹为观止、不可思议的真人真事。难怪古圣贤要告诫"仁者以财发身,不仁者以身发财。"(《礼记·大学》)可见,就身心、欲理之辩而论,在世人还特别推崇豪车大宅、灯红酒绿的当下,先哲时贤们对克己之合理性的这些论述,对于我们形成身心和谐的欲望观具有极大的认知启迪意义。事实上,也只有在认知上有这样的自觉,身心之辩中"他者"伦理境遇的践行才会有理念的引领。

3. 倡导超越物欲之上的幸福观

幸福无疑是身心、欲理之辩的归宿问题。可以肯定地说,不同文化背景下的人对幸福的理解会有巨大的差异。但如果做点归纳的话,那么对幸福的理解古今中外哲人不外乎分为"乐欲"和"乐道"这样两个不同阵营。就身心、欲理关系而论,"乐欲"注重的是身之欲的追逐和满足;"乐道"则倾向于对理性之道的认同、体悟和践行。

以儒家为主要代表的中华传统文化,显然更倾向于把幸福理解为超越物欲之上的精神之乐。这就如孔子赞赏颜回时说的那样:"贤哉,回也!一箪食,一瓢饮,在陋巷,人不堪其忧,回也不改其乐。贤哉,回也!"(《论语·雍也》)孔子在此处情不自禁前后用了两个"贤哉,回也"的感叹肯定了得意弟子颜回以道为乐的人生观。这其实也是孔子自己推崇和践行的快乐观。后世称谓这种快乐为孔颜之乐。

正是在这种文化的影响下，中华传统文化形成了悠久的"君子谋道不谋食"（《论语·卫灵公》），即安贫乐道的幸福观。所以在《论语》中孔子一方面强调"朝闻道，夕死可矣"（《论语·里仁》），要求诸弟子"志于道，据于德，依于仁，游于艺。"（《论语·述而》）另一方面，又教导他的弟子在明道、循道、行道的过程中要做到："君子食无求饱，居无求安"（《论语·学而》）"君子忧道不忧贫"（《论语·卫灵公》）。他曾告诉弟子为了求道论德自己可以"发愤忘食，乐以忘忧"（《论语·学而》）。

中国古代哲学所推崇的这种"安贫乐道"的人生幸福论，荀子曾给予这样的总结："君子乐得其道，小人乐得其欲。"（《荀子·乐论》）这意思就是说，君子把快乐理解成对道的把握和遵循，而小人则把物质欲望的满足看成是快乐的。由此可见，古代哲人的"乐道"是一种认知和精神层面上的幸福感受。一旦拥有这种感受，哪怕物质生活再清贫，也能体验人生的快乐，用孔子的话说就是"曲肱而枕之，乐亦在其中矣。"（《论语·述而》）

正是由此，"寻孔颜乐处"，即过一种安贫乐道的生活，便成为中国历代志士仁人的精神追求。比如，宋代的周敦颐就曾论证过安贫乐道对人生的重要性。他认为，富贵是人之所爱，颜回却不爱不求，这是因为在颜回看来，对道的认知和遵循比富贵更有价值。有了它，没有富贵人生也不会感到有缺憾。的确，"道"作为一种强大的精神支柱可以使人产生一种很充实很平静的快乐感。也就是说，在古代贤者们看来，人生的快乐就是在精神、在心性、在信仰上保持这种对"道"的认知、求索和领悟的状态。可见，就身心、欲理关系而论，"乐道"是对精神世界的一种追求，而非物质欲望的满足。它与追求豪屋华服、美色佳肴的消费主义、享乐主义人生观完全不同。显然，中华文化推崇这种人生幸福与快乐观对我们的现实人生依然有着积极的启迪作用。

当今中国对中华传统文化之"道"的现代性意蕴开掘、继承与创新，并将对"道"的领悟与践行作为安身立命的快乐之源，其现实意义非常深远。因为它显然可以在身心、欲理关系问题上有效地匡正"乐欲不乐道"的时弊，从而真正赋予"身"之伦理境遇。

如果做点学理溯源，我们便可发现"乐欲不乐道"的时弊源自西方文化。众所周知，与中华传统文化不同，就身心、欲理之辩而论从古希腊的亚里斯提卜、伊壁鸠鲁到近代霍布斯、洛克、边沁等思想家那里，形成了源远流长的快乐主义传统。这一传统注重肉体的感受性获得，热衷于主张通过物欲的满足而生成快乐和幸福的体验。

正如有学者指出的那样,由于传统文化推崇的孔颜之乐,发展到宋明理学阶段之后被蒙上了浓郁的禁欲主义色彩,所以这一乐道不乐欲的传统在近现代的中国遭遇到了持久而激烈的批判。[①] 与之相伴随的是,西方以快乐主义、享乐主义等形态表现出来的物欲主义人生哲学开始被一些人接受,甚至追捧。再加上市场经济体制由争论到迅速地被确立,又助长甚至加剧了"经济人"中极易发生的物欲主义的流行。

> 近代中西之辩绵延不绝之际,与陈寅恪、吴宓并称"哈佛三杰"的汤用彤先生曾对中西文化的优劣发表过诸多振聋发聩的见地。比如,在论及中国古代的理学与近代西方的科学时,汤用彤认为:"理学,为天人之理,万事万物之理,为形而上之学,为关于心之学;科学则仅为天然界之律例,生物之所由,驭身而不能驭心,驭驱形骸而不能驱精神,恶理学而乞灵科学,是弃精神而任形骸也。国人皆恶理学,则一国之人均行尸走肉耳。"[②] 汤先生之论,对我们当下讨论身心问题,尤其是探究如何获得快乐与幸福的问题上如何超越西方式的科学主义或技术主义的路径依赖、走出物欲主义或消费主义的藩篱显然颇有现实启迪。

针对时下人们太热衷于从物欲的满足来理解快乐与幸福的偏颇,以及这一偏颇必然衍生的热衷于追逐灯红酒绿、豪车大宅的社会现状,新时代中国共产党在引领人民修正物欲主义偏颇的过程中,既积极汲取传统乐道观的合理因素,又扬弃了其中的禁欲主义糟粕。这一幸福观首先强调物质福利的基础性意义,故党的二十大报告明确提出"物质富足、精神富有是社会主义现代化的根本要求"[③]这一重要论断。但这一论断之所以将物质富足与精神富有并提,显然又蕴含着另一层意思,即我们并不因此认为有了充足的物质福利的享受就拥有了"美好生活"。这不仅是因为物质福利需要奋斗才会被创造出来,而且还因为如果把物欲的满足视为人生的目的,那么正如马尔库塞指出的那样,发达的工业文明因太多太普遍的物欲刺激不仅没有给人快乐,相反"它给

---

① 朱晓虹等:《传统伦理文化的现代性研究》,浙江大学出版社 2019 年版,第 126 页。

② 汤用彤:《理学·佛学·玄学》,北京大学出版社 1991 年版,第 1 页。

③ 《党的二十大文件汇编》,党建读物出版社 2022 年版,第 17 页。

绝大多数人带来了艰辛、不安和焦虑。"①

　　重要的还在于，在身心、欲理之辩语境下中华传统文化以"乐道"为核心范式的幸福观，与马克思主义幸福观有着本质上的相契合之处。我们景仰和称羡马克思的一生，这是因为我们知道马克思在其青年时代就自觉地把人生的幸福理解为一个追求崇高理想的斗争过程。他在《青年选择职业时的考虑》一文中曾这样豪迈地写道："如果我们选择了最能为人类幸福而劳动的职业，那么，重担就不能把我们压倒，因为这是为大家而献身；那时我们所感到的就不是可怜的、有限的、自私的乐趣，我们的幸福将属于千百万人，我们的事业将默默地但是永恒发挥作用地存在下去，而面对我们的骨灰，高尚的人们将洒下热泪。"②马克思的一生是艰辛的，政治上的被迫害，经济上的窘迫使得他终生颠沛流离，直到逝世时还是无国籍者。但也正是在这种"为大家而献身"的理想追求中，马克思体验和领略到了人生最伟大的幸福和快乐。

　　作为马克思主义的坚定信仰者，中国共产党人继承与发展了马克思推崇的这一幸福观。当年方志敏烈士的《清贫》一文，就是这样一篇诠释并彰显马克思主义幸福观的经典文献。它曾经令无数人为之动容甚至落泪。在文章的开头，方志敏就深情地写道："我从事革命斗争，已经十余年了。在这长期的奋斗中，我一向是过着朴素的生活，从没有奢侈过。经手的款项，总在数百万元；但为革命而筹集的金钱，是一点一滴地用之于革命事业。这在国民党的大人物身上，颇似奇迹，或认为夸张；而矜持不苟，舍己为公，却是每个共产党员具备的美德。"在作品的最后，他总结说："清贫、洁白、朴素的生活，正是我们革命者能够战胜许多困难的地方。"的确，矜持不苟，舍己为公，不仅是共产党人战胜困难的精神力量，同样是共产党人能够取得胜利的重要因素。可见，它是每一个共产党人应当具有的美德。

　　1935年1月方志敏在江西不幸被捕。两名国民党军士兵搜遍方志敏全身，除了一块怀表和一支钢笔以外，没有找到一文钱。像方志敏这样的共产党"大官"怎么可能没钱呢？那两个不肯善罢甘休国民党士兵猜想方志敏或许把钱或值钱的宝贝藏在附近哪里了。于是，其中一个士兵恼羞成怒，左手拿着一个木柄手榴弹，右手拉出手榴弹中的引信，双脚拉开

---

① 马尔库塞：《单向度的人》，刘继译，上海译文出版社2014年版，第4页。
② 《马克思恩格斯全集》（第40卷），中共中央马克思恩格斯列宁斯大林著作编译局译，人民出版社1982年版，第7页。

一步,做出要抛掷的姿势,并用凶恶的眼光盯住方志敏,威吓地吼道:"赶快将钱拿出来,不然就把你炸死!""哼! 我确实一个铜板都没有存。想从我这里发洋财,你们是想错了。"方志敏心平气和地说道。两个国民党士兵仔仔细细在方志敏身上又搜了一遍,还不甘心地四周搜寻着,把认为可疑的地方里里外外翻了一遍,折腾了大半天依然是一无所获。最终这两名国民党军士兵终于泄气地相信了方志敏说的话。

在积极推进中国式现代化这一伟大实践的进程中,我们党对这一幸福观的构建和践行,不仅为激励党领导人民谋求中华民族伟大复兴注入了强劲的精神动力,而且也为广大的人民群众正确处理物质享受与奋斗精神之辩证关系,从而为中华民族精神在新时代的重塑提供了先锋队的示范效应。这不仅是新时代我们对身心、欲理之辩传统的批判性继承和创新性发展,不仅是对马克思主义幸福观开辟的新境界,更重要的还在于可以据此在身心观、欲理观方面为以中国式现代化这一伟业确立起明晰而坚定的精神支撑与价值指引。这正是我们在身心、欲理之辩中讨论作为他者之"身"伦理境遇实现的实践指归之所在。

四、小　结

作为对现代西方身心、欲理之辩存在问题的一个反思,约翰·格拉夫在其《流行性购物症》一书中创造性地提出了一个概念——物欲症。作者不仅用这个核心概念描述了西方人深陷消费主义的现状,而且还提出了如下一个断言:在全球化的当下,那个导致各种各样"物欲症"的病毒正急速地蔓延,"在全世界每一块大陆上都不难找到这种病毒的身影。"①的确,我们在当下的中国也能够感受到这一"物欲症"带来的消极影响。也就是说,就身心、欲理之辩问题上我们在身之欲与心之理的关系上,的确出现了令人忧虑的失衡。

有鉴于此,在当下中国身心观、欲理观的构建中,我们在激活中国古代"乐道"之优秀传统的同时,要特别强调对西方"乐欲"传统的批判性超越,是因为这一西方文化语境下的快乐观对中国社会的影响力不可小觑。众所周知,在

---

① 　约翰格拉夫等:《流行性购物症》,闾佳译,中国人民大学出版社 2006 年版,第 3 页。

实现现代化的过程中我国是后发国家。这固然使得我们具有一些后发优势，但与此同时也容易使我国对那些完成了现代化的西方国家陷于迷信与盲从的境地。具体到作为身心、欲理之辩之指归的快乐问题而论，且不说各级官员们对 GDP 增长类似于拜物教般的迷信，也不说经济学家做模型来探究收入、住房等所谓的"快乐指数"，就说大众生活中诸如"我消费，我快乐"成为购物节主题、感情类节目里"一只名牌包包可治愈任何伤痛"之类的感慨、相亲节目里无房无车无存款的男嘉宾被主持人调侃为"三无男"等之类的现象，足以让我们无奈地承认当今中国社会也出现了类似于西方"心为物役"之类的片面性。西式现代化进程中出现的，一方面是对身外之物诸如财富的过多占有，以及对豪车大宅与奢侈品的消费主义执迷，另一方面则是内心除了"自私的基因"这一本能衍生的利己主义、个人主义之外，对正义、对德性、对人道主义情怀呈现出极度的冷漠现象，也程度不同地出现在我们的周围。

特别值得一提的是，与我们对西方的"乐欲"文化认同甚至膜拜形成鲜明反差的是罗素对它的失望："我们坚信自己的文明和生活方式优于其他国家，所以当我们遇到像中国这样的国家时，深信自己最仁慈的举动莫过于让他们全盘接受我们的文明和生活方式。我认为这是一个很深刻的错误。在我看来，一个普通的中国人，即使他非常贫穷，也比英国人快乐。"①罗素的这一批判性立场是意味深长的。正是有鉴于此，我们认为在当下快乐观与幸福观的重建过程中亟待对西方欲道之辩中呈现的物质主义立场进行学理清算与实践批判。这一清算与批判的学理逻辑可以借鉴马尔库塞、弗洛姆为代表的西方马克思主义，更可以回归老子、孔子为代表的德性主义。重要的还在于，由于儒道互补的德性主义来自中华文化几千年的积淀，其彰显的真理与道义的力量更容易被唤醒，也更具民族亲和力。

这正是我们以"时代之问"为导向，探究、激活并创新古代身心之辩、欲理之辩中身心（欲理）合一这一优秀传统文化的理论与现实意义之所在。

---

① 罗素：《罗素论中西文化》，杨发庭等译，北京出版社 2010 年版，第 92 页。

第4章

天人之辩中"他者"的伦理境遇

作为人我之辩的一个衍生,天人之辩中论及的"他者"是天地自然。与西方天人相分而主张征服自然的理念不同,中华传统文化确立的是天人合一的传统。这一传统最彰显中国智慧之处就是,它以人我合一的立场将天地自然视为"我"须善待的"他者"。而且,这种把自然作为"我"之外的"他者"予以善待,不仅有文人墨客诸如"我见青山多妩媚,料青山见我也如是"(辛弃疾:《贺新郎·甚矣吾衰矣》)的诗意描述,也还有哲人"民,吾同胞;物,吾与也"(张载:《西铭》)的深刻揭示。

——引言

就天人之辩而论,中华文化形成了敬畏天道、推崇人与自然和谐相处的道统。中国古代这一敬畏天地自然的"道"与西方依靠科学技术以征服自然之"术"(技术主义)不同,它体现出的是天人合一的一元论立场,而不是天人相分的二元论立场。事实上,天人合一这一中华传统文化在当今世界正日益彰显其全球性的价值。因为当今世界就人与自然关系而论,不仅气候变暖、空气和水资源被污染等原有的环境问题没有解决,诸如核泄漏、光污染之类的新问题又迭出。于是,有越来越多的学者坚信,回归到中华传统文化立场中去重新审视人与自然的关系问题,不仅可以超越人类中心主义与非人类中心主义的二元对立,进而可为21世纪的全球确立起新的自然主义价值观,更重要的还在于它可为人与自然和谐相处的中国式现代化提供重要的世界观指引,从而可为人与自然矛盾问题的终极解决,提供中国路径、中国智慧、中国方案。

一、中华传统文化中的天人合一之道

尽管不断地有学者认为,古代希腊与中国先秦思想有许多类似的地方[①],但我们却想指出,至少中西文化在天人关系的处理上有着迥然相异的文化传统。如果要对中国古代诸子百家在天人之辩中的共同立场做一个梳理和概括,那追求天人合一应该是一个最基本的共识。这事实上也是我们探讨中华传统文化把天地自然视为"他者",并赋予其伦理境遇的一个逻辑起点。

1. 道家"道法自然"的思想

中国哲学史家张岱年认为,在天人之辩上中国古代主要有如下三种学说:其一是道家的"任自然"之说,比如老子"道法自然"(《道德经》二十五章)及庄子认为的"不以人助天"(《庄子·大宗师》)的观点;其二是荀子的改造自然之说:"大天而思之,孰与物畜而制之? 从天而颂之,孰与制天命而用之?"(《荀子·天论》);其三是儒家的"辅相天地"之说:"天地交泰,后以裁成天地之道,辅相天地之宜,以左右民"(《易传》)。在张岱年看来,这里值得一提的是荀子的学说。荀子的确提出了"天人之分"和"人能胜乎天"(《荀子·天论》)的命题,但张岱年认为荀子的这一思想并未占主导地位。[②] 事实上,以儒家、道家为代表的古代思想家竭力推崇对天道的敬畏之心,主张天人合一的立场。在先哲们看来,天与人、天道与人道、天理与人性是相类相通的,因而通过合理的价值观谨守与伦理规范的培植,完全可以达到天人协调、和谐、统一的理想状态。

老子创立的道家因为推崇"道"而得名。老子本人就曾经有"惟道是从"(《道德经》二十一章)的主张。众所周知,对于"道"究竟何所指谓,在先秦思想家那里有不同的理解,老子则明确地给出了结论:"人法地,地法天,天法道,道法自然。"(《道德经》二十五章)可见,在老子那里"道"的最基本含义是自然。也因此我们可以说,"自然"是道家哲学思想的核心范畴。在老子看来,天道自然,人道应该遵循这一自然之道。故老子的结论是"辅万物之自然而不敢为。"(《道德经》六十四章)也就是说,在老子看来,人的行为选择是"为"还是"不为"

---

① 许倬云:《中西文明的对照》,浙江人民出版社 2016 年版,第 66 页。

② 张岱年:《中国哲学大纲》,中国社会科学出版社 1982 年版,第 181 页。

取决于是否符合自然法则。

庄子继承并发展了老子的这一"自然"概念。庄子对自然与不自然给予了明确的区分。他曾经以一则通俗而寓意深刻的例子说明了这一点。据《庄子·秋水》记载:曰:"何为天?何为人?"北海若曰:"牛马四足,是为天;落马首,穿牛鼻,是谓人。故曰,无以人灭天,无以故灭命,无以得殉名。谨守而勿失,是谓反其真。"庄子在这里比喻说:马牛有四只脚,这就叫作天然;笼住马头,穿引牛鼻,这就叫作人为的不自然。庄子的结论是不要因人为而毁灭天然,不要因世事而毁灭天命(即天道)。可见,庄子的这一牛马之喻是想告诫世人,如果对待自然物有太多的不自然行为,必然使自然之物丧失自然,从而最终殃及人类自身。正是有缘于此,庄子心目中最合乎自然道德的境界就是,人类只是作为天下万物之一,对自然界的一切存在既没有私心,更没有恶意,而是非常自然地与自然万物和谐相处:"夫至德之世,同与禽兽居,族与万物并。"(《庄子·马蹄》)

正是基于对自然之道的这一遵从,与老子"道之尊,德之贵,夫莫之命而常自然"(《道德经》五十一章)的表述相似,庄子也提出了"天在内,人在外,德在乎天"(《庄子·秋水》)的命题。这即是说,自然的天道(天然)是内在的本质,人的所作所为(人为)是这一内在本质的外在表现。正是由此,我们可以断言在老庄哲学那里,人类行为的唯一准则是顺乎自然的天道。

可见,自然是老庄哲学最核心的范式。概括地说它有两方面的内涵:一是从本体论的角度看,自然意味着自然天成、不假外力的天然存在;二是从价值论的角度看,自然意味着在人的行为抉择中遵循自然为本,不刻意、不妄为的法则。这两方面的内涵具有内在的关联性:前者是天道,后者是人道,它表现为由天道的自然引申出人道的自然而然。以老子《道德经》的逻辑来表述,就是由"道"而"德"。这也正是道家天人合一思想的基本内涵。

重要的还在于,以老庄为代表的道家非常睿智地把天人合一思想立足于如下的一个基本事实,即自然界对于人类的先在性和人类对于自然的依存性。老子的名言"道生一,一生二,二生三,三生万物"(《道德经》四十二章)表达的正是这样的观点。在老子看来,包括人的存在在内的万物无一不是天地自然的衍生物,因此人必须与天地自然和谐相处。正是有缘于此,老子才得出如下的结论:"人法地,地法天,天法道,道法自然。"(《道德经》二十五章)庄子进一步论证了老子的这一"道法自然"的思想:"天地者万物之父母也"(《庄子·达生》)"天地与我并生,而万物与我为一"(《庄子·齐物论》)"吾在天地之间,犹如小石小木之在大山也。……号物之数谓之万,人处一焉。"(《庄子·秋水》)由此,庄子认为一个悟道的人(圣人)必须是敬畏天地自然,懂得对自然要有所不为的人:"圣人者,原天地之美而达万物之理,是故至人无为,大圣不作,观于天地之谓也。"(《庄子·知北游》)正是基于这样的天人观,庄子描述的人类快乐境界就是:"与天和者谓之天乐,与人和者谓之人乐。"(《庄子·天道》)可见,在庄子那里人与自然的和谐被理解为天道的必然,它和人与人的和谐共同构成人类的两大快乐之源。

可以肯定的是,道家的这一立场把自然界的存在至上化和绝对化,从而反对人以自身的践行去利用和改造自然,其偏颇之处是不言而喻的。先秦时期的荀子就批评道家的失误在于"蔽于天而不知人。"(《荀子·解蔽》)但道家的天人合一观却不失片面的深刻,在扬弃其偏颇之后完全可以进行现代性的转化与创新性的发展。事实上,就天人之辩中人对待自然的态度而言,老子、庄子为代表的道家要求人类在与自然相处的过程中,谨守天人合一之道,主张人要敬畏自然,要顺从与尊重自然规律,并由此反对人对天地自然过分有为的思想显然非常合理。

> 道家这一发轫于老庄的天人观,在东汉的《太平经》中被直接继承并完善了。此经在描述"太平世界"时有这样一段著名的文字:"天气悦下,地气悦上,二气相通而为中和之气,相受共养万物,无复有害,故曰太平。天地中和同心,共生万物;男女同心而生子;父母子三人同心,共成一家。君臣民三人共成一国。"作为道教重要经典的《太平经》还认为,人作为道的中和之气所化生之物,是天地万物之中最有灵气、最有智慧的存在。因此一方面人要"理万物之长",即"助天生物""助地养形";另一方面人又要意识到"夫人命乃在天地,欲安者,乃当先安其天地,然后可得长安也。"从天人之辩而论,《太平经》传递了一个非常明确的立场:人安身立命于天地间,要想过安耽的太平日子,其前提条件是先安抚或安放好天地自然万物,然后人才能拥有长久的安宁与安好。

值得一提的是,道家对天地自然作为"他者"必须赋予伦理境遇的本体论依据在其创始人老子那里便被深刻地阐明了。众所周知,作为道家最重要的经典《道德经》其内容分为上篇"道经"与下篇"德经"的逻辑顺序表达的正是这个意蕴:①天地自然在上,人及人类社会在下。由此,人类必须对天道心存敬畏,并将这一敬畏作为最基本的德性予以涵养。这呈现为一个由"道"而"德"的过程。事实上,这正是为何要赋予天地自然这一"他者"以伦理境遇的道家论证。道家这一诸如"当先安其天地,然后可得长安也"(《太平经》)的思想,曾被有学者评价为"最早提出人类社会的可持续发展与自然的可持续发展互为因果、相辅相成的生态哲学观。"②

这也就是说,在现时代道家这一思想对于化解人与自然的矛盾与对立,对于维护人与生态环境的动态平衡,对于反对极端人类中心主义的价值倾向,在世界观与方法论层面的智慧启迪显而易见。而且,道家的这一立场也得到了当代诸多西方学者的认同。比如,被奉为"新道家"开创者的英国学者李约瑟就非常赞赏老庄"道法自然"思想内涵的现代性。他认为:道家主张效法自然实质就是指不做反自然的事,不做反常或不合事物本性的事,不做违反自然规律而注定要失败的事。③ 李约瑟的这一概括是精辟的。

重要的还在于,李约瑟是在当时人们还过度陶醉和迷恋科学技术在征服自然中呈现力量的时代,便敏锐地呼吁西方社会关注古老中国的道家哲学。他认为借助道家自然哲学的智慧可以降低甚至避免人们在对待自然问题上所犯的诸多错误。李约瑟的告诫显然很有现实性,它对于我们确立起敬畏自然,追求天人合一的现代天人观具有重要的世界观与方法论启迪。

值得一提的是,从思维逻辑看,道家与儒、墨诸家不同它是以"反者道之动"(《道德经》四十章)的否定性思维,给出了对天地自然有所"不做",懂得"无为"的告诫。而这正是道家主张作为主体的"我"对天地自然作为"他者"所赋予的别具一格的伦理境遇。

2. 儒家"与天地合其德"的思想

与道家相似,儒家也持天人合一的立场。但与道家的论证思路不同,儒家

---

① 出土于 1973 年长沙马王堆汉墓,用不同字体抄写的《道德经》(被称为《帛书老子》)却与流行版本不同,它是上篇"德经"下篇"道经"的顺序。对于这一考古发掘的解读目前学术界见仁见智。本书作者倾向于认为,《帛书老子》可能存在人为的篡改,导致其与通行本有所不同。不仅是道经与德经的顺序被改了,一些关键命题也被改了,比如,"大器晚成"在帛书版中变为"大器免成",这种虽细微却改变了原句含义的句子还有多处。而且,《帛书老子》出土 50 多年了,至今没有取代通行本,其缘由估计也正在于其篡改之处颇难令人信服。

② 张恒力主编:《工程伦理论丛:工程伦理读本(国内篇)》,中国社会科学出版社 2013 年版,第205 页。

③ 李约瑟:《道家与道教》,余仲珏译,台北大同出版事业公司 1972 年版,第 185 页。

主张敬天道、畏天命的同时，又强调平治天下以实现其主张的王道理想。由此，在天人之辩上如果说道家更推崇天道，那么相比而言儒家则更关注人道。但儒家关注的人道也是建立在对天道敬畏的基础之上的。这是儒家特色的天人合一观。比如，作为儒家主要经典的《易传》对天人关系就曾做如下的概括："夫大人者，与天地合其德，与日月合其时，与四时合其序，与鬼神合其吉凶。先天而弗违，后天而奉天时。"这里明确提出了人应遵循"不违天""奉天"的天人合一原则。

如果做点思想史的追溯，那么可以说孔子主张的由知天命进而敬畏天命的思想，便已然初步奠定了儒家的这一天人合一观。关于善待自然，《论语》中有这样两句名言："子钓而不纲，弋不射宿"（《论语·述而》）这里提及的"钓而不纲"，是说孔子主张用鱼竿钓鱼，而不是用大网捕鱼。这是因为大网捕鱼会灭绝性捕获大量不分大小的鱼，由此会对鱼类的生存造成毁灭性的影响。"弋不射宿"，是说孔子主张只用带丝线的箭射取猎物但不射杀回归巢穴的鸟兽。回归巢穴的鸟兽通常已经疲惫或者正在休息，如果射杀它们，不仅残忍，还会破坏鸟兽的繁殖和生存。孔子主张的这种行为准则不仅体现了他个人的道德修养，更反映了他对作为"他者"的自然生命的深刻理解。由此，李泽厚在《论语今读》中曾就这条语录这样告诉他的西方读者："旧注常以此来讲'取物以节'，不妄杀滥捕，乃理性经验，但这里看重的更是仁爱情感。"①这是儒家对自然的一种独特的伦理情怀。这一情怀与道家的论证方式虽有不同，但殊途同归。

从相关的史籍记载看，孔门弟子对孔子这一敬畏自然生命的思想在当时就颇多身体力行者。《孔子家语·屈节解》曾提及这么一件事：孔子弟子巫马期出访单父，此行的目的是私下考察在此任县宰的同门宓子贱的政绩如何。因为孔子听到了关于宓子贱治理方面的一些闲言碎语，想一探究竟。微服私访的巫马期进入单父地界已是深夜，他看到一位打鱼者把刚打上来的鱼又放回河里。于是，巫马期不解地问道："凡是打鱼的人无非是为了得到鱼，你为什么把捕到的鱼又放了呢？"打鱼人回答说："那些小鱼我们县宰大人希望让它长大后再被捕捞。故我就把它放回河里了。"巫马期回来把这件事告诉了孔子，孔子大加赞赏。

---

① 李泽厚：《论语今读》，生活·读书·新知三联书店2004年版，第213页。

孟子直接继承了这一思想。他曾经与国君具体讨论过如何遵循天道仁民爱物:"不违农时,谷不可胜食也;数罟不入洿池,鱼鳖不可胜食也;斧斤以时入山林,材木不可胜用也。谷与鱼鳖不可胜食,材木不可胜用,是使民养生丧死无憾也。养生丧死无憾,王道之始也。"(《孟子·梁惠王上》)在"究天人之际"的先秦诸家思想中,儒家的这一立场显然比道家"辅万物之自然而不敢为"(《道德经》六十四章)的立场更具现实合理性。

重要的还在于,儒家的这一敬畏自然的认知理念与伦理情怀可谓绵延不绝。自孔孟之后,荀子提出了"山林泽梁,以时禁发"(《荀子·王制》)的法度设计,朱熹更是提出了:"物,谓禽兽草木;爱,谓取之有时,用之有节"(《四书集注·孟子集注》)的主张。这些思想均体现了儒家对待自然万物一以贯之的敬畏立场。其中尤其值得一提的是荀子关于天人关系的思考结论。荀子的天人观中并非只有"人定胜天"的命题。事实上,他也继承了孔子开创的天人合一之道。比如,荀子认为,水火、草木、禽兽、人无非是大自然由低向高发展的一个序列,人只是万物中的一个种类而已。因此,在存在论的意义上,人与自然界万事万物之间并没有根本的差别。在荀子看来,人与草木禽兽相比,只是多了理性思维和道德观念而已(《荀子·王制》)。正是由此,人与自然之间存在论的关系就被荀子纳入到了价值论的框架中予以思考,天人关系就被赋予了人性的、道德的、审美的含义。

荀子的这一天人合一思想显然被后世儒家所继承。比如,张载就在荀子的基础上提出了"乾坤父母"说:"乾称父,坤称母;予兹藐焉,乃浑然中处。故天地之塞,吾其体;天地之帅,吾其性。"(《正蒙·乾称》)张载在这里是把苍天看作是父亲,大地看作是母亲,提出了天地是人类生存之根本的主张。由此可以看出,天地作为人类的"他者"在张载哲学体系里具有了最高的伦理境遇。而且,在张载看来,人和万物都是天地所生,性同一源,天人本无阻隔。也是由此,张载得出了"民胞物与"的结论:"民,吾同胞;物,吾与也。"(《正蒙·乾称》)这意思即是说,世人都是我的同胞,万物都是我的朋友。在张载的如上思想中,无论是"乾称父,坤称母"的比喻,还是"物,吾与也"的判断,显然构成作为人我之辩衍生出的"我"与作为他者之"物"之关系的经典描述。它构成儒家对天人关系的一个最基本立场。

　　正是这一传统的积淀与熏陶,中国人自古以来在对待自然这个"他者"的存在,其态度上是温和、友好、理性的,而不是敌意、冷酷、非理性的。

以这种观念审视自然界，自然界就不再是一个被动的、死寂的客观世界，而是一个生机弥漫、物我合一的有机世界。这种仁民爱物、民胞物与的生态伦理情怀不仅成为中华优秀传统文化中非常重要而珍贵的思想资源，也成为中国积极向全世界传播的"中国好声音"："从古代天人关系传统立场中提炼出'天人合一'这一体现中国风格的标识性概念，显然可以为全球性环境问题的解决提供清晰的学理辨析与价值指引。"①

司马迁在评论儒道之争时曾说："世之学老子者则绌儒学，儒学亦绌老子。"（《史记・老子韩非列传》）在文言文中"绌"，同"黜"，即儒道两家相互排斥的意思。在司马迁所处的那个时代也许的确如此。但正如我们在后来的思想史发展中看到的那样，儒道两家在很多问题上也具有相同的观点与立场。这就是被学界称为自魏晋南北朝玄学"援儒入道"后，一直绵延至唐宋明清的"儒道互补"现象。② 比如，正是因为中国古代文化有这样一个儒道互补的天人合一观，它熏陶了中华文化热爱生命、善待大自然的生态价值观。

这一价值观尤其被感性地表现在对自然之美赞叹的那些优美诗篇中。历代文人骚客创作的那些歌咏自然之美的优秀诗篇，展示的正是一幅幅天人合一的清新画卷："关关雎鸠，在河之洲"（《诗经・关雎》）"昔我往矣，杨柳依依"（《诗经・采薇》）"翩若惊鸿，婉若游龙，荣曜秋菊，华茂春松。"（曹植：《洛神赋》）"好雨知时节，当春乃发生"（杜甫：《春夜喜雨》）"日出江花红胜火，春来江水绿如蓝"（白居易：《忆江南》）"春眠不觉晓，处处闻啼鸟"（孟浩然：《春晓》）"春色满园关不住，一枝红杏出墙来"（叶绍翁：《游园不值》）"草长莺飞二月天，拂堤杨柳醉春烟；儿童散学归来早，忙趁东风放纸鸢"（高鼎：《村居》）等。这些中国人耳熟能详的诗句堪称古代哲人天人合一之道的感性描述。

也许有人会产生疑惑，西方也有描写自然美的诗句，为什么说这是中国古代儒道互补文化特有的审美现象呢？这里问题的关键不在于是否描写了自然美，而在于是在什么立场上进行的描写。中国古代诗词里的描写是天人合一视阈下的，即天人不相分的一元论立场进行的描述。彰显这一立场最经典的诗句就是"我见青山多妩媚，料青山见我应如是。"（辛弃疾：《贺新郎・甚矣吾衰矣》）我们在欣赏古代诗词对自然景致的绝美描述中，同时会深切感受到

---

① 黄伊宁：中华优秀传统文化走向世界的传播方法论探讨，《观察与思考》，2023 年第 9 期，第 65 页。

② 卢钟锋：《中国传统学说史》，河南人民出版社 1998 年版，第 5 页。

"我"对大自然这一"他者"存在的审美融入感。而且,类似的诗句在唐诗宋词里可谓不胜枚举:"浮云游子意,落日故人情"(李白:《送友人》)"感时花溅泪,恨别鸟惊心"(杜甫:《春望》)"羌笛何须怨杨柳,春风不度玉门关"(王之涣:《凉州词》)等,展示的都是物我交融、生动感人的美感画面。就人我之辩而论,这种审美感觉正是由"我"对天地万物作为"他者"的伦理情怀而衍生的。从感知逻辑而论,它呈现为因"善"而"美"的递进过程。这显然是天人关系中彰显中国风格的叙事说理逻辑。

二、天人之辩中的西方文化批判

在人与自然的关系问题上,如果说中华传统文化比较重视人与自然的和谐统一,那么西方文化从古希腊罗马开始则倾向于征服自然和改造自然。阿基米德的名言——"给我一个支点,我可以撬起整个地球",从某种程度上正折射出古希腊人对征服自然的无比自信。近代西方尤其是工业革命之后发展起来的自然观,在"人是目的""做自然的主人"等理念的引领下,一方面取得了极多的物质文明成就,但另一方面,大气、土壤、水等环境污染严重、资源枯竭、能源危机、气候变暖等令人忧虑的问题层出不穷。这无疑是近代工业革命以来困扰西方社会最棘手的问题之一。

1. 天人之辩中的二元论立场剖析

众所周知,西方当代环境伦理学以及国际社会中的绿色运动,派别林立,争论不休。从学理上做点归纳,其中关于人类中心主义和非人类中心主义的争论最为引人瞩目。如果做点思想史的溯源,我们可以得知人类中心主义和非人类中心主义的争论起于上世纪 70 年代的西方国家。所谓人类中心主义,就是强调以人为本,主张在人与自然的相互作用中将人类的利益置于首要地位的一种理论。它强调人类的利益应成为人类处理自身与外部生态环境关系的根本价值尺度。该理论坚持认为,人与人之间才有严格意义上的权利与义务,而自然只是对这种权利与义务起到工具性的作用。但是,非人类中心主义却对人类中心主义持尖锐的批判态度。这一批判立场首先呈现在对人类中心主义将人视为目的,将环境视为手段观点的坚决否定。他们主张环境保护是人类应当严格坚守的基本底线,他们呼吁人类应全面超越人类中心主义的错误思维。与此同时他们期待建立一个以自然生态为尺度的文化价值体系和相应的社会发展观。

由于西方历来有"人是目的"（康德语）[①]的哲学传统，再加上日新月异的科学技术推波助澜，在20世纪的后半叶天人关系方面的确出现了诸多颇为严峻的环境问题。正是基于这样的语境，非人类中心主义的理论和实践努力似乎一时占据了上风。越来越多的学者、政治家和普通大众倾向于认为，人类中心主义是破坏生态和污染环境的罪恶之源。在非人类中心主义诸多流派，如动物权利论、大地伦理学、生态至上主义等理论的提出者或拥戴者看来，作为后工业社会唯一正确的发展路径，必须坚决反对工业社会的曾经发展模式。它主张反增长、反生产、反技术，甚至提出了"回到丛林去"的口号。

> 1962年美国作家蕾切尔·卡逊的《寂静的春天》的出版被认为是非人类中心主义阵营一件标志性的事件。作者以生动而严谨的笔触这样描写道："化学品将土壤、水、食物污染了，它具有杀死河中的鱼儿，花园和森林中鸟儿的力量。尽管人们喜欢做出一副与自然无关的样子，但是人类的确是自然的一部分。在污染遍布地球的当今时代，人类能置身事外吗？"[②]蕾切尔·卡逊还援引美国公共卫生署专家的话为自己的观点作证。这位专家是大卫·普莱斯博士，他认为："恐惧一直萦绕着我们的生活。我们担忧某些事情会毁灭我们的环境，使我们跟恐龙一样难逃厄运。让人更为惊恐的是，可能在症状出现的20多年以前，我们的命运就已经被判定了"[③]该书一经出版便在全美范围内引起轰动。正是在该书的影响下，仅至1962年底，就有40多个提案在美国各州通过立法以限制杀虫剂的使用，曾获得诺贝尔奖金的DDT和其他几种剧毒杀虫剂也被从生产与使用的名单中清除。

作为与人类中心主义相对立的一种哲学观点，非人类中心主义曾经风靡一时。它认为大自然拥有独立于人类的价值，应当赋予大自然至少与人相等的伦理地位。为此，它主张将道德共同体的范围扩展到整个自然环境和生态

---

① 康德这句著名语录的原话是："人是生活在目的的王国中。人是自身的目的，不是工具；人是自己立法自己遵守的自由人；人也是自然的立法者。"参见：康德《实践理性批判》（韩水法译，商务印书馆2003年版），第95页。

② 蕾切尔·卡逊：《寂静的春天》，韩正译，人民教育出版社2017年版，第139页。

③ 转引自蕾切尔·卡逊：《寂静的春天》，韩正译，人民教育出版社2017年版，第138-139页。

系统。它貌似给予了自然完全的伦理境遇。但问题是这种观点在理论上缺乏严密性。比如,非人类中心主义的泛主体论、泛价值论和泛道德论,实际上必然陷入无主体论、无价值论、无道德论,从而在实施中注定缺乏具体的操作性和可行性。导致这一窘境的本质正是其二元论的立场。相比之下,中国古代的天人观虽也承认天人的主客体关系,但却在一元论的基础上使天人合一、贯通与圆融。这就可以避免非人类中心主义自然观之窘境的发生。

正是由此,进入 21 世纪之后,在欧美又开始出现了反非人类中心主义的思潮。这一方面是因为一些媒介无条件地持"唯生态论"立场,一些国家更是将某些非政府组织的生态激进主义主张视为当然正义。这其实并不符合人类社会生活的实践本性。另一方面更是因为诸如生态社会主义者提出了人对自然的支配不是出现生态问题的原因,它是由对待自然的资本主义方式所引起的之类结论的昭示。于是,人类中心主义的主张又重新被唤醒,从而赢得了相当程度的认同。正是基于这一缘由,非人类中心主义或生态中心主义已不再是当今全球绿色运动的主流。

但分歧依然存在。甚至在对待减排、低碳、绿色这样似乎不应该再有争议的问题上在当今西方也依然难以形成共识。如果透过这一争议的表象我们其实可以发现,人类中心主义和非人类中心主义在思维方式上无疑是陷入了非此即彼的形而上学立场。在人与自然的关系问题上,它明显地缺乏中华传统文化中天人合一、天人贯通、天人圆融的辩证法立场。

　　当今的西方国家在人类中心主义和非人类中心主义的抉择之间经常陷入偏颇。2023 年 8 月 24 日,在一片质疑和反对声中,日本政府以所谓的人道原则执意启动福岛第一核电站核污染水排海,引起各国民众广泛担忧。作为隔海相望的邻国,我国对日方这一决定表示强烈不满的同时,海关总署在第一时间宣布全面暂停进口原产地为日本的水产品。中方宣布这是根据世贸组织规则采取的一项紧急预防性临时措施,是鉴于在尚未获得完整、可信数据情况下,为防范可能的风险从源头上采取封控的必要手段。正如有学者指出的那样,我国之所以是世贸组织中极少数采取如此严格措施的成员国,既是因为对人民健康负责的执政理念决定的,也是我们自古以来对自然心怀敬畏的传统所使然。

　　也许正是基于这一严峻的现实背景,当代西方许多学者对中国以儒道为代表的敬畏天道，从而追求天人合一的传统思想表现出相当的关注和向往。比如，英国学者汤因比甚至断言：人类未来的文明如果不以儒家天人和谐思想作为范式的话，人类的前途将是可悲的。[①] 汤因比这一对中国古代天人观的肯定性评价对西方思想界产生了相当大的影响力。而且，这一影响力至今仍在学界、政界以及普罗大众的日常理念中存在。[②] 这从一个层面折射出中华优秀传统文化在天人观上所具有的穿透时空的现代魅力。

2. 西方的"生态资本主义"批判

立足于全球化的视阈，在天人之辩问题上我们尤其需要对西方国家的生态资本主义[③]进行学理与事实的批判。这一批判在西方马克思主义学者那里，尤其在那些生态社会主义者那里往往诉诸对资本主义私有制及其资本的唯利是图逻辑的揭露。这固然也是充分必要的。但立足于中华优秀传统文化的天人合一立场，我们同样也可以对生态资本主义的不合理性予以学理剖析和批判。

众所周知，生态的可持续发展是经济社会可持续发展的自然基础。正是有缘于此，1992 年在里约热内卢召开的联合国环境与发展大会上，180 多个国家和地区的首脑就全球生态可持续发展的问题达成共识，签署了著名的《里约宣言》。《里约宣言》要求世界各国本着全球伙伴的精神，为保存、保护和恢复地球生态系统的完整性进行合作，从思想和行动上朝着可持续发展的方向前进。这无疑给笼罩在全球性生态危机下的人类带来了新的希望。

然而，事实却远非人们所期望的那样乐观。1997 年联合国召开特别大会在检视生态可持续发展的执行情况时发现，无论是发达国家，还是发展中国家都存在许多国家未能充分履行当初它们就可持续发展所做出的承诺。也就是说，《里约宣言》在许多签署国那里仅仅是一个标榜或姿态而已。这至少说明了一个多少显得有些无奈的事实：从全球范围看，虽然生态的可持续发展已经成为一种普遍能够让人接受的共同价值观，但这一价值观要从世界各国的共

---

① 《汤因比文粹》，韩高一译，香港南粤出版社 1980 年版，第 121 页。

② 刘选寿：《谁人不知汤因比》，台北智慧大学出版公司 2001 年版，第 27 页。

③ 生态资本主义是指在环境问题应对方面与生态社会主义相反的一种理论。坚守马克思主义立场的生态社会主义者认为，当代生态问题的根本原因是资本主义制度，其余的原因都应该处于从属地位。但生态资本主义却持相反的主张。生态资本主义的两种形态，即生态市场主义和生态凯恩斯主义，它们都设想在资本主义制度的基础上解决生态问题。而且，它们也坚信可以在资本主义制度的框架内解决生态问题。

识转化为共同行动依然任重道远。

其实,正如有学者指出的那样,影响《里约宣言》落实的最重要缘由还是天人关系上正确的价值观并没有真正确立起来,或者说错误的天人价值观依然在西方社会颇有市场。[1] 的确,中国古代的哲人曾有"欲事立,须是心立"(张载:《经学理窟·气质》)之说,其强调的正是心之体认对行动的先导作用。以中国古代的义利观而言,只要在天人问题上秉持利在义先的立场,只要生态利己主义尚被许多国家和政府所奉行,那当今世界一定无法真正从根本上解决全球的生态问题。

事实上,现时代人类正在共同面对的所谓全球问题中,生态环境问题无疑是最亟待解决的问题。之所以会出现这样的局面,原因固然很多。但正如有专家指出的那样,其中一个最重要的原因是各国政府往往囿于本国之利而无视他国乃至全人类之利。[2] 由此,我们也许可以说利益冲突问题的有效解决是解决生态可持续发展问题的关键。我们以生态可持续发展中全球最为关切的气候问题为例:其实,《联合国气候变化框架公约》于 1992 年就获得通过。为落实这个公约,于 1997 年又通过了《京都议定书》,并约定于 2005 年生效。《京都议定书》确定了发达国家和转型期国家减少和限制排放温室效应气体的具体目标。2011 年,各缔约国明确表示了将在 2015 年缔结新协定的愿望,以便能在 2020 年生效。《巴黎协定》正是由此应运而生的。

但是,在履行《巴黎协定》试图解决气候变化问题的进程中,其中的资金问题一直都是各国应对气候变化谈判中最受关注也是最艰难的话题。2009 年哥本哈根会议达成的协议草案中,曾要求发达国家向发展中国家提供每年1000 亿美元的应对气候变化资金。《巴黎协定》也商定要求发达国家继续向发展中国家提供资金援助,帮助后者减少碳排放以及适应气候变化,同时鼓励其他国家在自愿基础上提供援助。但美国、英国等发达国家却囿于本国之利而一直缺乏主动性和积极性。于是,应对气候变化资金协议落实的每一步都充满了发达国家与发展中国家的争执与妥协。这就必然使得这一协议的落实充满曲折、步履维艰。

① 李军:《走向生态文明新时代的科学指南——学习习近平同志生态文明建设重要论述》,中国人民大学出版社 2015 年版,第 204 页。
② 世界环境与发展委员会编:《我们共同的未来》,王之佳等译,吉林人民出版社 2017 年版,第69 页。

其实,唯利是图这一"生态资本主义"的本性由来已久。比如在出版20年之后被誉为"世界环境保护运动里程碑之作"的《寂静的春天》,当初遭遇到的那些可怕经历,让作者蕾切尔·卡逊几十年后提及往事时依然泪流满面:当该书的片段在《纽约客》中出现时便有人指责作者是一个"歇斯底里的女人。"《时代》杂志罔顾该书提及的那么多事实刊发署名文章污名其"夸大其词地煽情",还有人不怀好意地给她冠以"大自然的女祭司"称号。美国工业巨头孟山都化学公司模仿该书的笔法,编撰出版了一本小册子《荒凉的年代》,该书煞有其事地叙述了化学杀虫剂如何使美国和全世界大大地减少了疟疾、黄热病、伤寒等病症,并详细描绘了如果杀虫剂被禁止使用,各类昆虫猖獗,人们疾病频发,甚至会导致无数人挨饿致死的惨状。更有甚者炮制了一本《寂静的夏天》,描写一个男孩子和他祖父因为没有了杀虫剂,他们只能像在远古蛮荒时代一样过可怜的"自然人生活"。① 如此等等,不一一枚举。如果说蕾切尔·卡逊那个时代的"生态利己主义"还只是以个体的方式呈现的话,那么现如今更多的生态利己行径却是以国家的名义出现的。

面对形形色色"生态利己主义"肆意妄行,从而在应对全球气候变化这一事关人类命运共同体构建关键问题上步履艰难的困局,中国以大国担当的使命感在努力破局。2016年9月4日至5日在中国杭州召开了G20峰会。在筹备这一峰会的过程中,中国政府以最大诚意积极推进这一协议的落实。众所周知,G20成员均为《联合国气候变化框架公约》缔约方,在遵循该公约原则和规定的基础上,各国完全应该利用G20这一平台积极落实巴黎大会在应对气候变化问题上达成的共识,而且还要在此基础上取得更积极的成果,尤其为各方在公约框架下继续讨论如何解决发展中国家应对气候变化的资金需求等问题提供切实可行的解决方案。作为主办方的中国政府认为,应对气候变化本身就是全球可持续发展目标的一部分。而且,应对气候变化也是各国经过多轮谈判而达成的重要共识,因此可持续发展目标与气候变化问题至少应在G20峰会上得到与其他问题同等程度的重视。

正是由于中国的努力,终于在G20峰会前,最大的发展中国家——中国

① 梅雪芹等:《直面危机——社会发展与环境保护》,中国科学技术出版社2014年版,第145-146页。

和最大的发达国家——美国各自批准了《巴黎协定》,并在杭州峰会上向联合国交存了中国和美国应对气候变化《巴黎协定》的批准文书。时任联合国秘书长的潘基文高度评价中国政府的这一努力。他认为:"中国在筹办二十国集团杭州峰会方面所表现出来的卓越领导力确实不负众望""此次杭州峰会将成为二十国集团成员加快批准《巴黎协定》的最好契机""我要由衷地感谢习近平主席及其领导下的中国政府在这个问题上的卓越努力"。①潘基文向媒体表示,在中美两国正式加入协定后,现在已有 26 个国家,即相当于占 39% 排放总量的国家批准了这一协定。但要使协定正式生效,需要再有 29 个国家,即相当于占 16% 排放总量的国家予以批准。他呼吁世界各国的所有领导人,特别是20 国集团国家的领导人,加快自己国内的批准程序,从而将《巴黎协定》的愿景真真切切地转化为世界各国人民亟需的变革性行动。

　　但非常遗憾的是,G20 杭州峰会结束不久新当选的美国总统特朗普便以"美国优先"(America First)为由,宣布退出了其前任奥巴马签署的这一《巴黎协定》。而且,这是特朗普就任以来退出或废除的诸多协议的第一个! 美国的做法随即招致包括现任联合国秘书长古特雷斯在内的诸多国家领导人的批评。联合国前秘书长潘基文更是尖锐地批评说:"随着叙利亚的加入,气候变化《巴黎协定》签字国已达到 197 个,包括经常被指责为不遵守国际规则的朝鲜都已经成为签字国,但美国却不在列。这简直是让人难以置信,美国这样做是一种短视行为。"②中国政府也迅速发声,对美国这一不守信义的行径予以了谴责。更令人担忧的是,2024 年美国总统大选的结果是特朗普将重新入主白宫。国际社会普遍担忧这位当初炮制国家利己主义口号"美国优先"的特朗普在《巴黎协定》上会不会故伎重演。

事实上,在应对全球气候变暖的问题上中国却彰显出了负责任大国的担当精神。当下的我国已然成为全球生态文明建设的重要参与者、贡献者与引领者,不仅初步构筑起尊崇自然、绿色发展的国家生态体系,而且在共建全球清洁美丽的世界方面不断做出中国贡献。2022 年中共中央政治局第三十六

---

　　① 潘基文:中国的积极努力将 G20 杭州峰会的包容性提高到新的水平,新华社联合国 2016 年 8 月 26 日电文。

　　② 潘基文:特朗普退出《巴黎协定》很短视.《环球时报》2017 年 11 月 28 日,第 2 版。

次集体学习的主题即是如何实现"双碳"目标。① 集体学习会再次强调了国务院印发的《2030 年前碳达峰行动方案》中的十大行动方案的落实：一是能源绿色低碳转型行动；二是节能降碳增效行动；三是工业领域碳达峰行动；四是城乡建设碳达峰行动；五是交通运输绿色低碳行动；六是循环经济助力降碳行动；七是绿色低碳科技创新行动；八是碳汇能力巩固提升行动；九是绿色低碳全民行动；十是各地区梯次有序碳达峰行动。

中国作为一个发展中国家能够如此自觉地履行一个大国责任，赢得了国际社会的广泛赞誉。相比之下作为全球最发达国家的美国则相形见绌。当初任性地退出《巴黎协定》时面对来自国际社会的广泛批评，时任美国总统的特朗普却一意孤行。意味深长的是，这一任性做法在美国国内却赢得了诸多的赞同声。后来继任的拜登总统迫于国际社会的压力，虽然重新签署了这个协定，但在行动上却处处推诿，甚至在《联合国气候变化框架公约》和《巴黎协定》等多边进程中开展合作方面也一直持消极态度。可见，西方的生态资本主义必然内蕴的唯利是图这一资本逻辑及其价值观有多么的根深蒂固。

也正是从这个意义上，我们可以深刻地理解我们党在全球治理层面提出的"推动构建人类命运共同体"思想的非凡意义之所在。也就是说，命运共同体不仅指的是全球政治、经济、安全、文化领域，它也包含了人与自然关系上的生态可持续发展的领域。人类命运共同体理念与行动为当代国际关系理论呈现了求同存异的中国智慧与中国方案。重要的还在于，这一包括生态在内的人类命运共同体的构建，迫切需要反对唯利是图的资本逻辑。也就是说，就天人之辩而论，世界各国无疑必须高度警惕西方国家奉行的生态资本主义有可能带来的巨大破坏性。

令人欣慰的是，在全球化不可逆转的发展态势下，特别是在中国积极引领和率先垂范下，已然有越来越多的国家和人民在天人关系问题上意识到在反对生态资本主义的进程中，尽快确立起天人合一理念和行动的重要性和紧迫性。这无疑为生态问题迭起与生态灾难频发，一些悲观主义论调开始蔓延的当今世界，提供了中国式现代化的可永续发展的道路。它具体呈现为"人与自然和谐共生，生产发展、生活富裕、生态良好的文明发展道路。"②

---

① "双碳"目标是指中国力争于 2030 年前二氧化碳排放达到峰值，2060 年前实现碳中和。

② 《党的二十大文件汇编》，党建读物出版社 2022 年版，第 18 页。

三、中华天人合一传统的现代价值发掘

我们通过中西文化在人与自然关系问题上的不同立场与观点的梳理与比较分析,尤其是对中国古代赋予作为"他者"的天地自然以伦理境遇的优秀传统发掘,一方面可以在对比中更好地体认中华优秀传统文化的独特性和优越性,另一方面更可以在体认这一优越性的基础上发掘其现代性价值。就其对中国式现代化的智慧启迪而言,可为我们更好地确立人与自然的共同体理念,更致力于推进尊重自然、顺应自然、保护自然的绿色发展思路,从而真正实现向生态优先的绿色生产生活方式转型提供来自传统文化的价值指引。与此同时,发掘其内蕴的诸如天人合一的智慧本身,也可促使中国在全球化的进程中更自觉、更主动、更有大国担当地为解决诸如气候变暖之类的全球问题,做出我们应有的贡献。

1. 天人观上的消费主义批判

在天人之辩中,古代天人合一文化的现代传承,尤其是以敬畏自然的心态赋予天地自然这一"他者"以伦理境遇的优秀传统,其内蕴的现代价值首先体现为人与自然问题上的消费主义①文化批判。汤因比生前在展望行将到来的21 世纪时,曾对环境问题上以"贪欲"为主要张力的消费主义做法给出了最严厉的警告:"人类的力量影响到环境,已经达到了会导致人类自我灭亡的程度,这种情况似已确定无疑。如果人类为了满足贪欲而继续使用这些力量,必将自取灭亡。"②

在天人观上,与中国古代的立场相类似,马克思主义也主张天人合一之道。作为这一立场的必然衍生,马克思主义理所当然地反对生态消费主义。作为当代西方生态学马克思主义的代表人物,福斯特在其著作《马克思的生态学》中曾提及西方(尤其是绿色左派学者们)一直存在着一个似是而非的观点,

---

① 消费主义当然不仅仅体现在人与自然关系问题上,事实上它有多方面的体现。但正如世界环境与发展委员会在题为《我们共同的未来》的报告中指出的那样,消费主义是当今世界对环境问题产生最大负面影响的一种错误理念。参见:世界环境与发展委员会编:《我们共同的未来》(王之佳等译,吉林人民出版社 2017 年版),第 56 页。

② 汤因比、池田大作:《展望 21 世纪——汤因比与池田大作对话录》,荀春生等译,国际文化出版公司 1999 年版,第 38 页。

这种观点认为："马克思只关注工业增长与经济发展,具有反生态的立场"。在作者看来这无疑是对马克思的无知。① 这位美国学者的观点是对的。其实,马克思很早就论及资本主义的工业文明所必然带来的消费主义对自然环境的影响问题。他曾这样批判资本主义工业化的生产与消费："一方面聚集着社会的历史动力,另一方面又破坏着人与土地之间的物质交换,也就是使人以衣食形式消费掉的土地的组成部分不能回到土地,从而破坏土地持久肥力的永恒的自然条件。"②为此,马克思憧憬这样的社会："联合起来的生产者,将合理地调节他们和自然之间的物质变换……靠消耗最小的力量,在最无愧于和最适合于他们的人类本性的条件下来进行这种物质变换。"③而且,马克思这一将人与自然的和谐视为是他心目中理想社会之本质规定的思想是一以贯之的。比如,马克思在早期文稿《1844年经济学哲学手稿》中就曾明确指出："人是自然界的一部分""人靠自然界生活"。④ 他甚至将共产主义理解为："这种共产主义,作为完成了的自然主义,等于人道主义;而作为完成了的人道主义,等于自然主义,它是人和自然界之间、人和人之间矛盾的真正解决"⑤。与马克思的立场相类似,恩格斯在西方工业文明尚处于蓬勃发展阶段,就曾告诫说："我们不要过分陶醉于我们人类对自然界的胜利。对于每一次这样的胜利,自然界都对我们进行报复。"⑥

　　作为当代西方生态学马克思主义的另一位代表人物奥康纳,也对资本主义唯利是图,尤其是放任对自然的极端消费主义立场予以了尖锐的批判："我运用马克思主义的理论……对资本在利用自然界的过程中,把自然界既当水

---

　　① 福斯特:《马克思的生态学——唯物主义与自然》,刘仁胜等译,高等教育出版社2006年版,前言。

　　② 马克思:《资本论》(第1卷),中共中央马克思恩格斯列宁斯大林著作编译局译,人民出版社1975年版,第552页。

　　③ 马克思:《资本论》(第1卷),中共中央马克思恩格斯列宁斯大林著作编译局译,人民出版社1975年版,第926-927页。

　　④ 马克思:《1844年经济学哲学手稿》,中共中央马克思恩格斯列宁斯大林著作编译局译,人民出版社2014年版,第56-57页。

　　⑤ 马克思:《1844年经济学哲学手稿》,中共中央马克思恩格斯列宁斯大林著作编译局译,人民出版社2014年版,第78页。

　　⑥ 《马克思恩格斯选集》(第4卷),中共中央马克思恩格斯列宁斯大林著作编译局译,人民出版社1995年版,第383页。

龙头又当作污水池的问题进行了分析。"①在奥康纳看来,自然界是在下列意义上被资本当作"水龙头"的:生产资料与劳动对象都是以各种不同的方式从自然界获得的;自然界又是在下列意义上被资本当作"污水池"的:所有的直接或间接劳动产品的生产过程中的那些不受欢迎的副产品(如污染物等)。为此,奥康纳认为要赋予自然作为"他者"自在且充分的理由,就必须彻底改变"把自然界既当水龙头又当作污水池的"的制度设计与意识形态,否则人与自然的矛盾与冲突永无解决的可能。

事实上,从全球范围来看,许多貌似天灾的背后,其本质恰是由人祸所引发的。正是基于这一立场,英国学者舒马赫就认为,在西方文化背景下,人借助科学技术和工业文明的手段完全可以征服自然的这一错误认知,直接导致了许多触目惊心的自然灾难发生:"现代人没有感到自己是自然的一个部分,而感到自己命定是支配和征服自然的一种外在力量。他甚至谈到要向自然开战时忘却了:设若他赢得了这场战争,他自己也将处于战败一方。"②这一告诫可谓语重心长。

自 1961 年 4 月 12 日人类首次遨游太空后,从太空看我们人类生于斯长于斯的地球终于有了一个独特的视角。一位宇航员接受采访时曾提及他在天际遨游时遥望的地球:"映入眼帘的是一个晶莹的球体。它上面蓝色和白色的纹痕相互交错,外面裹着一层薄薄的水蓝色'纱衣',曼妙无比。可一回到地球想到气候变暖、水资源枯竭、生物多样性锐减之类的问题就令人沮丧。"其实,更令人沮丧的是,科学家已经证明至少在以地球为中心 40 万亿千米的范围内,没有适合人类居住的第二个星球!正是基于这一严峻的形势,1972 年 6 月 5 日—16 日,联合国在瑞典首都斯德哥尔摩召开了人类环境会议。出席会议的国家有 113 个,共 1300 多名代表与会。会议讨论了当代世界的环境问题并提出了对策和措施。会议最重要的收获是通过了《人类环境宣言》。

然而,"熟知并非真知。"正如许多学者提及的那样,人类尽管通过了《人类环境宣言》,也把 1972 年由联合国主持召开的全球环境大会的开幕日 6 月 5

---

①　奥康纳:《自然的理由:生态学马克思主义研究》,唐正东等译,南京大学出版社 2003 年版,前言,第Ⅵ页。

②　舒马赫:《小的是美好的》,虞鸿钧等译,商务印书馆 1984 年版,第 1-2 页。

日确定为"世界环境日"。但毋庸讳言的是,由于种种原因的综合作用,环境问题的解决,人类要走的路似乎还漫长且艰辛。众所周知,每年的世界环境日均会确立一个主题。有一个意味深长的细节是,2022 年的世界环境日的主题口号经反复磋商,最终决定重提五十年前在斯德哥尔摩召开的人类环境大会时已然提出的那个口号:Only One Earth!(我们只有一个地球!)这一尴尬的事实意味着半个世纪以来,人类在解决环境问题方面的理念共识与行动落实是不尽如人意的。

当然,这一细节折射出来的另一个近乎残酷的事实是,人类要维持作为"他者"之自然环境的和谐且永续状态所剩下的时间真的已经不多了。在这个过程中,全世界需共同面临的问题不仅繁多而且解决起来异常艰难。仅就目前世界各国均非常关注的气候这一项而论,我们面对的基本事实是:工业化、城市化以来气温快速升高,令人类和自然界的生物越来越无法适应且不说,它还意味着因洪水、干旱、热浪和野火变得越来越频繁,破坏性也越来越大,原有的栖息地因气候问题开始不适合动植物生存,约有 100 万个物种濒临灭绝;人类对资源的需求超过了地球提供资源的能力的 75%,这将对近四分之三的无冰陆地和三分之二的海洋造成重大且糟糕的温室效应,温室气体排放在未来八年内减半,才能勉强将全球变暖控制在 1.5℃以内;热带雨林、湿地、绿洲等因人类扩张而不断减少或消失,尤其是不发达国家因扩展农业用地而肆意砍伐森林、过度围海造田,又加剧了气候变暖趋势。

中国哲学史家钱穆在其《中国文化对人类未来可有的贡献》一文中曾经断言:"'天人合一',是中国文化对人类的最大贡献。……这可说是因为中国传统文化精神,自古以来即能注意到不违背天,不违背自然,且又能与天命自然融合一体。"[1]他立足中国古代的天人合一之道,尤其提出了要警惕西方文化中日益流行的享乐主义、消费主义有可能带来的全球性问题。季羡林先生也持类似的立场。他认为中华文化对人类未来最重要的两个贡献中的一个就是:"民胞物与""天人合一"思想对西方"征服自然"思想的超越。[2]

的确,就中国古代哲人"以辅万物之自然而不敢为"(《道德经》六十四章)"与天地合其德"(《易传》)"乾坤父母""民胞物与"(张载语)这样一个充分体现价值理性的立场来看,我们必须尽快走出消费主义的迷途。这也就是说,人类

---

① 钱穆:中国文化对人类未来可有的贡献,《联合报》1990 年 9 月 26 日,第 7 版。
② 季羡林先生认为的中华文化对人类未来最重要的两个贡献中的另一个是:"综合"思维对西方"分析"思维的超越。参见:《季羡林谈东西方文化》(浙江人民出版社 2016 年版),第 299、320 页。

应该始终清醒地认识到,人属于自然界的一个部分,人来自于自然界且又依赖于自然界。消费主义在维护人与自然界和谐这一点上显然是缺乏自觉意识和理性立场的。正如我们看到的那样,西方消费主义的盛行是近代以来西方社会科技力量的无限张扬和人对自然界占有欲望无限膨胀交互作用的结果。于是,科学技术便不可避免地沦为一种工具理性。人们盲目地相信,只要凭借着科学技术的进步就必然能在改造和征服自然的过程中,从自然中无限量地索取人类所需要的东西。再加之人类中心主义的价值取向,人们仿佛觉得可以无限制地消费这些来自于自然界的成果。

事实上,当今时代让那些消费主义者津津乐道的无论是钻石、翡翠、象牙、虎骨等首饰,还是高档红木家具、鱼翅熊掌等美味佳肴,抑或是游艇、高尔夫会员俱乐部,无一不需要以对大自然的过度掠夺为代价。大自然作为"他者"其固有的生态平衡也因此被破坏。

特别悲剧性的后果是,它甚至直接导致了大自然对人类的报复。这就是为什么我们要说当今世界许多天灾其实均为人祸所引发。著名的西方马克思主义学者弗洛姆就曾这样论述过这一问题:"我们奴役自然,为了满足自身的需要来改造自然,结果是自然界越来越多地遭到破坏。想要征服自然界的欲望和我们对它的敌视态度使我们变得盲目起来。我们看不到这样一个事实,即自然界的财富是有限的,终有枯竭的一天,人对自然界的这种掠夺欲望将受到自然界的惩罚。"①正如电视上一则反对食用鱼翅的公益广告所说的那样,"没有消费,就没有杀戮"。我们同样可以说,没有对钻石、翡翠、象牙、虎骨首饰、高档红木家具等非理性的消费,就没有那些疯狂的开采和捕杀,没有对豪车名宅的非理性追逐,就没有那么严重的城市空气污染,没有对游艇、高尔夫的热衷就不会有那么多的青山绿水被侵占。可见,现代人有必要谨记"是以圣人欲不欲,不贵难得之货"(《道德经》六十四章)的语录,在消费观上学会放下对"难得之货"的非理性追逐。

当年黑格尔曾经陶醉于人类借助于"理性的机巧"②来征服自然的能力。但这位自负地断言"中国古代没有哲学"③的哲人忘记了这一"理性的机巧"一

---

① 弗洛姆:《占有还是生存》,关山译,生活·读书·新知三联书店 1989 年版,第 10 页。

② 黑格尔:《小逻辑》,贺麟译,商务印书馆 1980 年版,第 394 页。

③ 黑格尔是通过对中国最具影响力的孔子思想进行研究后得出的这一结论。他认为孔子"只是一个世间智者,在他那里思辨的哲学是一点也没有的——只有一些善良的、老练的、道德的教训。"参见何兆斌等主编:《中国印象——世界名人论中国文化》(广西师范大学出版社 2001 年版),第 194-195 页。

旦沦为工具理性时，它就会走向自己的对立面。而中国古代天人合一哲学恰恰提供了摆脱这一困境的哲学世界观和价值论指引。也就是说，以这样一个天人合一的视阈来看，我们亟待确立起尊重和敬畏自然的消费观。这样，就世界范围而论，气候的变暖和异常、资源的日益匮乏、物种的退化和灭绝、空气的污染等环境问题才有望得以缓解；就当今中国而论，"环境友好型社会"的建设目标才可能因为消费方式的合理构建而有了坚实的基础。

可见，当今世界在天人之辩上亟待走出极端人类中心主义的价值迷失，扬弃对待自然的工具理性思维，回到中华传统文化推崇的天人合一这一辩证理性立场上来，否则环境问题的解决绝无可能。但令人遗憾的是，西学东渐下消费主义在中国也逐渐有了倡导者、奉行者与追随者。这无疑是当下中国需要予以彻底摒弃的错误生活理念与方式。在扬弃消费主义的过程中，就人我之辩而论，每一个"我"学会积极赋予天地自然这一"他者"以伦理境遇便是一个重要的路径。事实上，当我们今天倡导"环境友好型社会"这一建设目标时，正是对自然环境这一"他者"积极赋予伦理境遇的一种切实努力。

2. 自然观上价值理性的回归

在人与自然关系问题上，既然消费主义是工具理性的产物，其实质在于把自然单向度地理解为实现人的消费目的之工具，那么，批判消费主义的一个切实有效的路径就是回归价值理性。这无疑是置身于消费主义陷阱无处不在的当下，我们对中华优秀传统文化推崇的天人合一之道内蕴的以文化人、以文育人智慧发掘的又一个重要原则。这当然也是我们讨论与发掘古代天人之辩中善待天地自然，积极赋予天地自然作为"他者"以伦理境遇传统的重要出场语境。

中华传统文化在天人之辩中不仅形成了源远流长的价值理性立场，而且这一价值理性立场还被赋予了本体论的依据。有学者在论及董仲舒的"人副天数""天人一也"（《春秋繁露·人副天数》）的思想时，曾这样认为："人副天数中的'副'表明了天在本体上的第一性——人是天的副本。面对这个先在的，人可与之相通、感应的天，中国传统思想更加强调人应该感之、知之、应之、顺之。"①正是由此，天人观上这一建立在本体论基础上的价值理性立场，便成为了我们民族的文化基因世代相传。作为这一文化基因的外显方式，我们可以发现中华民族在人与自然的关系上形成了一系列经久不衰的道德范式。我们

①　沈湘平：《中国式现代化的传统文化根基》，江苏人民出版社 2024 年版，第 173 页。

讨论中华文化推崇天人合一之道内蕴的以文化人、以文育人智慧,一个重要的途径就是梳理、继承和创新好这些属于中华民族特有的,并代代相传的道德范式。

比如顺天之德。从人我之辩看,这一道德范式的基本要求是"我"须顺应天地自然这一"他者"的本性而不妄作。在古人看来,就人与自然的关系而论,自然不仅先在而且强大。如果做点词源的考证,我们就可以发现"自然"一词最早见于老子"道法自然"(《道德经》二十五章)一语。在老子之前"自"与"然"是两个不同的概念,"自"是自己、自主的意思;"然"是如此、这般的意思。这两个词被老子叠加而成为"自然",其所表达的意思就是:天地自然是不以人的主观愿望,不依附人的情感与意志的客观存在。在老子看来,天道自然,人道应该顺应这一自然之道。故老子要告诫:"辅万物之自然而不敢为。"(《道德经》六十四章)与老子相类似,孔子有"畏天命"之说(《论语·季氏》),管子也称:"顺天者有其功,逆天者怀其凶。"(《管子·形势》)

可见,在古代哲人看来,一个行为是"为"还是"不为"取决于是否符合自然的法则。只有顺天而为的行为才是善行,即合乎伦理道德的行为。以《易》的话来总结就是:"君子以遏恶扬善,顺天休命"(《易·大有》)。在古代,这一文化观甚至在蒙学阶段就被灌输。如明代编写的儿童启蒙书目《增广贤文》就有"顺天者存,逆天者亡"的语录。

又比如慎取之德。从人我之辩看,这一道德范式的基本要求是"我"在向作为"他者"自然界获取衣食住行的资源时要谨慎而行。就人与自然关系而论,顺天并不意味着不向自然索取,而是谨慎地索取。事实上,从孔子反对竭泽而渔、覆巢毁卵的行为,主张"钓而不纲,弋不射宿"(《论语·述而》),到孟子"斧斤以时入山林"(《孟子·梁惠王上》)的告诫,再到荀子提出"山林泽梁,以时禁发"(《荀子·王制》)的法度设计,再到朱熹所说的:"物,谓禽兽草木;爱,谓取之有时,用之有节"(《孟子集注》卷十三),均体现了儒家对待自然万物取用时慎取之德的谨守立场。被誉为"通识时变,勇于任事"(《明史·列传》卷一百一)的万历首辅张居正曾这样总结说:"取之有制、用之有节则裕,取之无制、用之不节则乏。"(《论时政疏》)

与儒家的立场相似,老子也有"动善时"(《道德经》八章)的语录。可见,道家也反对妄动、妄取。正是由此我们可以断言,道家的无为思想不是指无所作为,而是指对反自然的事情要懂得无欲、无为。正是基于这样的理由,老子有"少则得,多则惑"(《道德经》二十二章)之类的告诫。

但是,近代人类以其所谓"理性的机巧"(黑格尔语)[1]来实现对自然的索取时,恰恰忘记了慎取立场的谨守。从全球来看,无论是森林资源的乱砍滥伐,地下水的过度抽取,土地肥力的肆意剥夺,生物多样性的锐减,还是核事故的隐患、电磁波超声波的干扰、臭氧层的破坏、气候变暖等,都凸显出现代人必须谨守慎取这一环境伦理范式的重要性和紧迫性。从以文化人、以文育人的角度看,对西方消费文化中弥漫不止的消费主义理念与行为进行批判与超越,尤其是对逐渐富起来的中国如何有效地遏制西方传进来的这一消费主义文化的消极影响问题上,慎取之德的有效培植无疑是非常具有现实意义的。

再比如节用之德。从人我之辩看,这一道德范式的基本内涵是"我"在对作为"他者"的自然之物慎取之后获得的消费品采取节约的立场。与顺天、慎取的伦理规范相类似,节用的范式自先秦就已然被确立。孔子就提出过国君治国应当"敬事而信,节用而爱人,使民以时"(《论语·学而》)。荀子认为:"强本而节用,则天不能贫……本荒而用侈,则天不能使之富。"(《荀子·天论》)墨子也有"去无用之费,圣王之道,天下之大利也"(《墨子·节用上》)的主张。墨子还曾举例说:古代圣贤治国理政,宫室、衣服、饮食、舟车只要适用就够了,可如今的统治者却在这些方面穷奢极欲,既浪费了自然之力,也耗费了百姓之力。为此,墨子极力推崇尚俭节用的安身之道并身体力行。墨子甚至还具体提出了节葬之类的理性主张。

道家基于法自然的立场,也推崇节用之德。老子说:"圣人去甚、去奢、去泰。"(《道德经》二十九章)这即是说,悟道的圣人懂得去掉极端的、奢侈的、过分的欲求。因为这样的欲求是反自然的。基于同样的立场,庄子也反对物欲方面的过度追逐,他告诫说:"其嗜欲深者,其天机浅。"(《庄子·大宗师》)可见,在衣食住行的消费方面,不自然的心志不思不欲,不自然的行为有所不为。这恰是道家自然哲学的精义之所在。

值得一提的是,古人还把节用视为是齐家与治国的深谋远虑之举。蒙学教育中便有所谓的"常将有日思无日,莫把无时当有时"(《增广贤文》)"一粥一饭,当思来处不易;半丝半缕,恒念物力维艰;宜未雨而绸缪,毋临渴而掘井"(《朱子家训》)之类的灌输。而在中国古代的治理观中,诸如"取之有度,用之有节"(陆贽:《均节赋税恤百姓第二条》)更是一则普适性的伦理规范与价值共识。重要的还在于,在古代中国节用之德的体认与践行可谓代代相传。

---

① 黑格尔:《小逻辑》,贺麟译,商务印书馆1980年版,第394页。

　　清朝的汤斌在其任江苏巡抚一职时,勤政爱民、清廉自律,深受百姓的敬重与颂扬。史书里提及其节用之德时,有这样的具体描写:汤斌为官时,一日三餐不离清水豆腐汤,于是就有了汤斌为政清白像"豆腐汤"之说。此外,因为他生活中近乎苛刻的自律俭朴,却关心民风教化,苏州百姓又称颂其生活清苦像"黄连汤",反哺给百姓生活的好处则像"人参汤"。这位被史家誉为"理学名臣"的汤斌,其"三汤道台"的雅号就此广为流传。2019 年,汤斌曾任职的当地政府于苏州城西古胥门广场百花洲公园内建了一个"汤斌廉政文化展示馆"。大门有一副对联,上联为:"两袖清风,百姓爱怜当局者",下联为:"一身正气,三汤可配后来人。"这副推崇节用之德的对联因其含义深入浅出,主题简单明了,感动了无数的参观者。

　　毋庸讳言的是,我们身处的当今世界却是一个注重物欲享受的时代,许多现代经济学家和一些主政的官员更是主张通过刺激消费来拉动 GDP 的增长。但问题在于,自然界提供给人类消费的资源是有限的。法兰克福学派的弗洛姆就曾这样论述过这一问题:"我们看不到这样一个事实,即自然界的财富是有限的,终有枯竭的一天。人对自然界的这种掠夺欲望将受到自然界的惩罚。"[1]正是因此,我们认为节用的行为范式依然有着重要的现代价值。它作为人我之辩中"我"赋予自然这一"他者"伦理境遇的重要德性涵养必须受到应有的重视。

　　3. 人与自然的生命共同体构筑

　　中国共产党人在谋求中华民族伟大复兴的新征程中,不仅总体上明确地提出了"以马克思主义为指导,坚守中华文化立场"[2]的文化建设方略,而且正以一种空前的文化自信将古老的天人合一之道做了创造性转化和创新性发展。比如,党的十九大报告在明确提出"坚持人与自然和谐共生"的基本方略后,还专列一章全面阐述了"加快生态文明体制改革,建设美丽中国"的一系列内容。它要求全党在决胜全面建成小康社会的过程中,"要创造更多物质财富和精神财富以满足人民日益增长的美好生活需要,也要提供更多优质生态产品以满足人民日益增长的优美生态环境需要"。[3] 在党的二十大报告中,一方

---

①　弗洛姆:《占有还是生存》,关山译,生活・读书・新知三联书店 1989 年版,第 10 页。

②　《党的十九大文件汇编》,党建读物出版社 2017 年版,第 28 页。

③　《党的十九大文件汇编》,党建读物出版社 2017 年版,第 34 页。

面高度评价了进入新时代的十年在生态文明方面取得的成就："生态环境保护发生历史性、转折性、全局性变化，我们的祖国天更蓝、山更绿、水更清。"[1]另一方面对生态文明的建设提出了更高的治理目标：比如，加快发展方式的绿色转型，并将其视为实现高质量发展的关键环节；又比如，深入推进环境污染防治，提出了精准治污、科学治污、依法治污，持续深入打好蓝天、碧水、净土保卫战；再比如，提升生态系统多样性、稳定性、持续性，实施生物多样性的保护重大工程，推行草原、森林、河流、湖泊、湿地休养生息制度与长江十年禁渔制，以及耕地休耕轮作制；还比如，积极稳妥推进碳达峰碳中和，完善能源消耗总量与强度调控，为应对全球气候变暖做出中国应有的贡献。[2]

这就把生态文明建设也明确地列入了我们党"不忘初心、牢记使命"的伟大事业蓝图中，体现出了更宏大更宽广的执政情怀和治理视野。事实上，这也是置身当今环境问题迭起的现时代，我们党在激活与创新传统文化中历来注重赋予自然这一"他者"伦理境遇的基础上向全世界庄严承诺：我们不仅决不把解决贫穷、发展经济同生态环境保护对立起来，更不会以牺牲生态环境来换取国民经济的发展；而且，作为世界上最大的发展中国家，我们还要为全球生态问题的解决发出中国声音、提供中国方案、做出中国贡献。

新时代共产党人对中华古老的天人合一文化的继承创新，最典型地体现在提出并积极践行了人与自然和谐相处、休戚与共的生命共同体理念。2013年我们党在《中共中央关于全面深化改革若干重大问题的决定》中，首次提出"山水林田湖是一个生命共同体"的重要命题。[3] 尔后在党的十九大报告中，再次明确强调指出："人与自然是生命共同体。人类必须尊重自然、顺应自然、保护自然。人类只有遵循自然规律才能有效防止在开发利用自然上走弯路。人类对大自然的伤害最终会伤及人类自身，这是无法抗拒的规律。"[4]党的二十大报告更加具体化地阐明了这一治国理政的基础性理念："坚持山水林田湖草沙一体化保护和系统治理，统筹产业结构调整、污染治理、生态保护、应对气候变化，协同推进降碳、减污、扩绿、增长，推进生态优先、节约集约、绿色低碳

---

① 《党的二十大文件汇编》，党建读物出版社 2022 年版，第 9 页。

② 《党的二十大文件汇编》，党建读物出版社 2022 年版，第 38-39 页。

③ 《〈中共中央关于全面深化改革若干重大问题的决定〉辅导读本》，人民出版社 2013 年版，第 34 页。

④ 《党的十九大文件汇编》，党建读物出版社 2017 年版，第 38 页。

发展。"①这既是中国共产党面临新时代中国社会发展中生态环境难题的重大挑战而提出来的最新论断,也是对古代天人之辩中的优秀传统的现代激活。这一实践理念的有效构筑显然极大推动了人与自然和谐共生的中国式现代化发展新格局的形成。

　　值得一提的是,当我们提出"中国式现代化是人与自然和谐共生的现代化"这一重大论断,并具体给出了"坚持可持续发展,坚持节约优先、保护优先、自然恢复为主的方针,像保护眼睛一样保护自然和生态环境,坚定不移走生产发展、生活富裕、生态良好的文明发展道路,实现中华民族永续发展"②这一生态文明建设目标时,意味着我们在思维方式上完全跳出了西方长期以来人类中心主义和非人类中心主义争论不休的二元论思维之藩篱。我们以马克思主义对立统一的辩证法为方法论指引,激活与创新了古代天人合一的一元论立场,从而将生产发展、生活富裕与生态良好合而为一,向世界充分彰显了中国式现代化进程中在解决天人矛盾时的中国路径、中国方案、中国智慧。

不仅如此。中国共产党人在对古老的天人合一的继承创新方面,在善待自然这一"他者"的具体实践探索方面也成就斐然。比如,我们在积极推进宜居城市时,就坚持绿色发展理念,把保护城市生态环境摆在优先的位置。我们清晰地意识到,建设人与自然和谐共生的现代化,必须把保护城市生态环境摆在更加突出的位置,科学合理规划城市的生产空间、生活空间、生态空间,处理好城市生产生活和生态环境保护的关系,既提高经济发展质量,又提高人民生活品质。由此,绿色发展不仅是构建高质量现代化经济体系的必然要求,也是推动城市高质量发展的必然要求。正是在这样一个"绿色应成为城市的鲜明底色"理念的推动下,我们不断地将环境容量和城市综合承载能力作为确定城市定位和规模的基本依据,控制城市开发强度;我们积极实施城市绿化、湿地保护等工程,修护城市生态空间,提高城市绿化覆盖率,提升城市生态功能;我们还统筹推进生产生活低碳化、发展循环经济、推广节能环保技术、倡导绿色生活方式以降低资源消耗,从而实现经济社会发展与环境保护相协调。

---

① 《党的二十大文件汇编》,党建读物出版社 2022 年版,第 34 页。
② 《党的二十大文件汇编》,党建读物出版社 2022 年版,第 18 页。

当今中国，这一天人合一的绿色理念不仅呈现在宜居城市推进中，也不仅呈现在新型城镇化建设中，它还在美丽乡村建设中大放异彩。重要的还在于，这些理念正通过建设者们的双手创造出一个个鲜活的成功案例，分外妖娆地装点着辽阔的神州大地。"人不负青山，青山定不负人。"也正是从这个意义上，我们可以说人与自然的生命共同体理念既是对古代天人关系中天人合一这一优秀传统的当下激活、继承与创新，更是马克思主义生态文明中国化时代化的最新理论成果。我们坚信，在这个人与自然的生命共同体理念的引领下，古代人我之辩中"我"对天地自然这一"他者"伦理境遇的实现将会迎来一个最好的时代。

四、小　结

美国学者丹尼尔·贝尔在其最具代表性的著作《资本主义文化矛盾》一书中，不仅首次提出了"资本主义文化矛盾"这一核心范式，而且还对这些矛盾的具体呈现做了多维度的剖析。丹尼尔·贝尔把资本主义文化矛盾在人与自然关系方面问题归结为：一方面是"精打细算的谨慎持家精神"，另一方面是"以彻底改造自然为己任"的不断开拓精神。[1] 他认为，这两方面显而易见是矛盾对立的。而导致这一矛盾的根源在于，现代资本主义将刺激经济增长的非理性消费视为"政治正确"："为了消费的缘故，人们不惜把资源浪费在多余的虚饰夸耀型产品之上（例如，又大又重的汽车，消费品的奢侈包装）。"为此，贝尔强调要把"需求"（即马尔库塞所说的"真实需要"）和"欲求"（即马尔库塞所说的"虚假需要"）区别开来，"承认资源有限，承认需求——个人的和社会的需求应当优先于无限制的欲求。"[2]

也许正是基于资本主义制度导致的这些文化矛盾似乎处于一种无解的状态，贝尔不仅明确表态"社会主义的市场经济完全是有可能的"[3]，而且他还曾

---

[1]　丹尼尔·贝尔：《资本主义文化矛盾》，赵一凡等译，生活·读书·新知三联书店 1989 年版，第29 页。

[2]　丹尼尔·贝尔：《资本主义文化矛盾》，赵一凡等译，生活·读书·新知三联书店 1989 年版，第336、344 页。

[3]　丹尼尔·贝尔：《资本主义文化矛盾》，赵一凡等译，生活·读书·新知三联书店 1989 年版，第279 页。

寄希望于这一新的市场经济形态来最终解决资本主义经济制度下人与自然不可调和的矛盾。

众所周知,丹尼尔·贝尔的《资本主义文化矛盾》一书在 1976 年出版时,那时的中国还没有开始改革开放,更遑论建立起社会主义的市场经济体系。令人欣慰的是,经过多年改革开放的艰难探索,今天的中国不仅建立起相对完善的社会主义市场经济体制,而且还以这个体制的巨大优越性为支撑,以马克思主义基本原理为引领,激活、继承与创新了古老的天人合一之道,从而很好地解决了天人之辩中人如何与自然和谐相处这一全球性的难题。

当然,我们也清醒地意识到"行百里者半九十"(《战国策·秦策五》)的道理,在推进中国式现代化的伟大实践中,在环境问题上还要有"百尺竿头再进步"的理念与行动。比如,要意识到生态治理的基础设施建设尚不均衡;在城市一些老旧小区的基础设施老化、破损,排水系统不畅,垃圾处理设施不完善;在农村道路硬化、污水处理、垃圾收集等基础设施建设相对滞后,部分村庄甚至没有正规的垃圾收集点和处理设施,导致垃圾随意倾倒,污水横流等。这一切无疑严重影响了"美丽中国"的形象。

也许正是为了着力解决当下这些生态文明建设中的问题,有学者在治理实践层面提出了"效果主义"的主张:我们一定要更加注重实效。这个实效就是"天更蓝、地更绿、水更清、土更净、田更沃、景更秀、居更美、园更洁。"①可见,生态文明建设绝不可刷标语、走过场、摆样子。这也就是说,我们要以实际效果为导向,而不以工作量为导向,具体而论就是以环境质量改善了多少、生态功能提高了多少、人民群众获得感提升了多少等作为根本的导向。否则,对天地自然这一"他者"的伦理境遇就注定会沦为一句空话。

其实,这些对待作为"他者"之天地自然的诸多问题的存在,固然与我们自五四新文化运动以来因过于偏激地反传统,在一味的战天斗地中忘记了对天地自然的敬畏有关,但另外一个重要原因也是受到了西方天人关系二元论的消极影响。于是,我们在生产方式、生活方式,乃至于具体的治理实践中,往往任性地把天地自然视为"我"之目的的实现工具,忘记了它更是"我"须善待的"他者"存在。也就是说,在人我之辩中,"我"的工具理性思维注定无法赋予自然这一"他者"以伦理境遇。为此,我们认为唯有超越工具理性的思维,回归辩证理性,才可以真正在天人之辩问题上实现"中国式现代化是人与自然和谐共

---

① 新阶段生态文明建设要瞄准补短板,《中国经济时报》2023 年 3 月 14 日,第 6 版。

生的现代化"①这一美好愿景。

这正是我们以"时代之问"为导向,探究、激活并创新古代天人之辩中推崇天人合一、主张敬畏自然这一优秀传统文化的理论与现实意义之所在。

---

① 《党的二十大文件汇编》,党建读物出版社 2022 年版,第 18 页。

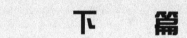

下　篇

第5章

善恶之辩视阈下的"他者"伦理境遇

从本章开始,我们将以中国古代哲学中最具代表性的问题为视阈,对人我之辩中"他者"的伦理境遇做若干专题的探究。这一探究不仅从广度而言是对上篇内容的细分与展开,更重要的是从深度而言它将呈现为对上篇内容的进一步深化。借用列宁在《哲学笔记》里的说法,这是对事或理的认识从"初级本质到二级本质"的深化。它将有助于我们更好地理解传统文化中"他者"伦理境遇这一问题所蕴藏的深邃本质及多样态的呈现方式。善恶之辩无论从思想史上受重视的程度,还是学理探究上它构成伦理道德何以必要、何以可能的出发点问题而论,它都顺理成章地成为我们探究"他者"伦理境遇的首选项。

——引言

众所周知,对人性的预判或者说假设不同,是东西方文化呈现出巨大差异性的一个重要缘由。西方文化的基本倾向是认定人性为恶,无论是《圣经》的"原罪"说,还是诸如"人对人像狼"(霍布斯语)、"他人即地狱"(萨特语)、"自私的基因"(道金斯语)之类的警句体现的都是人性本恶的观点。但在中国古代,哲人们的一个基本信念却是人性本善。虽然在中国思想史上没有一个问题像人性善恶问题那样引起思想家们如此广泛的讨论和争议,并产生了性善论、性恶论、抑或性不善不恶论、性有善有恶论等如此众多的学说,可构成主流观点的却是儒家哲人孟子提出并成为后世"道统"的性善论。正是这样一个性善论的信念,使得中国古代上至天子、下至普通百姓都非常注重自我人性"积善成德"(《荀子·劝学》)的过程。这一过程的实质是依据"我"对善良人性的确信,从而对"他者"伦理境遇认可并实现的过程。它不仅构成儒家推崇的治国理政之道——"德治"的人性论基础,而且也是君子修身、齐家、治国、平天下的出发点。这一传统的批判性继承、创造性转换与创新性发展,对中国式现代化进程中如何更好地发挥德治的力量显然具有重要的实践启迪。

一、传统文化在善恶之辩中的殊途同归

人性善恶问题的探讨在中国古代伦理思想中占有重要的地位。我们甚至可以说,在中国伦理思想史上没有一个问题曾经那样引起思想家们如此广泛的讨论和争议,并产生了如此众多的学说。而且,无论是性善论、性恶论,抑或性不善不恶论、性有善有恶论,从逻辑上它们都构成伦理思想家们建构自己道德理论的出发点,并从中引申出道德的必要性和重要性,从而提出修身、齐家、治国、平天下的人生修养论。从人我之辩的视阈看,性善论、性恶论,抑或性不善不恶论、性有善有恶论,诸子之论殊途同归,即共同强调了"我"之人性的扬善或抑恶,其实质正是对"他者"伦理境遇的不断实现。

1. 孟子为代表的性善论

在儒家那里孔子最早探讨了人性问题。他认为:"性相近也,习相远也。"(《论语·阳货》)可见,孔子是把先天的"性"与后天的"习"相对应而提出来的。孔子认为人的天性是相似的,但这相近之性究竟是"善"是"恶",孔子未做具体的回答。孔子以后,孟子明确提出了性善说。在孟子看来,人性中生来就有仁、义、礼、智四端,这是人的天性所先天固有,而非后天所习就的。由此,孟子断言:"恻隐之心,人皆有之;羞恶之心,人皆有之;恭敬之心,人皆有之;是非之心,人皆有之。恻隐之心,仁也;羞恶之心,义也;恭敬之心,礼也;是非之心,智也。仁义礼智,非由外铄我也,我固有之也。"(《孟子·告子上》)值得一提的是,孟子并且对人天性为善的思想进行了具体的论证:"今人乍见孺子将入于井,皆有怵惕恻隐之心,非所以内交于孺子之父母也,非所以要誉于乡党朋友也,非恶其声而然也。由是观之,无恻隐之心,非人也;无羞恶之心,非人也;无辞让之心,非人也;无是非之心,非人也……人之有是四端也,犹其有四体也。"(《孟子·公孙丑上》)在这里孟子用了一个很具体的场景来肯定"我"对"他者"

赋予其伦理境遇的必然性与可能性：一个作为"我"的路人猛然间看见一个不懂事的作为"他者"的小孩正对着幽深的水井好奇地张望，"我"一定会本能地上前将孩子从井边拉走。这绝不是"我"与孩子的父母有交情，也不是要做这件事让亲朋好友赞誉"我"，更不是"我"讨厌孩子落井之后的哭声很难听，纯粹就是"我"作为人而不是动物先天具有的向善本性。

　　但问题在于，对孟子这个性善说的论证"今人乍见孺子将入于井"也会有反证。也就是说，在现实的道德生活实践中，肯定也会有"我"不生恻隐之心。孟子可能也意识到这一点，由此，他对性善说又作了如下两点极为重要的补充：其一、仁义礼智仅是"善端"。也就是说，在孟子看来，仁义礼智虽为天性，但这种天性只处于萌芽状态，因而必须弘扬光大，否则人就会失去这种"善端"。故他又说："凡有四端于我者，知皆扩而充之矣。若火之始燃、泉之始达，苟能充之，足以保四海；苟不充之，不足以事父母。"（《孟子·公孙丑上》）其二、人区别于动物之处极少："人之所以异于禽兽者几希，庶民去之，君子存之"（《孟子·公孙丑上》）；"人之有道也，饱食、暖衣，逸居而无教，则近于禽兽。"（《孟子·公孙丑上》）经过这样两个论点的补充，孟子就完善了其性善论的论证。正是由此，孟子自然认为后天的道德教化是非常必要的。

　　　　其实，在孟子所处的那个战国时代就有对性善论的反驳者提出了质疑：既然人性本善，那道德教化不是多余的吗？于是，被时人称为"好辩者"的孟子便这样完成了性善说的理论论证：人先天是性善的，但这并不意味人已成君子而不需要后天的道德教化了。因为其中的善只有"善端"，即还只是一种萌芽状态的可能性，因而还有一个后天的"扩而充之"的过程。否则，"逸居而无教"，人就和动物一样了。这个后天的"扩而充之"就是道德教化的过程。以孟子为代表的儒家这一性善说，也成为汉代以及宋明理学家们坚守的基本观点。故《三字经》开篇即有"人之初，性本善"之说法，它几乎构成我们传统文化对人性善恶问题的一个最基本的看法。正如我们在历史与现实的生活实践中看到的那样，这种对向"善"的信心，非常有利于人我之辩中"我"对"他者"伦理境遇的实现。

　　从社会治理的视阈而论，西方文化以人性本恶为理论依据，对人作自私好利的"趋恶"设定，所以形成了一系列严整的外在控制手段，这种控制以权威、强制、督促乃至惩罚为手段。与此相反，以儒家为代表的东方文化则从人性本善出发,对人作"向善"的设定,并由此形成了以道德教化启迪良知为主要实施手段的社会控制之道。在儒家看来,这种社会管理之道不仅治标而且治本,因而是社会管理与控制的根本之道。正如我们看到的那样,中国传统的性善说构成了汉代以来历代统治者"德治"思路的理论基础。这个思路与西方传统的性恶论背景下的"法治"之道形成了鲜明的反差。这个反差呈现在人我之辩中就具体表现为西方更主张对"他者"进行奖与惩手段的赋予,而中国古代更倾向于对"他者"赋予伦理教化的手段。这个中西文化差异显然源自人性善恶之辩中的不同立场传承。事实上,正是儒家的性善论奠定了中国悠久的"德治"传统。

2. 荀子为代表的性恶论

和孟子相反,同为儒者的荀子则明确主张人性本恶。他认为人之天性是好利多欲的,人性中并无孟子所称的仁义礼智。荀子在《性恶》篇中说:"孟子曰:'人之学者,其性善。'曰:'是不然。是不及知人之性,而不察乎人之性伪之分者也。凡性者天之就也,不可学不可事;礼义者圣人之所生也,人之所学而能所事而成者也。'"(《荀子·性恶》)可见,荀子认为仁义礼智是后天形成的,是"圣人之所生",而人性本身是"天之就也"。在他看来,这种"天之就"的本性只能是恶而不是善:"人之性恶,其善者伪也。今人之性,生而有好利焉,顺是故争夺生而辞让亡焉;生而有疾恶焉,顺是故残贼生而忠信亡焉;生而有耳目之欲,有好声色焉,顺是故淫乱生而礼义文理亡焉。……故必将有师法之化、礼义之道,然后出辞让,合于文理而归于治,用此观之,然则人之性恶明矣,其善者伪也。"(《荀子·性恶》)荀子还进一步论证人的这种恶之本性的生理根据:"若夫目好色,耳好声,口好味,心好利,骨体肤理好愉佚,是皆生于人之情性者也;感而自然,不待事而后生之者也。"(《荀子·性恶》)这就是说,就如人的眼睛愿意见到好看的景色,耳朵愿意听到悦耳的声音,嘴巴愿意尝到爽口的味道一样的道理,人心也愿意获取到对自己有好处的利益,身体也必然愿意追求愉快安逸的享受。可见,人性就天性而论是不可能为善的,它必然呈现出诸如自私利己、贪婪好色的"恶"。

但是,与孟子殊途同归的是,荀子得出的结论也是人必须有道德教化。以他的话说是要"有师法之化、礼义之道"(《荀子·性恶》)。也是因此,荀子说:"不教而诛,则刑繁而邪不胜;教而不诛,则奸民不惩。"(《荀子·富民》)而且,荀子这一从性恶论出发推出自己的礼义教化思想比孟子性善论更为直截了当:"故圣人化性而起伪,伪起而生礼义,礼义生而制法度;然则礼义法度者是圣人之所生也。"(《荀子·性恶》)正是从这个"化性起伪"的基本观点出发,荀子和孟子一样认为,人人皆可成为圣人,"涂(途)之人百姓,积善而全尽,谓之圣人;彼求之而后得,为之而后成;积之而后高,尽之而后圣。故圣人也者,人之所积也。"(《荀子·儒效》)从人我之辩而论,荀子这里论及的成为圣人的过程就是,"我"不断地战胜自我本性中存在的自私利己、贪婪好色之性,以师法与礼义教化来实现"我"对"他者"的伦理境遇。

可见,从荀子"化性起伪"的基本思想看,虽然孟子言性善而荀子言性恶,孟子主张人性须扩充,荀子认为人性需改造,在人性论上孟荀两人有"善""恶"之分,但最终却殊途同归,合而为一,即都建立了如何使人成为君子或圣贤的伦理道德理论。孟子和荀子分别在性善论和性恶论基础上建立起来的道德伦理学说,对以后的中国哲学史产生了极大的影响。事实上,就人我之辩而论,孟荀二人均主张"我"对"他者"之伦理境遇的自觉赋予,只不过他们二人得出这一相同结论的论证路径不同而已。

值得一提的是,荀子提出的性恶论以及认定人性先天本恶,需要通过后天"化性起伪"的教化和法度来加以约束和引导的观点,对先秦法家思想的传播与完善产生了深远的影响。众所周知,在先秦的百家争鸣中,最反对儒家的法家所强调的一直是法律和秩序的重要性,以及主张通过"以法为师"来塑造或矫正人的后天行为。但在早期的那些法家代表人物诸如李悝、吴起、商鞅等却并没有探究法治背后的人性依据。这个任务正是荀子完成的。荀子的性恶论以及由此推衍出的"隆礼重法"主张,成为了中国古代"法统"的理论基石。也就是说,荀子的性恶论不仅对两千年来的中国古代法律实践活动产生了重大影响,而且也为法家的理论体系提供了最重要的学理支撑。也许正是这个缘故,荀子由此而被后世很多人认定为是法家的代表人物。其实这是一种流行的误读。[①] 荀子在人我之辩的立场上依然强调的是"我"之天性需经后天的"化性起伪"改造,而这一改造的路径除了法度之外正是道德礼教,即所谓的"有师法之化、礼义之道。"(《荀子·性恶》)而这个"礼义之道"的本质就是引导

---

① 归纳起来看,后世认定荀子属于法家阵营的理由最重要的不外乎如下两条:其一是荀子提出了与孟子"性善论"截然不同的"性恶论"。而人性本恶几乎是古今中外推崇法治与法制的学理基石。其二是荀子的两个学生韩非子与李斯成为了中国历史上最著名的法家人物,且为秦始皇建立大一统的秦帝国立下了汗马功劳。可问题在于,有《儒效》篇问世的荀子本人一直以儒家自居,而且他所推崇的正是"积善成德"(《荀子·劝学》)的儒家立场。至于其弟子将老师的"师法之化、礼义之道"(《荀子·性恶》)片面化地只强调"师法之化",这本身并非荀子的立场。

"我"对"他者"赋予必需的伦理境遇。这正是孔孟之道在人我关系中所持的基本立场。

说到性恶论与法家,历史教科书里通常会提及秦始皇对法家思想的推崇与运用。法家思想强调重刑重罚,主张以严明的法度来维护社会秩序和国家稳定,这与秦始皇追求中央集权、一统天下的政治理念高度契合。统一了六国之后的秦始皇采纳了荀子两位弟子法家学者韩非子与李斯的重刑主义主张,对反抗中央集权的各种势力进行严厉打击。他甚至推行连坐法,一人犯法,全家、邻里甚至整个乡里都要受到牵连,以此来维护国家安全和社会稳定。然而,秦始皇推行法治时过于强调法律的严酷性,而忽视了对民众的教化和引导,这也为秦朝的短命埋下了伏笔。为此,贾谊对秦始皇留下了这样的评价:"秦王怀贪鄙之心,行自奋之智,不信功臣,不亲士民,废王道而立私爱,焚文书而酷刑法。"(《过秦论》)正是秦始皇的前车之鉴成为汉以后的历代统治者奉性善论与德治为正统的一个重要缘由。

熟悉中国古代思想史的人都知道,首创性恶论之说的荀子在宋明时期受到了批评,甚至被斥为儒学之异端。这其实是有误解乃至曲解之处的。因为荀子论性恶其本意是为了强调"师法之化、礼义之道"的必要性与重要性,这与孔孟的儒学立场是高度契合的。当然,其中有一个不可忽视的原因是,以荀子为代表的性恶论的确被其学生韩非子片面地发展了。韩非子曾经这样总结历史发展的规律:"上古竞于道德,中古逐于智谋,当今争于力气。"(《韩非子·五蠹》)韩非子由此认为企图用三皇五帝时期推崇的道德来安身立命,无疑是迂腐而愚蠢的。他认为君王与黎民百姓均要凭借力气来谋生存与发展。从人我之辩而论,韩非子认为每一个"我"对"他者"力气的发挥极易混乱无度乃至残暴,只有严格的赏罚才可做到社会的稳定。在韩非子看来,"严家无悍虏,而慈母有败子,吾以此知威势可以禁暴,而德厚不足以止乱。"(《韩非子·显学》)韩非子在这里呈现出典型的重刑主义立场,这自然就把主张"德厚"的德性主义路径给彻底否定了。但这显然不是荀子,更不是孔孟的立场。冯契先生评论韩非子时说"他片面强调法治,完全否定德教"①的论断可谓一语中的。韩非子的这一片面性显然与其过分夸大了人性趋利避害之"恶"的人性论立场有关:"安利者就之,危害者去之,此人之情也。"(《韩非子·奸劫弑臣》)

可见,如果回到荀子的性恶论立场,我们必须扬弃韩非子、李斯等在性恶论问题上的偏颇。从历史上看这固然是因为秦王朝成为中国历史上最短命王朝的经验教训得出的结论,但从善恶之辩的学理上看,荀子作为先秦哲学的集大成者与总结者,其性恶论的立论与孟子性善论一起揭示了人性的两个最真实的属性,从而成为了人性问题上"最具真理性的认知"。②

孟子与荀子作为孔子之后儒家学派两个最具代表性的哲人,为儒学思潮的传承、兴起与学理的完善做出了不可磨灭的贡献。就人我之辩这一具体论域而论,孟荀二人不仅分别从正与反两方面令人信服地完成了"我"对"他者"伦理境遇赋予之必要性与可能性的阐释,而且其学说的影响力可谓穿越时空绵延至今。当然,如果说回答孟荀二人在人性论问题上的立场何者更具影响力,那答案肯定是孟子。仅就人我之辩而论,这不仅是因为孟子性善论更给"我"对"他者"的伦理行为之可能性赋予了强大而坚定的自信心,而且还因为其性善论同时也提及了这个可能性转化为现实性的过程中又需要非凡的理智力加持。也就是说,"我"并不因为性本善就一定会对"他者"赋予仁义礼智之类的伦理境遇,这不仅是因为性本善之"善"还只是呈现为萌芽状态,而且还因为人性中必然存在着诸如自私利己、贪婪好色等动物性(禽兽之性)对向善的人性进行干扰与阻碍。这一善良人性塑造中自信心与理智力二者不可或缺的思想,显然深刻地影响了中华民族的人格品性与精神气质。

3. 性无善恶论与性有善有恶论

我们之所以说在善恶之辩问题上中国古代思想家提出了西方无法比拟的丰富思想,这是因为除了孟子的性善论和荀子的性恶论之外,还有另外一些思

---

① 冯契:《中国古代哲学的逻辑发展》(上),《冯契文集》(增订版)(第四卷),华东师范大学出版社2016 年版,第 289 页。

② 韩文庆:《四书悟义》,中国文史出版社 2014 年版,第 307 页。

想家提出了性无善恶论。① 我们从逻辑上可以对这种理论做进一步的划分：一是性无善无恶说；二是性超善恶说。

明确提出性无善无恶学说的是和孟子同时代的道家学者告子②。在告子看来，性既非善也非恶，而是无善恶。告子认为性之善恶皆后天形成的，所以他主张"性无善无不善也。"（《孟子·告子上》）告子还做了一个极有说服力的比喻："性，犹杞柳也，义，犹桮棬也。以人性为仁义，犹以杞柳为桮棬。性犹湍水也，决诸东方则东流决诸西方则西流。人性之无分于善不善也，犹水之无分于东西也。"（《孟子·告子上》）由此，告子有"食色，性也"（《孟子·告子上》）之说。可见，在告子看来，食色等性是人天生就有的，故无所谓善恶。告子这个思想无疑是深刻的，并具有一定的启蒙意义。因为无论是孟子还是荀子，他们都把"食色"等视为人性中"恶"的存在。孟子斥之为"禽兽之性"，荀子贬之为"淫乱之性"，唯有告子摒弃了这种错误观点。

而且，更重要的还在于，由于主张性无善无恶，告子也就必然承认后天的伦理纲常之教是必要的，因为"为善固需教诲，为恶亦待诱导"。可见，没有道德教化的社会和自我人性，势必如决堤之水而不可理喻。正是基于这样的理解，告子也是主张对人性进行抑恶扬善之道德教化的。从人我之辩而言，这一道德教化的一个具体呈现就是：一方面是"我"对己之恶念、恶行的扬弃，另一方面则是"我"对"他者"善念、善行的施与。这便是"他者"伦理境遇的实现过程。

北宋的王安石也认为性本无善无恶。他为了论证自己观点的正确性，在理论上区分了情与性："诸子之所言，皆吾所谓情也，习也，非性也，……古者有不谓喜怒爱恶欲情者乎？喜怒爱恶欲而善，然后从而命之曰仁也义也，喜怒爱

---

① 也有学者主张性无善恶的人性论可称为"性朴论"。这一说法也有一定的合理性。因为在善恶之辩中以老庄的观点看，儒家性善论提及所谓的仁、义、礼、智等"善"乃后天强加给人性的，而人性的真正存在应当从"道法自然"（《道德经》二十五章）的方式去解读，这个自然的方式就是"见素抱朴，少私寡欲"（《道德经》十九章）"朴素而天下莫能与之争矣"（《庄子·天道》）。但我们之所以不采纳"性朴论"这一提法是因为另外一些学者如告子，以及对告子观点非常认可的王安石等人并不认可老庄的朴素人性论。

② 由于史料的缺乏，学界关于告子思想归类的看法有三种：一是以英国汉学家葛瑞汉为代表的学者认为，告子的思想渊源于齐国稷下学派，其思想的表述与《老子》思想接近；二是以李明辉为代表的学者认为其属于墨家，此派的观点建立在《墨子》中关于告子的记载，以及他们对于告子的"不得于言，勿求于心，不得于心，勿求于气"的解释；三是楚地简帛文献的出土，又使一些学者据此推测告子思想或许属于孔门后学的一派。本书采纳第一种观点。事实上，从人性善恶之辩的立场，也可看出他的观点更接近道家。

恶欲而不善,然后从而命之曰不仁不义也。故曰:有情然后善恶形焉。然则善恶者,情之成名而已矣。"(《原性》)可见,他的结论是情可言善恶,而性则无善恶;道德规范的教化正是针对情之善恶而制定的。与王安石同时代的大文豪苏轼也持性无善无恶说。他认为:"夫善恶者,性之所能之,而非性之所能有也,且夫言性者,安以其善恶为哉?"(《扬雄论》)此外,清代思想家龚自珍也推崇告子性无善恶的学说。在龚自珍看来,唯有告子"知性",但告子却未能进一步阐发这一思想。有鉴于此,龚自珍著《阐告子》一文对告子的人性无善恶思想予以继承与弘扬。

性超善恶的观点是战国时期的道家提出来的思想。道家认为性是无法用善恶来言说的,因为性乃是超善恶的东西。这一思想是和道家崇尚自然,反对"人为"的哲学思想相一致的。在道家看来,性乃自然之物,而善恶则皆是"人为",故两者不能相杂而论。

如果做点理论上的归纳,那么我们可以说,道家性超善恶的思想主要包括如下一些基本观点:一是人性本身圆满,无须仁义之善,由此之故顺从人性之自然本性即是至高至善的境界。道家认为,"性"乃"德"之显现,而"德"又是人对宇宙自然之"道"的顺应和领悟,并无善恶之分,"彼民有常性,织而衣,耕而食,是谓同行;一而不党,命曰天放。……毁道德以为仁义,圣人之过也。"(《庄子·马蹄》)这与老子的名言如出一辙:"大道废,有仁义;智慧出,有大伪;六亲不和有孝慈;国家昏乱有忠臣。"(《道德经》十八章)可见,在道家看来,善恶与人性无关,人之本性乃"道德",即自然的存在。二是仁义抑或情欲皆非人之本性。《庄子》中有这样一段文字:"请问仁义人之性邪?……夫子亦放德而行,循道而趋,已至矣!又何偈偈乎揭仁义?"(《庄子·天道》)道家同样否认了情欲为人之性的观点。比如庄子就明确否认"嗜欲好恶"作为人之本性。而且,在他看来,"其嗜欲深者,其天机浅。"(《庄子·大宗师》)三是人之本性并无仁义礼智这些人为东西的存在。庄子显然反感儒家推崇的仁义礼智这些美德。为此,他做过如下的论证:"说仁邪?是乱于德也;说义邪?是悖于理也;说礼邪?是相于技也;说乐邪?是相于淫也;说圣邪?是相于艺也;说知邪?是相于疵也。"(《庄子·在宥》)庄子之所以这样评说儒家的德性理论,那是因为在他看来人之本性是超越善恶的。在庄子看来,为达到"至人"("真人")之本性,应提倡无善无恶的道德。可见,在道家看来,性乃自然之物,而善恶则皆属人为,所以两者风马牛不相及。

值得指出的是,道家虽有性超善恶的观点,道家虽然因此反对儒家的仁义之教化,但道家本身并非道德虚无主义者。在伦理道德的理解上如果孔子是从正面阐述与论证,依据老子"正言若反"(《道德经》六十四章)的思路,我们可以将老子的伦理道德观理解为是一种反面的阐述与论证。就以老子最著名的那段话为例:"大道废,有仁义;智慧出,有大伪;六亲不和有孝慈;国家昏乱有忠臣。"(《道德经》十八章)老子在这里是告诉世人,仁义之德固然是好的,但说它好的前提却是因为那更好的大道被废弃了,由此之故与其提倡仁义,莫如大道未废;智慧固然是好的,但说它好的前提却是出于辨别大伪的需要,由此之故与其智慧在心,莫如世人多真诚不虚伪;孝慈固然是好的,但如果每户人家都六亲和睦又哪用得着说谁孝慈谁不孝慈呢,由此之故与其倡导孝慈之德,莫如家家六亲和睦;忠臣固然也是好的,但只有在国家昏乱的时候才能很好地彰显出忠臣之好,由此之故与其忠臣辈出,莫如国家不昏乱。

可见,与老子说的另一句话"信不足焉,有不信焉"(《道德经》十七章)的论证方式一样,道家从反面论证了其所理解的伦理道德的必要性与重要性。正因为"大道废,有仁义",故悟道的君王所追求的是至德之世。在这个至德至善的世界里,因大道兴隆,仁义、智慧、孝慈、忠诚、诚信等自然行于其中,人皆有这些品德之故反而看不出来这些品德,也就没有倡导这些品德的必要。这就是老庄极富辩证法思想的伦理道德观:仁义与大道废、大伪与智慧出、孝慈与六亲不和、忠臣与国家昏乱以及诚信与有不信焉等,貌似相反与对立,实则相反相成、相辅相成。也就在这个对立统一的过程中,人我之辩中的"我"对"他者"的诸如仁义、智慧、孝慈、忠诚、诚信等道德品德自然生成。这就是道家在善恶之辩中所持的独特的立场。在这个立场下,虽与儒家的路径不同,可同样赋予了"他者"以道家理解的伦理境遇。

我们说中国古代有极为丰富的人性论思想以及充满睿智的相关论证,这一点还体现在性有善有恶论的学说中。这是调和性善论与性恶论的一种理论。但其在理论上又作了进一步的阐发,并且提出了许多新颖独到的观点。如果做点归纳整理的话,那么按照性有善有恶论之具体不同的含义,又可将其区分为几种不同的观点:

其一是性兼善恶说。性兼善恶说的观点始于战国时代的世硕①。汉代的王充曾提到过这个理论:"周人世硕,以为人性有善有恶;举人之善性,养而致

① 世硕这个人物因年代久远,尤其是文献资料欠缺,后人已无法详考其人其事。从王充在《论衡》里专门讨论他的观点看,可以推断世硕在先秦应该是一位比较有名的学者。故在《汉书·艺文志》里也有"《世子》二十一篇"的记载。

之则善长;性恶,养而致之则恶长……故世子作养书一篇。"(《论衡·本性》)对性兼善恶说做了充分论述的是汉代的董仲舒。他这样认为:"性,质也……故性比于禾,善比于米,米出于禾中,而禾未可全为米也;善出于性中,而性未可全为善也。善与米,人之所继天而成于外,非在天所为之内也。"(《春秋繁露·深察名号》)西汉末年的扬雄论人性,更是明确认定真实的人性"善恶混":"人之性也,善恶混。修其善则为善人,修其恶则为恶人。"(《法言·修身》)故而他认为真实的人性中一定兼含善恶,两者相杂,而非只有善或只有恶。在此基础上,扬雄也提出了自己的伦理教化思想:"学者,所以修性也。视听言貌思,性所有也。学则正,否则邪。"而所学的结果,扬雄认为无非"天下有三门:由于情欲,入自禽门;由于礼义,入自人门;由于独智,入自圣门。"(《法言·修身》)这事实上也就是扬雄所理解的人生道德涵养和德性生成的三种具体境界。以人我之辩而论,扬雄的"禽门"说是"我"被自私利己的动物性所主宰,不可能赋予"他者"伦理境遇;"人门"说则能兼顾"我"与"他者",能有限度地赋予"他者"伦理境遇;"圣门"说中之"我"已至慎独之境,达到了对"他者"伦理境遇的最高境界。

其二是性有善有恶说。性有善有恶说的理论观点显然是新颖的。以前的思想家论人性,无论是言性善、言性恶、言性无善无恶、言性超善恶,还是言性兼善恶诸说,皆以为天下人人同一无二,即一切人之本性都是齐等划一的。但性有善有恶说的理论则对此提出异议,认为人性并非人人等同,而是具体呈现为一些人性善,另一些人则性不善。

这一思想也源于战国时代:"或曰:有性善有性不善。是故以尧为君而有象。以瞽为父而有舜,以纣为兄之子,且以为君,而有微子启、王子比干。"(《孟子·告子上》)这是孟子的学生公都子听说的一种观点,这种观点认为有的人本性善良,有的人本性却不善良。而且,持这个观点的人还举例说:虽然有尧这样善良的人做天子却有象这样不善良的臣民;虽然有瞽瞍这样不善良的父亲却有舜这样善良的儿子;虽然有殷纣王这样不善良的侄儿,并且做了天子,却也有微子启、王子比干这样善良的长辈和贤臣。这种认为有人性善,有人性非善的观点,实际上把人性分为二品。这个思想到东汉则发展成"性三品说"。这种理论把人之性划分为三种类型。这三种类型被称为上、中、下三品。东汉的思想家王充最早明确提出性三品说。他作为唯物主义的"气"一元论者,认为人性是禀受元气自然而成的,"禀气有厚泊,故性有善恶也。"(《论衡·本性》)他把这种厚泊分为三种:中人以上者(性善者)、中人以下者(性恶者)和中人（性善恶混者）。

性三品说至唐代的韩愈，已发展成更为完备的理论。这主要体现在韩愈提出了将人性划分为上中下的性三品与情三品的理论："性也者，与生俱生者也；情也者，接于物而生者也。性之品有三，而其所以为性者五；情之品有三，而其所以为情者七。曰：何也？曰：性之品有上中下三。上焉者，善焉而已矣；中焉者，可导而上下也；下焉者，恶焉而已矣。其所以为性者五：曰仁、曰礼、曰信、曰义、曰智。上焉者之于五也，主于一而行于四。中焉者之于五也，一不少有焉，则少反焉，其于四也混。下焉者之于五也，反于一而悖于四。性之于情，视其品。情之品有上中下三，其所以为情者七：曰喜、曰怒、曰哀、曰惧、曰爱、曰恶、曰欲。上焉者之于七也，动而处中。中焉者之于七也，有所甚，有所亡，然而求合其中者也。下焉者之于七也，亡与甚，直情而行者也。"（《原性》）由此，韩愈同样认为虽然上中下三品之性不可改变，但通过德性教化，上品之性"就学而愈明"，下品之性"畏威而寡罪"，亦即"上者可教而下者可制。"这样，韩愈也同样强调了道德教化的必要性和重要性。从"我"对"他者"赋予伦理境遇的视阈看，上中下三品之性的不同之"我"都需要积极地通过道德教化而实现对"他者"的向善努力。

其三是性善情恶说。性善情恶说是性有善有恶观点的一种特殊表现方式。这种观点认为人性由性与情组成，其中性是善的而情则是恶的，但由于情又构成性之要素，故从根本上讲人性是有善有恶的。唐代的李翱明确提出了性善情恶说。在他看来，性本至善，一切不善皆源于情："人之所以为圣人者，性也；人之所以惑其性者，情也。喜、怒、哀、惧、爱、恶、欲七者，皆情之所为也。情既昏，性斯匿矣，非情之过也。七者循环而交来，故性不能充也。……情不作，性斯充矣。"（《复性书》）李翱还做过如下比喻：性如清澈之水，情如泥沙，虽浑沌不清但性乃未失，只要静处而不动，善于内心做功，泥沙自沉，水复清澈。这就是"复性"的过程。由此，他认为人性都有一个从"情之所昏"复归到"自睹其性"的过程。这个过程就是道德的自我教育和修身养性的过程。由此，李翱也强调道德教化对人性向善的重要性。这样一个由情之恶复归于性之善的过程，从人我关系的处理来看，就是"我"内心做功以扬弃喜、怒、哀、惧、爱、恶、欲之类的恶之情，对"他者"生成仁、义、礼、智等善之性的过程。这事实上也就是对"他者"伦理境遇的不断实现过程。

从对中国古代哲人对人性问题的如上梳理中我们可以发现，在人性善恶之争中，古代思想家们并非为论性而论性，而是为了在人性论的基础上探讨德性培植与伦理教化的必要性、可能性及出发点问题。也因此,我们发现在人性问题上诸子各家尽管众说纷纭,但其理论指归却是一致的,这就是强调礼义教化的必要性、可能性与重要性。正是从这个意义上我们说,人性论问题既构成了中国古代伦理学的出发点问题,也成为我国古代文化重伦理教化传统形成的人本学根据。

重要的还在于,这一善恶之辩中以性善论为道统的传统伦理文化,直接塑造了中华民族善良这一带有标识性质的民族特性。而且,这一善良品德的培植从蒙学阶段便被灌输。诸如"人之初,性本善"(《三字经》)"见人善,即思齐"(《弟子规》)之类的做人道理在中国人的孩提时代就成为普遍性的德性之知。千百年来,这一善良特性作为民族文化基因世代相传,绵延至今从未中断过。

对中国传统文化颇为认同的罗素当初曾经担心因为西学东渐的缘故,善良的中国人会被坚信人性本恶的西方文化同化:"中国的思想体系有一个而且仅有的一个缺点是,它不能帮助中国对抗穷兵黩武的国家。如果整个世界都像中国,整个世界就会幸福;但是只要其他国家崇尚武力,那么已不再闭关自守的中国人,如果要保持自己国家的独立完整,将不得不在某种程度上去模仿我们的罪恶行径。"①历史证明,罗素的担心是多余的。罗素在 1920 年来到中国,进行了一年的讲学活动,其间他对中国社会进行了广泛的考察和研究。他对中国人的总体评价是中国人相当有教养,聪慧、明智且无比善良,他再也不相信"东方人阴险"的传说。罗素尤其认为中国人在与外国人交往时表现出的那种友好且谦恭,会给任何一个外国人留下深刻的印象。

尤其值得一提的是,不仅古代中国在善恶之辩中坚信性善论的立场,或承认人性虽有损人利己之类的恶之性的存在但依然对善的后天教化充满信心,抑或看到现实人性中有人性善有人性不善却对世人向善的教化非常执着,即便是当下的中国,我们在重建文化自信的语境下依然很有必要将这一传统继承与创新。这样,全世界都可看到崛起的中国正以和平、发展、公平、正义、民主、自由这一全人类共同价值观的积极践行,促进各国人民相知相亲,从而不断推进人类命运共同体的构建。而这一切的人性论基础正是中华优秀传统文

---

① 罗素:《罗素论中西文化》,杨发庭等译,北京出版社 2010 年版,第 13 页。

化在善恶之辩中，对"我"之善良品性的涵养的自信，并由此而对"他者"施予善良之伦理境遇的理念确信与行动自觉。

二、比较文化视阈下的西方性恶论观点剖析

如果我们把探究的视线转向西方文化，那么在人性的善恶之辩中看到的是与中华传统文化截然不同的文化景观。这一道西方人性论的文化景观虽然也多姿多彩，也呈现出形形色色的思想家们诸多的观点纷争，但从整体而论却可以将其简单地归纳为性恶论的立场。正是这一源自古希腊性恶论的文化传承，形成了西方人性论与中国古代人性论在立场上的巨大差异性，并因这一性恶论立场而没能够在人我之辩中生成"我"对"他者"自觉的伦理境遇赋予传统。而且，这种将"他者"的客体化、异己化、对立化的传统借西学东渐传入中国后，对当下中国产生了诸多的消极影响。由此之故，我们探讨古代人我之辩优秀传统对中国式现代化的现实启迪，自然也意味着以善恶之辩中的中华优秀传统文化的视阈来审视西方文化的相关立场、厘清一些是非善恶问题。

1. "善"对"恶"的无奈

在古希腊最早的一批哲人那里，就从人性中的动物性（兽性）中直接推衍出人性为恶的结论。比如，据柏拉图的《普罗泰戈拉篇》①记载，普罗泰戈拉坚信人来源于土地这个万物之母。正因为如此，从先天的禀赋而言人与野兽同样是由土地中不同的元素混合而成，人与野兽有共同的自然渊源和本性，具体地说就是共同地有着求生、吃喝、生殖的本性。于是，人性中就必然地有了动物性的存在。而这就是"恶"（或"坏"）的本体论根源。当然，普罗泰戈拉也承认人性毕竟还存在着动物不具有的另一面：arete（希腊语，大致可译为美德、

① 《普罗泰戈拉篇》是古希腊哲学家柏拉图的一篇重要文献，以对话的形式写成。它再现了柏拉图的老师苏格拉底与普罗泰戈拉之间的一次对话。对话的次要人物包括：富有的卡里阿斯（Kallias），作为普罗泰戈拉的东道主、来自伊利斯的希琵阿斯（Hippias），来自凯奥斯的修辞学教师普罗狄科斯（Prodikos），出身高贵且后来成为有影响力的雅典政治家阿尔喀比亚德（Alkibiades）和克里提阿斯（Kritias），以及苏格拉底的一位名叫希波克拉底（Hippokrates）的年轻朋友。讨论主要围绕如下核心主题展开：行动理论以及 arete（卓越、能力、美德）是否是一种可以传授的知识这一问题。这篇对话反映的是普罗泰戈拉的思想，还是苏格拉底或柏拉图的思想，西方学者一直有不同观点的争论。但更多的中外学者相信这篇对话大致反映了普罗泰戈拉的基本立场。毕竟在柏拉图时代，普罗泰戈拉的著作还没有失传，柏拉图应该看到过这些著作或通过某些途径听说过普罗泰戈拉的观点与论证。

才能、优秀品性等)。但 arete 在大多情形下往往会被湮没在求生、吃喝、生殖的本性中。可见,尽管普罗泰戈拉规定了城邦公民要有获得 arete 的能力,但他终究还是奠定了西方哲学从动物性解读人性的传统。这就正如古希腊哲学史专家汪子嵩等学者在《希腊哲学史》中指出的那样:"我们看到古希腊刚开始研究人的本性时,就认为人有兽性的一面,人性包含了动物性;后来文艺复兴时期的启蒙思想家发挥的正是这种思想。"①就善恶之辩而论,这一从动物性中解读与推衍人性"恶"的必然性,自然就使得西方文化在人我之辩问题上对"我"之自觉赋予"他者"之伦理境遇的可能性被大大地降低甚至消解掉了。

众所周知,与古希腊哲人不同,在中国古代哲学那里则形成的是相反的传统。先秦时期的哲人们,无论其主张性善论、还是性恶论,抑或性不善不恶论,均不认为动物性是人性,自私、利己、贪婪、好色等作为动物性只是被视为是一种天性,天性与人性的区别就在于,人性作为人之为人的属性必然要超越动物性(天性),以"积善成德"(《荀子·劝学》)的德性与德行来自证人性的生成。而这个自证的过程从总体而论就呈现为人我之辩中的"我"自觉约束与规范天性,从而积极对"他者"之伦理境遇予以不断实现的过程。在儒家那里就具体现为"我"对自私、利己、贪婪、好色等动物性的自觉超越,从而以克己之功实现对"他者"的仁爱施加。"善"之人性正是由此而被塑造与涵养而成的。

作为善恶之辩中这一西方哲学在古希腊即已然奠定的传统,到了近代最典型的传承无疑是英国哲学家托马斯·霍布斯。他在哲学史上留下来一句极为有名的话:"人对人像狼一样。"②在霍布斯看来,在自然状态下的人与动物一样,遵循"渴望攫取占用他人皆有共同兴趣之物"这一"自然欲望公理"③。而且,这一欲望还是永无休止,至死方休。于是,与自然界中的狼一样,人类社会也必然呈现为"一切人对一切人的战争状态。"④可见,与古希腊哲学几乎是相同的论证思路,霍布斯认为人性的"恶"就在动物性中被确证为是与生俱来的存在,而"善"就只能是被劝导或被约定后才或许能够存在的东西。

显然,从人我之辩而论,这种由"我"之性恶对"他者"无时无刻不在进行的战争,其导致的必然是一种混乱状态。而且,霍布斯不仅看到了这一点,而且还论证了每一个"我"人生而平等的道理,这就使得混乱更加不可控。因为"自

---

① 　汪子嵩等:《希腊哲学史》(第二卷),人民出版社 2014 年版,第 150 页。
② 　霍布斯:《论公民》,应星等译,贵州发展出版社 2003 年版,卷首语。
③ 　霍布斯:《论公民》,应星等译,贵州发展出版社 2003 年版,卷首语。
④ 　霍布斯:《利维坦》,黎思复等译,商务印书馆 1985 年版,第 109 页。

然使人在身心两方面的能力都十分相等"①。比如，体力上最弱的人也可运用密谋或与他人联合的方式杀死最强的人。再加之自然又无法给人以足够可占有或攫取的资源。由此导致的最终结果必然是整个社会陷入无休止的混乱与冲突之中，人人都在"人对人像狼一样"的确信与无奈中惶惶不可终日。

为了解决这种混乱与冲突的状况，霍布斯提出了自己的主张：每个"我"放弃他们的自然权利，将自我拥有的自然权利都交给由许多"他者"依据契约（自然法）而建立的"利维坦"②（即国家）。霍布斯坚信，"自然状态"不仅是对于远古人类生活状态的一种猜想或推断，而且即便是走过了远古时代的现代社会，凡是没有国家权力或国家权力软弱无力的地方都可能出现这种状态。霍布斯以性恶论为依据的"自然状态论"作为国际关系学的立论基石，对近代以来的西方现实主义国际关系理论的发展产生了至关重要的影响。

但是，正如我们在当下的国际关系中看到的那样，诸如地区冲突不断、人道主义灾难频发、核战争的风险加剧等现状无一不让人忧心忡忡。这至少表明霍布斯奠基的现实主义国际关系理论并非全球治理的灵丹妙药。事实上，这种以性恶论为基石的理论，只要其对作为人的私欲的"个人权力意志"以及作为这种意志之扩大的"国家权力意志"的合理性，予以不证自明作为立论的出发点，那么国际关系实质上就是一种权力关系，斗争和冲突就注定要成为国际关系的基本特征。而且，由于各国利益的难以调和性，国际关系只能赤裸裸地以"利益"为轴心。这就注定使公平、正义、民主、自由等"道义"原则在现实的世界关系里寸步难行。

当下中国正积极推进的全球治理理念是："万物并育而不相害，道并行而不相悖。只有各国行天下之大道，和睦相处、合作共赢，繁荣才能持久，安全才有保障。"③这显然是与现实主义国际关系理论不同的、带有理想主义建构的中国智慧与中国方案。作为中国式现代化实践需要的国际环境，尤其是作为人类命运共同体构建的重要内容，中国坚持对话协商，积极推动建设一个持久和平的世界；坚持共建共享，努力推动建设一个普遍安全的世界；坚持合作共赢，带头推动建设一个共同繁荣的世界；坚持交流互鉴，着力营造一个开放包

---

① 霍布斯：《利维坦》，黎思复等译，商务印书馆 1985 年版，第 95 页。

② 所谓"利维坦"（Leviathan）（又译"巨灵"），原是《圣经·约伯记》中述及的一种力大无比的巨兽，它生活在海里，凶猛异常。但因为它是上帝的奴仆，是上帝驯养的宠物，在人间无人能捉住它，没有人敢惹它。霍布斯以"利维坦"命名其著作，是试图用它来比喻一个强大的国家。

③ 《党的二十大文件汇编》，党建读物出版社 2022 年版，第 47 页。

容的世界;坚持绿色低碳,率先垂范建设一个清洁美丽的世界。从人性论的视阈看,这一切既需要清楚霍布斯以性恶论为依据的"自然状态论"对国际关系理论的消极影响,更需要回归中华优秀传统文化对人性之善有坚定信心的立场。只有这样,就人我之辩而论,"我"对"他者"伦理境遇的赋予与施加就不仅有德性主义的加持,而且还有理想主义的期待。

在对西方现代哲学史上人性善恶之辩的诸多理论进行梳理与学理厘清中,法国存在主义哲学家萨特是一个不得不提及的思想家。这不仅是他留下了一句被广为传播的名言"他人就是地狱",也还因为他是现代西方最具影响力且来过中国访问与考察的学者之一。作为哲学家的萨特被认为最成功的地方就是,他以大量的戏剧创作成功传播了其存在主义哲学的基本理念与价值立场。在其创作于 1945 年的作品《禁闭》(也译做《间隔》)中,萨特借主人公之口说了这么一段台词:"地狱里该有硫磺,有熊熊的火堆,有用来烙人的铁条。这真是天大的笑话! 用不着硫磺、火堆、铁条,他人就是地狱!"[1]这就是萨特"他人就是地狱"这句名言的出处。剧情梗概是说三个有罪的鬼魂被狱卒放到一个禁闭的屋子中。那里没有镜子,每个"我"想要看清自己只能依靠另外两位"他者"。然而,三个人彼此各有心事及需要隐瞒的罪恶,故为了想要从别人身上看到真实的自己,想在别人面前表现自己想表现的自己,三人便相互扯谎、诽谤、攻讦,且没完没了。在《禁闭》中,我们看不到但丁《神曲》中恐怖的炼狱场景,没有硫磺、火堆、铁条等刑具,更没有刽子手。然而,却存在另一种意义上的地狱"酷刑",即"他者"对每一个"我"在肉体与心灵上的酷刑;存在另一种"刽子手",即"他者"对"我"随时随刻施加的冷漠、算计与敌意。

曾经有人将萨特的"他人就是地狱"与佛教苦谛之"八苦"中的一苦"怨憎会苦"做类比。佛教将人类所有的苦分成八类:生苦、老苦、病苦、死苦、怨憎会苦、爱别离苦、求不得苦与五取蕴苦。其中生、老、病、死这四种苦是我们常见的;爱别离苦是相爱人分离之苦;求不得苦是所求却无法如愿之苦;五取蕴苦又称为五盛阴苦,或五阴炽盛苦是色、受、想、行、识五种身心聚合的执着和贪爱之苦。怨憎会苦则是怨恨交加的人却不得已要聚集一起之苦。这一怨憎会苦仿佛与萨特存在主义讲的"他人就是地狱"相类似,但其实,这两者是貌合神离的。萨特"他人就是地狱"揭示的"他者"

---

[1] 《萨特戏剧集》,袁树仁译,人民文学出版社 1985 年版,第 224 页。

对"我"的苦是真苦,佛教讲的怨憎会苦是假苦(即妄相),世人只要有"为善最乐"的觉悟,自然就离苦得乐了。特别值得一提的是,佛教在完成了中国化之后更是很少论及所谓的怨憎会苦,取而代之的是"相聚即是缘""生欢喜心、修好人缘"之类的口头禅。这里呈现的自然是中国文化在善恶之辩中的传统立场。

重要的还在于,萨特告诉其读者他人很重要,"他者"是"我"不可逃避的存在。从一定意义上也可说他人是构成自我的一部分。因为人永远无法一个人生活。所以活在他人的世界里,与他人"共在"是每一个"我"必然的人生处境。于是,必不可免的局面就这样不断地发生着:"我"总是把"他人"看成一个客体,这事实上就粗暴地剥夺了他人的主观性与主体性,把活生生的他人变成了"物"。不仅如此,萨特还揭示了人我关系中如下一个基本的事实:他人的目光不仅把"我"这个自由的主体变成了僵化的客体,而且还迫使"我"多少按他们的看法来判定自己,导致"我"心不甘、情不愿地修改自己对自己的意识。同理,"我"对他人也是这样。于是,人我关系就呈现为:"我作为主体产生自己的可能性。……我努力把我从他人的支配中解放出来,反过来力图控制他人,而他人也同时力图控制我。"①

可见,从人我之辩中呈现的立场看,萨特的存在主义哲学并没有走出古希腊以来形成的性恶论传统之藩篱,没能够赋予"他者"以必要的伦理境遇。其中一个重要的缘由在于,从善恶之辩的立场考察,显然是源自他们对自私人性能否向善缺乏信心。虽然萨特也曾一再申明"存在主义是一种人道主义"②,但因为其认定自私人性的立场没有根本转变,从而对"我"与"他者"的矛盾、缠斗与冲突并没有给出真正符合人道主义的解决办法。正是因为这个缘故,我们也许可以说:就萨特否定了上帝的存在,从而也就否定了上帝对人的诸种预设或干预而言,存在主义当然是一种与神道主义相对立的人道主义。但众所周知的是,宣布"上帝死了"的尼采已然完成了这一使命。至于从德性主义视阈理解的人道主义,萨特的存在主义并不是一种人道主义。这就正如有学者指出的那样:"萨特存在主义的这一视'他者'为客体的立场,必然要将'我'之外的一切视为异己性存在,甚至对'我'而言是地狱般的存在。其实,这也是整

① 中国科学院哲学研究所西方哲学史组编:《存在主义哲学》,商务印书馆1963年版,第359页。
② 萨特:《存在主义是一种人道主义》,周煦良等译,上海世纪出版社2008年版,第25页。

个西方文艺复兴与启蒙思潮背景下林林总总哲学流派的共性,所以萨特与叔本华、尼采、弗洛伊德一样终究没有完成所谓的自由、平等、博爱的"普世价值"理想建构"①。

众所周知,西方资产阶级从登上历史舞台的那一刻起,就不断地以自由、平等、博爱的"普世价值"追求来昭告世人。但为什么一直到今天这一"普世价值"依然只是空中楼阁? 尤其是进入 21 世纪,不仅没有摆脱原有的人与人之间所谓现代化困境,而且新的棘手问题还层出不穷。当前摆在世界人民面前最严峻的"世界之问"是"恃强凌弱、巧取豪夺、零和博弈等霸权霸道霸凌行径危害深重,和平赤字、发展赤字、安全赤字、治理赤字加重,人类社会面临前所未有的挑战。"②如果从善恶之辩的视阈而论,这一切显然与人性之恶没能有效地被遏制,善良人性没能被弘扬光大有关。如果从人我之辩的视阈而论,"我"对"他者"伦理境遇未能被积极赋予,包括国家利己主义在内的形形色色利己主义肆意妄为无疑是导致这一切发生的重要认知误判与价值迷失。

2. "经济人"对"道德人"的主宰

西方文化一直相信人性为恶,它认定人性是不可靠的。除了如古希腊哲人那样从人的自私、利己、贪婪、好色等动物性中直接推导出之外,中世纪的基督教也有自己的论证逻辑。从基督教文化的基本理念来看,人性从其始祖亚当、夏娃开始就不可靠,他们抵御不了诱惑必然犯下"原罪"。正是由此,上帝在将亚当、夏娃驱逐出天国的乐园之后,还不忘要给作为亚当、夏娃之子的人类制定规则,比如摩西十诫。摩西十诫其实就是制约或钳制人性作恶的十条规章制度。

到了近代,在深信"人对人像狼"(霍布斯语)的理念主导下形成了比摩西十诫要更为详尽而周全的契约论思想。在这种理念看来,作为个人可以自私、贪生、怕死、贪婪、好色、好逸恶劳、爱占小便宜等,这是人性之恶的必然,但是一个人不能违背诸多"他者"约定的游戏规则。这个游戏规则就是法律或者规章制度。谁违背了代表大家意志的法律或者规章制度,就要受到约束和惩罚。事实上,在西方古典管理学理论那里正是因为设定人性为恶,所以才有了注重奖与惩为主的制度化管理的基本思路。从本质上说,这一以奖与惩为主的制

---

　　① 万斌等主编:《马克思主义视阈下的当代西方社会思潮》,浙江大学出版社 2006 年版,第 180 页。

　　② 《党的二十大文件汇编》,党建读物出版社 2022 年版,第 45 页。

度化管理,立足的正是性恶论的人性假设:因为人性自私、利己、贪婪,故用奖赏的方式培养忠诚度;因为人性懒惰、懈怠、好逸恶劳,故用惩罚的方式培养执行力。

其实,不仅是管理学对人性做恶的设定。西方文化从整体上都深信这一立场。在西方曾经有这样一场行为艺术颇为轰动:1974 年意大利的那不勒斯,一个名叫玛丽娜·阿布拉莫维奇的 23 岁少女做了一场名为《节奏 0》的行为艺术表演。她麻醉了自己的身体,面向着观众站在桌子前。桌子上有包括枪、子弹、菜刀、鞭子等危险物品等 72 种道具,观众可以使用任何一件物品,对她做任何他们想做的事! 她还签下一份免除参与者所有法律责任的文书。在此后六个小时的过程中,观众有的用口红在她的脸上乱涂乱画,有的用剪刀剪碎她的衣服,有的脱光她的衣服后在她身体上作画,有人用刀划破了她的皮肤,有人抚摸她的胸部且猥亵她的下体,还有人拿玫瑰花贴近她的胸口,玫瑰花刺划破了肌肤,鲜血直流。直到有一个人将上了膛的手枪放入她的口中时,表演才最终被阻止。在被人施暴的整个过程中,阿布拉莫维奇眼含泪水,内心充满了不安与恐惧,但是她的身体由于麻醉始终没有任何反应。玛丽娜和她的《节奏 0》就是以这样一种极端的方式呈现着人性中恶的一面。时隔多年,整个过程的文字记录和图片仍然让不同国度、不同种族的人看得不寒而栗。正如有学者评述的那样,这不仅是对人性为恶这一人本学结论所做的一个最残忍、最直观的揭示,而且也为如何完善法律以限制人内心恶魔般的欲望时刻敲响着警钟。[①]

在玛丽娜·阿布拉莫维奇的《节奏 0》的行为艺术中,那么多参与者表现出来的恶意与恶行,曾被学者解释为"人性的趋利避害本能之使然。"[②]因为有了被害人签署的免除法律责任的文书,"避害"的本能得以实现,故剩下的就是形形色色,甚至是变态的"趋利"行为。这一行为的目的就是满足自己的某种欲望。至于受害者作为"他者"的身心会否受到伤害自然就无暇顾及了。

这事实上也正是西方伦理学中趋利避害之"经济人"设定的由来。也正是有鉴于此,我们对西方管理学的创立者泰勒的管理学理论就非常容易理解了。从本质上说,泰勒的管理学其主旨就是为了管住人的好逸恶劳,管住人的诸如自私利己这样一种所谓"经济人"的恶之本性而提供理论和实践依据的。为

---

① 郭琳然:《西方行为艺术论》,台北中天出版社 1996 年版,第 187 页。

② 郭琳然:《西方行为艺术论》,台北中天出版社 1996 年版,第 207 页。

此,后人很形象地把这种管理称之为"胡萝卜加大棒"的管理。做得好,奖赏胡萝卜,即给予奖金或物质方面的刺激;做得不好,大棒惩罚,甚至开除、卷铺盖走人。于是,在就业竞争日益严峻的情形下,人们迫于生计,往往无奈地受制于这个"胡萝卜加大棒"制度的约束。这就是坚信人性本恶而设定的一种管理模式。这可以说是整个西方管理学的一个基本传统。

重要的还在于,这样一个性恶论基础上的"经济人"设定也构成西方伦理学的一个普遍假设。不仅商业活动中这个假设被作为不证自明的公理,而且它也是成为整个社会认同的公理。比如,在著名的克林顿绯闻案①中,选民们并不关注不道德的性行为有没有发生,而是关注克林顿有没有说谎。因为说谎是违反《政府道德法》②的。当没有证据表明他说了谎时,克林顿便顺利躲过了弹劾。在选民们看来,好色恰是人的本性,这没有什么好指责的。

但是,正如美国媒体在反省克林顿绯闻案时,有记者曾剖析的那样:好色的克林顿没有受到应有的惩罚,它给民众提供了一个强烈的暗示,那就是只要一个人对游戏规则有足够的了解,并因此而能够绕开规则的惩罚,那他的恶行就可以畅通无阻。这显然是文明社会最不文明的一幕。③ 可见,西方社会也开始对性恶论及由此而衍生的"胡萝卜加大棒"制度进行了某种反思与批评。

与西方不同,在人性善还是恶的假设问题上中国哲人正好相反,他们一般更相信人性是善的。尽管先秦思想家们在善恶之辩问题上也有不同立场与不同意见的争论。但以孟子为代表的儒家人性本善说,后来成为了汉代以及宋明理学思想家在人性问题上的基本观点。比如,王阳明的心学其主旨就是回到内心,通过发明本心的功课而使自己成为一个有道德良知,且能知行合一的人。这是一个人对内心善良本性的唤醒,从而形成对"他者"德性的向内做功,并借助知行合一的信念化德性为德行的过程。

这其实就是中国传统伦理文化理念中"道德人"的设定。儒家的人性本善说对治国理政实践的一个最大启发是,一个高明的管理者要善于引导世人把

①　1993—2001 任美国总统的共和党人比尔·克林顿,于 1994 年 5 月被曾在小石城的州长质量管理会议担任登记员的葆拉·科尔宾·琼斯起诉。琼斯起诉克林顿总统于 1991 年 5 月 18 日把她召到旅馆房间进行"性骚扰",并提出索赔 70 万美元。1998 年 1 月 23 日,琼斯性骚扰案中证人、白宫前实习生莫妮卡·莱温斯基也被指控与克林顿有染。于是,克林顿成为美国历史上第三位接受被弹劾调查的总统。但在美国经济颇有起色的大环境下,克林顿的政绩使他逃过了因为绯闻而引发的弹劾。

②　《政府道德法》,也被译为《公务员道德法》,这是美国 1978 年颁布的。从名称上解读,就可以看出西方文化更注重惩恶为主的制度化思路,甚至不惜把道德法律化。

③　转引自莱温斯基:《莱温斯基自传》,内蒙古文化出版社 1998 年版,第 79 页。

那颗善良的本心发扬光大。所谓组织里的文化就是时时刻刻要以潜移默化的方式告诉组织成员，如果只像动物那样自私、自利、贪婪、好色，只知道趋利避害、好逸恶劳，那是很失败、很没有境界的人生。这样的理念一旦成为一个组织内部的主流文化，甚至成为整个社会的风尚，那么它所带来的治理绩效的提升将是非常具有可持续性的。也许有人会问，"人性本善"的伦理理念为什么会有可持续性的治理绩效？这是因为它依据的不是制度的约束或奖金的刺激，而是依靠一个人向善的自我觉悟提升。正如我们在治国理政从古至今的成功实践来看，制度约束带有被动与无奈的色彩，悬赏之类的刺激往往也只是当下与短暂的效应，而且人心通常欲壑难填。但是一个"我"对"他者"向善的觉悟一旦生成了，那是可以长久甚至支配一生的。

可见，基于性恶论之上的西方文化至今依然特别推崇奖或惩的制度，但我们却想指出其中的缺陷。因为制度不可能无处不在地管住人所有的行为，但是良心无处不在，觉悟无处不在，因为"君子慎其独也"（《礼记·中庸》）。也就是说，良心与觉悟不像制度那样会有漏洞，它始终与人的行为相依相随，无时无刻不在引领或召唤人的行为沿着向善的方向前行。不仅如此，制度不仅不可能无处不在，即便是做到了无处不在，但它也是可以被违背的。所谓的以身试法就属于这种情形。此外，还有一种情形是法不责众。这两种情形的存在无疑就大大地把依赖奖或惩的制度化管理绩效打了折扣。而不依赖外在制度，通过对善良人性的启迪与激发而形成的忠诚度与执行力没有这个缺陷。这就是"性善论"设定的独到之处，这就是中国传统的伦理文化的一个深刻之处。它的深刻意义来源于哲人们对人作"道德人"的设定，它认为人是可以教化的。正是有缘于此，一个高明的管理者就是要把人的这种善良的本性发扬光大。一旦形成了这样一种"德治"的思路，那么它所达到的治理境界往往是非常高的。当然，它不可能立竿见影，也不会一蹴而就，相反它需要长时间地在组织内部形成这样一种团队风气。就整个社会而言，这是一个通过以文化人、以文育人而渐渐形成社会风气的过程。

据此，我们认为西方建立在性恶论基础上的"经济人"设定，以及由此而特别坚信的奖或惩的制度化治理，其实在实践中是有其不可逾越之障碍的。这一过分推崇奖惩的路径依赖，事实上正被许多西方学者及管理领域的业内人士所扬弃。相反，中国文化建立在性善论基础之上的"道德人"设定，尤其是在人我之辩中注重启迪与激活"我"之觉悟，从而赋予"他者"以及诸多"他者"集合而成的团队、集体、家国以伦理境遇，在管理绩效上显然要更胜一筹。这正是我们在中国式现代化治理实践中可以汲取的一个非常重要的传统文化资源。

三、古代善恶之辩内蕴的现代价值发掘

我们梳理中国古代在人性善恶之辩中形成的文化传统,尤其是将这一文化传统的梳理置于中西比较文化的视阈中进行,并在这个梳理的基础上揭示出它对"他者"伦理境遇的营造与实现具有的人性论意义,其实有一个非常重要的目的性指向,那就是通过这一文化传统中优秀成分的激活与创新,也许对中国式现代化在治国理政层面上有若干价值指引。

1. 以德服人的治理之道

与我们现在比较习惯用来自西学的"管理"(Management)一词不同,古代文献中一直用"治理"来表达大致相同的意思。比如,荀子的如下语录:"明分职,序事业,材技、官能,莫不治理,则公道达而私门塞矣,公义明而私事息矣。"(《荀子·君道》)这是荀子讨论君王治理国家的一段话:明确名分职责,根据轻重缓急的次序来安排工作,安排有才干的人做事与任用有才能的人当官,就没有什么地方会治理不好。这样,公道就可畅达,私下的暗中交易就被禁止,公平正义也就清明可见以权谋私之类的事也就杜绝了。

事实上,从孔子到孟子,再到荀子关于治理之道的论述非常丰富。如果做个总体上的概括,那么可以说这一治理之道无一不是建立在性善论或人性可善的基础之上的。可见,从传统的治理智慧出发,我们必须有超越西方过分依赖制度化管理的新思路与新方法。这个新思路与新方法也可以称为人性化管理的思路。我们之所以强调超越单纯的制度化管理的思路,那是因为有一个简单的事实是:制度约束不出执行力,更培养不出忠诚度。但是,人性化的治理却可以做到这一点。

制度化管理的前提是人性本恶,这是西方文化对人性的设定,它对人做"经济人"的预设,并以此为依据进行管理。人性化的管理恰恰相反,它认为人性是善的,它对人作"道德人"的设定。这是人性化管理的实质之所在。今天中国的管理现状,无论是企业管理、政府公共管理,还是学校管理,几乎都习惯于设定人就是"经济人",几乎都深信人性是恶的,由此采纳的基本上是一条西方式的管理思路。于是,我们的管理理念几乎是对西方古典管理理论的模仿。

我们习惯于用法律、用制度、用奖与惩来作为基本的手段进行管理。也因此，我们的公共管理、企业管理，甚至是高校管理往往对强化制度、完善薪酬设计之类的问题特别执着、特别迷恋。这是一种我们已然习以为常的路径依赖。

其实，我们的管理要提升其绩效和管理水平的话，必须改变这一过于西化的现状。我们应该在借鉴西方以人性为恶语境下"经济人"设定的同时，更应该发掘传统的以"道德人"设定为思路的治理智慧。也就是说，既要把人设定为"经济人"，对那些不相信道德、良心、觉悟的人，用制度来解决其执行力与忠诚度问题；对那些相信良心、相信觉悟、相信德性教化的人，那么我们用"道德人"的设定来进行以德治为主要路径依赖的管理。事实上，这种管理能够达到的境界更高，或者说它的绩效更长久。

在现实的管理实践中，许多人也会讲要关注或着力"人性化管理"，但是我们发现许多管理者对何为"人性化管理"的本质却不甚了了。其实，人性化管理的本质恰恰要求以"道德人"的设定来进行管理。这是"德治"的人性基础。现在有许多国内外的学者热衷研究毛泽东的治国理政之道。正如许多学者发现的那样，毛泽东的治国理政之道，或者说毛泽东的领导艺术，其本质恰恰是东方式的"德治"思路。比如，一生酷爱读线装书的毛泽东就非常坚信人是可以为善的。由此，早在延安时期他就发表著名的"为人民服务"的演讲，写《纪念白求恩》的文章，还借古代的寓言故事写了《愚公移山》。新中国成立之后他题词"向雷锋同志学习"，他希望每一个人都拥有雷锋精神。他也在企业里倡导大庆的铁人精神、孟泰精神、青年突击队精神等。他还在诗词里情不自禁地写道："春风杨柳万千条，六亿神州尽舜尧"（《七律·送瘟神》）。这意思是说，六亿人民都能够达到如舜和尧那样的圣人境界。这显然就是古代"人皆可以为尧舜"（《孟子·告子下》）"途之人可以为禹"（《荀子·性恶》）思想的现代表述。事实上，毛泽东的治国理政确实是这样一条从"道德人"设定出发来推行的东方思路。正是因此之故，在毛泽东的治国理政实践中，特别执着的一件事就是想方设法把人性当中的那种向善的觉悟和境界发扬光大。

据《毛泽东与斯诺的四次谈话》一文记载，毛泽东曾经非常深情地回忆起母亲对其孩提时代的巨大影响："我母亲是个仁慈的妇女。为人慷慨厚道，随时都愿意接济别人。她同情穷人，并且当他们在荒年里前来讨米的时候,常常送米给他们。"①斯诺后来在很多文章里均提及这位对其儿子寄予厚望的"毛母"。斯诺甚至相信毛泽东内心的善良正义、悲天悯人的品性主要来自其母亲的积极影响。他曾提出过这样一个观点:毛泽东以其母亲教他如何善良做人与公正处事,成功复制为他治理国家的一个主要方式。斯诺坚信这是毛泽东自诩作为一个好的"教员",其最自豪,也最让世人及后来的追随者们最称羡的地方。②

而且,从已有的实践来看,毛泽东这一治国理政的思路无疑是非常成功的。1949 年新中国成立之后面对着百废待兴的局面,那个时代建设者们那种高昂的生产劳动积极性、主动性和创造性,给中华人民共和国历史留下了的是"激情燃烧的岁月"。那时几乎没有太多的制度约束,没有奖金激励,完全是领导一声号召,大家义无反顾、不计报酬、任劳任怨地工作,而且充满着自在和欢快的情绪。当时有一部非常著名的长篇小说《工作着是美丽的》③,它描述的就是那一时代的精神风貌。事实上,当时这种注重道德觉悟的时代气息弥漫在全中国,的确营造了一种非常欢快、积极与和谐的社会风气。新中国这一段意气风发、斗志昂扬的发展历程对今天的社会治理显然是极有启发意义的。

正是有鉴于此,今天在了解、梳理和开掘传统文化中性善论的立场时,我们或许应该反思下一个问题:除了制度化管理之外,是不是还应该探索一条在制度化以外的依靠"德治"的管理之道? 答案无疑是肯定的。我们必须懂得这样一种治理之道,它所蕴含的基本前提就是,人是可以教化而向善。哪怕他曾经做过再多的坏事,也可以如俗语所说的"浪子回头金不换"。事实上,这句著名的俗语显然正是儒家性善论立场的民间表达。

古典小说《三国演义》里的诸葛亮七擒孟获体现的就是儒家性善论基础上的治理智慧。有一次,毛泽东饶有兴趣地问身边工作人员一个问题:诸葛亮为什么要七擒孟获? 身边的工作人员一时间议论纷纷。毛泽东进一步启发道:"诸葛亮难道不嫌麻烦吗? 孟获造反,依据律法杀了他不就万事大吉了吗? 如

---

① 《毛泽东自述》(增订本),人民出版社 1996 年版,第 16 页。

② 埃德加·斯诺:《漫长的革命》,伍协力译,香港南粤出版社 1973 年版,第 181-182 页。

③ 《工作着是美丽的》系解放战争期间浙籍作家陈学昭创作的一部长篇小说,1949 年由大连新中国书局正式出版。1954 年北京作家出版社将其再版后引起巨大反响,"工作着是美丽的"成为一句流行语。作家为了更好地反映新中国之后"伟大时代的伟大人民之精神风貌",开始续写这部长篇小说的下集,书稿于 1957 年以后陆续完成,1979 年该小说的上下两集合在一起由浙江人民出版社出版。

果那样做,他就不是诸葛亮了。"①的确,诸葛亮作为深谙传统治理之道的一个智者,当然不会那么做。他之所以七擒孟获,就是因为他深信人性本善的道理。也就是说,诸葛亮坚信孟获只要是人而不是动物,他就终究会被感动。诸葛亮当然知道最简单的办法就是把俘获来的孟获关起来或者干脆杀了他,但这不解决问题,因为他的手下不服还是要造反的。于是,诸葛亮以一次次放其回去之善意试图感动对方以化敌为友。孟获最后果然被感动了,不仅归顺了诸葛亮,而且还利用自己的影响力,说服了许多部落首领前来归顺。

中国历史上有很多类似诸葛亮七擒孟获的治理案例。这些案例背后体现的就是坚信人性本善,或者说坚信人性是可以通过教化而弃恶从善的东方治理智慧。这个智慧的实质是,它确信只要是人就一定有可教化的地方,就有可能会生成善的德性和觉悟。这一教化之道具体的实施过程通常就是作为治理者的"我"对"他者"伦理境遇的营造,最后达到以德服人的效果。正是由此,诸葛亮对孟获不厌其烦地抓了放,放了抓,最终达到的治理效果自然是非常理想的。这就正如易中天教授评价的那样:刘备原本只有一个皇叔的虚名,借了别人的荆州还赖着不还,根本没什么立足之本。但因为有了诸葛亮的倾心辅助,他平定了西部地区,终于成就了一番与魏、吴三足鼎立的春秋霸业。②

从这个角度来看,中国的现代管理者、职业经理人,包括一些政府官员,不假思索地相信人性为恶,在制度化管理方面可能是过分地偏执和执迷了。相反,对我们传统治理建立在性善论基础之上的"伦理型管理"一直有所忽视。其中一个具体的表现就是,我们对毛泽东治国理政实践中极具东方智慧的治理思想的研究甚至还不如国外学者。有一个基本的事实不得不令国内学者惭愧,那就是这一领域里一些具有世界影响的研究著作往往不是出自大陆学者之手。比如,在"国外毛泽东研究译丛"之一的《毛泽东的政治哲学》一书中,作者约翰·布莱恩·斯塔尔曾经探究过毛泽东的这一颇具中国文化特色的政治哲学观。他在该书"前言"的最后,意味深长地提及一件事:"毛泽东本人在自己即将走完一生时对自己的描绘,是一个令人感兴趣的问题。他曾告诉他的传记作家和朋友埃德加·斯诺,他不想让人把他当成'伟大的导师,伟大的领袖,伟大的统帅,伟大的舵手'来回忆,他对'文化大革命'期间对他的这些称呼表示'讨嫌'而嗤之以鼻。相反,他说'导师这个词,就是教员,可以认可。'"③

---

① 周溯源:《毛泽东评点古今人物续集》(上卷),红旗出版社1999年版,第154页。
② 易中天:《易中天品三国》(上),上海文艺出版社2006年版,第566页。
③ 斯塔尔:《毛泽东的政治哲学》,曹志为等译,中国人民大学出版社2006年版,前言第5-6页。

此书在中文版的封面上特别申明"本书经中共中央文献研究室审定",故毛泽东认可自己教员身份的史料应该是可信的。①

众所周知,从"至圣先师"孔子开始,教员自古以来的最重要使命就是教化民众。而教化民众的内容最重要的自然就是"积善成德"(《荀子·劝学》)。显而易见的是,这一教化使命实现的前提是相信人性可以为善。事实上,从毛泽东开始投身革命运动起,这一"教员"的使命意识与实践担当可谓伴随他的始终。仅就新民主主义革命阶段而论,从 1917 年新民学会在长沙的工人夜校开始,到后来的广州农民运动讲习所,再到后来上井冈山之前的三湾改编,再到福建的古田会议讲话,再到延安"为人民服务"的演讲,再到 1949 年进北京城之前在七届二中全会上"两个务必"的谆谆告诫,毛泽东出色地造就了"一支有信仰、有担当、能同舟共济,且执行力超强、不怕牺牲的共产党及其军队。这是毛泽东的政治对手,即那位只知道胡萝卜加大棒,只会依靠悬赏以及'中统''军统'特务来维持统治的蒋介石绝对望尘莫及的! 所以从某种意义上说,这也是共产党由弱到强最终能够把国民党赶到台湾去的最重要原因。"②

可见,毛泽东的人性观以及建立在这一基础上的"德治"之道,对今天中国式现代化语境下的社会治理具有相当大的智慧启迪。它告诉我们:通过对人的善良本性和道德觉悟的培植能够激发出一种真正的忠诚度、一种空前的执行力、一种绝好的管理绩效。这也就意味着,在以中国式现代化谋求中华民族伟大复兴的实践中,我们在治国理政层面应该认真琢磨如何在具体的管理实践中向毛泽东学习,坚信人性本善或人性可以为善的立场,通过启迪与引导人的觉悟,尤其是通过赋予"他者"的伦理境遇从而实现管理绩效的真正提升和长久拥有。这显然是我们从人性善恶之辩的传统中,尤其是从古人对人性向善的立场自信与具体教化路径的探寻中可以汲取到的重要智慧。

2. 尚德、尚贤、尚善的用人之道

既然通过对人的善良本性的发掘和有效培植能够产生如此卓越的管理绩效,那么,接下来要讨论的问题便是:如何在整个社会以及社会的不同组织内部强调人性本善的"道德人"发掘、培植和引导? 儒家历来认为,唯贤才是举的用人是一个重要的导向。这正是中国历代统治者"野无遗贤"用人理念的由来。

① 这一史料也可参见:埃德加·斯诺的《漫长的革命》,伍协力译,香港南粤出版社 1973 年版,第181 页。

② 李敖:《李敖时政演讲录》,香港海风出版社 1991 年版,第 91 页。

众所周知，人才的选用是有效的管理得以实施的基本条件。仅就这一点而言，中西管理理念自然毫无例外地都注重德才兼备之人才的选用。但在具体的管理实践中，我们却常常必须面临德与才孰重孰轻，或孰先孰后的抉择。儒家从人性本善的基本伦理理念出发，推崇的是人才的善良本性以及由这一善良本性决定的德行。它主张做事先做人，做人以德为本。这就是《大学》开篇说的道理："大学之道，在明明德，在亲民，在止于至善。"也正是因此，儒家非常强调任人尚德的用人之道。

正是遵循着这样的逻辑，在中国传统文化的观念里，德性方面成就自己的君子人格或圣贤人格便是做好事业的人性论前提。以德性来充实人格的重要性正是由此而凸显的。也正是由此，孔子倡导君子三德："仁者不忧，智者不惑，勇者不惧"（《论语·子罕》）。孟子把孔子的思想做了一个引申，他在与梁惠王问对时竭力主张用仁义之士来治理国家。而且，在他看来，"惟仁者宜在高位"（《孟子·离娄上》）。这就是说，一个有仁者情怀的人、有仁爱德性的人才能处在治理者的位置。孔孟的这一任人尚德的思想，发展至后来甚至出现了"德本才末"的思想，以《大学》的语录来表述就是："德者，本也；才者，末也。"这一用人思想把德看成是本，把才看成是末，甚至是不重要的，这样的说法当然有些绝对化，但它确实体现了一种东方式的用人之道。以曾国藩的话来概括，就是"唯善心可用"。[①] 这个用人之道的本质正是强调善良人性的造就。换句话说就是主张做事先做人，做人以德为本，而德则以善良为先。

开创了"贞观之治"的唐太宗，其用人之道之所以颇受后世史家的认可与推崇，正是因为他遵循了儒家"惟仁者宜在高位"（《孟子·离娄上》）这一思路。《资治通鉴·唐纪》曾记载了这么一则故事：一次，唐太宗对尉迟恭说："朕想把女儿嫁给你，怎么样？"不料尉迟恭却不卑不亢地推辞说："臣的妻子虽如糟糠般丑陋，但她是我贫贱时娶的，她和我同甘共苦，相处多年。尤其是臣跟随陛下南征北战那么些年，家里全凭她的悉心照料。臣虽不才，也听说过古人富不易妻的仁义之道。如今陛下让臣迎娶公主，臣实在不愿意啊！"这就是"糟糠之妻不下堂"典故的出处。听闻此言的唐太宗不仅放弃了嫁女儿的想法，而且还由此而对尉迟恭心生敬意。不久之后，唐太宗和长孙皇后论及朝政时还不忘交代说："如果哪一天朝廷有什么变故，而我又不在现场的话，你第一个要信任的人就是尉迟恭！"可见，从唐太宗的用人之道上我们就能够窥斑见豹，理解唐

---

① 《曾国藩全集·日记》（卷一），岳麓书社1994年版，第37页。

太宗何以能够开创出政治清明、经济复苏、文化繁荣的治世局面。事实上,司马光记录这则故事的用意无非是希望统治者可以从中领悟儒家这一任人唯贤之道对于治国理政的精妙之处。①

> 据《走进毛泽东的最后岁月》一书记载,在毛泽东晚年生活中其床头总放着一套《资治通鉴》。这是一部被他读"破"了的书。不仅可见有不少被翻破的书页被毛泽东细心地用透明胶贴住,而且这部书上留下了很多他阅读感悟的小纸片。尤其有一段时间,毛泽东读《资治通鉴》可谓入了迷。常常一卷在手就可以坐在那里半天不动。毛泽东读书时那种全神贯注的神态,让保健护士孟锦云留下了永远难忘的印象。有一天,毛泽东吃过午饭微笑着看着孟锦云,然后指着《资治通鉴》问道:"小孟,你知道这部书我读了多少遍?"不等小孟回答,毛泽东便接着说:"17 遍! 每读一遍都获益匪浅,一部难得的好书!"②比如,对司马光总结用人之道的如下一段话:"凡取人之术,苟不得圣人、君子而与之,与其得小人,不若得愚人。"毛泽东在边上批注了 5 个字:"用人是导向!"③

众所周知,在选人的德才关系上孰轻孰重,孰先孰后的问题上,西方传统的经典管理学理论有诸如权变理论、X 理论等,它与儒家的立场是有明显差异的。西方管理学者一般习惯于把德性看成是个人的隐私,更多强调的是才学。至于一个人的德性考量只要其不犯法即可,至于其私生活通常会被认为与其职业生涯无关。但问题是,当一个人心地不善,尤其是德才不匹配时,不仅培养不出对人对事的忠诚度与执行力,而且还因为其居心不善会给"他者"以及众多"他者"构成的组织带来灭顶之灾。这样的例子,无论在中国还是在西方,古往今来可谓比比皆是。

正是有鉴于此,儒家的用人观才非常清晰而明确地主张做人当以善良为先,以尚德为本。而且,儒家认为善良之德不仅可以培养出真正的忠诚度与执行力,而且还因为它可以形成好的组织风气。比如,孔子就认为居上位者的德

---

①　《资治通鉴》以编年记事为体裁,年经事纬,把公元前 403 年(三家分晋,即周威烈王二十三年)至公元 959 年(后周显德六年)的史事,加以系统叙述,成为一部贯穿 1362 年史事的古代史学巨作。书成之后,宋神宗认为此书能"鉴于往事,有资于治道",故赐名为《资治通鉴》。

②　郭金荣《走进毛泽东的最后岁月》,中共党史出版社 2009 年版,第 75 页。

③　黄丽镛《毛泽东读古书实录》,上海人民出版社 1994 年版,第 292 页。

行具有一种"君子之德风,小人之德草,草上之风必偃"(《论语·颜渊》)的教化力量。在孔子看来,这种教化的力量比任何政令法规都要有效。正是由此,孔子说:"政者,正也;子帅以正,孰敢不正?"(《论语·颜渊》)又说"其身正,不令而行;其身不正,虽令不从。"(《论语·子路》)这些耳熟能详的《论语》语录,强调的正是一个居上位者因善良的德性与德行所彰显出的榜样力量。从人我之辩而论,这种榜样力量正是通过"我"对"他者"及诸多"他者"集合而成的组织之伦理境遇的赋予来呈现的。

从中国古代治理实践的成功范例来看,也的确如此。从《说苑·政理》中我们知道有这样一则成功的范例:孔子的学生子路因自己的德行而受君命治理蒲县,走马上任前拜见老师,请教为政之道。孔子说:"蒲县这地方,民风剽悍,的确不容易治理。但请记住我这几句话:诚信待人,就可以统摄勇士;宽厚公正,就可以容纳大众;勤勉廉洁,就可以得到上级的信任。"子路按照老师的教导从事政事,结果大获成功。据《韩诗外传六》记载:子路治理蒲县三年之后,孔子路过此地,刚刚入蒲县之境就称赞说:"子路的确做到了诚信待人。"到了县城,孔子又称赞道:"子路的确做到了宽厚公正和明察善断。"为孔子驾车的子贡对此感到奇怪,便问道:"先生您还没有见到子路本人,就再三称赞他,这到底是什么原因呢?"孔子解释说:"我一入境,就看到田地齐整,杂草不生,这是由于他诚信施政,促使百姓尽力耕作而不用担心苛捐杂税的结果;来到县城,看到房屋齐整,街道清洁,这是由于他宽厚公正而促使百姓不会偷懒;进入庭院,看到他很悠闲,这是由于他明察善断,百姓自然安居乐业不来打扰他了啊。"可见,子路以自己孔门弟子的德行,感化了蒲县百姓,从而使这一号称难治的地方得到了很好的治理。

儒家这一用人尚德、尚贤、尚善思想的合理性是显而易见的,它至少可以避免如英国著名的巴林银行那样因一位有才无德的中层管理者而引发的灭顶之灾。① 而且,儒家这一尚德、尚贤、尚善的用人之道,从管理学的一般原理来看,是对西方传统管理学理论中只注重权威(如 X 理论)的一种超越。儒家认

---

① 尼克·理森是巴林银行新加坡分行负责人,其业务能力一直深受上司赏识。1994 年他在未经授权的情况下,以银行的名义认购了总价 70 亿美元的日本股票指数期货,并以买空的做法在日本期货市场买进了价值 200 亿美元的短期利率债券。如果这几笔交易成功,理森将会从中获得巨大的提成。但阪神大地震突然爆发,日本债券市场一直下跌。巴林银行因此而损失 10 多亿美元。这一数字已经超过了该行持有的 8.6 亿美元的总价值。事发后,理森先是隐瞒不报,见事情要暴露了便逃之夭夭。最后,巴林银行不得不宣布倒闭。

为,管理人才的德性之所以重要是因为德行对于管理的实施具有最高的影响力。这就正如有学者总结的那样:"德服、才服、力服是管理者进行管理的三种手段,而以德服人为最高层次。这是因为,以力服人只能使人'慑服',以才服人可以使人'折服',而以德服人则可以使人'心服'"。[①] 这就是说,管理有不同的方式,第一种思路也是最原始最古老的办法是靠武力;第二种思路是靠才学和本事,谁有本事就服从谁;第三种思路是儒家倡导的,主张以德服人,让人心服口服。这其实是一种真正的服从。这里彰显的是人格魅力。而人格魅力的本质正是伦理影响力。这一影响力的具体施加方式就是通过"我"对"他者"伦理境遇的营造或改善来实现的。

中国传统管理思想中的尚德、尚贤、尚善思想,对我们今天的管理理论与实践的现实合理性正是由此而被认同的。而且,这个现实合理性在当前倡导"立德树人"的时代背景下无疑将进一步地凸显出来。

而且,从社会治理过程中对民众的价值引导而言,正如毛泽东说的那样"用人是导向"。事实上,几千年来,在以儒家德治思想为道统来治理国家的具体实施中,一直非常强调这样一个尚德、尚贤、尚善的用人导向。比如,汉代开始的举孝廉的选拔制度,倡导的正是这样一种导向。熟悉中国历史的人都知道,中国古代对孝与廉的推崇源远流长。但作为一种正式的制度,举孝廉开始于西汉武帝时期。最初是由董仲舒针对任子制度的弊病而向朝廷主张的。依据以往的任子制规定,担任二千石以上的官员在任免期满三年后可推荐一位自己的子弟做官。这样的用人制度显然是不公平的。正是为了部分地改变这一现象,举孝廉便开始成为两汉时期选举官吏的路径之一。其内容就是推荐孝子、廉士依据一定的推选程序而出来做官。而且,当时还规定每二十万户中一年要推荐孝廉一人,然后由朝廷任命官职。被推荐为孝廉的学子,不仅要博学多才,更要孝顺父母、处事清廉。这一举孝廉的用人导向,迅速在整个社会倡导起一种尚德、尚贤、尚善风气,它通过对一个人孝顺父母、清廉处事之具体德行的考核便可使其从政为官,成为一个受人敬重的人。哪怕是出身寒门,只要有孝顺父母、处事清廉之类的品性,也是有机会实现其诸如光宗耀祖、造福黎民百姓之理想与抱负的。

古代蒙学经典《二十四孝》中因"扇枕温衾"故事闻名的黄香,可谓是

---

① 胡祖光:《东方管理学导论》,生活·读书·新知三联书店 1998 年版,第 56 页。

汉代举孝廉而士的典型例子。黄香家境清贫,九岁时母亲去世,他悼念母亲致使形容憔悴,时人为之感动。后来,为了照顾劳作了一天的父亲尽快安然入睡,黄香夏天扇枕、冬日温衾,更是被邻里乡亲传为佳话。黄香十二岁那年,他的事迹被太守刘护听说,随即征召到府衙做官。因为清正廉洁,不断得以升迁,历任尚书郎、尚书左丞、尚书令、魏郡太守等职位。在不同的地方任职期间,黄香一直勤于政务,一心为公,清正廉洁,深受汉和帝的赏识。特别是当他出任魏郡太守时,魏郡遭遇水灾,黄香甚至将自己的俸禄以及赏赐都分发给了灾民,还发动当地豪绅捐献钱粮,从而确保魏郡度过危机。

从性善论的逻辑而论,行孝印证着一个人善良人性的真正生成。就人我之辩的视阈看,也就是说,作为最亲近的"他者"之父母的孝意味着"我"已然战胜了天性中的自私、利己等本能,能够涵养起最初的利他主义德性与德行。而一个有能力战胜"我"之利己主义本性的人,在家孝顺父母,在外与人相处也必然会有温良恭俭让之类的品性,从政为官则不会徇私枉法。这是一个由爱最应该爱的"他者"——父母这里向外衍生的对形形色色"他者"之爱的行为逻辑。相反,人们很难想象一个连父母都不爱的人会爱别人。这就是古代举孝廉制度的人性论基础。

重要的还在于,这一以尚德、尚贤、尚善为依据的举孝廉制度不仅成为世界文明史上独一无二的中国特色的文官制度,而且还对中华民族善良这一民族性格的塑造产生了积极而深远的影响。比如,歌德曾经说过这样一段意味深长的话:"中国人在思想、行为、感情方面几乎和我们一样,使我们很快就感到他们是我们的同类人,只是在他们那里一切都比我们这里更明朗、更纯洁,也更合乎道德。"①歌德这里提及中国人的明朗、纯洁、合乎道德,无一不是我们民族"尚善"精神的体现。事实上,正是这种"尚善"文化熏陶下形成的善良便成为了我们中华民族特有的文化基因与民族识别码。我们可以毫不夸张地说,在善恶之辩这一人性最根本的价值取向问题上,中华民族自古以来崇善的文化传统与向善的民族性格塑造显然成为丛林法则肆虐、恶意相向肆行、人道主义灾难层出不穷之当今世界最令世人憧憬的那一道人性光芒。

---

① 爱克曼辑录:《歌德谈话录》,朱光潜译,人民文学出版社 1978 年版,第 112 页。

3. "致良知"的善良本心唤醒

在古代圣贤看来,既然人性本善,那么就有一个致良知,即唤醒善良本心的过程。如果从人我之辩的视阈而论,这是一个为了更好地赋予"他者"伦理境遇,反求诸己对"我"之已然或潜在的德性进行自我完善或发掘的过程;从善恶之辩的视阈而论,则呈现为回归"我"的内心世界,做抑恶扬善之心学功课,从而在与"他者"交往时呈现出君子品行的过程。

如果做点思想史的追溯,那么可以说这一反求诸己、做抑恶扬善心学功课的思想发轫于先秦的孟子。孟子认为人与禽兽的区别在于人有良知良能:"人之所不学而能者,其良能也;所不虑而知者,其良知也"(《孟子·尽心上》);"仁义礼智,非由外铄我也;我固有之也,弗思耳矣。故曰'求则得之,舍则失之'"(《孟子·告子上》)。可见,在孟子看来,人都有仁、义、礼、智之心,如果不加以保存就会丢失,从而变成一个没有道德的人。由此,孟子特别强调"学问之道无他,求其放心而已矣"(《孟子·告子上》)这里说的"求其放心",就是把那些由于诸如兽性的勃发或外界的物欲诱惑之类原因而丢失掉的良知找回来。孟子认为,道德培养的根本任务就是求良知。

正是基于这样一个致良知的思路,孟子说过如下一段著名的话:"居下位而不获于上,民不可得而治也。获于上有道,不信于友,弗获于上矣。信于友有道,事亲弗悦,弗信于友矣。悦亲有道,反身不诚,不悦于亲矣。诚身有道,不明乎善,不诚其身矣。是故诚者,天之道也;思诚者,人之道也。"(《孟子·离娄上》)孟子在这里是说:处于下级的地位的人不能得到上级的信任,就无法治理好黎民百姓。要获得上级的信任是有办法的,首先要取得朋友的信任,如果不能取得朋友的信任,就得不到上级的信任。取信于朋友也是有办法的,首先要侍奉父母得到父母的欢心,如果无法让他们高兴,就不能取信于朋友。取悦父母让其高兴是有办法的,一定要诚心诚意,如果反躬自问而心意不诚,就不能让父母高兴。要自己诚心诚意也是有办法的,首先要懂得什么是善,不明白善的道理,就不能使自己诚心诚意。显然,这是一个德性培植方面层层递进的致良知过程。

特别值得一提的是,儒家认为这一发明本心、启迪良知的治理思路本身也适用于最高治理者自身。司马光在《资治通鉴》里曾经引过唐太宗的一则故事:有一次,唐太宗李世民听说应选入官的人有很多是假冒祖先的余荫而得逞的。于是,太宗便下令让这些冒牌者自首,否则一经查出就要杀头。后来果然查出一个假冒者,李世民便要杀他。大理寺少卿戴胄却犯颜直谏说:"根据法律,这样的人不致死罪,而应当充军。"李世民说:"我说过这种人要杀头,你却说要按法律,不是叫我失信天下吗?"戴胄说:"诏书出于您一时的喜怒,而法律则是向天下人昭示的最大信用,陛下应忍了小的忿怒,根据法律来判决,否则恰是最大的不讲信用!"殊为不易的是,这位太宗皇帝经过一夜的冷静反省,终于意识到戴胄"忍小忿而存大信"之说的合理性。后来他不仅收回了成命,而且还主动承认了自己的错误。可见,皇帝也有良知良能,也须时时发明本心。由此,司马光总结说:"信义,是君王的最大法宝。国家靠人民保护,人民靠信义保护。不讲信义,就无法使唤人民;没有人民,就没有办法守卫国家。故古代的君王,不欺骗天下之人;称霸天下的,不欺骗邻国;善于治理国家的人,不欺骗自己的臣民;善于持家的人,不欺骗自己的亲人。不善于称王称霸,不善于治国持家的人正好相反,欺骗邻国,欺骗百姓,甚至于连自己的兄弟父子也要欺骗。上面不相信下面,下面也不相信上面,上下离心离德,最终导致失败。这岂不是太悲哀了吗?"(《资治通鉴·唐纪》)

发轫于孟子的这一心学思想无疑得到了后世儒家的高度认同。尤其是明代大儒王阳明的心学可谓是儒家这一方面思想的集大成。王阳明反对当时流行的向外格物求理的做法,主张"夫万事万物之理不外于吾心";"意在于事亲,即事亲便是一物;意在于事听言动,即事听言动便是一物,所以某说无心外之理,无心外之物"(《传习录》卷上)。比如,他曾经这样举例说:"交友治民,不成去友上民上求个信与仁的理,都只在此心,心即理也"(《传习录》卷下)。这里的意思是说,交友要讲诚信,治理百姓要讲仁爱,总不是先去友人那里外求个诚信的道理再依据这个外求的道理去践行诚信,或去老百姓那里去外求个仁爱的道理再依据这个外求的道理去践行仁爱,而是这些个诚信仁爱的道理本就内存于心。由此,他给弟子后学总结了心学四句诀:"无善无恶是心之体,有善有恶是意之动,知善知恶是良知,为善去恶是格物。"(《阳明夫子年谱》)

有一则传说极为形象地诠释了王阳明是如何发明人之良知的。一次,某窃贼被家丁逮着押至王阳明处。王阳明停下讲学转向小偷道:"把衣服脱了!"众人大惑不解,小偷惊惧交加之际也只得依言而行。王阳明不停地叫他脱,一直脱到只剩一个裤衩时,这窃贼死活不肯再脱。王阳明问他为何不肯,小偷支支吾吾答不出来。于是,王阳明指着小偷向众人道:"这就是良知!"这个传说不见史料记载,一直真假难辨。不过,从王阳明与弟子于中的如下一段对话来看那传说应该是可信的:"王阳明曰:'人胸中各有个圣人,只自信不及,都自埋倒了……良知在人,随你如何,不能泯灭,虽盗贼亦自知不当为贼,唤他作贼,他还忸怩。'于中曰:'只是物欲遮蔽,良心在内,自不会失,如云自蔽日,日何尝失了!'"(《传习录》卷下)弟子于中在这里将良知比喻为日光,物欲比喻为浮云,可谓既形象又贴切。有意思的是,王阳明师徒对盗贼也有良知的论断,与明代另一位学者洪应明的说法如出一辙:"为恶而畏人知,恶中尤有善路。"(《菜根谭》)

可见,王阳明的心学比之于孟子的理论已然更趋完善,也更显精致。后来,王学七派之江右学派的代表人物徐阶的一个故事就颇能够说明这一点:明隆庆初年,大学士徐阶致仕还乡。一日,徐阶宴请亲朋邻里。席间有位客人将桌上一件银器偷偷揣入自己帽子里,恰好被徐阶看见。但徐阶却没有制止。宴席将散时,主事者查点器具时发现少了一件,欲让仆人四下寻找。又被徐阶劝阻。更凑巧的是,此时私藏银器的那位客人已喝得烂醉,正倒在桌上酣睡。帽子落到一边,藏在里面的银器也掉了出来。徐阶背转身子,吩咐仆人仍将银器藏回那人帽中。后来,那位私藏银器之人听闻此事后羞愧不已,从此痛改前非。(焦竑:《玉堂丛语》)正如有学者评价的那样,这件事值得肯定的地方在于,徐阶既有仁者之心留住了犯错之人面子,更有智者之心让犯错之人良心发现而自觉改过,可谓且仁且智。① 可见,这个徐阶不愧是王学的后学翘楚,深得心学之精髓。

　　　　阳明心学对后世的影响可谓既深且广。清朝乾隆年间的河南巡抚叶存仁,喜好心学,甘于淡泊,毫不苟取。在他离任时,手下部属执意送行话别,但送行的船却迟迟不发。正当叶存仁心生纳闷时,只见明月高挂的半夜时分驶来了一叶小舟,舟中所载的是全是部属的临别赠礼。叶存仁终于明白船迟迟不发是部属们故意等至深夜再将礼品送来以避人耳目。叶存仁当即赋诗一首:"月白风清夜半时,扁舟相送故迟迟。感君情重还君赠,不畏人知畏己知。"(《离任受赠》)吟完此诗的叶存仁在众人敬仰的目光伴送下飘然而去。有后学读到这个故事时情不自禁地赞道:"举头三尺有神明,不畏人知畏己知!"其实,以阳明心学的立场来看,这里所谓"神明"即是心中的良知。

---

① 黄寅等:《要有钱也要有人性》,湖南人民出版社 2010 年版,第 101 页。

　　学者王觉仁曾经这样评价王阳明创立的心学:阳明心学参透世事人心,终成一代圣哲;曾国藩研习阳明心学,编练湘军进攻太平天国,历时十二年克尽全功,再造乾坤;稻盛和夫将阳明心学应用于现代企业管理,缔造了两家"世界500强"企业,成为日本"经营之圣"。[①]事实也的确如此,在善良德性的培植方面,不仅中国古代沿着孟子、王阳明开辟的心学思路,将注重启迪良心的做法一直沿袭至今,而且,这一心学思想还漂洋过海,影响遍及海外的许多国家。

　　事实上,在古代治理文化几千年传承过程中,坚信人性可善,主张启迪良心的治理思路,一直是历代学者和高明的统治者非常推崇的。重要的是,其治理效果还是相当不错的。比如,唐太宗开创的贞观之治,史籍里记载其时民众的诚信程度甚至达到了"路不拾遗,外户不闭"(《资治通鉴·唐纪》)的程度,其情其景,令后人叹为观止。这也许可以解释为什么古代思想家要注重"良知良能"的唤醒,要推崇"发明本心"之心学的缘由之所在。以人我之辩的立场看,这是一个回归"我"之本心,确保每一念发动均对"他者"存乎善意,并由善念而转为善行,从而抵达人我合一之境界的过程。

四、小　结

　　即便从常识的角度也可判断,在善恶之辩中如果没有了对善良人性的坚信与践行,人与人之间的恶意相向注定会导致"我"与"他者"交往陷于困境及诸多冲突的发生。西方哲学对源自动物性的人性之恶不证自明后的认可与推崇,显然有悖人作为社会动物的常理。法对性恶的规范又常常无法可依或力不从心。于是,上帝抑恶扬善的教义便出场了。但这对中国社会并不适用。这一点正如刘东教授曾论及的那样:"中国原是个'无宗教而有道德'的文明,也不靠那些迷信玩意来劝人向善;人们甚至还会反过来觉得,要是非有个上帝看着才行,这本身都已经属于不道德了。"[②]事实也的确如此。西方中世纪的基督教伦理有太多的不道德规范这已然是不争的事实。即便是经历了宗教改革运动,基督教劝人向善的努力也因为如尼采那样坚信"上帝死了",故其抑恶扬善教化的效果就整体而论并不尽如人意。

---

　　①　王觉仁:《王阳明心学:修炼强大内心的神奇智慧》,湖南人民出版社 2013 年版,第 1 页。

　　②　刘东:《国学的当代性》,中华书局 2019 年版,第 164 页。

可见,问题的解决还是得借助道德教化本身。这就是古代中国在善恶之辩中形成的那些优秀传统文化需要被激活、继承与创新的现实语境。就善恶之辩的传统立场而论,我们在现代社会治理中固然也需要借鉴西方式的管理智慧——将人性设定为恶,并对恶给予足够的警惕,由此而生成诸种制度作为惩恶的必要保障。但我们同时更应该从古代圣贤那里汲取传统的管理智慧——相信人性本善,并以这样一种向善、崇善、尊善的治理思路来提升我们社会治理的绩效。这种从人性本善出发,主张培植和引导善良人性的社会治理思路也越来越被实践证明是行之有效,且绩效长久的"孔夫子式治理智慧与实施路径"①。从中国历史上看,相比于立足于性恶论基础上的刚性的、法治式的治理路径,这种立足于性善论的柔性的、德治路径显然更能促使社会的和谐与可持续发展。值得一提的是,正如有学者总结的那样,"从先秦的周公之治,到汉以后的文景之治、贞观之治、康乾盛世这几个大的盛世王朝看,无一不是依据德治而实现的。相反,一个朝代如果过于强调法治的作用,那往往是乱世的开始。这几乎可以说是我国古代治国理政历史方面的一个统计学'规律'。"②

中国共产党在引领中国人民以中国式现代化实现中华民族伟大复兴的历史进程中,以坚定的文化自信认同并创新了这一传统的治理思路。比如,社会主义核心价值观在公民层面提出了四大规范:爱国、敬业、诚信、友善。③ 这正是对儒家善良人性思想在继承基础上的当代创新。我们确信,作为善良人性的具体表现,在当下的中国公民层面最需要培植的正是这四大德目。其中爱国是善良人性体现在与诸多"他者"构成的国家关系时的规范,敬业是善良人性体现在服务"他者"的职业活动中的规范,诚信是善良人性体现在与"他者"交往时的规范,友善是善良人性体现在"我"之内心修养时的规范。可见,为了更好地培植与塑造与中国式现代化相匹配的民族精神气质,在当今中国的善

---

① 阿里夫·德里克:似是而非的孔夫子——全球资本主义与儒学重构,《中国社会科学季刊》(香港),1995 年总第 13 期,第 46 页。

② 韩文庆:《四书悟义》,中国文史出版社 2014 年版,第 401-402 页。

③ 据 2013 年 12 月 23 日中共中央办公厅印发《关于培育和践行社会主义核心价值观的意见》,将 24 字核心价值观分为 3 个层面:其一是国家层面:富强、民主、文明、和谐;其二是社会层面:自由、平等、公正、法治;其三是公民层面:爱国、敬业、诚信、友善。在某些以正统自居的学者看来,公民核心价值观中诸如友善之类的规范有阶级调和论的色彩,并不符合马克思主义的立场,但是更多的学者却高度认同这样的概括,并认为这恰恰是马克思主义中国化语境下中国共产党人对优秀传统伦理文化的继承与弘扬。

恶之辩中,我们应该纠正当前过于认同人性本恶,并由此习惯于规章制度的单一路径依赖之偏颇,回归传统伦理文化所推崇的人性本善立场,引领公民通过向善、崇善、行善来顺应"立德树人"的时代呼唤,从而更好地为中华民族伟大复兴建功立业。

这正是我们以"时代之问"为导向,探究、激活并创新古代善恶之辩中坚信人性为善这一优秀文化传统,并发掘其在人我之辩中对"他者"伦理境遇实现的独特促进作用的现实意义之所在。

第6章

义利之辩视阈下的"他者"伦理境遇

> 义利之辩是善恶之辩的具体展开。作为尚善的一种具体呈现，中华传统文化历来推崇"见利思义"（《论语·宪问》）的立场，追求义利合一的境界。如果义利发生冲突，那么以传统的义利观而论，坚守道义是首要的抉择。这一道义论传统立场的实现就是人我之辩中"我"对趋利本性的超越，从而赋予"他者"伦理境遇的过程。这种对"他者"伦理境遇在义利观上的最高境界是"舍生取义"（《孟子·告子上》）。面对着当下"利润最大化"这一市场法则被泛化的现状，回归、激活与创新传统义利观的这一尚义传统无疑有着重要的现实意义。
>
> ——引言

义利之辩中追求义利合一是中华传统文化的基本价值追求之一。正是在这种传统文化的熏陶下，中国人向来信奉诸如"见利思义"，反对"唯利是图"之类的为人处世理念。但在市场经济高度发达的当下，这一传统的价值观念却遭到了愈来愈多的怀疑乃至否定。急功近利，甚至是唯利是图已然成为许多人的人生信条。如果追根溯源我们就可以发现，这一切与"利润最大化"这一市场法则被泛化密切相关。置身市场经济被视为是最有效率的当下，个人也罢，组织也罢，当然要追求利润最大化。但问题在于，在这个追求利润最大化的过程中永远存在一个是否合乎道义的价值取向问题。以中国古代哲学的范式来表达，那就是义利之辩。在这个义利之辩中，以儒家为代表的中国文化传统所推崇的是义利合一之道，其历来主张的基本价值理念是"见利思义"；当义利无法合一,甚至是冲突时,它主张"义在利先"的价值排序和行为抉择。

一、中华传统文化的义利合一之道

就人我关系而论,"我"之趋利避害是一种物种的本能,但人显然不仅是物种意义上的存在,更是文化的尤其是伦理的存在。对"他者"的尚义之心便由此而成为人超越动物性的一个具体证明。义利之辩由此而展开。它不仅成为古代哲人讨论和争论最多也最激烈的问题之一,而且也构成中国古代哲学史探讨人生问题时首要且延续时间最长的论题之一。[①] 在古人那里,"义"一般指仁义道德;"利"则指物质利益、功利等,故义利之辩中论及的问题也可简单地归结为人我之辩中的"我"之谋利本性与"他者"谋利本性发生冲突时,并不总是做利己主义的算计而是能够兼顾"他者"及诸多"他者"集合而成的组织,从而实现利人利己的合一。事实上,这也就是在义利之辩中"我"如何赋予"他者"伦理境遇的问题。

1. "义在利先"的儒家义利观

在义利之辩中,先秦儒家义利观的核心立场是主张义在利先。张岱年认为:"义的观念大概萌芽于孔子之前,到孔子乃确立为一个重要的观念。"[②]这就是说,"义"的概念什么时候形成不太可详考。但有一点是可以肯定的,那就是孔子最早比较系统地探讨了义与利的关系问题:"子路曰:君子尚勇乎? 子曰:君子义以为上。君子有勇而无义为乱,小人有勇而无义为盗。"(《论语·阳货》)可见,孔子通常把义与利对立起来。比如,他就提出了所谓"君子喻于义,小人喻于利"(《论语·里仁》)的著名命题。

孟子把孔子的义利观进一步发展了。他是甚至强调:"大人者,言不必信,行不必果,惟义所在。"(《孟子·离娄下》)这就是说,只要符合"义",有时不讲信用,不兑现诺言也是可以的,因为"义"在人的行为中具有至高无上性。据《孟子·梁惠王》篇记载,当孟子游说梁惠王时,梁惠王问他:"何以利吾国?"时,孟子的回答是:"王何必曰利,亦有仁义而已矣。王曰:'何以利吾国?'大夫曰:'何以利吾家?'士庶人曰:'何以利吾身?'上下交征利而国危矣。"(《孟子·

---

① 张岱年:《中国哲学大纲》,中国社会科学出版社 1982 年版,第 386 页。

② 张岱年:《中国哲学大纲》,中国社会科学出版社 1982 年版,第 386 页。

梁惠王上》)孟子尚义反利的另一个重要内容是主张舍生取义的牺牲精神。孟子显然看到了义与利有时会无法兼得的客观情境。于是,就有一个如何抉择的价值排序问题。孟子的观点很清晰且坚定:"鱼,我所欲也;熊掌,亦我所欲也。二者不可得兼,舍鱼而取熊掌者也。生,亦我所欲也;义,亦我所欲也。二者不可得兼,舍生而取义者也。"(《孟子·告子上》)在这一段传诵千古的名言中,孟子不仅明确表达了"义"的价值高于"利",而且主张在必要时可以舍弃生命之"利"去捍卫"义"的无上尊严。有学者曾如此评论说:"这一表述正气沛然、震烁古今,以致后人把孔子的学说称为'杀身成仁',把孟子的学说称为'舍生取义'。仁义与孔孟合而为一,磅礴于中华大地,穿流在历史长河,召唤着无数志士仁人勇往直前。"[1]

汉代儒家的最主要代表人物董仲舒,一方面直接继承了孔孟义利之辩中这一"义在利先"的立场。比如,他提出了以义利为人生之"两养"说:"天之生人也,使人生义与利。利以养其体,义以养其心;心不得义不能乐,体不得利不能安。义者,心之养也;利者,体之养也。"(《春秋繁露·身之养重于义》)董仲舒在这里虽然讲了"两养",但语序上明确了养心之"义"高于养身之"利"的意思。另一方面,董仲舒对孔孟的义利观又做了某些片面的发挥。比如,董仲舒就颇为决然地提出"正其谊不谋其利,明其道不计其功"[2](《汉书·董仲舒传》)的命题。虽然董仲舒的义利观深得后世儒者的景仰和推崇,但在胡适看来,董仲舒的这一立场并没有依循孔子的义利观。在他看来孔子"并不是主张'正其谊不谋其利'的人。《论语》说'子适卫,冉有仆。子曰:庶矣哉?冉有曰:既庶矣,又何加焉?曰:富之!'……'这岂不是'仓廪实而知礼节 衣食足而知荣辱'的政策吗?"[3]胡适的解读是对的。事实上,这折射了中国思想史上一个常见的现象,即后世的孔子言行与形象其实是被汉以后的文人学者改造过的。正是有缘于此,置身弘扬优秀传统文化的当下,我们有一项功课不得不做,那就是回归文本做必要的考证与厘清。

---

[1] 夏海:《国学要义》,中华书局 2020 年版,第 250 页。

[2] 依据张岱年先生考证,董仲舒这一说法在史籍记载里有不同的表述:第一种就是目前流行的表述,出自《汉书·董仲舒传》:"夫仁者,正其谊不谋其利,明其道不计其功",它其实并非董仲舒原话。第二种表述出自《春秋繁露·对胶西王越大夫不得为仁》,系董仲舒的原话:"夫仁者,正其道不谋其利,修其理不急其功"。张岱年评论此事说"此二记载不同,必有一误。……《汉书》所记之二句,虽非董子原语,但对后来思想影响甚大。宋明儒者多奉为圭臬。"参见张岱年:《中国哲学大纲》(中国社会科学出版社 1982 年版),第 392-393 页。

[3] 胡适:《中国哲学史大纲》,上海古籍出版社 1997 年版,第 85 页。

　　然而,宋代的朱熹却颇为推崇董仲舒的这一命题。比如,朱熹在编纂《白鹿洞书院学规》时直接引用了"正其谊不谋其利,明其道不计其功"这一语录。这体现了他强调在追求道义时,不应考虑个人的利害得失的基本立场。事实上,就如我们在尔后的哲学史发展中看到的那样,正因为董仲舒、朱熹等人对先秦儒家义利观的片面解读,才有了后来戴震、王夫之、黄宗羲等学者批判宋明的"腐儒"做派,从而倡导贵欲、尚利等新立场、新思想的出现。这显然成为那个时代启蒙思想家的一个重要文化宣言,而且它对近代中国市民社会的出现起到了相当积极的促进作用。

　　有必要指出的是,作为战国后期儒家的主要代表人物,荀子在"利"的肯定方面比孔孟有所加强。荀子从性恶论和"化性起伪"的理论出发,明确认为义与利同为人所固有的两种追求,只不过其中义是第一位的,利是第二位的:"义与利者,人之所以两有也,虽尧舜不能去民之欲利。然而能使其欲利不克其好义也……故义胜利者为治世,利克义者为乱世。"(《荀子·大略》)也因此,荀子认为:"不学问,无正义,以富利为隆,是俗人者也";"惟利所在,无所不倾,若是则可谓小人矣。"(《荀子·儒效》)可见,荀子在义利的关系问题上比孔孟的观点要更符合人性存在的本来面目。尤其是他既反对以义反利的片面性,又鄙视"惟利所在,无所不倾"的不道德行为,这无疑是非常合理的。

　　在反对孔孟之道的那些岁月里,曾经看到一种颇为流行的观点说:以孔孟之道为代表的儒家文化其实很虚伪,人怎么能不讲利呢?[1] 其实,这是对孔孟之道的误解。儒家并非不讲利,而是告诫世人不要贪图那些不应该的利,由此才说:"君子爱财,取之有道。"这个道不是门道的"道",而是道义的"道"。事实上,孔子自己也言利。比如,他就这样论述过富与贵:"富与贵是人之所欲也。"(《论语·里仁》)这就明确肯定了富贵之利乃人人向往的基本事实。孔子的结论只是:"不义而富且贵,于我如浮云"(《论语·述而》)可见,至少在先秦的孔子那里,在义利问题上并不否认利,只是主张义比利要重要。也因此,它形成了中国传统文化中"义在利先"这样一个根深蒂固的道义论传统。

　　值得一提的是,孔孟为代表的义利观还曾漂洋过海,对日本现代企业制度

---

① 杨荣国:《中国古代思想史》,人民出版社1973年版,第111页。

（即株式会社）的创始人涩泽荣一产生了积极的影响。涩泽荣一在其《〈论语〉与算盘》一书中,把孔孟的这一道义论基础上的义利观概括为"士魂商才"的做人范式。就义利之辩而论,"士魂"是指由儒家文化熏陶的以家国天下为己任的崇尚道义之精神,这是守义;"商才"是指实现以家国天下为己任的儒者所应具备的谋利之商业才干,这是谋利。他认为:"商才不能背离道德而存在,因此《论语》自当作为培养商才之圭臬。"①从涩泽荣一的观点可切实地感受到孔子的义利观对后世影响之深远。

以人我之辩的视阈看,儒家义利观所持立场的核心逻辑是"我"须有超越一己之利的自觉,生成对"他者"之利的关切以及对众多"他者"集合之公利（义）自觉维护的德性与德行。它具体呈现为义利之辩中"我"在两个层面上的"尚义"之心:一是在人己之辩中,对与自己一样有着趋利本能的个体"他者"持一份"人同此心,心同此理"的同情心,反对利己主义的算计;二是在群己之辩中,对诸多"他者"集合而成的诸如家、国、天下,持一份维护公利、崇尚公义的道义之心,反对形形色色的个人主义价值观。这样,在儒家的思想体系中"我"对"他者"的伦理境遇便在义利关系的抉择中得以真正地实现。

2. "义即利"的墨家义利观

冯友兰先生在《中国哲学简史》中曾经称"墨子:孔子的第一个反对者。"②倘若在人我之辩中我们尚看不出孔子的仁爱与墨子的兼爱有什么原则性差别的话,那么在义利之辩中墨子对孔子的立场持显而易见的反对态度。

墨子明确反对儒家的义利观,提出义利统一与并重的思想。墨于认为义利是统一的。由此,墨子一方面贵义,声称"万事莫贵于义。"（《墨子·贵义》）但另一方面,墨子对什么是"义"的理解与他同时代的思想家不同,而是主张义即是利。比如,墨子主张考察统治者是否仁义,就应当要"观其中国家百姓人民之利。"（《墨子·非命上》）可见,在墨子看来百姓人民之利乃是最高的"义"。这个"义"就是"兼爱"。具体地说所谓的义就是"交相兼",不义就是"交相别"。墨子在这里呈现的逻辑大致如下:因为国与国、家与家、人与人相爱,才可以实现各自之利,如果不相爱而相害,那么利也就无从实现了,即所谓的"兼相爱,交相利"（《墨子·兼爱中》）。墨子曾从人的趋利避害本性予以举例说:"今若国之与国之相攻,家之与家之相篡,人之与人之相贼,君臣不惠忠,父子不慈

---

①　涩泽荣一:《〈论语〉与算盘》,余贝译,九州图书出版社 2012 年版,第 4 页。
②　冯友兰:《中国哲学简史》,涂又光译,北京大学出版社 2013 年版,第 50 页。

孝,兄弟不和调,此则天下之害也""是故诸侯不相爱则必野战,家主不相爱则必相篡,人与人不相爱则必相贼,君臣不相爱则不惠忠,父子不相爱则不慈孝,兄弟不相爱则不和调。天下之人皆不相爱,强必执弱,富必侮贫,贵必敖贱,诈必欺愚。凡天下祸篡怨恨,其所以起者,以不相爱生也。"(《墨子·兼爱中》)

可见,在义利之辩中与儒家的道义论立场不同,墨子的"义即利"思想属于功利论的立场。这固然是墨子作为底层手工业者的阶级身份很自然得出的结论,同时也是对他身处那个动荡不安的"时代之问"的一种不同于儒家的独特理论回应。

正是基于创始人墨子这一立场,墨家学派的后继者明确提出"义,利也"(《经上》)的命题,把墨子确立的义利观立场简洁明快地予以了表达。在《墨经》里还有"义,利;不义,害"(《大取》)的语录,表达了同样的意思。也正是基于这一义利之辩的立场,墨家还提出了如下的志向:"义,志以天下为芬,而能能利之,不必用。"(《经说上》)这里是说,把利天下作为自己的职分与志向,而自己的才能又确实能利于天下,尽管不一定为君王所用,也很泰然处之。

特别值得一提的是,与孔孟相类似,墨子及其弟子对这一义利观的践行也是可圈可点的。这就如冯友兰评价的那样:"与墨子同时的一切文献,一致告诉我们,墨子本人的言行,就是他自己学说的真正范例。"[1]在义利观的践行方面,墨子的大义凛然就在史籍中留下过很多诸如墨子救宋[2]之类的感人传说。难怪毛泽东曾经评价墨子"是比孔子高明的圣人。"[3]

值得一提的是,相比于儒家"义在利先"的立场,墨家的义利观传统显然更具有人性论的基础。众所周知,就义利之辩而论,无论哲人们采取什么样的立场,有一个事实却是无法抹杀的,那就是人性就其天性而论是趋利避害的。与

---

① 冯友兰:《中国哲学简史》涂又光译,北京大学出版社2013年版,第61页。

② 据《墨子·公输》记载:一次,楚国准备攻打宋国,鲁班为此特地设计并制造了一种云梯,以作攻城之用。那时墨子正在齐国,得到这个消息后急忙赶到楚国去劝阻,一直走了十天十夜才到楚国的郢都。墨子虽然说服了楚王,但楚国的一些大臣却不甘心放弃那些攻城器械,想在实战中试它的威力。墨子便解下衣带,围作城墙,用木片作为武器,让鲁班与其分别代表攻守两方进行推演。鲁班多次使用不同方法攻城,每次都被墨子挡住了。鲁班攻城的器械已经使尽,而墨子的守城计策还绰绰有余。然而,鲁班并不肯认输,说自己还有办法对付墨子,但就是不明说。墨子也回应说知道鲁班要怎样对付自己,但是自己也不想明说。不明就里的楚王就追问究竟是什么意思。墨子只好说:鲁班是想杀了自己。以为杀了自己,就没有人帮宋国守城了。其实,鲁班不知道的是,墨子的门徒约有三百人早已守在那里等着楚国去进攻了。楚王终于意识到没有把握取胜,便彻底放弃了攻打宋国的想法。鲁迅曾经将这个故事写成一个著名的历史小说《非攻》。

③ 周溯源:《毛泽东评点古今人物续集》(上卷),红旗出版社1999年版,第40页。

其对这一事实视而不见或避而不谈,还不如予以充分的承认与肯定。墨家"兼相爱,交相利"的义利观正是在这一点上比儒家更求真务实。换句话说,儒家的义利观固然崇高,但从普遍性的要求来说显然不是每一个"我"均可到达的境界。尤其是宋明理学家所声称的那种"正其谊不谋其利,明其道不计其功",显然是一种圣贤才可到达的境界。普通人到不了这种境界就会放弃或变得虚伪。这显然不利于人我之辩中作为普罗大众之"我"在义利抉择中对"他者"伦理境遇的实现。

3."正义谋利"的启蒙学者义利观

中国古代的义利观发展至宋明理学时出现了较为明显的偏颇。① 如果做一点思想史的追溯,这个偏颇的出现始于二程。作为宋代理学的先驱性人物二程曾非常关注义利之辩。程颢说:"大凡出义则入利,出利则入义,天下之事,惟义利而已。"(《河南程氏遗书》卷十一)此语录中就其重视义利之说,断言"天下之事,惟义利而已"大抵也还说得通,但程颢说:"大凡出义则入利,出利则入义",显然把义利决然对立起来了。程颐也说了类似的话:"义与利只是个公与私也;才出义,便以利言也。"(《河南程氏遗书》卷十七)程颐在这里将义利与公私相勾连对前人固然是个创新,但遗憾的是他与程颢一样将义与利做了不可调和的理解。

朱熹继承了二程的思想,极为重视义利之辩问题:"义利之说,乃儒者第一义。"(《朱子大全·与延平李先生书》)对于义利关系,朱熹认为:"循天理,则不求利而自无不利;循人欲,则求利未得而害己随之。"(《四书集注·孟子集注》)这就是说,在循天理、崇仁义的前提下,古人说"利者,义之和也"(《易传·乾文言》)是不错的,因为这是"自然之利",从这一点亦可言"义即利"。博学的朱熹在这里明显是汲取了墨家、道家②的相关思想。如果沿着这一思路推进,朱熹的义利观无疑有可能集前贤思想之大成。但遗憾的是,出于对现实人性的谨慎审察,尤其是对欲理之辩中人欲之祸甚是担忧的缘故,朱熹又分外强调了不得专以"利"为事,尤不得出于人欲而逐"利"。

也正是遵循这一思路,他采纳了程颐"义利云者,公与私之异也"(《河南程

① 张岱年主编:《中国文史百科》(下卷),浙江人民出版社 1998 年版,第 721 页。
② 就义利之辩而论,道家的态度与儒墨均不相同,颇显独特性:老庄从"道法自然"(《道德经》二十五章)立场出发,既排斥利,亦摈弃义。故庄子有"忘年忘义""不就利、不违害、不喜求""死生无变于己,而况利害之端乎"(《庄子·齐物论》)之类的语录存世。道家这一义利皆斥的思想源于道家崇尚自然、主张无为的基本观点。由于义与利皆属人为而非自然,故它均遭道家的排斥与鄙视。

氏遗书》卷十七)的观点,并进一步发挥道:"将天下正大底道理去处置事,便公;以自家私意去处之,便私。"(《朱子语类》卷十三)这就是说,"公"是以天理为准则的处世态度,"私"则是仅凭一己之私心待人接物。由此,朱熹认为义利之辩中的"义"为天理之所宜,故"义"便是"公";"利"为人欲之所系,"利"便是"私"。正是基于这一理由,朱熹又说:"仁义根于人心之固有,天理之公也。利心生于物我之相形,人欲之私也。"(《四书集注·孟子集注》)于是,朱熹那著名的"存天理,灭人欲"之论,在这里就便很自然地衍生出以公心灭私欲,以"义"制"利"的结论。

可见,古代义利之辩的文化传承从董仲舒到二程,再到朱熹越来越偏离了先秦哲学的合理立场,呈现出了极度的片面性。这种片面性从人我之辩而论,使得"我"之趋利的合理性被剥夺,与此同时对"他者"伦理境遇的赋予被拔高到了不真实的,即说教的程度。

所幸的是,后来一大批的启蒙学者修正了理学家们在义利之辩问题上的片面性。提倡"事功之学"的叶适是较早具有这一批判意识的哲人。他针对董仲舒提出、朱熹极为推崇的"正其谊不谋其利,明其道不计其功"之说,一针见血地批判道:"正谊不谋利,明道不计功,此语初看极好,细看全疏阔。古人以利与人而不自居其功,故道义光明。后世儒者行仲舒之论,既无功利,则道义者乃无用之虚语耳。"(《习学记言》卷二十三)叶适在这里明确表达了道义与功利的不可分割性。正是由此,张岱年先生认为,叶适这一思想"所说实甚精切,惜无详尽发挥。"[①]

明末清初的王夫之继承了叶适的义利观思想,并做了详细的论证与发挥:"立人之道曰义,生人之用曰利;出义入利,人道不立,出利入害,人用不生。"(《尚书引义》卷二)这里呈现的显然是一种义利合一的可贵立场。在王夫之看来,满足人的立身之道是"义",满足人的生活需要是"利";离开道义而追逐利益,人就没有了安身立命之道;离开利益的追求,人的生计便会受到危害,人的生活需要就无法满足。可见,义与利相辅相成。而这种相辅相成的最理想状态便是"以义得利":"夫孰知义之必利,而利之非可以利之者乎? 夫孰知利之必害,而害之不足以害之者乎?"(《尚书引义》卷二)可见,尽管趋利避害是人的本能,可本能自身不会自动助人实现趋利避害的目的。于是,人的这种本能就需要"义"的引导。追求义必然给人带来利,而离开义去追求利却只会带来祸

---

①　张岱年:《中国哲学大纲》,中国社会科学出版社 1982 年版,第 397 页。

害。也是因此,王夫之又给出了"以义制害"的结论:"制害者莫大乎义,而雇害者莫凶乎利。"(《尚书引义》卷二)"义之所自正,害之所自除,无他,远于利而已矣。"(《宋论》卷十)

中国古代的义利合一、义利并重思想发展到了颜元这里已然成熟。他在其《四书正误》这部具有启蒙思想的著作中曾这样写道:"以义为利,圣贤平正道理也。尧、舜'利用',《尚书》明与'正德'、'厚生'并为三事。利贞,利用安身,利用刑人,无不利。利者,义之和也。《易》之言'利'更多。孟子极驳'利'字,恶夫掊克聚敛者耳。其实,义中之利,君子所贵也。后儒乃云'正其谊不谋其利',过矣!宋人喜道之,以文其空疏无用之学。予尝矫其偏,改云:'正其谊以谋其利,明其道而计其功。'"(《四书正误》卷一)可见,颜元明确反对宋儒将义利分离的偏颇,并引经据典论证了自古圣贤与经典文献无不推崇义利并重的思想,强调了义中之利的天然合理性。这一在正义明道的前提下主张追逐功利的思想,在当时的历史条件下具有相当进步的启蒙意义。

> 颜元的《四书正误》有着特别的写作背景。朱熹五十九岁任漳州地方官时开始着手将儒家经典《大学》、《中庸》、《论语》、《孟子》四书及其注释合编为《四书章句集注》,简称《四书集注》。他对此书曾自诩为:"添一字不得,减一字不得""不多一个字,不少一个字。"(《朱子语类大全·饶州刊朱子语录后序》)《四书集注》刊印之后,不久就风行天下。公元 1313 年元仁宗发布皇帝诏书,《四书集注》正式被朝廷规定为官方指定的科举取士参考用书。从此,《四书集注》成为科举考试的必读书目。明、清两朝延续了这一政策,直至 1905 年废科举后,其经典地位才被终止。事实上,在废科举之前已然有颇多质疑乃至批判声音。颜元的《四书正误》无疑最具代表性。此书为作者读朱熹《四书集注》和讲解《四书》所作的笔记。后由门人辑录成册,共 6 卷。包括《大学》、《中庸》、《〈论语〉上》、《〈论语〉下》、《〈孟子〉上》、《〈孟子〉下》各一卷。《四书正误》除注释外,多为批评程朱"空疏无用"之学方面的内容。

尤其值得一提的是,颜元在义利之辩中批评董仲舒与宋明理学之偏颇的论证之严谨与语言之犀利也堪称前无古人。据相关文献记载:郝公函问:"董子'正谊明道'二句,似即'谋道不谋食'之旨,先生不取,何也?"曰:"世有耕种,而不谋收获者乎?世有荷网持钩,而不计得鱼者乎?抑将恭而不望其不侮,宽而不计其得众乎？这'不谋不计'两'不'字，便是老无、释空之根。惟吾夫子先难后获，先事后得，敬事后食，三"后"字无弊。盖'正谊'便谋利，'明道'便计功，是欲速，是助长；全不谋利计功，是空寂，是腐儒。"（《习斋言行录》）在这里颜元面对别人对自己义利观的质疑，其回应可谓义正词严、酣畅淋漓，且论证严谨、晓畅易懂。对自己"正义谋利，明道计功"的观点，颜元先以生活日常之实例来反问道：有耕种者不谋收获的吗？有荷网持钩者不计得鱼的吗？然后颜元又以孔子《论语》里"恭则不侮，宽则得众"（《论语·阳货》）的原话再予以论证：难道孔子当年恭而不望其不侮，宽而不计其得众吗？答案显然是否定的。可见，是后世迂腐的儒者曲解了圣人的本意。正是通过这样的论证，颜元就把自己为何要在义利观上拨乱反正的理由阐释得合情合理，且清晰明了。

从对中国哲学史上诸家义利之辩不同观点的梳理中我们可以发现，义利合一无疑是古代伦理思想家最认可的理想境界。当义利发生冲突时，儒家的先义后利、重义轻利的传统对我们民族的文化心态影响最大。因为这一影响也就使得在中华传统文化中积淀了一种深沉的尚义传统。这一传统在人我之辩中就具体呈现为"我"之趋"利"的本性在"义"的规范下而实现对"他者"伦理境遇的赋予。这显然是我们必须予以继承、发展与创新的优秀传统。

二、西方"利润最大化"法则的剖析与超越

在义利之辩的问题上，与中华传统文化形成了悠久的以尚义为主要立场的道义论传统不同，西方文化在工业革命兴起之后，伴随着市场经济体制的逐渐确立，在意识形态上形成了鲜明的功利主义思潮。这一思潮随着"利润最大化"这一原本仅限于市场行为的法则被泛化，带来了西方社会治理的一系列问题。而且，在中国这一功利主义思潮对传统文化推崇的义利合一、义在利先，反对唯利是图之类的理念与信念产生了极大的消极性影响，并在社会生活层面导致了诸多不尽如人意现象的发生。

1. "利润最大化"法则的道义约束

西方从古希腊开始就有一种功利论的思想萌芽，它明确主张趋利与避害是人的自然禀赋生成的本能。而且，这种自然的、本能的趋利本能被智者学派认为是无法压制和剥夺的。这种立场甚至影响到了睿智的德谟克利特，以至

于他也曾说过这样的话："快乐与不适,决定了有利与有害的界限。"①这显然
是以趋利避害这一本能的禀赋为快乐与否的标准。尽管这不是德谟克利特哲
学的主流立场,但的确可以看到古希腊哲学对人的自然禀赋的重视。这与中
国哲学在先秦的人禽之辩中就非常决然地与人的先天自然特性(天性)相揖
别,从后天的德性与德行来解读人之为人的立场有着天壤之别。

　　在古希腊哲学中"善"是其核心范式之一。它的希腊文写作 agathos。
这个词汇伴随着希腊文化的演变历程,被后世广泛运用于文学、哲学和艺
术领域,成为了一个重要的文化符号。对于如何翻译它的准确含义? 英
文一般译为 good,中文通常译为"善"。但古希腊哲学史家汪子嵩却认
为:"我们不能完全用中国哲学中的'善'去理解它,agathos 的含义要比
中国哲学所说的'善'更加宽广,它还具有本体论的意义。……现在西方
学者比较强调苏格拉底的'善'的有益、有用的含义。"②这也就是说,在古
希腊文 agathos 那里首先是一个本体论,然后也是认识论,最后才是伦理
学的范式。也就是说,agathos 的语义从本体论与认识论看,其语义就是
"有益的""有利的""有用的""有权势的",只是在伦理学的视阈来看,它才
被理解为"良好的""优越的""诚实的""可爱的"等语义,即中国哲学中的
"善"之含义。从这个词中我们可窥斑见豹,感受到就义利之辩而言西方
功利主义传统有多么源远流长。

　　当然,在古希腊真正被视为功利主义思潮之滥觞的哲人是亚里斯提卜、伊
比鸠鲁及其追随者们。他们的哲学都关注与探究"如何促使最大快乐"的功利
原则。近代英国伦理学家如坎伯兰、法兰西斯·哈奇森也因主张道德的善必
须以利益的获得和随之而来的快乐为原则,而被视为功利主义思潮的先驱。
苏联哲学家季塔连柯对西方功利主义思想的前世今生有过这样的论述:"功利
主义部分地是由古代的智者提出,但是它最终形成时却是资产阶级伦理学的
一个流派(边沁、穆乐)。"③也就是说,功利主义正式成为一种学术思潮是在 18
世纪末与 19 世纪初期开始出现的。它被认为是由英国哲学家兼经济学家边
沁所创立。在其《道德与立法的原理绪论》中,边沁曾这样写道:"功利原则指

① 周辅成:《西方伦理学名著选辑》(上卷),商务印书馆 1987 年版,第 81 页。
② 汪子嵩等:《希腊哲学史》(第二卷),人民出版社 2014 年版,第 371 页。
③ 季塔连柯主编:《马克思主义伦理学》,黄其才等译,中国人民大学出版社 1984 年版,第 16 页。

的就是：当我们对任何一种行为予以赞成或不赞成的时候，我们是看该行为是增多还是减少当事者的幸福。"而一种行为注定是以增进幸福为目的，因为"人类的天性，人们在一生中的绝大多数场合，一般都不假思索地采纳这个(功利)原则。"①可见，功利主义哲学基础是把人性归结为趋利避害的天性。值得指出的是，边沁认为个人追求一己之利，并将其视为幸福的实现，便会自然而然地促进全社会的利益与幸福的实现。这是因为"社会是一种虚构的团体，由被认作其成员的个人所组成。"②

毋庸讳言的是，我们应该承认西方的市场经济发展得益于一种功利之心的激发。因此西方这种功利论的文化传统有其合理的一面，它确实激发了人们诸如财富追求之类的强烈欲望，它还激发了人去征服外部世界，甚至征服人自身之惰性的强烈欲望。比如，当时西方盛行海外探险，哥伦布船队去了所谓的美洲"新大陆"、麦哲伦的船队环游世界无疑都体现出这种对利之追逐的一种大无畏之心。这一点应该说无疑有它特定语境下的合理性。

西方教科书上描述的哥伦布发现了美洲"新大陆"，其实并不准确。事实上，在哥伦布到达之前已然有相当规模的原住民在此生活。不仅如此，西方一些研究者对哥伦布这一航海探险的功利主义动机也常常有意地回避。历史的真相是：哥伦布等人奉西班牙国王之命在海上航行了两个月零九天后，终于在 1492 年 10 月 12 日登上美洲大陆时，他们所做的第一件事就是宣布这里为西班牙帝国的领地。匆忙之中还将美洲误认为是亚洲的印度，于是便以"印第安人"(即"印度人"之意)为名称呼当地的原住民。客观地说，哥伦布的冒险航行为顺利开辟横渡大西洋到美洲的新航线，从而对未来西方国家的资本主义全球化发展奠定了重要的航路基础。但奉行丛林法则的他们为了占领美洲的土地，对原住民进行了多次血腥的大屠杀。据史料记载，哥伦布发现这一块土地之前其原住民至少有 3000 万，可是等到 20 世纪 70 年代之后，生活在同样区域内的原住民(印第安人)仅有不到 80 万。

事实上，以中华传统的义利合一之道来看，功利之心如果被过分张扬，如

---

① 周辅成：《西方伦理学名著选辑》(下卷)，商务印书馆 1987 年版，第 211 页、第 213 页。

② 周辅成：《西方伦理学名著选辑》(下卷)，商务印书馆 1987 年版，第 212 页。

果缺乏一种道义之心匡扶的话,趋利是很可怕的。从义利之辩来看,边沁的功利主义哲学的本质是将"义"消解在逐"利"的过程之中,"边沁为代表的西方功利主义伦理学是一种'无道德'的伦理学,因为它直接把逐利的动物性本能视为'是否道德''是否善''是否幸福'的标准。这一点从功利主义的代表作《道德与立法的原理绪论》中便可直观。在这种理论中,道德与法都被人的逐利本能(功利)绑架了。"①事实上,义利之辩中的"义"被理解为"利"正是功利主义的核心立场与论证逻辑。这也就意味着,逐利成为了最根本的行动原则。

事实也的确如此,西方最早的一批殖民主义者,在开拓世界市场的过程中嗜杀成性毫无道义可言。② 与对待海外殖民地的原住民一样,早期的资本家在剥削工人的时候也同样绝对是唯利是图、贪婪无比的。故马克思在批判资本主义原始积累的时候,就深刻地揭露说:"资本来到世间,从头到脚,每个毛孔都滴着血和肮脏的东西。"③特别值得一提的是,一个半世纪以来西方主要资本主义国家迄今为止的发展历史表明,马克思当年揭露的资本这一逐利本性并没有得到遏制,更不可能彻底根除。

正是这一义利之辩中唯利是图的功利主义的文化背景,使我们可以理解在 20 世纪 50 年代末 60 年代初,在美国为什么会出现一系列工商企业活动中的丑闻。这些丑闻包括隐瞒产品缺陷、行贿受贿、规定垄断价格、胁迫或欺诈交易、不平等甚至歧视员工等。公众对此反应强烈,要求政府对此进行调查。于是,在 1962 年美国政府公布了一个报告——《关于企业伦理及相应行动的声明》。同年,在美国伦理学院联合会成员中开始了义利关系问题的热烈讨论。也就是说,这时的西方人也开始意识到没有道义坚守的功利心是可怕的。尤其是出现了一系列工商企业活动中的丑闻之后,以美国为代表的西方社会开始讨论企业伦理(Business ethics)的话题。1974 年 11 月,在美国堪萨斯大学召开了第一届企业伦理学的讨论会。此次会议标志着企业伦理学的正式确

---

① 万斌等主编:《马克思主义视阈下的当代西方社会思潮》,浙江大学出版社 2006 年版,第309 页。

② 其实,无论是哥伦布还是麦哲伦,他们被誉为航海家的背后有一个西方媒体或教科书不愿提及的身份,那就是殖民者或称掠夺者。众所周知,14—15 世纪欧洲资本主义开始快速发展后,欧洲资本主义对原材料的需求和掠夺的欲望促使了新航路的冒险开辟。事实上,自此之后欧洲人开始对美洲等进行政治的控制,经济的剥削和掠夺,宗教和文化的渗透,直接促使该大陆原住民的土地丧失,文化和生活方式也逐渐发生消亡,最终沦为宗主国的殖民地。

③ 《马克思恩格斯全集》(第 23 卷),中共中央马克思恩格斯列宁斯大林著作编译局译,人民出版社 1972 年版,第 829 页。

立。这次大会的会议记录后来被汇编成书发表。这本书的书名为:《伦理学、自由经营和公共政策:企业中的道德问题论文集》。此后不久,一批有影响的企业伦理学专著也开始陆续面世。今天的美国,在很多大学的管理学院、经济学院培养 MBA、职业经理人的课程中,都有一门核心课程叫企业伦理学,或者称商业伦理学。正如一些西方学者承认的那样:在这个课程中,我们终于发现中国古代哲人推崇的义利合一所包含的道义论传统是一个非常好的思想史资源。[①]

正是在这样的现实语境下,西方的现代管理学理论,特别是在它的管理伦理理念重新架构的过程中,不管是美国还是欧洲都开始从孔子的学说、从儒家传统文化的经典诸如《论语》《孟子》那里吸取智慧的养分。孔夫子主义(Confucianism)正是在这样的际遇下被今天的西方人所认同。这可以被视为是一个颇令中国人自豪的"东学西渐"过程。

其实,儒家义利观的"东学西渐"在更早的时期便已经开始了。众所周知,中国近代虽然没有形成如马克斯·韦伯所说的商品经济社会形态,但这并不意味着没有商品交换。事实上,在中国历史上,儒家所崇尚的这一"见利思义"思想,就成为后世"儒商"[②]经营实践中所恪守的基本理念。日本于 1868 年明治维新后,明治新政权采取"文明开化"政策,大力提倡学习欧美的科学技术和政治制度,吸取西方的科学与民主思想。当时的统治者认为,西方的思想比较进步,因而开始轻视甚至排斥儒家思想。然而,伴随而来的是"全盘欧化"思潮的流行并导致价值观的混乱,社会道德规范的失序与弱化,社会呈"品德恶化、风俗紊乱"的态势。尤其是商业行为,出现了大量诸如欺行霸市、哄抬物价、误导性广告、强制性消费等唯利是图现象。于是,1876 年和 1878 年,在明治天皇授意下,儒学"侍讲"元田永孚起草了《教学大旨》,主张以儒学思想重新统合

---

① 正是基于这一背景,本书作者之一的张应杭曾应 Journal of Business Ethic Education 编委会之邀撰写过一篇相关的论文。文章以《论语》的义利观为叙事语境,重点阐述了商业伦理之于企业组织的"何以必要"与"何以可能"的问题。参见: The Basic Mission of Business Ethics Education ,〈Journal of Business Ethic Education〉2008,5 Neilson Journal Publishing,2008.

② 儒商的历史一般会追溯到孔子的弟子子贡。子贡复姓端木,名赐,字子贡。从史料记载看,他善守经商之道,曾经商于曹国、鲁国两国之间,诚信好义,富致千金,成为孔门弟子中的首富。后世所谓的"端木遗风"即指子贡遗留下来的诚信好义的经商风气,他也因此成为中国民间信奉的财神。儒商在春秋、战国之际虽已出现,但儒商一词的出现却很晚。据有学者考证,文献中的"儒商"词目最早出现于清康熙年间杜濬所撰的《汪时甫家传》中。参见周生春、杨缨:历史上的儒商与儒商精神,载《中国经济史研究》2010 年第 4 期,第 34-38 页。

在新形势下的国民精神。1890 年,明治天皇公布了《教育敕语》,标志着儒学在日本重新居于"国教"的地位。值得一提的是,这一时期儒学在日本的复兴,并非简单的复古,而是根据时代的需要所做出的再解释和再改造。儒学与西方文化的结合,建构了"和魂洋才"的格局,不仅推动了日本的产业革命,而且实现了道德和社会的整合,在包括商业文明在内的诸多领域取得了举世瞩目的成就。

如果把儒家所崇尚的这一"见利思义"的基本价值观置于中西企业伦理文化的比较来看,那么,我们就可以发现,这一价值观的有效建构在西方要迟得多。事实上,在 20 世纪 70 年代初,"企业的社会责任就是使利润最大化"的观点依然占据着西方的管理学理论界和实业界。比如,诺贝尔经济学奖获得者密尔顿·弗里德曼就竭力主张:企业有一个而且只有一个社会责任,那就是"在公开、自由的竞争中,充分利用资源、能量去增加利润。"①在他看来,企业为了生存和发展,必须生产社会大众所需要的产品,而且要以最有效的方式,即利润最大化的方式进行。故而对企业有利的也就一定是对社会有利的。在密尔顿·弗里德曼的观点中,我们看到的正是边沁在《道德与立法的原理绪论》中阐述观点在另一种语境下的表述。然而,事实胜于雄辩。到了 20 世纪70 年代后期西方社会因一系列商业丑闻被爆出,以致社会不仅出现了规模可观的"消费者保护"运动,而且还出现了"反资本主义"的左翼思潮。到了这时无论企业主还是政府监管部门才开始意识到企业对社会的道义责任,相应的,探求义利统一之道的企业伦理学才应运而生。儒家的《论语》等经典也正是由此而被列入了西方许多高校管理学院及 MBA 学生的阅读书单上。

我们也许可以用义利统一之道来概述包括企业管理在内的整个社会治理的理想境界。令我们中国人骄傲的是,这样的理想境界不仅在 2500 多年前就被儒家深刻地勾勒,而且在这种价值观的熏陶和规范下还直接孕育了中国古代儒商"见利思义"的优秀经营理念。然而,遗憾的是,我们自近代以来,由于片面地反对传统文化,一味主张向西方学习,结果反而在义利之辩问题上走了一段弯路。其具体表现为:过分地批判了传统的道义论,与此同时,又过分地张扬了西方古典经济学理论中的功利论。于是,在整个社会的方方面面都出现了一些"不厚道"甚至是"不知道"的现象。这就正如有学者指出的那样:"因为逐利的原则被过度推崇,尚义的传统被弃之不顾。于是,一些为官者不知、

①　密尔顿·弗里德曼:《弗里德曼文萃》,高榕等译,北京经济学院出版社 1991 年版,第 79 页。

不守清正廉洁的为官之道,经营者不知、不守见利思义的商道,医者不知、不守救死扶伤的医道,师者不知、不守'传道授业解惑'的师道等现象虽不是主流现象,但也已经令人颇为担忧。"①正是由此之故,我们认为进入新时代的中国在文化自信的语境下,很有必要回归传统。从社会治理的角度来看,在义利问题上应该旗帜鲜明地主张回归义利合一、"见利思义"的道义论传统,否则,我们就无法有效地建构起市场经济的秩序,就不可能使我们拥有一种源自优秀传统文化层面上的核心竞争力。

2. 制约"利润最大化"的法治主义路径超越

如果对西方已然有几百年历史的市场经济体制做一点历史追溯,那么可以发现它在 17 世纪中叶开始萌芽。尔后这一制度的确立与发展经历了多个发展阶段,其中古典经济学的主导阶段是从 17 世纪中叶到 19 世纪 70 年代中叶。这一阶段标志着资本主义生产方式在英国、德国、法国、美国、日本等主要西方国家确立,并迅速取得长足的发展。在这个时期,资本主义生产方式逐渐成为一种自觉,其标志之一就是经济理论上开始系统提出劳动价值论,即意识到商品的价值由生产该商品所耗的劳动时间决定。此外,这个自觉还体现在提出了"看不见的手"原理,即"经济人"在追求自己利益的同时,被认为同时会有效地促进社会的整体利益的实现。这些理论和实践的发展,为西方经济体制的确立奠定了雄厚的物质基础。

到了 19 世纪末,随着工业革命的推进和资本主义的发展,西方经济体制逐渐成熟和完善。其中因经历了几次大的全球性的经济危机也曾步履艰难,甚至一度被广泛地怀疑这一制度的合理性。但进入 20 世纪,随着凯恩斯主义(Keynesianism)②的提出和实践,通过政府对经济社会活动的必要干预,消除了生产过剩与失业危机,实现了充分就业。这成为西方经济体制发展历史进程中的重要里程碑。凯恩斯主义主张国家采用扩张性经济政策,通过增加需求促进经济增长,扩大政府开支,实行财政赤字以刺激经济,从而维持市场繁

---

① 李波等主编:《中国古代文化简论》,中国文联出版社 2001 年版,第 164 页。
② 凯恩斯主义是以英国经济学家约翰·梅纳德·凯恩斯名字命名的经济理论。这一理论在第二次世界大战结束后,逐渐成为西方经济学的主流,取代了传统的新古典经济学。凯恩斯主义代表性著作是凯恩斯的《就业、利息和货币通论》,它旨在通过政府对经济与社会活动的必要干预,来消除生产过剩与失业危机,实现充分就业,管控总需求并稳定经济。凯恩斯主义的核心主张是国家采用扩张性经济政策,通过增加需求促进经济增长。这包括扩大政府开支、实行财政赤字以刺激经济,以维持繁荣。其理论体系以解决就业问题为中心,逻辑起点是有效需求原理,即认为社会的就业量取决于有效需求。

荣与可持续的发展。

当下西方市场经济体制的主要特征被归结为"三个主导"：其一、私有制和雇佣劳动制度占主导地位。私有制经济组织从最初的私人业主企业到股份公司，再到全球性跨国公司，都体现了私人资本对自身利益最大化的追求。所有制度安排都服务于私人资本的利益和意志。其二、私人企业决策居于主导地位。经济决策权高度分散在私人企业，私人企业被视为决策的核心，生产、销售等决策都由私人企业自主做出，政府处于"有限政府"的角色中故对企业决策干预有限。其干预的基本原则遵循"充分必要性原则"。其三、市场在资源配置中发挥主导作用。市场通过价格机制、供求机制和竞争机制进行资源配置，解决生产什么、为谁生产、生产多少及怎么生产的问题。市场迷信自平衡功能，认为市场最终会让经济实现平衡并走向复苏和繁荣。政府主要作为自由竞争秩序的维护者，不介入实质性资源配置活动。除非面临自由竞争的秩序被破坏的特殊情况，政府才可予以必要的且是有限的干预。

值得指出的是，市场经济体制中的这些特征，最重要的是"市场在资源配置中发挥主导作用"这一条。因为市场经济（Market economy）简单地理解就是指通过市场配置社会资源的一种经济形式。也就是说，市场构成唯一的商品或劳务交换的场所或平台。市场可以是有形的，也可以是无形的，还可以是有形与无形的集合体。在市场上从事各种交易活动的当事人，称为市场主体。市场主体以买者、卖者的身份参与市场经济活动，在这个活动中不仅有买卖双方的关系，还会有买方之间、卖方之间的关系。以人我之辩而论，不论市场主体之"我"无论处于何种与"他者"关系中，一个不变的且最重要的行动法则就是"利润最大化"。

可见，市场经济这一被认为是人类历史上探寻到的"最具效率和活力"的一种经济制度，但其核心依然是古老的趋利原则在起着推进作用。这就必然涉及义利之辩的核心问题：遵循"利润最大化"的各个市场主体，在趋利的过程中利益诉求一致自然相安无事，一旦利益诉求发生冲突时如何解决？

对这一问题的解决，西方思想史上从霍布斯的契约论到凯恩斯"看得见的手"①的强调，均以法治主义为路径依赖。但正如我们在西方市场经济发展的实践中看到的那样，法治并非万能。且不说立法有显而易见的滞后性，也不说

---

① 经济学上有"看不见的手"和"看得见的手"两个概念。"看不见的手"出自亚当·斯密的《国富论》这部著作，指的是市场机制对经济发展的自发调节作用；"看得见的手"出自凯恩斯的《就业、利息和货币通论》一书，指的是国家对经济生活的行政乃至法治手段干预。

立法是需要社会成本的，即便是有及时的法律出台，社会也不顾及执法成本的大小，在这种情形下也会大量出现以身试法的情形。这就如孟子说的那样："朝不信道，工不信度；君子犯义，小人犯刑。"(《孟子·离娄上》)可见，这一问题的解决一定还需要有法治之外别的思路。

这个思路正是中国古代以儒家为代表的主流文化给出的德治主义路径。众所周知，在解决义利冲突问题上的法治主义路径，中国古代法家学者的探讨比西方要久远得多。比如，韩非子在论证法度之无比重要性时就很深刻地揭示过人之趋利的本性："医善吮人之伤，含人之血，非骨肉之亲也，利所加也。故舆人成舆，则欲人之富贵；匠人成棺，则欲人之夭死也。非舆人仁而匠人贼也，人不贵，则舆不售；人不死，则棺不买。情非憎人也，利在人之死也。"(《韩非子·备内》)他甚至认定这种趋利本性为人父母者也不例外："且父母之于子也，产男则相贺，产女则杀之。此俱出父母之怀衽，然男子受贺，女子杀之者，虑其后便，计之长利也。故父母之于子也，犹用计算之心以相待也，而况无父子之泽乎？"(《韩非子·六反》)在韩非子看来，这种人之趋利本性即便是圣贤，也无法予以去除。但圣贤深知每个人的趋利会导致天下大乱。于是，圣贤就发明了法度用以制约与规范趋利之心。舆人可以欲人之富贵，但不可教唆他人为富贵而抢劫犯科；制棺之匠可以希望他人夭死，但不可取投毒杀人；父母为防老计可以喜欢男孩，但不可以将女孩溺杀。法度便是舆人、匠人、父母等各色人等趋利时"不可"逾越的底线。由此之故，韩非子极为推崇国家治理中赏罚分明的立法绩效："赏厚，则所欲之得也疾；罚重，则所恶之禁也急。"(《韩非子·六反》)

但历史的事实是，非常推崇韩非子之学的秦始皇，却没能够让自己建立的王朝基业长青，而是很快被刘邦建立的汉朝所取代。其中值得汲取的教训固然很多，但"过分相信法治的作用，无疑是中国历史上最短命王朝——秦朝很重要的一个教训。"[①]事实上，取而代之的汉王朝正是在汲取了秦始皇的前车之鉴之后开始转变思路，以"独尊儒术"的方式开始了德治主义的新思路。重要的还在于，被誉为中国封建社会的第一个盛世王朝"文景之治"也正是由此而华丽登场的。

可见，我们固然不可低估法治对市场经济的有效规范作用，但我们同样也不可高估法治在其中的作用，甚至走上法治万能论的迷途。事实上，19 世纪

---

① 韩文庆：《四书悟义》，中国文史出版社 2014 年，第 455 页。

上半叶的法国思想家傅里叶,也曾说过与韩非子差不多的话。在《论商业》这部被他学生发现的遗稿中,傅里叶这样描写各色人等的趋利本性:医生希望自己的同胞患寒热病;律师则希望每个家庭都发生诉讼;建筑师要求发生大火使城市的四分之一化为灰烬;安装玻璃的工人希望下一场冰雹打碎所有的玻璃;裁缝和鞋匠希望人们只用容易褪色的料子做衣服和用坏皮子做鞋子,以便多穿破两套衣服和多穿坏两双鞋子;甚至法院也希望继续发生大量犯罪案件,以维护自己的经费不被削减。① 但与韩非子不同,傅里叶却没有得出法治主义的结论,而是希望诉诸道德觉悟的提升与人格境界的完善。对傅里叶《论商业》一书,恩格斯曾给予了非常高的评价:"傅里叶对现存的社会关系作了非常尖锐、非常生动和非常明睿的批评。"②

我们之所以对西方市场经济体制内蕴的"利润最大化"法则在剖析其本质之后主张予以超越,固然也是因为它对全球化语境下的当今世界产生了巨大的影响力,但另一个更重要的缘由还在于它对中国当下的经济、政治、文化尤其有着不容忽视的影响力。这个影响力有积极的,也有消极的。这就意味着我们需要在认知与实践两个层面做必要的是非善恶辨析,并厘清价值观立场。

众所周知,1949 年中华人民共和国成立前,中国大陆地区是一个典型的传统小农经济国家,只有微不足道的少量零星工业生产。中华人民共和国成立后,我们用了短短三年时间,迅速修复了战争创伤。然后从 1953 年开始到20 世纪 70 年代,我们排除重重阻力,克服种种困难,在政府的强力推动下,走计划经济道路,初步完成了工业化进程。但毋庸讳言的是,我们过度依赖计划经济也带来了颇多前进中的曲折与困境,且发展的效率也不尽如人意。于是,1978 年党的十一届三中全会之后,开始了改革开放的伟大历程。就经济体制的改革而论,我们先是于 1984 年党的十二届三中全会提出发展有计划的商品经济,尔后终于在 1992 年的十四大明确做出了发展社会主义市场经济的战略决策。经过多年的发展与积累,我们已然步入了市场经济国家的行列。

选择了市场经济体制的中国,其经济发展的速度与质量均令世界为之瞩目。尤其是当我们的经济总量已然跃升为全球第二时,我们就市场经济对现代中国的积极影响必须予以高度的肯定。但这并不意味着我们就可以对存在的问题熟视无睹。就义利之辩而论,市场经济内蕴的"利润最大化"法则被泛

①　傅立叶:《论商业、理性的谬误》,汪耀三等译,商务印书馆 2023 年版,第 44-45 页。

②　《马克思恩格斯全集》(第 2 卷),中共中央马克思恩格斯列宁斯大林著作编译局译,人民出版社 1957 年版,第 656 页。

化而带来的问题就是我们迫切需要关注并着力解决的问题。在这个解决问题的过程中,立竿见影的当然是法治。事实上,我们的确在这方面成就颇丰。①法学家张文显教授认为:"我国用30多年的时间,走完了西方发达国家300多年的立法进程,堪称人类法治文明的奇迹。中国特色社会主义法律体系的形成,是我国依法治国、建设社会主义法治国家历史进程的重要里程碑,也是世界现代法治史上最具标志性事件,其意义重大而深远,其影响广泛而深刻。"②

但从中国式现代化的全面推进而言,尤其是从与中国特色相匹配的中华文化固有立场而言,过度依赖法治而忽视德治显然又是片面的。事实上,中华几千年文明史对德治在治国理政方面的成功探求与传统积淀堪称无与伦比。自先秦时期的孔子就曾非常精辟地这样论述过德治不可替代的意义:"道之以政,齐之以刑,民免而无耻;道之以德,齐之以礼,有耻且格。"(《论语·为政》)而且,正如有学者考证的那样,"中国历史上从'文景之治'到'康乾盛世',都是在德治的理念下被创造的,相反秦朝那样'至二世而亡'的情形却往往是因对法治过于路径依赖而招致的。"③有鉴于此,我们必须超越西方市场经济体制对法治与法制过度依赖的弊端,继承与创新好传统的德治文化,努力彰显道德的教化作用。尤其在德法关系中,要十分注重做好以道德滋养法治精神、强化道德对法治文化的支撑作用。这是因为再多再好的法律,也必须转化为人们的内心自觉才能真正为人们所遵行。即古人所谓的"不知耻者,无所不为。"(欧阳修:《集古录跋尾·魏公卿上尊号表》)就义利之辩而论,我们强调"义"对"利"的规范与引领,主张尚义之心的有效培植,尤其在市场经济语境下鼓励每一个作为公民的"我"对趋利本性进行自我约束与升华,并积极赋予"他者"以伦理境遇的教化意义正在于此。

---

① 2011年3月10日,在十一届全国人大四次会议上,时任全国人大常委会委员长吴邦国在作全国人大常委会工作报告时庄严宣布:一个立足中国国情和实际、适应改革开放和社会主义现代化建设需要、集中体现党和人民意志的,以宪法为统帅,以宪法相关法、民商法等多个法律部门的法律为主干,由法律、行政法规、地方性法规等多个层次的法律规范构成的中国特色社会主义法律体系已经形成,包括1部宪法、236部法律、690多件行政法规、8500多件地方性法规,使得国家经济建设、政治建设、文化建设、社会建设以及生态文明建设的各个方面均实现有法可依。

② 张文显:中国法治40年——历程、轨迹和经验,《吉林大学学报(社会科学版)》2018年第5期,第6页。

③ 李波等主编:《中国古代文化简论》,中国文联出版社2001年版,第126页。

三、古代义利之辩传统内蕴的现代价值发掘

在中国探寻现代化道路的百年进程中,我们有两个重要共识:"只有社会主义才能救中国,只有社会主义市场经济才能发展中国。"①虽然我们的市场经济是社会主义的市场经济,但它依然具有市场经济的共性。这也就意味着我们既然选择了市场经济,就无法回避逐利的问题。这是我们探讨义利之辩传统之现代价值的历史语境与现实前提。面对着当下中国再一次凸显的义利之辩,我们社会治理所能做的最重要事情之一就是倡导对逐利之心的道义引导。在这方面,我们认为传统文化在义利之辩中形成的基本价值观,以及由此而积淀的"我"对"他者"赋予义在利先之伦理境遇的传统,无疑是非常值得发掘与弘扬光大的。

1. 合理利益主义的倡导

义利之辩中儒家推崇义利合一的立场,也可以概括为"经济人"和"道德人"的统一。在我们看来,这个统一在当今确立了社会主义市场经济的新时代就具体体现为对合理利益主义的坚守。

如果说在中国古代哲人那里梳理一下最能达成共识的问题,那义利之辩肯定是其中之一。这一点正如有学者指出的那样:"在先秦这个奠定中国传统文化基调的时期,诸子百家对义利关系虽说有不同观点的争鸣,但在义与利的统一性或不可分割性的认知与判断上却是基本一致的。学者们没有出现像西方思想史上那样迥然相异的比如功利论与道义论之类的分歧与争论。"②的确,在义利关系上,不仅儒家持义利合一的立场,事实上法家也有相近的立场。比如,管仲就提出过如下著名的论断:"仓廪实则知礼节;衣食足则知荣辱。"(《管子·牧民》)商鞅也有"吾所谓利者,义之本也"(《商君书·开塞》)的观点。这显然为我们当下形成新的义利合一观,尤其是合理利益主义原则的确立提供了很好的思想史资源。

可以肯定地说,无论是从市场经济的客观事实存在,还是对道德的实质做进一步的探究,我们都会发现人的行为背后其实隐藏着一个最本质的东西:利

---

① 吴金水等:《历史的选择与选择的历史》,浙江大学出版社 1993 年版,第 243 页。
② 李波等主编:《中国古代文化简论》,中国文联出版社 2001 年版,第 110 页。

益。这样，我们人的活动所导致的结果就是，每一个自我无论是作为"经济人"还是作为"道德人"，他要生存和发展，就必然要千方百计地谋取自身的利益。但与此同时，"人同此心，心同此理"，每个人又都会有对自身各自不同的利益追求。于是，现实的情形是往往会出现个人利益的对峙和冲突，尤其是当人们无法同时获得满足各自的利益追求时，这种对峙和冲突表现得尤为明显。事实上，社会的整体利益正是在这个冲突中为了维持一定的秩序而产生的。法律和道德也正是为了满足社会整体利益与个人利益的调节而产生的。

可见，义利之辩与人我之辩是有着相互制约关系的。就人我之辩而论，由于"我"注定要处于诸多"他者"集合而成的社会、集体之中，由此个人就注定要受到社会集体的各种限制和规范。为了在个人利益冲突中保证每个社会成员能获得起码的利益，社会便要以整体利益来约束和规范每个"我"的利己行为。比如，人类道德的最初形式，原始共产主义道德之所以是共产主义的，就是因为只有按照这种原始共产主义的道德原则，原始状态下的自我个体才能得以生存。否则，原始人将无法抗御来自大自然的各种袭击和灾难。同样，我们今天在社会主义市场经济条件下，强调遵循合理利益主义原则来规范每一个"我"的行为，其最充分的必然性根据也在于，只有在承认整体利益的过程中每个人才能获得个人利益的满足，从而自由而全面地发展自己。

正是由此，我们认为以马克思唯物史观的立场和方法来审视，要回归古代义利合一的立场，要走出利己主义与利他主义的对立，其根本途径在于寻求到道德背后的实质：利益。而且，更重要的还在于，这个利益的追求又必须是合理的。在我们看来，这个合理性从最一般的意义上讲包含两个要求：一是合乎法律；二是合乎道德。也就是说，从最一般意义上讲，以合理性为核心立场的合理利益主义原则应该成为每一个"我"谋利过程中"内心立法"的一个基本的原则。它可以被理解为是社会主义倡导的集体主义道德基本原则在现时代得以贯彻的最基本或最底线的要求。

但必须紧接着强调指出的是，合理利益主义原则中的"利益"，显然不仅仅是单纯个人的利益，这是因为任何个人都是"在一定历史条件和关系中的个人，而不是思想家们所理解的'纯粹'的个人"①。这也是荀子说的"人生不能无群"（《荀子·王制》）所表达的意思。当然，这种合理利益也不是指那种和个

①　《马克思恩格斯全集》（第 3 卷），中共中央马克思恩格斯列宁斯大林著作编译局译，人民出版社 1957 年版，第 84 页。

人利益无关的所谓整体利益。作为对趋利人性进行基本规范的合理利益主义原则是个人利益和整体利益的结合体或"化合物"。从这样一个理解出发,我们认为,在现时代强调以合理利益主义原则作为人性自我规范的底线伦理原则有着最充分的必然性据,亦即它作为"经济人"追求义利统一的人格目标有着最"真"的根据。

其一,合理利益主义原则超越了利己主义的樊篱。就人己之辩、群己之辩而论,合理利益主义原则揭示了一个最基本的事实是,"我"之个人利益的实现都有赖于"他者"及"群体"之整体利益的实现。既然"人生不能无群"(荀子语),人永远处于个人利益和整体利益的交织之中,因而极端的、彻底的个人利益追求必然会破坏整体利益的实现,是对群己关系的破坏,从而也不为"他者"及"他者"集合之社会所容忍。重要的还在于,由于这种追求要遭到他人、集体和社会所否定或唾弃,"我"作为行为个体最终也根本无法实现其所谓的个人利益的追求。

其二,合理利益主义原则也摒弃了纯粹利他主义、自我牺牲的道德说教。这个原则承认,不仅从天性上讲,人有利己、自私的天性,而且从人的后天德性培养中也同样要承认人有个人利益的正当追求。这就正如马克思所指出的那样,人的自我实现、人的自由全面发展永远是人生的一个重要目的,而"每个人的自由发展是一切人自由发展的条件"。[①] 由此我们可以断言,脱离个人利益,离开人的自身发展的纯粹的利他主义、自我牺牲是不存在的。如果有,那也只能是一种自欺欺人的道德说教。这就意味着合理利益主义原则在人己之辩、群己关系中的"他者"或"群体"必须对"我"之正当且合理的私利予以充分尊重与尽可能的满足。

就对待传统文化而言,今天我们提倡合理利益主义原则,反对纯粹的利他主义、自我牺牲的说教,就必须非常注重或着力于对理学教条中糟粕性成分的剔除。其中尤其是对朱熹思想的精华与糟粕的厘定。冯友兰先生曾经这样提及朱熹理学不可替代的影响力:"(中国哲学史)到了朱熹,程朱学派或理学的哲学系统才达到顶峰。这个学派的统治,虽然有几个时期遭到非议,特别是遭到陆王学派和清代某些学者的非议,但是他仍然

---

① 《马克思恩格斯全集》(第 3 卷),中共中央马克思恩格斯列宁斯大林著作编译局译,人民出版社 1958 年版,第 84 页。

是最有影响的独一无二哲学系统。"①正是因此,清理这个影响力既广且深之思想体系中的糟粕性成分,尤其是义利之辩中无视"我"之正当利益获取的弊端,无疑就显得非常必要与重要。也是由此,在回望与激活传统的过程中,我们必须旗帜鲜明地反对一些学者对待朱熹理学全盘肯定的复古主义立场或倾向。

其三,合理利益主义原则是利己主义和利他主义的"合题"。就人己之辩、群己之辩而论,这是人我合一、群己合一之道的现代表述或新时代阐释。合理利益主义原则揭示了人性利己与利他的统一性,真实地把握住了人性的最基本追求。在合理利益主义原则的基本规范中,"我"走出了利己主义与利他主义的片面性与狭隘性,使人己合一之道的坚守有了一个合乎人性的基础。也正是在对合理利益主义原则的遵循中,"我"对趋利避害本性进行了有效的自我规范,从而实现了群己合一的境界。这就以人己合一、群己合一为基础而构建起和谐社会提供了正确的义利观支撑。

有意思的是,《吕氏春秋》有一则"子贡赎人"的故事,颇能体现古人的"合理利益主义"观。当时鲁国法律规定,在国外沦为奴隶的鲁人,有人把他们赎出来,可以向国家领取补偿金。子贡在其他诸侯国做生意时赎回了一个鲁国人,回国后却拒绝去领取国家补偿金。孔子批评说:"子贡你做得不对。从今以后,鲁国人就不肯再替本国同胞赎身了。你受领补偿金,并不损害你行为的价值;你不肯受领补偿金,别人就不肯再赎人了。"我们知道,子贡是最有正义感的孔门弟子之一,而且他还是一个成功的商人。他因为经商周游列国,有机会也有经济实力赎出在其他诸侯国沦为奴隶的鲁国人。也正因为他有经济实力,故他能够拒绝国家付给的补偿金。也许还因为他是孔子的学生,受到了孔子的道德观感化,觉得"施恩图报非君子",因而他才主动拒绝领取补偿金。子贡本以为孔子会表扬他,不料孔子却批评了他。在孔子看来,大多数人没有子贡这么巨大的财力,无法不在乎这笔补偿金,因为如果无偿付出了赎金,他们自己的生活就可能受到重大影响。自此以后,人们即便看到鲁国人在外国沦为奴隶,有机会救同胞逃离火坑,大多数人也会放弃这么做。甚至即便有人有这个经济实力,不仅有机会而且有能力付出赎金而不影响自己的生活,但由于并非所有的人都有如此之高的道德水准,因此他也会放弃为本国同胞赎身。

---

① 冯友兰:《中国哲学简史》,涂又光译,北京大学出版社 2013 年版,第 279 页。

这恰恰是对作为"他者"之同胞的不仁和不义。这正是孔子批评子贡的良苦用心之所在。

可见,从中国古代义利之辩与人己之辩、群己之辩的传统立场来看,道德的基础和出发点绝不是合理利己主义,而是合理的利益主义。这是一种基于个人利益和整体利益相结合的行为规范原则,它呈现为对古代人己合一、群己合一的现代创新。"我"是个体的存在,所以有个人利益;但"我"又是社会的人,所以又有整体利益。而且,我们有必要强调指出的是,"我"之个人利益的追求往往凭本能、天性便可获得,而"我"对"他者"及诸多"他者"集合的整体利益的维护,更多地要依靠法律的强制规范和道德的自觉规范。其中尤其是道德规范显示出更人性化的色彩,也更彰显出崇高性。普列汉诺夫曾非常深刻地指出过这一点:"实际上,道德的基础不是对个人幸福的追求,而是对整体的幸福,即对部落、民族、阶级、人类幸福的追求。这种愿望和利己主义毫无共同之点,相反地,它总是要以或多或少的自我牺牲为前提。"①

也就是说,作为现代人追求义利统一之伦理目标的实现途径,作为"经济人"和"道德人"统一的真正实现,我们必须清晰地意识到,我们对自私利己和趋利避害人性的自我规范往往要以对道义的坚守为保障。而道义的坚守则意味着一定存在某种程度的自我牺牲为代价。但也正是在这种自我牺牲中,"我"感受到自己对"他者"、对诸多"他者"集合之群体的道德价值,"我"之生命价值有了一个重要方面的实现。可见,正是在这种利他主义和自我牺牲中,"我"变得完善和崇高,从而造就了自己的美好德性和理想人格。这就是现时代义利之辩中"义"的基本内涵。同时也是人我之辩中"我"对"他者"伦理境遇赋予在义利关系中的基本要求。

2. "尚义"优于"谋利"的理想主义追求

在对古代义利之辩优秀传统的发掘中,如果说合理利益主义的倡导还是偏重现实主义的立场,那么主张"尚义"优于"谋利"的价值排序就是偏重理想主义的立场。这显然是人我之辩中既对"我"之趋利、谋利本性的规范做更具理想主义的引领与提升,与此同时,也相应地要求"我"对"他者"伦理境遇施加更善、更美的内蕴。

其实,在古代哲人对义利之辩之"义"做语义解读时,就赋予了它理想主义

———————————

① 《普列汉诺夫哲学著作选集》(第 1 卷),汝信等译,生活·读书·新知三联书店 1961 年版,第551 页。

的色彩。比如，"义者，宜也"（《礼记·中庸》）之说就是将"义"理解为一种超越"是"而达到了"应当是"的状态。"宜"字始见于商代甲骨文及商代金文，其古字形为砧板上放着两块肉的样子，表达应当有的或适宜的生活状态。故现代汉语对"宜"最基本的释义即是应当。朱熹在注解《中庸》这句语录时说："义者，心之制，事之宜也。"（《四书集注·中庸章句》）他也是从应当、应然的意思解释其义的。所谓的"心之制"就是说心对那些不应当的念头有所节制；所谓的"事之宜"就是说因为心有所制，行便有所止，于是事情就会向着应当的，即理想的方向发展。可见，以义利之辩来说，"义"就是对"利"做应当与否的确认，然后在这个确认的前提下做行或止的选择。以人我之辩而论，"义"就是"我"在超越了趋利避害本性的基础上对"他者"应当、应然的行为选择。

这种"尚义"的理想主义情怀在古代历来被视为是君子的成功之道。《太平广记》记载过梁朝时这么一件事：一次，甄彬因生计所迫不得已曾以一捆可织布的苎做抵押，向当铺借钱。后赎回这捆苎时，发现里面竟藏有五两金子。甄彬心想：这不是我分内该得的，不能无故吞没，于是送还给了当铺。当铺主人颇为感动便要分一半黄金作为酬谢，甄彬自然不肯接受。梁武帝萧衍还未继位时就听说过此事，曾为此多次赞赏甄彬的人品。后来武帝即位后便立刻任命其去郧地做县令。同时就任县令的还有四人，临上任时，武帝一一告诫他们："身为地方长官，应以廉洁谨慎为重。"唯独对甄彬说："卿往日便有见利思义的美德，寡人就不必再用这些话相嘱了。"一时在朝廷上下传为美谈。

正是基于"义者，宜也"的理解，张岱年认为："义利问题还包含道德理想与物质利益之关系问题。人不仅具有维护身体健康的物质需要，而且还有提高人格价值的精神需要。"[1]也就是说，义利之辩中的抉择在一定程度上也折射着人在道德理想与物质需要之间的抉择。《礼记》里记载的如下一个故事，说的就是这个抉择："齐大饥。黔敖为食于路，以待饿者而食之。有饿者蒙袂辑屦，贸贸然来。黔敖左奉食，右执饮，曰：'嗟！来食！'（饿者）扬其目而视之，曰：'予唯不食嗟来之食，以至于斯也！'"从而谢焉，终不食而死。曾子闻之，曰：'微与！其嗟也可去，其谢也可食。'"（《礼记·檀弓下》）这就是成语"嗟来

---

[1]　张岱年：《中国伦理思想研究》，上海人民出版社1989年版，第131页。

之食"的出处。这位没有留下姓名的不食嗟来之食者,在人格尊严与身体需求
无法两全的情况下,宁愿饿死也要维护好人格尊严的抉择。其之所以成为千
古佳话,正是因为它彰显的是义利之辩中古代优秀传统文化一以贯之的尚义
传统。

　　义利之辩中折射的这一道德理想与物质需要的抉择,孟子做了更为详尽
的描述:"生,亦我所欲也;义,亦我所欲也;二者不可得兼,舍生而取义者
也。……所欲有甚于生者,所恶有甚于死者。非独贤者有是心也,人皆有之,
贤者能勿丧耳。一箪食,一豆羹,得之则生,弗得则死。呼尔而与之,行道之人
弗受;蹴尔而与之,乞人不屑也。万钟则不辩礼义而受之,万钟于我何加焉?"
(《孟子·告子上》)孟子这里说的"生,亦我所欲也",即是生存的物质需要;
"义,亦我所欲也",即是道德(道义)理想。两者可兼而得之自然最好,但如果
不可兼而得之,那么孟子的选择是"舍生而取义"。

　　重要的还在于,孟子认为并非只有圣贤才做这样的抉择,"非独贤者有是
心也,人皆有之"。这也就是说,人之所以不同于动物,恰是因为有这种道德理
想主义的追求。也正是基于这一点,孟子又有"尚志"一说。"王子垫问曰:'士
何事?'孟子曰:'尚志。'曰:'何谓尚志?'曰:'仁义而已矣。杀一无罪,非仁也;
非其有而取之,非义也。居恶在? 仁是也;路恶在? 义是也。居仁由义,大人
之事备矣。'"(《孟子·尽心上》)这里讲的居仁由义之"志",即人生志向,它正
是儒家推崇的道德理想。这种道德理想主义对中华民族性格的影响与塑造,
"在数千年的历史中,无论是国力强盛之时,还是衰颓之际都不曾丧失过。甚
至在民族存亡的最危急时刻,反而最彰显它的磅礴之力。"[①]

　　但多少有些遗憾的是,古代义利之辩中尚义的道德理想主义情怀,却因为
诸多错综复杂的原因在当今中国褪去了它曾经有过的荣光。"也许是市场经
济的'利润最优化'甚至是唯利是图之本性驱使,也许是对传统那些'饿死事
小、失节事大'之类道德教条的叛逆,在今天的一些年轻人的网络语言中正以
反讽的'道德即是盗得''理想就是利想'之类的话语,赤裸裸地表达着极其离
经叛道的义利观。"[②]其实,社会进步必然会出现离经叛道的现象,但问题在于
离经叛道之后"道"依然还是存在的,人们依然需要对"道"因敬畏而心有所不
念、行有所不为。这就是以道义为尊的道德理想主义存在的社会本体论依据,

_____

　　①　孙国栋等:《中华民族精神和素质研究》,杭州大学出版社 1991 年版,第 56 页。
　　②　黄寅等:《要有钱也要有人性》,湖南人民出版社 2010 年版,第 94 页。

自然也是中国古代因"道"而"德"之人生信仰建构的必然性之所在。

　　提及信仰问题，我们可以发现中国人以道义为信仰的历史事实颇为彰显出独特的民族性。李泽厚曾以儒家为例论及过这个问题："儒学的宗教性与哲学性是交融一起融合无间的，儒学的宗教性不是以人格神的上帝来管辖人的心灵，而主要是通过以伦理（人）＝自然（天）秩序为根本支柱构成意识形态和政教体制，来管辖人的身心活动。"①其实，不仅儒家不以人格神而以伦理（道义）为信仰，主张"道法自然"（《道德经》二十五章）的道家也以自然为信仰。印度传入的佛教在中国化的进程中其人格神——佛祖也渐渐褪去光环，在禅宗那里甚至可以"呵佛骂祖"（释道原：《景德传灯录》卷十五）。也就是说，中国古代所谓的"三教合一"之"教"不是人格神之教，而是人文教化之教。事实上，在古代的义利之辩中正是因为这种信仰，千百年来维持着尚义的道德理想主义情怀。它主张在必要的时候甚至可以以身殉道、舍生取义。这正是信仰的力量之使然。

　　就义利之辩而论，现代人尚义的道德理想主义情怀比之古人有所消退是个不争的事实，我们无需用所谓的社会进步与道德衰微的"二律背反"②来解释并接受这个事实，而是应该努力去改变它。而改变的前提是要探究到这一现象背后的根源。以我们的解读来看，其中一个重要的根源来自市场经济的"利润最大化"法则被任性演绎，甚至是被肆意泛化了。也就是说，一个原本属于在商言商的"经济人"法则被有意无意地推衍为整个社会的行为法则，那注定导致"道德人"意识的淡化。而这正是尚义的道德理想主义被褪去光环的重要缘由。
　　其实，正如俗语所言："冰冻三尺，非一日之寒"。在义利观方面我们对尚义之心的扬弃，对逐利之心的过分张扬，已然有相当长时期的积累。比如，20

---

　　①　李泽厚：《论语今读》，生活·读书·新知三联书店 2004 年版，第 5 页。
　　②　所谓社会进步与道德衰微的"二律背反"话题被关注的时间点恰是西方市场经济确立之初。其背景无非是为论证市场经济体制的合理性，即它对原有道德秩序之破坏的合法性。可参见卢梭的《论科学与艺术》（商务印书馆 1960 年版）第 7 页。国内学界对这一"二律背反"说持不同意见者颇多。比如有学者就认为：社会生活是属于当下的，道德观念是属于过去的，所以尽管两者都在发展，但道德进步相比社会发展（生产力、经济）总有滞后性。这不算二律背反，更像是事物发展的不同阶段或者过程。随着社会的不断发展和进步还用一成不变的道德规范看待社会现象和人的作为，肯定会出现视觉差。也就是说所谓的二律背反，不是社会出了问题而是视觉出了问题。可参见韩文庆的《四书悟义》（中国文史出版社 2014 年版）第 349 页。

世纪 80 年代初,社会上曾经非常热烈地讨论一个年轻的大学生张华救老农而牺牲究竟值不值得、划不划得来的问题。① 事实上,这一问题讨论的话语背景显然是功利论的立场。也就是说,从功利论的角度来讲无疑是不值得、划不来的:一个年轻的大学生救了一个大字不识几个的老农,结果牺牲了自己年轻的生命。但正如冯契先生在一次面对学生的讲座中指出的那样:对道义行为做功利主义评价是一种价值错位。从中国传统的道义论来看,这个话题根本没有讨论的理由。因为道义无价,见义勇为、舍生取义的精神自古以来就是中华民族的优秀传统,它应该无条件地传承与弘扬。②

可见,这里有两个问题是必须在认知中明确的:其一,遵循恕道(将心比心)原则,一个人深陷险境自然希望别人援之以手。一旦不再有人愿意出手,那么很多悲剧便会发生。而且,从人我之辩而论,"我"很可能就是那个需要"他者"援之以手的人。因此"我"的见义不为或许许多多"我"的见义不为,终将反噬到"我"自身。其二,以境遇伦理学的立场看,"我"的见义勇为行为在那种特定情境下未必会理性地推演殉道的结局,之所以见义勇为就是当下良知的瞬间抉择。没有付出生命为代价是崇高,牺牲了生命更彰显这一行为的崇高。这是以尚义为核心要素的道德理想主义者眼中真正的崇高。

而且,以古代哲人的义利合一之道而论,我们还想指出的是,"尚义"的理想主义与"谋利"的现实主义也可合二为一。就义利之辩的理想境界而论,我们事实上可以做到以"义"谋"利"。古人显然懂得这个道理。据《战国策》记载,孟尝君的诸多门客里有一位叫冯谖的。一次,冯谖自告奋勇替孟尝君去其封邑薛地讨债。临行前曾询问孟尝君需要买些什么带回来。孟尝君的回答是:你看我缺什么就买什么吧! 冯谖领命而去。到了薛地,冯谖不仅下令将老百姓所欠债务的凭证统统付之一炬,而且还把已经收得的债款全部分发给薛地贫穷的百姓。回来后他对孟尝君说,他把讨债来的钱买了"义"了,因为他觉得孟尝君目前什么都不缺就缺这个。孟尝君当时听了很不以为然。但事情已经到这个地步了,他也不便发作。不久,孟尝君因为齐王听信敌国的谣言而罢

① 1982 年 7 月 11 日,第四军医大学空军医学系三年级学员、共产党员张华,为抢救一位晕倒在粪池里的 69 岁的老农民,而献出了自己 24 岁的生命。在赞扬声中,南方某报刊却提出了这是"拿金子换石头"的质疑。于是,围绕张华救老农"值不值""划算不划算"的问题,人们提出了各种各样观点,南方某报为此组织了将近三个月的专题讨论。

② 杨海燕、方金奇编:《智慧的回望:纪念冯契先生百年诞辰访谈录》,广西师范大学出版社 2015 年版,第 85 页。

了他的相位,他只好回到自己的封地。让他感动的是,老百姓大老远的就来夹道相迎。孟尝君这才明白冯谖所买来的义即人心的价值。可见,冯谖以孟尝君之名义替他在乡里"买"义,结果是以其多少有些勉强的尚义德行而拥有了民心。这就是成语"冯谖市义"的由来。它让我们懂得与"谋利"相比,"尚义"通常更能赢得人心,更能成就我们的人生事业。这种成功以人我之辩而论,显然是以"我"对"他者"伦理境遇的主动赋予为前提的。

选择了市场经济体制的中国,在当下无处不在的市场法则面前,理想往往会被误读为是一种凌空蹈虚的说教。道德理想尤其会被一些人视为是与市场经济趋利法则背道而驰的空谈,甚至是海市蜃楼般的幻觉。然而,从当下中国在义利抉择中呈现的问题来看,我们不得不重新审视古代义利之辩传统中诸如见利思义、义在利先、以义谋利、义利合一等"尚义"立场的现代价值。可以肯定地说,在以中国式现代化推进中华民族伟大复兴的历史进程中,弘扬"尚义"的道德理想主义精神,不仅它本身就构成"中国梦"这一宏大理想蓝图的一个有机部分,更重要的还在于它可以为我们正从事的伟业提供相匹配的民族精神气质与理想信仰层面的重要支撑。

四、小 结

蔡海榕教授在《自我的境遇:认知、践行与审美》一书中,曾经有这样一段文字:"当我们的一些人自觉或不自觉地拾起西方近代文艺复兴以来的诸如'人性:一半是天使,一半是野兽'之类的牙慧时,这事实上是人性问题上的认知倒退。人性的本质属性永远是人的社会性,而人的自然属性(兽性、生物性)则是在人的社会属性中被规范和说明的。因此,试图从人的自然属性中引申或证明自我人生中诸如趋利避害等行为的合理性时,那恰恰是在否认人性。"①这一观点无疑可以启迪我们在义利之辩中走出西方文化过于推崇趋利本能的偏颇,回归到义利合一这一彰显人之社会性的传统立场中来。事实上,正如我们在现实生活中看到的那样,如果对人性中的诸如趋利本能过于放任,甚至是肆意放纵,再加之市场经济"利润最大化"法则的推波助澜,那人我之辩中"我"对"他者"伦理境遇的赋予就几乎没有了可能性。

---

① 蔡海榕等:《自我的境遇:认知、践行与审美》,中国文史出版社 2005 年版,第 45-46 页。

正是由此,我们强调以人的社会性来超越诸如趋利避害之类的动物性的充分必要性,我们尤其强调以马克思主义关于人的本质在于"社会关系总和"①的思想为指导,努力激活、继承与创新古代人我之辩、义利之辩中积淀的优秀传统,为中国式现代化的实践构建起相应的新时代义利观。之所以要强调这一点,以先秦就开始的人禽之辩而论,"趋利"其实是禽兽之性(动物性)的必然衍生,而"尚义"才是人成为人的证明。季塔连柯从马克思主义伦理学的立场也论证了同样的结论:"功利主义认为伦理学的基础是与个人想逃避痛苦和获得快乐的自然本能相联系的个人利益。……道德是不能用自然主义加以论证的,因为人的本性即社会关系的总和。"②

这一新义利观的基础性内涵是"尚义"与"趋利"的统一。宋代哲人邵雍曾断言:"天下将治,则人必尚义也;天下将乱,则人必尚利也。尚义则谦让之风行焉,尚利则攘夺之风行焉。"(《皇极经世·观物内篇》)可见,我们必须清晰地意识到,市场经济不仅是法治经济,也是伦理经济。因此就人我之辩而论,每一个"我"的自我角色定位必须不仅是"趋利"的经济人,也是"尚义"的道德人。也是因此,每一个"我"在合乎道德与法律的框架内"趋利"的同时,也要为"他者"以及诸多"他者"集合的集体、社会、家国之伦理境遇的赋予做出更主动更自觉的奉献。就人我之辩、义利之辩而论,它构成新义利观视阈下"我"对"他者"伦理境遇赋予的一个基础性的要求。

这一新义利观的理想主义境界是当"尚义"与"趋利"不可避免发生冲突时,能够自觉地做到"尚义"为先,"尚义"为本,甚至努力涵养起舍生取义的情怀。王阳明曾这样描述过这种理想主义境界下的义利观:"君子之学终身只是'集义'一事。义者,宜也,心得其宜之谓义。能致良知则心得其宜矣,故'集义'亦只是致良知,君子之酬酢万变,当行则行,当止则止;当生则生,当死则死。"(《传习录》卷中)置身中国共产党和中国人民正信心百倍推进中华民族从站起来、富起来到强起来的伟大历史进程中,如何努力推进改革开放和社会主义现代化建设向更高阶段发展,如何更好地书写国家经济快速发展和社会长期稳定两大奇迹之新篇章的当下,每一个"我"都需要这种理想主义语境下的新义利观构建。

---

① 《马克思恩格斯选集》(第 1 卷),中共中央马克思恩格斯列宁斯大林著作编译局译,人民出版社 1974 年版,第 18 页。

② 季塔连柯主编:《马克思主义伦理学》,黄其才等译,中国人民大学出版社 1984 年版,第 16-17 页。

　　古人曾云"形而上者谓之道,形而下者谓之器。"(《易经·系辞》)就义利之辩而论,"义"自然属于形而上者,它虽然看不见、摸不着,但谁也无法否定它的存在。在古代哲人那里,道义是"我"之人生最需要坚守的东西,所谓的"铁肩担道义"说的就是这个人生真谛。在人我之辩中,它具体呈现为对"他者"的利他主义、对诸多"他者"集合而成的群体的集体主义,以及诸多家庭、社区等群体集合而成的国家的爱国主义、诸多国家集合而成的世界的国际主义等。正是这些形而上的"义"维持着人与人之间的和谐、家与家之间的和睦、国与国之间的和平。然而,就道器之辩而论,当今时代无论是中国还是世界,似乎对形而下者之器的器用之学更青睐或更热衷。于是,在出现了显而易见的技术主义路径依赖的同时,必然地在当下的社会生活中会出现重器轻道的偏颇。这无疑是义利之辩中主次不分的价值排序迷失。这种迷失显然严重影响人我关系中"我"对"他者"伦理境遇的赋予与实现。

　　这正是我们以"时代之问"为导向,探究、激活并创新古代义利之辩中义利合一之道,尤其是传承好"尚义"重于"趋利"这一优秀传统的重要性之所在。一旦我们做到了这一点,那么在人我之辩中"我"对"他者"伦理境遇的赋予与实现就有了义利观层面的内驱力。

第7章

有无之辩语境下的"他者"伦理境遇

就有无之辩而论,与西方西西弗斯式的执着有为之传统不同,中国传统文化更信奉"尚无"立场。由此,自先秦以来的历代圣贤在有无之辩中几乎毫无例外地推崇"知无为,方可有为"的处事智慧与伦理境界。这在古代人生哲学中被称为"有所不为"之道,其呈现的重要途径之一就是通过敬畏之心的有效培植,从而对包括自然、社会、他人在内的诸多"他者"赋予伦理境遇的过程。

——引言

有无之辩在中国古代哲学中固然首先是辩证法和认识论的范畴,但是它同时也是伦理学的范畴。有无之辩中"有"是有为、有所为的意思,"无"是无为、有所不为的意思。在古代中国,无论是儒家孔子的"君子三戒说"(《论语·季氏》),还是道家的"道常无为,而无不为"(《道德经》三十七章)理论,以及禅宗的"无念为宗"(《坛经·定慧品》)的法门,呈现的均是有所不为、无为的伦理智慧。但西方文化从古希腊以来,则非常强调一种执着有为的精神。古希腊神话里面那个著名的西西弗斯①的故事,非常典型地体现出西方文化崇尚执

---

① 这是古希腊最负盛名的神话故事之一。它说的是被宙斯惩罚的西西弗斯,必须得把一块石头从山坡下推上山去。可是,无论他怎样往上推,到了山顶的石头又会滚下去。他继续往上推,石头就继续地往下滚。西西弗斯就这样周而复始,永无终了之时地做着这件事。这个故事里体现出的执着精神,在西方思想史上曾经被许多著名的思想家、作家、艺术家所阐发。参见:鲍特文尼克等编著的《神话辞典》(黄鸿森等译,商务印书馆2015年版)第157-158页。

着有为的悠久历史文化传统。这种传统发展至叔本华、尼采、萨特等人那里就以一种意志主义的方式深刻影响了西方社会。中西这种不同的文化传承自然形成了不同的伦理追求，其中"有所不为"体现的是中国式的伦理智慧。这一伦理智慧呈现于日常生活中是心有敬畏而行有所止，呈现于治国理政方面就是无为而治。在以儒、道、佛为主要代表的传统文化中，这同样是"他者"伦理境遇实现的一个重要方面。

一、有无之辩中的中国传统智慧

与善恶之辩、义利之辩相类似，在有无之辩中古代哲学形成的传统立场与西方也有着显著的差异性。这种差异性不仅体现在儒家的"道统"中，也呈现在道家、佛家的相关义理与主张中。正是在儒、道、佛三教合一之传统的规范与熏陶下，在有无之辩方面中国人无论在自我修为，还是为人处世方面积淀了丰厚的"识有知无"认知理念与行为价值取向。李泽厚曾将其视为"实用理性"的重要彰显形式，并指出它"不是认识论上的纯粹理性，而是伦理学上的实践理性"。①

1. 儒家的"有不为而后可以有为"

人的存在无疑是要有为的。由此，中国传统哲学当然也崇尚有为。比如，被誉为"众经之首"的《易经》里就讲"天行健，君子以自强不息"的道理。在有无之辩中，以孔子、孟子为代表的儒家在诸子百家中无疑是比较强调有为之立场的。孔子周游列国是有为，孟子讲"奋乎百世之上，百世之下，闻者莫不兴起也"（《孟子·尽心下》），更是中国哲学史上哲人崇尚有为的典范。

但与此同时，儒家也讲不为、无为的道理。正是由此，孔子有"三畏"说："君子有三畏：畏天命，畏大人，畏圣人之言。"（《论语·季氏》）还有著名的"三戒"说："君子有三戒：少之时，血气未定，戒之在色；及其壮也，血气方刚，戒之在斗；及其老也，血气既衰，戒之在得。"（《论语·季氏》）孔子还以周礼为标准，专门提出了"非礼勿视，非礼勿听，非礼勿言，非礼勿动"（《论语·颜渊》）的要

---

① 李泽厚在这里论及的纯粹理性与实践理性，最初系康德首创。李泽厚巧借康德伦理学中的"实践理性"这一范式来向西方读者强调中国哲学内蕴的实践智慧特质。参见赵敦华：《西方哲学的中国式解读》（江苏人民出版社 2024 年版），第 419 页。

求。对于人我之辩中"我"极易陷入对"他者"在功名利禄方面的争斗,孔子为此特意告诫弟子:"君子无所争。"(《论语·八佾》)

孟子显然非常认可孔子的思想。但众所周知的是,孟子比之孔子要更具备有为精神与救世情怀。他曾有句名言:"如欲平治天下,当今之世,舍我其谁也?"(《孟子·公孙丑下》)就这点而论,在有无之辩问题上先秦百家争鸣的诸子中孟子属于最崇尚有为的哲人之一,这一判断应该是不错的。然而,孟子是睿智的,故他在有无问题上无疑又是深谙辩证之理的。比如,他说:"人有不为也,而后可以有为。"(《孟子·离娄下》)这里"先有不为""而后可以有为"的表述逻辑,可以说非常精准地表达了儒家在有无之辩问题上的基本立场。儒家这一立场的要义在于:君子一定懂得无为是有为之前提的道理。

正是基于这样的立场,孔子曾经对舜的无为而治的治理之道颇为欣赏:"无为而治者,其舜也与?夫何为哉?恭己正南面而已矣。"(《论语·卫灵公》)孔子在这里的意思是说:"能够使自己没做什么就能使天下太平的人,大概只有舜吧?他做了些什么呢?他只是恭敬、端正地坐在君王的位子上罢了。"在《论语》的这一记载中,孔子对无为而治的赞赏可谓溢于言表。事实上,孟子也非常认可孔子的这一评价,多次赞美尧舜之德。可见,在孔孟看来,禹的智慧恰是因为懂得无为,懂得不折腾老百姓,反而把天下治理好了。这当然是就治国理政而言的。但在儒家看来,它同样适合人生在有无之辩中的相关理念生成与行动抉择。我们仅从《论语》的记载看,孔子就专门讨论过诸多的"不为"(即无为)情形。而且,这些"不为""无为"都构成儒家对"他者"伦理境遇实现的具体方式。

比如无言。孔子认为言为心声,不可不慎。故他非常具体地论及过"慎言""讷言"的话题:"君子食无求饱,居无求安,敏于事而慎于言"(《论语·学而》)"君子欲讷于言而敏于行"(《论语·里仁》)。也是因此,孔子还对那些好言、巧言之人提出了很严厉的批评:"巧言令色,鲜矣仁"(《论语·学而》)。从孔子这句语录中"鲜矣仁"的倒装句表述来看,他的批评是很重很严厉的。众所周知,"仁德"是孔子最看重的"基德",当一个人被评价为不仁时,那无疑是被孔子所不齿的。重要的还在于,孔子在有无之辩中之所以主张"我"须有所不言,除了言多必失会伤害到"他者"之自尊心或危害到诸多"他者"集合而成的群体、组织、社会、国家外,还因为儒家历来主张言行一致。这构成"诚信"之德的最重要内涵。而这同样是儒家推崇的最重要德行,是人我之辩中对"他者"赋予伦理境遇的重要实现路径之一。故孔子又说:"君子耻其言而过其行"

（《论语·宪问》）。他甚至告诫弟子"驷不及舌"（《论语·颜渊》）等。这里呈现的无一不是儒家对"他者"伦理境遇赋予的具体场景。

又比如无争。孔子明确主张不争名夺利。《论语》有这样一段记载：子曰："泰伯，其可谓至德也已矣。三以天下让，民无得而称焉。"（《论语·泰伯》）孔子在这里是称赞说："作为长子的泰伯其品德可以说是极其高尚了。他多次将天下让给弟弟季历，百姓甚至都找不到恰当的语言来赞美泰伯的德行。"泰伯的谦让不争岂止是得到孔子的赞美，事实上汉以后包括宋代的朱熹、现代的杨伯峻在内几乎所有《论语》注本的学者均对此赞赏有加，并引申出了诸多得失相依、不争之争的人生道理。① 事实也的确如此。依据《史记·吴太伯世家》记载：泰伯为了避免与弟弟季历争王位退避到颇为荒凉的南方后，以自己的德行与才干很快赢得了原居民的认可、依附与追随，被拥立为吴太伯，成为了吴国的始祖。

孔子论及泰伯"三以天下让"这事有一个重要的历史语境必须加以阐释：殷商时期，按惯例王位须传给长子。故而作为长子的泰伯是当然的继位者。但泰伯得知父亲认为德才兼备的小儿子季历及其子姬昌更能成就自己未竟的事业后，便主动带着二弟仲雍选择了离开。这是"三让"中的首让。泰伯避让到当时还颇为蛮荒的江南后不久，父亲去世，季历只得继位。泰伯携仲雍回岐山奔丧期间，季历主动要将王位还给他。泰伯坚决不从，料理完丧事后立即重返江南。继承王位的季历不负众望，花大力气整肃朝政，平定外患，扩大领土，结果却遭到商王文丁的嫉恨被暗害而死。泰伯又一次回岐山奔丧，群臣再次恳请他继位，泰伯依然不为所动，丧事结束后立马又返回江南。于是，众臣拥戴季历之子姬昌继位。这位姬昌就是后来显赫一时的周文王。他为其子姬发（周武王）灭掉残暴且腐败的商朝，建立了中国历史上最基业长青的周朝奠定了重要的基础。

《论语》中还记载过孔子对另外一个人的赞美。孔子赞美的原因正是其不争名的德行："孟之反不伐，奔而殿。将入门，策其马，曰：'非敢后也，马不进也。'"（《论语·雍也》）孔子在这里是赞扬说："孟之反不夸耀自己。败退时，他留在后面做掩护，将要退进城门时，他鞭打了一下自己的马，对众人说：'不是

---

① 扬弃：《读论语、悟人生》，团结出版社 2016 年版，第 118-119 页。

我勇敢要断后,是我的马不肯快跑啊。'"在《论语》寥寥数语的描写中,孟之反这个不争名的君子形象可谓栩栩如生。

还比如无我。《论语》有这样一个言简意赅的记载:"子绝四:毋意,毋必,毋固,毋我。"(《论语·子罕》)这段记载是弟子评价孔子的话:我们的老师绝对不存在这四种情形:不主观臆测,不绝对肯定,不固执己见,不总是从"我"的角度出发去评价人与事。事实上,在孔子赞美或欣赏的前贤中有很多就是因为做到了"毋意、毋必、毋固、毋我"而成为他及弟子见贤思齐之榜样的。比如,孔子认为举荐管仲的鲍叔牙就是一位深谙此理之人。熟悉先秦历史的人都知道,管仲"尊王攘夷"的成就连孔子都禁不住要连连赞美说:"桓公九合诸侯不以兵车,管仲之力也。如其仁! 如其仁!"(《论语·宪问》)其实,管仲的建功立业与鲍叔牙的举荐有着重要的因果关系。因为齐桓公即位后,原本准备请鲍叔牙出来任齐相。但鲍叔牙称自己才能不如管仲,若要使齐国称霸,必得起用管仲为相。齐桓公最终采纳了鲍叔牙的举荐。

在这个过程中有几个非常重要的细节,很经典地呈现了鲍叔牙在与管仲交往中的"毋我"之智慧。没有这一智慧,就不可能留下管鲍之交的千古佳话。管仲在论及鲍叔牙对自己的知遇之恩时有过这样一段自述:"吾始困时,尝与鲍叔贾,分财利多自与,鲍叔不以我为贪,知我贫也。吾尝为鲍叔谋事而更穷困,鲍叔不以我为愚,知时有利不利也。吾尝三仕三见逐于君,鲍叔不以我为不肖,知我不遭时也。吾尝三战三走,鲍叔不以我为怯,知我有老母也。公子纠败,召忽死之,吾幽囚受辱,鲍叔不以我为无耻,知我不羞小节而耻功名不显于天下也。生我者父母,知我者鲍子也。"(《史记·管晏列传》)管仲这段话所提及的几件事,无论是他与鲍叔牙经商希望多分些利,"鲍叔不以我为贪,知我贫也";还是他替鲍叔牙办事不成,"鲍叔不以我为愚,知时有利不利也";再是他数次做官结果数次被罢官,"鲍叔不以我为不肖,知我不遭时也";抑或是他数次在战场撤退时跑得比谁都快,"鲍叔不以我为怯,知我有老母也"等,如果鲍叔牙不懂得"毋我"之理,就不可能体谅管仲的做法,从而也就不可能有成语管鲍之交的美名流传后世了。

从《论语》无言、无争、无我的这些论述及相关事例我们可以很清晰地判断出,儒家有无之辩中"有不为而后可以有为"这一立场不仅是睿智的,而且充满对"他者"的伦理情怀。就人我之辩而论,这一伦理情怀通过"我"之无言、无争、无我之类的自我警示与行为约束,从而赋予了"他者"伦理境遇中诸如尊严与权益的切实兑现,从而真正达到了人我合一的理想境界。

2. 道家的"无为而无不为"

在先秦诸子的有无之辩中,最能体现"有所不为"这一传统文化智慧的无疑是老庄为代表的道家。在道家那里,这一智慧被直接概括为"无为而为"。无为之说尽管曾被追溯到传说中的黄帝,但依据张岱年的考证,"无为的学说,发自老子。"[①]老子认为,人作为自然之子应该效法天地自然。以他一句广为后人引用的话来说就是:"人法地,地法天,天法道,道法自然。"(《道德经》二十五章)而"道常无为,而无不为"(《道德经》三十七章)。庄子发扬光大了这一无为思想,提出了"不刻意而高,无仁义而修,无功名而治"(《庄子·刻意》)的命题。道家"无为而为"命题的意思是说,在有为的地方有为,在无为的地方应当无为,有所不为才能有所为。

也就是说,以道家的立场来看,有为还是无为的标准是"自然"。而自然从本质上讲是无为的,故它从来不刻意而为。比如,大自然并不说白天好就把黑夜取消了,白天和黑夜交替才是自然的;大自然也不会认为春天美好,就刻意地让春天长驻,把夏秋冬都取消了,而是一年四季春夏秋冬的自然循环。它无为,倒反而让大自然一切井然有序。由此,老子总结说:"道常无为,而无不为。"(《道德经》三十七章)自然无为,结果反而是什么都为了,昼夜与四季在更替,万物在其间生长。

《列子·说符》曾经记载过这么一个故事:"宋人有为其君以象为楮叶者,三年而成。丰杀茎柯,毫芒繁泽,乱之楮叶之中而不可别也。此人遂以功食禄于宋邦。列子闻之曰:'使天地三年而成一叶,则物之有叶者寡矣。'……故曰:'恃万物之自然而不敢为也。'"这个故事是说,宋国有个人为他的君主用象牙制作楮树叶,花费了三年时间完成。这个作品精细到叶子的肥瘦、叶茎和树枝的细节、毫毛和小刺的纹理,几乎能以假乱真。这个人凭借他的技艺在宋国获得了很好的待遇。列子听说这件事后批评这个行为是不懂得"遵循万物的自然本性而不妄为"的道理。列子不愧是介于老子与庄子之间道家学派承前启后的代表性人物。他以一则故事把"无为"的本义描绘得精准且无比形象。

当年林语堂用英文写过一本《中国人智慧》的书,在里面他就非常推崇道

---

① 张岱年:《中国哲学大纲》,中国社会科学出版社 1982 年版,第 281 页。

家这种无为的智慧。林语堂对他的美国读者说,这其实是中国人的大智慧。在书中,他讲了庄子许多"不刻意而高"(《庄子·刻意篇》)的智慧故事,他告诉他的读者要学会不刻意地追求荣华富贵,要更多地生成一种自然的心态。林语堂尤其告诫说,一个人如果刻意了,按照老子的说法就是:"为者败之,执者失之。"(《道德经》六十四章)这就是说,不可为而妄为就一定会失败;不该执着却执着地去追求,反而会失去它。由此,老子的结论就是:"圣人无为故无败,无执故无失。"(《道德经》六十四章)林语堂的这本《中国人智慧》的书,对习惯于有为的西方读者曾产生过非常广泛而深远的影响。①

正是由此,道家的基本结论是:"无为"既是最根本的自然之道,也是最高的伦理之道,更是最具智慧的社会治理之道。老子认为只要把握了这一"无为"之道——"治大国若烹小鲜"②(《道德经》六十章),那么在国家治理中甚至可以达到因自然而自如、自在和自由的理想境界。从社会治理视角来考察,在中国古代历史上,道家的这一无为而治思想的确产生过相当积极的影响。比如,古代封建王朝更迭史上出现的第一个盛世——汉代的"文景之治"的出现,就与此前在位的统治者遵循"无为而治"这一治理思路有重要的因果关系。当时的统治者鉴于秦王朝因劳民伤财的酷政而亡国的教训,又深知刚刚经历秦末战乱的天下百姓非常需要休养生息。于是,从汉高祖统一天下后便开始推行无为而治的治国方略。当时的中央政府除了必要的行政管理外,放任各地"自行其事,自取其利"③,结果统治者不仅得到了百姓的拥戴,而且还为后来出现的"文景之治"奠定了民心与国力的基础。可见,"无为而治"有时恰恰是极高明的治理智慧。道家这个智慧的本质是通过"无为",却达到了"有为"的治理效果。这固然是社会治理中的辩证法,但更是一种伦理情怀。以人我之辩而论,这一伦理情怀的具体呈现就是作为治理者的"我"尊重与顺应作为"他

---

①　林语堂早年留学美国、德国,获哈佛大学文学硕士学位、莱比锡大学语言学博士学位。回国后先后在清华大学、北京大学、厦门大学任教。1945 年赴新加坡筹建南洋大学,任校长。曾任联合国教科文组织美术与文学主任。包括《中国人智慧》等著作在内,林语堂用英文写作向西方传递了中国文化(尤其是道家)的诸多理念和智慧。因其作品的广泛影响,他于 1940 年和 1950 年先后两度获得诺贝尔文学奖提名。

②　此语历代注家有不同的解读。解读一:治理大国就好像烹饪小鱼(或小羊),油盐酱醋料要恰到好处,不能过多或过少,也不能搭配失调。解读二:治理大国像烧菜一样须谨慎小心,精心掌握火候,用心搭配佐料。解读三:"小鲜"是小鱼或小羊;"烹小鲜"即烹饪小鱼或小羊时要遵循鱼小或羊小的自然,不能多加搅动,多搅则易烂。比喻治大国也应当自然而无为。本书采纳第三种解读。

③　《柏杨说历史》(第 1 册),香港海风出版社 1998 年版,第 67 页。

者"的黎民百姓期盼休养生息之心愿，不大兴土木、不开疆拓土、更不横征暴敛，从而赢得民心。用老子的话说就是："圣人无常心，以百姓心为心。"（《道德经》四十九章）

  有西方学者曾把这一"无为"的智慧非常精当地概括为："Do Nothing!"[①]这是一位原来总是习惯于把任何一个计划或一件事情都依据"有为"的思路分解为一个个"How to do"（怎么做）方案的西方人，在接触并接受了中国有无之辩的智慧，尤其是《道德经》文本智慧之后的觉醒。他恍然醒悟到，依据中国人的思维习惯，原来在思考"How to do"之前，有一个更重要的问题必须思考，这个问题就是："To do or not to do"（做还是不做）。也许正是基于这一语境，今天的《道德经》英文版在西方是除了《圣经》之外发行量最大的文化类图书。这一事实无疑是意味深长的。因为它呈现给西方读者一个极具中国智慧的理念：无为。近代以来我们习惯说"西学东渐"，但今天中国智慧显然也正在"东学西渐"。

  从为人处世的视角来考察，道家这一"有所不为"之道更是一个人坚守伦理底线，抵御身外之物诱惑的大智慧。比如，我们熟悉的不贪为宝的典故其实最早的出处是《左传·襄公十五年》。韩非子将这个故事精当地用在解读《道德经》"不贵难得之货"（《道德经》三章）这句语录上："宋之鄙人得璞玉而献之子罕，子罕不受。鄙人曰：'此宝也，宜为君子器，不宜为细人用。'子罕曰：'尔以玉为宝，我以不受子玉为宝。'是鄙人欲玉，而子罕不欲玉。故曰：'欲不欲，而不贵难得之货。'"（《韩非子·喻老》）这个故事是说，宋国有个人想将自己获得的一块宝玉献给子罕，子罕一口回绝了。这个人解释说："这是一块宝玉，只有你这样的君子才值得佩戴，一般的人还真不配拥有它。"子罕回应说："你把宝玉当作人生的宝物，而我把不贪别人的宝玉当作我的人生宝物。"韩非子评价说：子罕因"不欲玉""不贵难得之货"，故能够"不贪为宝"，从而守住了一个官员的底线。可见，这个故事以具体的"不欲""不贪"为例深刻地论述了有无之辩中"无为"作为一种对己、对人之伦理规范的必要性与重要性。

  就有无之辩而论，《韩非子·喻老》篇里记载的这则故事无非是告诫世人要悟得"无"的生命境界。因为无欲，自然不受、不取、不贪，自然便会对诸多的

---

① 约翰·基思·默宁翰：《无为而治》，杨可可等译，华夏出版社2013年版，序言。

诱惑云淡风轻。正是由此,韩非子借老子的语录将这一智慧概括为"不贵难得之货"(《道德经》三章)。事实上,在中国古代"不贵难得之货"的还真大有人在。比如,北宋的吕蒙正曾三次任宰相,以正直、清廉著称。有个同朝为官者家里藏有一面古镜,他自称此镜能照见二百里,准备献给吕蒙正。吕蒙正一听他的意思,赶紧回绝说:"我的脸还不如一个盆子大,哪里用得着照二百里地的大镜子?"这位欲溜须拍马的官员一脸羞愧地离去。还比如,南宋时期的孙之翰。一次,有人要送孙之翰一方神奇砚台,值三万钱。据说此砚只要主人呵一口气,就能聚水而流。孙之翰却笑着回绝说:"一天就是呵出一担水,只不过值三五个钱,我要这么奇怪的砚台干什么呢?"

可见,往往与儒家殊途同归的道家在有无之辩中,也赋予了"无"一种伦理学的意蕴。① 无论是治国理政的无为而治,还是自我德性涵养的无欲、不贪,均是老庄为代表的道家哲学留给中华传统文化的一份珍贵思想遗产。就人我之辩而论,它也是"我"对"他者"伦理境遇实现的重要路径。正是儒道互补的这一传统,使得中华文明在人我、有无关系的抉择上彰显出了与西方文化不同的民族特色,并由此塑造了不同的民族精神气质。

3. 佛家的"无念为宗"

在有无之辩的问题上,不仅儒道两家推崇有所不为的伦理智慧,事实上佛家也有类似的思想。比如,禅宗的六祖慧能就非常重视"无念"之教。他把"无念"说成是本宗最高的宗旨:"我此法门,从上已(以)来,先立无念为宗。"(《坛经·定慧品》)在慧能看来唯有"无念"方可"无为",然后才能够修得佛法。

熟悉佛教史的人都知晓,以慧能为代表的禅宗对传入中国的印度原始佛教进行了中国化的改造,呈现为冯友兰先生所说的"中国的佛学"。② 其中一个很体现智慧的做法就是,它把原始佛教诸多颇显晦涩的义理用中国人习以为常的语言范式进行了阐释。比如,原始佛教论空观时的核心命题"诸法无

---

①　关于道家有没有严格意义上的伦理(道德)理论这一点上学界一直是有争议的。一些学者坚称道家有本体论,有辩证法,有认识论,但却没有伦理学。其理由之一是"在道家的创始人老子那里,他明确地表达了对仁义礼智、孝悌忠信等伦理道德的否定性意见。比如,老子在《道德经》十八章里说'大道废,有仁义;智慧出,有大伪;六亲不和,有孝慈;国家昏乱,有忠臣。'"但本书作者认为,道家只是不认可儒家的伦理纲常,但道家并非道德虚无论者。恰恰相反,道家以"道法自然"为依据,以是否符合自然为道德与否的唯一标准,由"道"而"德"、由天道引申出人道,从而构建了体系严谨观点鲜明,且对中华文化产生了巨大影响的伦理学说。参见朱晓虹等《传统伦理文化的现代性研究》(浙江大学出版社 2019 年版),第 111 页。

②　冯友兰:《中国哲学简史》,涂又光译,北京大学出版社 2013 年版,第 232 页。

常""诸行无我"在《佛经》里是这样阐述的："诸比丘语阐陀言：色无常，受想行识无常。一切行无常，一切法无我。涅槃寂灭。"（《杂阿含经》卷十）这里讲的"诸法无常"是说法相（即现存）世界中的一切事物都是暂时的、不断变化的，没有永恒不变的事物。同样的道理，"诸行无我"是说没有一个固定的、不变的、恒寿的"我"之存在。如果认为这世间的事有永恒或永远的东西存在，如果认为"我"可以永久地拥有身外之物或自我生命，那即是妄念（执念）。为了简洁明快地表达上述义理，慧能在《坛经》里以"我"为视阈非常精当地用了"无念"这一范式，并强调"先立无念为宗"乃佛法之要义。

众所周知，佛门又被称为"空门"。可见，空观之道乃是法门义理的宗旨。而空观的基本内涵即是"诸法无常""诸行无我"。慧能以一个中国哲学有无之辩中的"无念"把空观说的基本含义精准地概括了，且简明晓畅、通俗易懂。这正是禅宗特有的方便法门。

关于"无念"的解读，陆游《老学庵笔记》中记载过这样一件事情，颇为形象直观：僧人法一、宗杲为避战乱而渡江南下，两人各戴着一顶竹笠以遮风挡雨。宗杲为应急之需在竹笠中偷偷地藏了一枚金钗。他一路上老是放心不下，不时悄悄地查看，生怕金钗丢了。法一无意中看破了这里面的秘密。一次，等到宗杲不在的时候，他迅速从其竹笠中找出那枚金钗扔到了江中。宗杲回来后，发现金钗不见了，急得脸色发白四处寻找却又不敢出声。事实上，法一知道宗杲心里在想什么，便启发他："我们在一起念佛修性，可称了悟生死大事，难道你竟还眷恋着身外之物吗？我刚才已经替你把那让你坐立不安的东西扔到江流之中去了！"宗杲听后，羞愧难当，只得默默吟诵起佛经来。从史籍记载看，宗杲十七岁出家，熟习经文，当年与师祖酬对毫无阻滞，曾经名震京师，号佛日禅师。南渡后又号大慧禅师，有著作与语录多卷。以这样的大彻大悟之心，竟然会迷恋一枚小小的金钗，实在说明面对着世人所好的东西，要持一份清静无为的淡泊之心，还真是需要生命有不凡的定力。这也许正是佛家推崇"无念为宗"，教人须有所不欲的缘由之所在。

其实，百姓逃难尚且懂得性命要紧，钱财可以置之度外的道理；了悟生死的高僧反倒参不破一枚金钗的"色相"，终于成为佛门中一桩千古笑谈。可见，学佛修禅，说难有如登天之难，说易则易如反掌，关键在于懂得"无念"之真谛，并因此而明了有所不为。否则，拜佛念经不仅徒劳无功，而且往往会离佛道越来越远。当年佛陀在菩提树下成道时早就说过："大地众生皆有如来智慧德相，但因妄想执著，不能证得。"（《华严经》卷第五十一）此语可谓一语中的。也许从这一立场看,可以把佛家的觉悟之道概括为无念、无为、自在这样三个环节。

　　作家史铁生在他的一本散文集中曾经叙述过这么一个故事:"这是一件真事。五六淑女闲聊,偶尔说起某一女大学生做了'三陪小姐'不免嗤之以鼻。'一晚上挣好几百哪!'——嗤之以鼻。'一晚上挣好几千的也有!'——还是嗤之以鼻。有一位说:'要是一晚上给你几十万呢?'这一回大家都沉默了一会儿,然后相视大笑。这刹那间的沉默颇具深意——潜意识总是诚实的。……几位淑女沉默之后的大笑令人钦佩,她们承认了几十万元的诱惑,承认自己有过哪怕是几秒钟的动摇,然后以大笑驱逐了诱惑,轻松坦然地确认了以往的信念。若非如此,沉默就可能隐隐地延长,延长至魔魔道道,酸甜苦辣就都要来了。"[①]这个故事堪称是对佛家"无念为宗"的绝妙印证。不仅如此,以作者"魔魔道道,酸甜苦辣"的感慨而论,更是启迪红尘世界里的诸位"我"谨记佛家"一念天堂一念地狱"的教诲。

　　可见,在有无之辩问题上,以儒、道、佛为主要代表的古代伦理观,不仅推崇"知有识无"的基本立场,而且诸如道家、佛家在有与无的价值排序中还把"无"视为是更具智慧、更契合"道"的理性选择。以佛家的立场来看,一个悟道的人,通常不体现在做什么的问题上,而是体现在不做什么的定力上。"如果说儒家倡导德性人生、道家倡导自然人生,那么佛家倡导的就是持戒人生。佛家之所以强调清规戒律,完全是因为'做什么'几乎是红尘世界习以为常的人生定律,但'不做什么'才体现出超越红尘俗世的觉悟。这种觉悟通常以谨遵佛陀涅槃前'以戒为师'的教导来体现。"[②]这里体现的正是有无之辩中传统文化呈现的"尚无"智慧。

二、西方意志主义传统的剖析与批判

　　与中国传统理论推崇有所不为的伦理立场不同,西方从古希腊开始就有

---

①　史铁生:《病隙碎笔》,陕西师范大学出版社 2003 年版,第 84 页。
②　释光泉:《金刚经译注》序,张应杭:《金刚经译注》,西泠印社出版社 2015 年版,第 3 页。

非常执着而有为的精神。无论是从西西弗斯、普罗米修斯等的神话传说来看，还是亚里士多德《尼可马可伦理学》开篇就讨论人生"两项必须有为的事：幸福和至善"以及在尔后专门讨论"意志"的伦理学传统①，它强调的都是这样的立场，即人的生命不同于物的存在之处在于，它能够对外部世界生成不断有为和超越的精神。这一思想经过文艺复兴运动的弘扬到了近代，还直接催生了意志主义哲学的诞生。

1. 意志主义在有无之辩中的偏颇

无论是在 19 世纪的叔本华、尼采，还是 20 世纪弗洛伊德、萨持等人那里，都毫无例外地把人的"有为"或"无为"看成是由意志以及情感、心绪、本能等领域的非理性的心理驱使过程。在他们看来，没有意志以及由此派生的情感、心绪、本能等非理性的心理过程，有无之辩就丧失了真实的基础。在这些被哲学史称之为意志主义学派的哲人们看来，合乎理想的生活恰恰是让意志、情感、心绪、本能完全"有为"地得以实现的自由生活。

这也就是说，倘若我们借助中国哲学的有无之辩为视阈来解读西方文化语境下的意志本质，那意志就是以一种克服包括"他者"在内的一切障碍的勇气，去积极有为地实现"我"之所愿。比如，萨特曾非常形象地把他所言称的自由意志理解为"填充人生这个巨大且空旷的括弧"之行动力的推进剂。在萨特看来，人生就犹如一个空的括弧，人以"我"的自由意志及由此决定的行动去不断填满它。所谓的"存在先于本质"也是这个意思：人是先有一个空括弧那样的存在，自由意志及自主的行动填充这个空括弧，从而生成每一个不同的"我"之本质。事实上，现代西方所有属于意志主义阵营的哲学家几乎都是这样来理解意志之本质的。区别只在于，他们对意志的具体理解以及所作用的对象有所不同。也就是说，意志主义哲学在有无之辩中呈现的无一例外是崇尚有为，忽视乃至鄙视无为的立场。

罗素曾经把叔本华视为意志主义的开创者。在其《西方哲学史》"第二十四章叔本华"这节中，罗素说："强调'意志'是十九世纪和二十世纪许多哲学的特征，这是由他（即叔本华）开始的"②。叔本华理解的意志是一种生命意志③。

---

① 周辅成编：《西方伦理学名著选辑》（上卷），商务印书馆 1987 年版，第 281 页、第 305 页。

② 罗素：《西方哲学史》（下卷），马元德译，商务印书馆 1982 年版，第 303 页。

③ 德语里的"Wille Zum Leben"也有学者主张译为"生存意志""生活意志"。不过，学界更多的研究者主张译为"生命意志"。参见李成铭等译的《叔本华人生哲学》（九州出版社 2003 年版），第 371 页。

在他看来,生命意志是一种孜孜不倦、锲而不舍的生命力,一种自发的活动,一种恣意地表达欲望的能量。在叔本华看来,生命意志及其如何充分实现的问题应该而且必须成为人生哲学的基本问题。叔本华曾批判地考察康德及其思想史上一些有代表性学者的观点。在他看来,思想史上常常有人或把幸福与快乐、或把理性、或把正义等视为"为"与"不为"的标准。他认为这"完全缺乏真实性。"道德上"为"与"不为"的标准只能从人的生命意志中获得理解,"道德的基础在人性自身。"而"我"之人性的最基本表现就是利己主义的生命意志冲动,"因而,对于他自己,他是他的一切的一切,因为他感到在他的自我中间,一切都是真实的,没有什么比他自己的自我对他更为重要。"①由此,叔本华认为道德的善恶基础与评判"为"或"不为"的根本依据在于自我的生命意志能否充分实现。而所谓的公正、仁爱、同情等美德也都产生于这一意志为维护自我的生存发展,尤其产生于避免自我生命意志受阻碍的需要。

也因此,叔本华认为美德并不来源于理性,它往往表现为非理性的生命意志在某一瞬间的冲动中形成,人只能从生命意志的直观而不是从理性以及理性影响下的习惯、经验中获得这些美德。"美德必然是从直观中产生的,直观的认识才在别人和自己的个体之中看到了同一的本质。"②而且,在叔本华看来,直观必然导致直接而当下的行动。这个行动不受道德和法律的制约,就人我之辩而论,它只听从"我"生命意志的直接召唤。

　　　叔本华之所以成为哲学史上罕见的一个脾气火爆之人,这应该是源自他"生命意志的直观与召唤。"一次,叔本华曾因受不了一位邻居老太太的吵闹而怒不可遏地把她推下楼梯,并导致对方终身残疾。为此,叔本华被法庭判决要按季度支付这位邻居终生的抚养费。后来当这位老太太终于过世时,叔本华无比欣喜地在日记上写了"老妇死,重负释"几个字。此外,他还酗酒、召妓等。罗素在他的《西方哲学史》中评价道:"假若我们可以根据叔本华的生活来判断,可知他的论调也是不真诚的。"③其实,罗素的评价未必中肯。就其生命意志论而言,我们与其说叔本华的真实人生与他哲学论调相违背,还不如说倒是知行一致的。当然,这正佐证了其生命意志论的偏颇与失误。

---

① 周辅成主编:《西方著名伦理学家评传》,上海人民出版社 1987 年版,第 584—585 页。
② 叔本华:《作为意志与表象的世界》,石冲白译,商务印书馆 1982 年版,第 504 页。
③ 罗素:《西方哲学史》(下卷),马元德译,商务印书馆 1982 年版,第 309 页。

尼采的人生哲学深受叔本华的影响,但他又不满足叔本华只从生命冲动的角度消极地理解意志。尼采认为,世界的根本不在于生命意志,而在于强力意志。① 强力意志是支配世界和人类一切行为的唯一且绝对动力:"一个生物首先追求的是释放它的力量——生活本身即强力意志;自我保存是间接的因而也是最经常的唯一的结果。"而这一强力意志的内容则主要表现为:"追求食物的意志;追求财产的意志;追求工具的意志;追求奴仆(听命者)听从主子的意志。"② 成功人生就表现为"我"对"他者"之强力意志不断地追求与实现的过程,"在最强大、最富有、最独立、最勇敢的人方面……表现为征服与感情用事、表现为贪求无厌、表现为自命不凡、认定自己权势赫赫,可以叱咤风云"。③

从这样一个对"我"之意志的理解出发,尼采必然要认为传统道德观念中对"他者"的仁爱、节制、平等、同情、善良等,恰恰是最不道德的,因它无助于"他者"生命个体强力意志的实现。也就是说,在"我"对待"他者"的过程中,占有、损害、征服、镇压、残忍、兼并、剥削等却是道德的,因为这使"我"生命的强力意志得以弘扬,且在斗争和搏击的过程中进一步变得更强,同时也使"他者"因经历挫折、危险与失败而战胜了内心的"羔羊"本性,最终也使自己变得强大。而他所谓的超人就是这样造就的。也是由此,尼采疾呼每一个"我"要超越"更像中国人,更像基督徒的东西——人无疑是变得'越来越好了'——但是欧洲的噩运恰就在这一点"。④ 尼采这段话对中国传统文化的无知可谓跃然纸上。这也是从人我之辩而论,尼采不可能理解中国哲人那种人我合一境界,尤其是不理解何以须对"他者"赋予诸如仁爱、节制、平等、同情、善良等伦理境遇对"我"的必要性的缘由之所在。

可见,如果说在叔本华那里意志主义的道德学说开了先河,那么到了尼采这里意志主义的人生观则已完成了自己的理论论证。这种意志主义人生哲学在有无之辩上极力推崇的自然是极度的"有为",甚至是肆意的"有为":"我要教你们成为'超人',你们应该拿着鞭子去行动,你们把自己的意志强加给别人

① 这是尼采哲学的核心范畴,德文为 der wille zur macht,直译为:追求强大的意志。以往习惯译为权力意志。参见杨恒达等译《尼采生存哲学》(九州出版社 2003 年版)第 324 页。为了更好地表达尼采哲学的本意,近年来更多的学者主张译作强力意志。本文作者认可后一种译法。强力意志是尼采人生哲学中提出的一种善或恶的评价尺度:有利于"我"之强力意志实现的就是善,不利于强力意志实现的即为恶。

② 洪谦主编:《西方现代资产阶级哲学论著选辑》,商务印书馆 1964 年版,第 17 页。

③ 周辅成编:《西方伦理学名著选辑》(下卷),商务印书馆 1987 年版,第 812 页。

④ 周辅成编:《西方伦理学名著选辑》(下卷),商务印书馆 1987 年版,第 807 页。

了,你就是了不起之人;如果把自己的意志强加给了全世界,那就是恺撒、拿破仑那样的'超人'!""猿猴之于人算是生命吗?一个可笑的族系,或是一种耻辱。人之于超人又何尝不是如此。"①可事实却给了极为讽刺的结局,一味地要教别人成为"超人"的尼采,自己不仅没有成为"超人"反而悲壮地发疯了。这足以说明尼采的强力意志在有无之辩问题上呈现出了绝对的偏颇与极端。

　　论及当代西方意志主义哲学及其对中国的影响,弗洛伊德是一个绕不开的人物。众所周知,弗洛伊德的精神分析理论不仅只是对病态人格心理进行分析治疗,而且这一理论还试图解释人类的某些文化和精神现象。因而尽管弗洛伊德没有形成完整的、成体系的哲学理论,但他对人学方面的探讨不仅提出了诸多带有鲜明意志主义色彩的独特观点,而且这些观点还对东西方学界产生了"无与伦比的、具有先知意义的影响。"②罗蒂曾指出了这个影响的实质:"弗洛伊德在我们的文化中的地位在于,他是这样的一个道德家,……帮助人们消除了自我的神圣性。"③关于弗洛伊德对传统自我神圣性的消除,最典型地呈现于他的人格"本我""自我""超我"三建构理论中。就有无之辩而论,弗洛伊德认为一个人之所以做出"有为"还是"无为"的抉择,本质上缘于"超我"的心理机能。换句话说,在弗洛伊德看来,道德其实源于人格中"超我"部分对"本我""自我"本能情欲冲动的心理升华。弗洛伊德曾这样解释道德品格的产生:"所谓品格究由何物产生,'超我'必为其最重要的元素;其次要的元素当为对于父母及其他亲长的摹拟,以外尚有自我先前压抑,及其后来拒绝不良冲动时所习得的反应习惯。"④于是,善则"有为"恶则"无为",便成为"超我"的一个习惯性行为模式。

　　如果仅限于此,那么我们看到的弗洛伊德理论似乎并没有叔本华、尼采那样带有非理性主义的偏颇。但问题在于,弗洛伊德进而认为人的行为终究是受"本我"的冲动来支配的。"超我"对"本我"的压抑恰恰是精神障碍的终极根源。这就是说,道德行为的有无抉择首先是个人心理的产物,是"超我"对理想

---

　　① 尼采:《尼采生存哲学》,杨恒达等译,九州出版社 2003 年版,第 271 页。

　　② 美国心理学家黧黑评价说:"如果一个人的伟大程度可以用他对后世的影响来衡量,那么弗洛伊德无疑是最伟大的心理学家。几乎没有一项探讨人性的问题没有被他触及过。他的学说影响了文学、哲学、神学、伦理学、美学、政治学、社会学和流行心理学……弗洛伊德、达尔文和马克思可算是 20 世纪西方思潮的三位先知。"参见黧黑的《心理学史——心理学主流思想的发展》(陈仁勇译,台北野鹅出版社 1987 年版),第 264 页。

　　③ 罗蒂:《随机性,反讽和连带性》(英文版),剑桥大学出版社 1989 年版,第 30 页。

　　④ 弗洛伊德:《精神分析新论》,高觉敷译,商务印书馆 1933 年版,第 67 页。

的一种心理与意志期待；其次当心理驱动不足时则表现为对别人（尤其是父母）的摹拟；再次则表现为对"本我"冲动压抑过程中形成的行为习惯。但弗洛伊德同时又强调，这种心理习惯的形成不是理性的，而是一种本能的罪恶感促成的赎罪心理而导致的。因而他有时又称道德上的"不思""不欲""不为"就是一种悔罪感，就是一种良心的赎罪感。人的本能要追求欲望的满足，追求快乐，但道德则对这个追求起压抑作用。"我欲为某事以求快乐，但复因良心不许而不为。或者我所受的诱惑力太大乃违反良心而为之，可是事过境迁之后，我乃大受良心的谴责而悔恨。"①在弗洛伊德看来，道德正是从这一过程中产生，并作为一个心理情结而世代相袭。于是，道德的本质乃是本能在"超我"中的一种合理升华。这个本质不是理性的，也不是社会的，而是生物的本能（尤其是性本能的）合理宣泄。由此，弗洛伊德的结论是，人的一切道德行为都是爱欲的表现，即均受"生殖欲控制的"②，道德上所谓的善与恶、有为与无为不过是生命本能欲望在心理活动中的一种升华。

可见，弗洛伊德对道德本质的理解是典型的意志主义立场，其"升华""合理化"的说法只是对道德表现形式的一种解释。也正因为弗洛伊德对道德本质理解的这一非理性的意志主义立场，故在他那里，道德对人的行为规范就往往就使人格处于焦虑、惶恐甚至变态之中，根本无法体验到理性主义揭示的"仁者不忧"（《论语·子罕》）的道德愉悦之情。

与叔本华、尼采、弗洛伊德等人不同，存在主义的几位最主要代表人物虽然不是从人的本能中来探究有无问题的本质，但他们同样对"有为"与"无为"的依据做了唯意志论的解释。无论是在基尔凯郭尔、雅斯贝尔斯、海德格尔，还是在萨特那里，人的行动的本质都被看成是人自由意志的体现。被誉为"行动哲学家"的萨特就曾经明确宣称：人自己设计自己、自己创造自己，因而人的选择和行动不受任何外在的社会道德规范的规定，自由就是人作为一个具体的"我"的存在对自己给出的规定性。为此，他批评康德的理性主义立场，并否定其理性为自我立法的判断："除了自己以外，无所谓其他立法者。由于他处在孤寂之中，他必须凭自己决定。"③当然，存在主义尽管也承认每个"我"的行动不可避免地要涉及与"他者"及外部社会环境的关系，因而会有一些基本的行为规范要遵循。比如，海德格尔称"共在"就是人必须要守持的东西。但这

---

① 弗洛伊德：《精神分析新论》，高觉敷译，商务印书馆1933年版，第42页。
② 弗洛伊德：《精神分析引论》（第五册），高觉敷译，商务印书馆1930年版，第32页。
③ 萨特：《存在主义哲学》，商务印书馆1963年版，第359页。

种"共在"却被解读为是每一个人自己选择的结果。人可以自由地选择或不选择这种"共在"。用雅斯贝尔斯的话表示就是"我选择,故我存在;如果我想不存在,我就不选择。"[①]可见,有无之辩的本质被存在主义理解为一种意志的绝对自由选择。但由于这种"我"的自由选择完全摆脱了外在必然性(自然规律与社会责任)的限制,因而在事实上这种道德自由正如萨特本人在《七十岁自画像》中感叹的那样"没有责任的自由从来未被真正地实现过。"[②]

　　萨特曾多次提及两位德国哲人:歌德与叔本华。梳理一下歌德与叔本华的关系,也许有助于我们理解德国近代确立的理性主义与后来兴起的意志主义哲学的区别。如果以有无之辩看,理性主义是非常重视有所不为的。故歌德有句名言:"在节制中才显示出智慧,在规律中能给我们自由。"从相关史料看,歌德对叔本华的才华是高度认可的。据叔本华自己的描述说,在他把博士论文寄给敬仰的歌德后不久的一次聚会上,他刚进场就见到歌德罕见地为其到来起立,且带头为他鼓掌。现场的与会者纷纷投给他无比羡慕的眼光。后来,叔本华因一时冲动将邻居推落楼下,导致对方终身残疾而面临道德舆论与法律诉讼的双重窘境。叔本华几次向歌德求援,希望他利用自己德高望重的地位,为"这位已经深感内疚且极具才华的年轻人"创造一个改过机会时,歌德不为所动。多年之后的叔本华还在为这事耿耿于怀。

　　从人我之辩的立场看,意志主义哲学的确把此前以德国古典哲学为代表的理性主义立场彻底颠覆了。在康德、歌德、黑格尔等人那里,就人我关系而论非常肯定"他者"的合理性以及诸多"他者"集合而成的整体意志(如理性法则)之于"我"的先在性。但从叔本华到尼采,再到弗洛伊德,从基尔凯郭尔、雅斯贝尔斯到海德格尔,再到萨特,这一传统被予以了颠覆性的否定。但正如我们看到的那样,这种否定从人我之辩而论,显然赋予"我"太多非理性的任性与冲动,对"他者"形成了巨大的异己的、压抑性的力量,从而反噬到"自我"的生存与发展;同理,这种否定从有无之辩而论,显然因为一方面对主体之"我"赋予了太多"有为"层面的放任乃至肆意妄为,另一方面又对因敬畏理性原则、敬

---

① 转引自石毓彬等:《二十世纪西方伦理学》,湖北人民出版社 1986 年版,第 181 页。
② 萨特:《萨特散文》,人民文学出版社 2009 年版,第 233 页。

畏道德与法律而"无为"或"有所不为"者讥讽为懦弱甚至是失败者,由此而引发了一系列的社会问题。

也正是在这种历史语境下,后现代主义应运而生。它起先是一股20世纪60年代初在建筑、影视、文艺创作和文艺批评领域产生的学术思潮,但很快便逐渐辐射到几乎所有人文社会科学领域,从而成为超越曾经风靡一时的意志主义传统的一股新思潮。正如意志主义呈现为对理性主义的一种否定那样,后现代主义则呈现为对意志主义的否定。这一新的社会思潮在人我之辩、有无之辩之类的立场上采取了对意志主义之"我"以及绝对"有为"哲学的解构立场。"后现代主义消除了传统的自我,……他们把传统自我作为整体性对象予以消解。后现代主义者谈论的已经不再是主体性的高扬,而是主体性的消解。在大量的后现代主义文本中,'主体''自我'都成了被随意处之的、表面化的、浅薄的、自我裂变的、失落的、绝望的、其内在性被掏空的东西。"①我们无意全面评价后现代主义思潮,因为这不是本书的主题。但从其倡导的"无我性"(Selflessness)与"无深度性"(Depthlessness)这两个核心范式中,我们至少可直观感受到它与意志主义在人我关系、有无关系方面的巨大差异性立场。事实上,正是意志主义在有无关系问题中的偏颇导致了它被后现代主义取而代之的宿命。

2. 意志主义思潮对中国之负面影响的清除

毋庸讳言的是,自20世纪80年代以来,叔本华、尼采、弗洛伊德、萨特等人为代表的这一意志主义哲学思潮,曾对改革开放的中国产生了极为巨大的现实影响。有作家曾经这样描述过那个时候的大学校园:"无论你是学文科的,还是学理工科的,如果你没有读过一两本尼采、萨特、弗洛伊德的书,你都不好意思开口说话,甚至萨特的剧目《肮脏的手》在剧院公演,居然一票难求!"②可以肯定的是,叔本华、尼采、弗洛伊德、萨特等思想对改革开放时期中国的影响有其积极意义的一面。比如,它提升了中国人的主体意识和行动能力,它也一定程度改善了我们这个民族由于长期臣服于天命而不善于抗争之类的劣根性,它甚至对纠正极左年代我们把集体主义理解为无视个人利益的整体主义有极大启蒙意义等。这正如冯契先生指出的那样,"西方意志论传统

---

① 万斌等主编:《马克思主义视阈下的当代西方社会思潮》,浙江大学出版社2006年版,第242页。

② 梁晓声:《郁闷的中国人》,光明日报出版社2012年版,第45页。

自近代传入中国,对于修正传统哲学只讲自觉,不讲自愿和自由的弊端无疑是很有启迪意义的。"①

但我们更想指出的是,在有无之辩问题上,当今中国人出现的任性、自行其是,甚至胆大妄为等现象,可以说与西方的意志主义思潮的消极影响同样是有着因果关联性的。正是由此之故,当下我们在文化自信的语境下,整理、评估和清算这一西方文化的消极影响无疑就显得非常必要。

其实,即便从生活的实践中我们就可体验到"我"是没有绝对的自由意志的。也就是说,与人的任何活动一样,就人我关系的处理而论,"有为"或"无为"这一自由意志在做选择时必定有一个外在必然性的限制问题。这种让自由意志不自由的必然性表现为两种不同的形式:其一是自然和社会发展的客观规律的限制。以中国哲学的范式来概括就是"天道"对个体之"我"的限制。无论是自然界的朗朗乾坤、还是社会历史的天下大势,都给"我"的自由意志划定客观边界,不得逾越。其二是道德规范或称"道德律"的限制。中国哲学将其概括为"人道"对"我"的制约。作为"人道"的"道德律"之所以也是一种必然性的东西要限制自由意志,这是因为从根本上讲,它其实是人类社会和自然界最一般的客观规律在"我"的主体活动中不以"我"的意志而改变的存在。这个存在既以"他者"身心存在的客观性呈现,也以诸多"他者"集合而成的整体意志,及反映这一意志的道德与法律的方式呈现。在中国哲学的立场看来,"我"与"他者"的合一,正体现着"天道"和"人道"的合一。

从学理上对自由意志的不自由情形做必要的梳理固然有助于我们在认知上明事理,但也正如王阳明所说的那样"行者,知之成"(《传习录》)。如果从行为实践中考察,那么自由意志的不自由就更好理解与认知了。比如,当历史条件、社会环境还未提供自由意志选择的客观可能性时,主体在有无关系的处理时就无法对行为进行"有为"或"无为"的自由抉择。特别是当人类对自然规律、社会规律惘然无知或知之甚少时,人的自由永远是不可能的。又比如,当主体之"我"在进行自由意志的自主选择时,由于选择了"恶"或不道德行为时,"道德律"作为一种必然之则,便会通过外在的众多个体"他者",以及众多集合体之"他者"的社会舆论和主体之"我"内心的良心这一道德心理机制,从而限制主体的自由意志。正是基于这一道理,马克思曾给自由下过这样一个简单

① 冯契:《中国近代哲学的革命进程》,《冯契文集》(增订版)(第七卷),华东师范大学出版社2016年版,第22-23页。

的定义："自由就是从事一切对别人没有害处的活动的权利。"①

可见，就人我之辩而论，任何一个行为主体的自由意志其实是在"我"之自由与"他者"存在之必然性之间进行选择的一种活动；就有无之辩而论，每一个主体在"有为"与"无为"之间进行的所谓自由意志的自主抉择，通常是建立在对"我"之外的种种必然性的把握与遵循中才真正具有现实可能性的。这里所谓的"对必然性的把握与遵循"其实就是把对"他者"呈现的诸多必然性内化于"我"的自由意志之中。黑格尔曾将这一意思表述为"内在的必然性就是自由。"②这一论断显然是精当的。继承了黑格尔自由与必然辩证思想的恩格斯，当年批评主张激进的"社会主义"运动的杜林时也说："如果不谈谈所谓意志自由，人的责任，必然和自由的关系等问题，就不可能很好地讨论道德和法的问题。"③因为自诩为社会主义"行动家"和"改革家"的杜林显然把自由意志与自主行动变成了不切实际的胡思乱想，而且严重误导了德国社会民主党的许多成员。为此，恩格斯告诫说："自由是在于根据对自然界的必然性的认识来支配我们自己和外部自然界"。④ 这也就是说，没有任何一种意志自由或行为自由可以摆脱必然性的制约。在这个问题上，以叔本华、尼采、弗洛伊德、萨特等人为代表的意志主义哲学与被恩格斯批评的杜林一样，显然赋予意志自由太多不切实际的成分了。

　　关于意志主义哲学的偏颇，尼采在《查拉图斯特拉如是说》中那句著名的"你要到女人那里去吗？不要忘了带着你的鞭子"⑤的话，可谓最直观也最深刻地将其呈现出来了。罗素的《西方哲学史》是这样点评尼采这句话的："'别忘了你的鞭子'——但是十个妇女有九个要除掉他的鞭子，他知道这点，所以他躲开了妇女，而用冷言恶语来抚慰他受创伤的虚荣心。"⑥没有爱情、没有亲情、没有友情的尼采在 1900 年于孤寂中去世。

　　① 《马克思恩格斯全集》(第 1 卷)，中共中央马克思恩格斯列宁斯大林著作编译局译，人民出版社 1956 年版，第 438 页。
　　② 黑格尔：《小逻辑》，贺麟译，商务印书馆 1980 年版，第 105 页
　　③ 《马克思恩格斯选集》(第 3 卷)，中共中央马克思恩格斯列宁斯大林著作编译局译，人民出版社 1974 年版，第 152-153 页。
　　④ 《马克思恩格斯选集》(第 3 卷)，中共中央马克思恩格斯列宁斯大林著作编译局译，人民出版社 1974 年版，第 154 页。
　　⑤ 尼采：《尼采生存哲学》，杨恒达等译，九州出版社 2003 年版，第 334 页。
　　⑥ 罗素：《西方哲学史》(下卷)，马元德译，商务印书馆 1982 年版，第 319 页。

但当后世许多推崇者把他奉为"先知先觉者"而顶礼膜拜时，一些人试图重新解读尼采这句污名女性的话。一个比较有影响力的解读是说，尼采曾向名媛莎乐美求婚，可这位莎乐美已经有一个狂热的追求者了。某日，三人去照相馆拍照时，两个男人扮成两匹马一起拉着马车，而莎乐美则站在车上，手持一根鞭子作驱赶状。于是，这句话的意思就反过来了：男人去女人那里之所以要带上鞭子，不是为了抽打女人，而是为了让女人抽打自己。其实，从尼采著作中不时流露出来那种极为偏激的女性观来看，这一替尼采的辩护之举并没有足够的说服力。

值得指出的还在于，从有无之辩看，"我"的自由意志在很大程度上恰体现为争取"有为"或"无为"之自由抉择的能力。人们既可以正确地使用这种能力，以它为中介达到人生的理想境界，也可能滥用这种能力，把任性地表现这种能力当作"自由"从而成为自己恶劣情欲的奴隶。从表象上看，当个人把历史必然性、把社会需要、把对"他者"行为后果的责任弃置一旁，任凭自己一时的好恶进行选择时，这种我行我素、随心所欲的表现似乎十分自由，然而这种自由却是一种毫无规定性的、主观的空虚自负。黑格尔称其为是"抽象而不真实的自由"[①]。事实上，主体之"我"在这里恰恰是最不自由的，因为他不自觉地沦为自己本能、恶习、情欲的奴隶，导致道德情操和人格品性的堕落，而没有了情操与人格的支撑，"我"是无法成就自己的人生价值的。

正是基于这一点，恩格斯强调说："自由不在于幻想中摆脱自然规律而独立，而在于认识这些规律"[②]。意志的自由也同样无法摆脱自然与社会发展的客观规律，恰是在对这些作为必然性而存在"我"面前的规律进行认识并依这个认识而行动，意志自由才能够真正地实现。就人我之辩而论，主体之"我"是否自觉地认识和把握必然性具有前提性的意义。它是获得意志自由的认识论前提。没有主体之"我"对这个必然性以及作为这些必然性在社会领域展开的诸如我与他者、我与群体、我的发展需要与社会发展的需要之间关系的正确认识，即便社会历史提供了最大限度的意志自由，作为主体的"我"往往也会惘然不知所措，根本无法获得真正的自由。现实生活中的任性、冲动、自以为是、肆意妄为等首先就是因为没有对这些必然性予以把握并内化黑格尔说的"我"之

---

① 黑格尔：《小逻辑》，贺麟译，商务印书馆 1980 年版，第 105 页

② 《马克思恩格斯选集》（第 3 卷），中共中央马克思恩格斯列宁斯大林著作编译局译，人民出版社 1974 年版，第 153 页。

"内在必然性"。

但道德自由的获得固然须以对道德必然性的认识为前提，但又不能停留在认识的阶段。显然，正确的认识只为自由提供理论上的可能性。要使自由获得直接的现实性，就必须在认识必然性的基础上发挥自由意志，通过道德实践中的积极选择，塑造和完善自己的人格，不仅越来越不为过去的坏习惯或情欲所统治，而且也日益摆脱"偶然的意志"、任性和冲动的驱使。只有这样，道德主体才真正获得现实的自由，开始使自己的道德活动在实践中走向"自律"的境界，亦即走向孔子声称的"从心所欲，不逾矩"（《论语·为政》）的理想境界。

可见，从人我之辩而论，主体之"我"从必然走向自由，从外在限制走向"自律"，其中对自由意志的正确理解、体认和发挥是关键。因为主体对社会历史条件的认识和利用，以及最终实现超越现实的"从心所欲"，都是在自由意志的一系列勉力而行的努力才实现的。正是在这个意义上说，没有自由意志，就没有人身自由。也就是说，在人我之辩、有无之辩中，"我"要正确地把握自由意志问题，不仅要看到主体之"我"自由意志是以认识"他者"的必然为前提的，同时还要看到在实践选择的过程中，"我"之自由意志也必须在"有为"与"无为"的抉择中处处遵循这种必然性，不断地内化这个必然性。

而且，在"我"之自由意志的选择过程中，必然性通常是以对"他者"及其集合而成之整体的责任担当呈现出来。因而自由与责任不可分。当然，就有无之辩而论，一方面，从"有为"的角度来看，自由应该被理解为可负责任的状态。自由包含责任，责任体现自由。正是从这一点出发可以认为，自由的境界同时也是对行为高度负责的境界。具有自由意志的"我"在行为实践的自主选择中同时要承担社会责任。这是人的主体性的内在标志之一，也是主体之"我"不能轻松自在地在现实生活之境漫游而注定要背负重荷的原因。但另一方面，从"无为"的角度看，行为主体之"我"对"他者"及其"他者"集合体之责任的负荷，又是有一定限度的。这个"度"是由客观条件所提供的选择性，以及由社会伦理关系规定主体之"我"应履行的义务决定的。否则，"我"的社会责任又会沦为一种异己的力量而迫使主体丧失了自由、自主选择"无为"的可能性。比如，萨特认为二战期间的每一个德国士兵都要对纳粹法西斯的反人道主义暴行承担责任的观点，就遭到几乎是众口一词的反对意见。正如有学者评价的那样，"萨特的观点好像是强调了责任的担当，但因为这个责任从权利与义务的关系看，它事实上是其享有的权利不匹配的义务，故是一种无法真正承担的责任。结果是,强调'责任'却变成了'没有责任'。"①这一有无之辩中"我"对"他者"伦理责任的"有"与"无"的正确认知与研判,同样是非常重要的。

网络被现代人视为最自由表达意志的天地,对黑客尤其如此。但是,这个领域里的自由同样是要承担责任的。比如,美国学者派卡·海曼就将黑客的伦理责任概括为三个方面:一是工作伦理层面的责任。黑客不是根据常规化和不断优化的工作日,而是根据创造性工作与生活中其他激情之间的动态方式,来安排自己的生活。黑客可以视工作为激情和自由意志的融合,但激情不应该伤害身体的自然承受性。二是金钱伦理层面的责任。黑客们不可把金钱本身视为一种价值,而是必须把它视为实现社会价值和开放性目标的行为动机。黑客渴望与他人一起实现激情,渴望为社会创造有价值的东西,因此获得同行的承认,故不可唯利是图、见钱眼开。三是网络伦理层面的责任。它体现着黑客伦理责任的主动性,即主张行动中的自由意志与保护别人生活方式隐私的一致性,同时竭力实现让每个加入网络的人能够从中受益的向善与向上目标。②

可见,最终的结论就是,主体之"我"的自由意志与自主选择是人类每一个个体活动的主旨。每个人都是自由选择的主体,善或恶、有为或无为都是人运用自己的自由意志进行自由选择和创造的结果。人通过这种选择实现自己的人生价值。但重要的是,每一个"我"正是在这个自由意志的选择中,从而也是对"他者"必然性的认知、内化与实践中不断实现自我价值,从中体验到自己生命中"善"的蓬勃生机的。这也正是我们与叔本华、尼采、萨特等意志主义哲学的分道扬镳之处。

三、古代有无之辩传统内蕴的现代价值发掘

学理的探究终究是为了指引实践。就与中国式现代化伟业相匹配的中国特色的民族精神塑造与价值取向引领而言,有无之辩传统所积淀与内蕴的现

---

① 万斌等主编:《马克思主义视阈下的当代西方社会思潮》,浙江大学出版社 2006 年版,第 180 页。

② 派卡·海曼:《黑客伦理与信息时代精神》,中信出版社 2002 年版,第 103-104 页。

代价值无疑也是丰富而多维的。如果立足于当今中国"有为"已然成为一个基本的共识，即人们已经习惯于在这个谋求中华民族伟大复兴的时代奋发有为，从而成就自我，那么也许选择从"无为"的向度去发掘古代有无之辩传统中的优秀传统，尤其着力于探讨"我"如何通过无为或有所不为而成就"他者"之伦理境遇的具体路径，也许更彰显出实践理性的指引意义。

1. 生成有所不为的理智力

在有无问题上如果说西方的意志论传统崇尚有为，中国则在推崇无为的过程中具有某种宿命论的传统。这当然是传统的人生哲学论中需要摒弃的糟粕。但我们显然不能因此矫枉过正地走向意志论。事实上，就有无之辩而论，中国传统哲学历来推崇有所不为的原则恰恰是很有现实指引意义的。

有无之辩中的有所不为原则在儒家文化中通常被理解为"不见可欲"的智慧。其实，儒家也承认欲望是人自身的一部分，故孔子有"欲而不贪"(《论语·为政》)的语录流传后世。可见，儒家不是禁欲主义者。事实上，每一个人身心中的欲望本身就属于人的自然天性，是人活动最强大的内在动力。但它又似乎是同"我"相对立的东西。许多时候，欲望不但不受"我"的支配，反而使"我"处于它的控制之下。于是，人们往往因无所顾忌的放纵而使理性和睿智迷失于"我"的欲望之中。正是由此，"不见可欲"便成为人生修养的一大伦理原则。这一原则告诉世人：回避欲望其实也是修身养性的一个明智之举，更是赋予"他者"伦理境遇的实现途径。

> 提及"不见可欲"的道理，古代史上那位公元 405 年即位的南燕皇帝慕容超显然并不懂。据史籍记载，这位 21 岁登基的皇帝是一位达到痴迷程度的音乐爱好者。他几乎有一多半的时间坐在宫中，听那经过长期培训的宫廷乐队演奏音乐。随着那美轮美奂的旋律，他常常心落神驰，如痴如醉。因为有皇帝的加持，南燕国宫廷乐队一时名声大噪，誉满海内。在对音乐的极度痴迷之下，慕容超为了组建令其更加满意的宫廷乐队，居然下令从东晋国抢劫了一批乐女，结果导致东晋的刘裕大怒，迅速征调大军灭了南燕国。慕容超及 3000 多名慕容家族成员被全部斩首。临刑时慕容超居然还问监斩官："为什么听不到你们庆祝胜利的音乐？"学者柏杨曾经评论说："因好音乐而亡国，慕容超恐怕是前无古人后无来者。"①其实，

----

① 《柏杨说历史》(第 2 册)，香港海风出版社 1998 年版，第 117 页。

又何止有慕容超那样因爱好音乐而亡国的,还有因爱好书画而亡国的宋徽宗赵佶,因爱好诗词而亡国的南唐后主李煜等。

事实上,沉湎声色犬马的享受会使人光阴虚度,诸事无成。倘若一国之君沉湎于声色的放纵中,那几乎可以肯定地说,那他一定是位亡国之君。比如,南北朝时代南朝陈国皇帝陈叔宝就可谓是这样一位昏君。隋文帝杨坚称帝后,立即做伐陈的准备,练兵造船,准备统一中国。此时陈国的后主陈叔宝却根本不顾国家安危,依然挥金如土,天天开怀畅饮,沉湎于纸醉金迷之中。史书中记载连他的御马也被养得娇贵无比,竟嫌弃豆粟粗糙不肯下咽!尤其是陈后主终日与张丽华等妃嫔相伴,歌舞欢宴不断。上行则下效。尚书令等一批大臣也不问国事,整天莺歌燕舞,酗酒无度。陈后主还别出心裁地亲自选出一千多名宫女排练歌舞节目,伴以大型乐队,在宫中演唱不辍。有时甚至他自己也操琴演奏,耽迷如醉。陈后主日夜寻欢作乐,自然没有心思过问政事。于是,宠妃们与宦官内外勾结,为非作歹,朝廷中正直之士则受到他们的打击、迫害。有位名叫章华的大臣上书陈后主道:"你当了五年皇帝,不知先人创业之艰难,一味玩女人、喝酒,假如你不改悔,马上就要亡国了!"陈后主竟残忍地将章华治了死罪。陈叔宝的奢侈淫乐,使百姓受尽剥削,田地荒芜,炊烟常断,国力剧衰。后来,隋文帝派晋王杨广伐陈。陈国竟无半点抵抗之力。隋军到时,陈朝文武百官降逃殆尽。这位陈后主自然只好束手就擒。

相反,汉代开创"文景之治"的汉文帝则堪称是一位"不见可欲"的仁君。他所达到的简朴程度曾经令诸多史家颇为感慨:汉文帝在位 23 年,车骑服御之物一次都没有增添;屡次下诏禁止郡国贡献奇珍异宝;平时穿戴都是用粗糙的未经漂染的丝绸做衣服;他依祖制为自己预修的陵墓,也三令五申地要求从简;他有一件穿了二十年的袍子,舍不得丢掉,补过之后依然穿在身上。一个"贵为天子,富有四海"的皇帝,能够如此俭约,无疑是非常难能可贵的。他是如何做到这一点的呢?其中一个办法就是"不见可欲"。史籍记载,一次有使者从西域带回数名极具异域风情的漂亮女子,结果汉文帝连面都不见。学者柏杨评论说:"汉文帝的智慧在于回避美色可能带给自己和国家的任何危害。因为这一危害从商纣王开始就曾在宫廷里一幕幕上演过。"①也许正因为对衣、食、住、行的享受方面汉文帝用心不多,故他在治理国家方面才能颇见用

_____

① 《柏杨说历史》(第 2 册),香港海风出版社 1998 年版,第 77 页。

心。众所周知,汉文帝在位期间,是汉朝从国家初定走向繁荣昌盛的过渡时期。他和他儿子汉景帝的统治时期,国家政治稳定,经济生活得到显著发展,历来被视为封建社会的"治世",史称文景之治。值得一提的是,汉文帝的这一德行甚至得到了西汉末年农民起义军赤眉军官兵的尊崇。他们攻占长安后,西汉皇陵均遭破坏,唯有汉文帝的霸陵却得到了起义军的保护。这在古代农民起义历史上也是除此之外绝无仅有的记载。

在儒家看来,正因为内心"不欲"所以才可以在行为举止方面"不为"。也因此,儒家历来有安贫乐道之说。比如,孔子便留下过"饭疏食、饮水、曲肱而枕之,乐亦在其中矣;不义而富且贵,于我如浮云"(《论语·述而》)的教诲。可见,在中国传统文化的这种精神熏陶下,不以物质上的丰裕为乐而以道德上的充实为满足,已然成为一个普遍受到认同的道德修养模式。这是儒家伦理在有无之辩中的大智慧。

也因此,南宋名士陈亮所述的如下一则故事便值得我们特别地回味:一书生与一富商为邻。书生贫寒,家徒四壁。孤灯茕守之际,每见邻家达旦宴乐,不胜艳羡。一日,书生整具衣冠,拜谒富商,求问致富之道。富商告之:"致富不易也。你且归去,沐斋三日,而后相授。"书生依其所嘱,三日后再往谒见。富商接之,引入屏内。书生奉师贽,行弟子礼。富商在作揖还礼后授致富之道曰:"大凡致富之道,当先从心中除其五贼。"书生便问:"何为五贼?"富商曰:"即世人所谓仁、义、礼、智、信是也。"书生听后,笑而告退,从此不再羡慕这位富商。陈亮这个故事的寓意在于告诫世人,与其摈弃仁、义、礼、智、信这些基本的德性而致富,还不如守住这份德性而安贫乐道。因为在儒家的修养之道看来,只有守持道德,不为物欲所溺,才是一个人安身立命之本。在人的物欲被过分张扬的现时代,在世人还特别推崇物质人生、财富人生的今天,古人的这一思想无疑特别地凸显其清明的指引意义。

儒家正是以有无之辩中的这一"不见可欲"之修养功夫,在人我之辩中实现"我"对"他者"伦理境遇的积极赋予。在由德性转化为德行的过程中,其关键之处在于"我"能够自觉地以对"他者"(个人或国家)是否向善为选择依据,尤其警示自己对"他者"不善之事有意识地不见、不欲,从而做到不为。

有无之辩中的"有所不为"原则在道家那里则被理解为"无欲"的立场。可以肯定的是,道家主张无欲当然不是禁绝欲望,而是依据"道法自然"的基本立场,对那些不自然的欲望予以扬弃。正是由此,老子认为:"不见可欲,使民心不乱。"(《道德经》三章)不仅如此,老子还曾这样论述过"无欲"的道理:"五色令人目盲,五音令人耳聋,五味令人口爽,驰骋畋猎令人心发狂,难得之货令人行妨。是以圣人为腹不为目,故去彼取此。"(《道德经》十二章)庄子直接继承了老子的这一"无欲""无为"的理论。他明确认为善恶皆"有为",所以对人性皆有所累:"为善无近名,为恶无近刑,缘督以为经,可以保身,可以全生,可以养亲,可以尽年。"(《庄子·养生主》)故庄子的观点与老子一样,因为善与恶会被"名""刑"所累,所以唯有"无为"才构成道德上的最高理想境界。由此,在庄子眼中的成人之道便是:"至人无己,神人无功,圣人无名。"(《庄子·逍遥游》)而且,这种无己、无功、无名的理想人格事实上也是庄子自己身体力行的人生最高准则。

　　《庄子·秋水》记载过一个庄子拒聘为相的故事:庄子在濮水钓鱼,楚王派两位使者前往欲聘其为相。庄子手执鱼竿头也不回地说了如下一番话:"我听说楚国有一只神龟,死的时候已经有三千岁了,你们的国王用锦缎将它包好供于宗庙的堂上。请问:这只神龟宁愿死去留下骨骸而显示尊贵呢? 还是宁愿活在烂泥里拖着尾巴爬行呢?"两位使者回答说:"自然是宁愿活在烂泥地里。"庄子说:"你们回去吧! 因为我宁愿像龟一样在烂泥里活着,也不愿意去庙堂之上供着。"这一史实在《史记》里也有类似的记载,故应该是可靠的。其实,欲请庄子为相的楚威王还是很有作为的,史家甚至有"威王兴楚"①一说。但问题在于,"春秋无义战"(《孟子·尽心下》)。庄子如果赴任,不仅于"我"而言不符合道家自然伦理的立场,于"他者"而言也不道德。可见,这样一件于己于人均不道德之事,庄子自然选择"无欲"从而"无为"。

庄子还曾对"无为"进行了本体论上的证明:"天地有大美而不言,四时有明法而不议,万物有成理而不说。圣人者,原天地之美,而达万物之理。是故至人无为,大圣不作,观于天地之谓也。"(《庄子·知北游》)庄子在这一本体论的基础上,把"无为"的最高理想境界描述为天人合一的境界。要达到这种境界的一个基本原则是"惟无不忘":"忘乎物,忘乎天,其名为忘己。忘己之人,是之谓入于天。"(《庄子·天地》)而且,在庄子看来,一旦达到这样一个"忘己入天"的境界,人在自己的人生活动中就不以物喜,不以物悲,不以物挫志,不

---

① 张正明:《楚史》,中国人民大学出版社 2010 年版,第 285 页。

以物伤情，"喜怒哀乐，不入于胸次。……贵在于我而不失于变。且万化而未始有极也，夫孰足以患心？"（《庄子·田子方》）

战国时期的惠子就因为"见可欲"而被庄子嘲笑过。据《庄子·秋水篇》记载：庄子的朋友惠施在大梁为相，庄子欲前去拜访他。惠施开始颇为高兴。可偏偏有人在惠施面前挑拨离间说："庄子此来，是想取代你的相位呢。"惠施十分害怕，在国都中搜查了三日三夜想捉拿庄子。后来，庄子见到了惠施时，就对惠施说了一个故事："南方有种叫鹓鶵的鸟，长相类似于凤凰，它从南海飞到北海去。飞行过程中，不是梧桐树它不在上面歇脚，不是竹子的果实它不吃，不是甜美的泉水它不喝。一次，有只猫头鹰刚好觅得一只已经腐烂的死老鼠，它担心天上飞过的鹓鶵会来跟它抢着吃，就伸着脖子仰头狂叫，一心想把鹓鶵赶走。现在你也担心我来抢梁国的相位而担惊受怕吧？"显然，庄子用鹓鶵鸟来表示自己的高洁，用猫头鹰保护自己的腐鼠来比喻惠施担心自己的相位。庄子的一席话说得惠施极为惭愧。

其实，惠施在先秦也是一位很有智慧的名士。他曾与庄子就有过一段著名的问对。同样是《庄子·秋水篇》记载：一次，庄子与惠施在濠水的桥上游玩。庄子说："鱼在河水中游得多么悠闲自得，这是鱼的快乐啊！"惠施说："你不是鱼，怎么知道鱼的快乐呢？"庄子说："你不是我，怎么知道我不知道鱼的快乐呢？一个能够与庄子进行辩论的人，当然是个很有才智的人。可惜的是，惠施由于"不知足"，结果是被庄子嘲笑了一通，留下了千古笑柄。这正应了《庄子》中的一句告诫语："其嗜欲深者，其天机浅。"（《庄子·大宗师》）

也正是因此，道家还常常论及居上位的统治者如何以"无欲"之道修身的问题。比如，老子就说过："我无欲而民自朴。"（《道德经》五十七章）这句话讲的就是统治者的"无欲"之道，即统治者无欲以静，天下百姓自然淳朴。老子的这句话也可以反过来说：如果统治者侈欲无度，那么天下百姓也会纷纷仿效。中国历史上曾一度出现过几个人欲横流、世风日下的时期，究其根由，还真是源于身居高位者。此即民间俗语说的"上行下效"。可见，有无之辩中懂得无欲而无为，对居高位者而言还能起到引领风气的作用。

事实上，这里的关键是居高位者的"无欲"。在古代哲人看来这正是人面对欲望的一种智慧。拥有这种智慧的人才能成其大事。比如，明代颇为推崇老庄之学的韩雍就堪称这样一位智者：韩雍在南方为官的时候，有一个郡太守为巴结顶头上司韩雍而置办了一桌酒席果品，盛在许多大盒子里呈进韩府。这位善于溜须拍马者还别出心裁地在其中一只大盒中偷偷装了一个绝色美艳的歌妓,直接抬入府第。韩公在察言观色中知道其中肯定有见不得人的东西,于是在传令郡太守晋见时,让其当面打开那只盒子。然后,韩公不动声色地叫歌妓侍候在一边。喝完酒之后,韩公吩咐手下仍然把她装进盒中让太守自己带走。这的确是一位无欲而静的智者。他既没有因歌妓的美艳而乱了方寸,也没有因此事而对郡太守暴跳如雷,而是以一种非常平和与静缓的方式解决了这一难题。可见,老子"我无欲而民自朴"(《道德经》五十七章)的教诲启迪我们,无欲是战胜欲望的最好办法。

也是基于这样的"有所不欲""有所不为"立场,故道家特别推崇归隐的人生态度。事实上,当初老子离开周王朝骑青牛出关而去,也许就是不愿与官场里的那些人同流合污而选择了归隐。① 自老子之后,历代有许许多多德性高洁的隐士,其人格风范令后人为之感动。曾经以"采菊东篱下,悠然见南山"(《饮酒》)之优美诗文传世的陶渊明就堪称其中颇具代表性的一位。陶渊明原本是名将后代,又有文才,经地方官府的推荐他在刘裕手下做了个参军。但没过多少日子,他就看出当时官场互相倾轧、昏庸腐败的本质,心里很厌烦,他便要求出去做个地方官。他以诗人的天真以为,也许任地方官自己可做主治理一方水土从而造福黎民百姓,上层官场倾轧和腐败之事也会由此得以躲避。于是,刘裕就把陶渊明派到彭泽当县令。结果他很快就发现自己的想法太天真,此前令他厌烦的官场里的那一套依然天天上演。一次,郡里派了一名督邮到彭泽视察。县里的小吏听到这个消息,连忙向陶渊明报告。陶渊明正在他的内室捻着胡子吟诗,一听到来了督邮,十分扫兴。但也只得勉强放下诗卷,准备跟小吏一起去见这位督邮。小吏一看他身上穿的还是便服,便吃惊地说:"督邮大人来了,您该换上官服,束上带子恭恭敬敬去拜见才好,怎么能穿着便服去呢!"陶渊明本来就看不惯这位倚官仗势、作威作福的督邮,一听小吏说还要穿起官服行拜见礼,更受不了这种屈辱。他叹了口气说:"我可不愿为五斗米折腰!"说完,他便决定不去见督邮。只见他把身上的印绶解下来交给小吏,带着老母亲与简单的行李飘然而去。从那以后,他过起了隐居的生活。陶渊明不仅心性彻底地得以解放,而且由此而写下了许多优美的诗歌文章,来抒发自己的自由自在心情。

同样是基于有无之辩中的有所不为的立场,道家还主张"圣人为而不恃"

---

① 老子离开周王朝出函谷关而去的具体原因学界历来有不同的看法。据司马迁的记载,老子离开周天子的原因是:"居周久之,见周之衰,乃遂去。"(《史记·老子韩非列传》)

（《道德经》七十七章）。此语中的"恃"是凭借、依赖的意思。《道德经》在这里是说，有道之人在为人处世方面决不恃强好胜，更不以有所恃而去伤害别人。古代圣贤是很懂得这个道理的。

也就是说，有无之辩中的德性生成在这里又意味着不能有恃无恐，而应该以谦和宽恕之道待人。武则天当政时的徐有功就堪称是这样一位德性高尚之人。时任大理寺少卿的徐有功深受武则天的信赖与赏识。有一次，武则天要将一个人处死，徐有功当廷指出此人罪不至死，不可处决。为此，他同武则天越争越激烈，连君臣之间的用词和语气都不顾了。武则天大怒，喝令武士将徐有功推出斩首，毫不畏惧的徐有功反而扭过头来大声说道："臣身可死，法决不可改！"武则天居然被他打动了，不仅赦免了他，并且听从徐有功的建议收回了要处决那个人的成命。后来，有一次徐有功受到别人诬告，因为有武则天对他的信任才幸免于难。而日后当这个诬告者犯案由他审理时，他却完全依法行事，甚至都没有动大刑。有人问他何以就肯善罢甘休，他正色说道："我执行的是国家法律，同他的那些事是个人私怨，怎么可以公报私仇？"闻之者莫不肃然起敬，无一不对徐有功的人品佩服之极。而徐有功也以他这一份如《道德经》说的"为而不恃"的德行而彪炳千秋。

有无之辩中的"有所不为"原则在佛家那里则被理解为"空观"的立场。在佛家看来，小千世界、中千世界和大千世界构成"三千大千世界"，这是世界万事万物存在之总括。如何看待这一大千世界？佛家从"四大皆空"的基本观点出发，认为可以用一个字来概括，这就是以"空"观之。以慧能的话说就是："世界虚空，能含万物色像，日月星宿、山河大地、泉源溪涧、草木丛林、恶人善人、恶法善法、天堂地狱、一切大海、须弥诸山，总在空中；世人性空，亦复如是。"（《坛经·般若品》）可见，在佛家的智慧看来只有了悟"空"字之真谛，方能称一个人了悟佛法。

也因此，禅宗经典《坛经》中记载了这样一则著名的典故：弘忍欲求法嗣，让诸僧自取本性般若，各作偈语，以验悟性高下，从而付传衣钵。于是，上座神秀在半夜三更，于南廊下中间壁上秉烛题成一偈道："身是菩提树，心如明镜台；时时勤拂拭，莫使有尘埃。"当时，慧能在碓房舂米，听童子唱诵此偈。就烦请童子带到南廊下，也作了一偈。因为慧能不识字，只好请人替他在南廊西间壁题道："菩提本无树，明镜亦非台；佛性常清净，何处惹尘埃。"（《坛经·行由品》）结果是慧能因真正了悟了"空"字的真谛而得以传承五祖弘忍的衣钵。禅宗这个故事其实是告诉世人，菩提树也罢，明镜台也罢，人生追求的所有东西

也罢,我们都必须将其看空。正是由此,佛家说:"色即是空,空即是色。"(《般若心经》)

那么,佛家讲的"空"究竟是指什么呢?难道说,我眼睛一闭,这世界就空空如也?这当然是对佛家"空观"教义的误解。"空"的确切含义其实是指无常。《心经》"色即空"这一名句所说的"色",我们通常会很狭隘地理解为美色,其实在佛经当中,它的含义要更广一些,指的是形形色色的外部世界。除了男色、女色外也包括金色的金子、银色的银子,色香味俱全的美食,甚至良辰美景等对"我"产生诱惑的存在都涵括在这个"色"的范畴中。那么,为什么要说"色即是空"呢?它是佛家对人和外部世界的关系的一个基本判断:这世界的一切都是变化无常的。比如,自然界有沧海桑田的变化,人世间也是世事无常,甚至连生命的存在也是无常的,生命那容易消失的脆弱和人生苦短的短暂常常令人万般无奈。由此,佛家主张要"空"观这一切。可见,"空"的概念不是说没有,而是说"无常"。"无常"的意思是说外部世界本身缘起性空,并不是永恒、不变的。既然没有永恒、不变的东西,不存在着一个永远对人有意义的东西,那么我们为什么不超越这样一种执念,以"空"的眼光来看待大千世界呢?

正是由此,佛家一向有"四大皆空"的说法。印度佛教讲"外四空"的理论,主要是讲地、水、风、火的四空:万事万物都是由地、水、风、火所构成,就像一个杯子,地里面的泥和以水,风干了以后放在火里面烧,尔后就成了一只杯子。可是,世人总认为这个杯子永远是杯子。其实这是幻象,它的本相是"缘起性空"。因为它不可能永远是杯子,比如有一天打碎了,被车碾了,被人踩了,它就重新又回到地、水、风、火的四大循环当中去。中国佛家(比如禅宗)则更多地讲酒、色、财、气这"内四空"。[①]它同样短暂且无常。但无论是"外四空"还是"内四空",其本质讲的都是"空"的道理。可见,没有永恒和永远的存在,钱财、权力、情感,甚至连同我们的生命等一切世间之物,其实都如眼前的一只杯子。这就如佛经所言:"凡所有相,皆是虚妄;若见诸相非相,即见如来。"(《金刚经·如理实见品》)正是由此,我们不可痴迷地以为豪车大宅、功名美媛、荣华富贵永远属于我们。这就是佛家"诸法无常"教义的精妙内涵。

有"佛书"之誉的《红楼梦》有一首"好了歌"很传神地表达了佛家的这一"空观"思想:"世人都晓神仙好,只有功名忘不了!古今将相在何方:荒冢一堆草没了。世人都晓神仙好,只有金银忘不了!终朝只恨聚无多,及到多时眼闭

---

① 徐王婴:《禅踪云居》,浙江古籍出版社 2014 年版,第 247 页。

了。人都晓神仙好,只有娇妻忘不了!君生日日说恩情,君死又随人去了。世人都晓神仙好,只有儿孙忘不了!痴心父母古来多,孝顺儿孙谁见了?"这是借跛足道人之口唱出来的。① 一直有一些学者认为这首《好了歌》宣扬了一种逃避现实的虚无主义思想。其实,我们认为它恰恰表达的是佛家思想的精髓。从佛家的立场看,人们活在世上之所以执迷于建功立业,发财致富,贪恋妻妾,顾念儿孙,全都是被诸多的色界存在而蒙蔽的缘故。这首歌就是用通俗浅显的语言来说明这一切功名利禄、荣华富贵、海誓山盟、儿女情长等形形色色的存在都是无常之物。由此,跛足道人说:"好便是了,了便是好"。这就把"好"和"了"的通常含义又引申了一层:只有将这个世界一切形形色色的存在对"我"之诱惑予以超越,也就是说只有彻底的"了",才是彻底的"好"。正是由此,我们说跛足道人的《好了歌》应该被认为是《红楼梦》的精髓之一,表现了"浮生若梦"的意境。但是,古今中外又有多少人能看破红尘、淡泊人生,彻底断绝功名、利禄和家庭的妄念呢?

后来,甄士隐悟道后,曾作"《好了歌》解注"如下:"陋室空堂,当年笏满床;衰草枯杨,曾为歌舞场;蛛丝儿结满雕梁,绿纱今又在蓬窗上。说甚么脂正浓,粉正香,如何两鬓又成霜?昨日黄土陇头埋白骨,今宵红绡帐底卧鸳鸯。金满箱,银满箱,转眼乞丐人皆谤;正叹他人命不长,那知自己归来丧?训有方,保不定日后作强梁。择膏粱,谁承望流落在烟花巷!因嫌纱帽小,致使锁枷扛;昨怜破袄寒,今嫌紫蟒长;乱烘烘你方唱罢我登场,反认他乡是故乡;甚荒唐,到头来都是为他人作嫁衣裳。"② 显然,跛足道人唱《好了歌》正是要启发甄士隐"觉悟";而甄士隐是聪明的读书人,而且有了家破人亡的经历,一听就懂了,于是就为《好了歌》做了这篇解注,进一步引申和发挥了《好了歌》的"空观"思想。这篇解注无疑比《好了歌》说得更具体、更形象、更冷峻无情:富贵的突然贫贱了,贫贱的又突然富贵了;年轻的突然衰老了,活着的又突然死掉了——人世无常,一切都是虚幻。想教训儿子光宗耀祖,可他偏偏去当强盗;想使女儿当个贵妇,可她偏偏沦为娼妓;想在官阶上越爬越高,可是偏偏成了囚徒——命运多舛难以捉摸,谁也逃脱不了它的摆布。可是,这世上的人们仍不醒悟,还在你争我夺,像个乱烘烘的戏台,闹个没完。这就是甄士隐《好了歌》解注的基本思想。可见,它同《好了歌》一样,同属对佛经"色即是空,空即是

---

① 曹雪芹:《红楼梦》(上卷),人民文学出版社1985年版,第17页。
② 曹雪芹:《红楼梦》(上卷),人民文学出版社1985年版,第18页。

色"一语的解读。由于它处处作鲜明、形象的对比,忽阴忽晴,骤热骤冷,时笑时骂,有歌有哭,加上通俗流畅,跌宕有致,就使它更具有强烈的感染力。它对于当今社会名利场中的人物,无异于一盆透顶醒心的清凉水。事实上,这也可以说是佛家在有无之辩中之所以要推崇"不为"(空)的最重要学理依据。

事实上,古人还是颇能体悟佛家这种人生"空观"的境界的:元初画家龚开隐居苏州时与僧人道衡结识,时有过从。一日,道衡于市肆觅得汉印一颗,见其古朴可爱便欲购之。主人开价不薄,当时道衡携带的银子不多,便转身回寺取钱。其时,龚开恰巧路经此地,亦一眼看中这颗汉印。店主人告知已售予道衡,然道衡迟迟未返。久等不见道衡人影,龚开即以重金将其买下,归去摩挲赏玩,一时喜不自禁。未料龚开之女闻知此事,忽出一语:"父亲大人岂可夺人所好!"龚开顿时惊悟。当下持汉印送还道衡,不期相遇道中。道衡笑曰:"既是先生所爱,贫僧自当拱手相让。"龚开曰:"不必,此物在你手里等于在我手里。"道衡也推却道:"在你手里也等于在我手里。"二人相让不下,竟成僵局。最后龚开竟将汉印投之深渊,两人一笑而别。这则故事堪称是佛家"空观"境界的生动诠释。

有学者曾将苏轼誉为"儒释道兼修,且将三家融为一体,形成了自己独特人生哲学观的'宋代第一人'。"①的确,苏轼身上儒、道、佛的学养极为深厚。仅就性格而言,既有儒家的善良仁厚,比如他反对王安石变法,主要是出于对百姓疾苦的体恤,为此他必须"为民请命";也有道家的自然达观,比如他被贬惠州泰然处之"日啖荔枝三百颗,不辞长作岭南人。"(《惠州一绝·食荔枝》)与此同时,他也有佛家的空观自在,比如在经历了肉体和精神的双重折磨的"乌台诗案"后,他却淡然写道"回首向来萧瑟处,归去,也无风雨也无晴。"(《定风波·莫听穿林打叶声》)为什么苏轼可以达到这样一个令人难以企及的人生境界?其缘由固然很多,但如果借用他自己的话来概括,那么其深谙"人生中莫取"与"取之无禁"辩证之道肯定是一个重要的缘由:"且夫天地之间,物各有主,苟非吾之所有,虽一毫而莫取。惟江上之清风,与山间之明月,耳得之而为声,目遇之而成色,取之无禁,用之不竭。是造物者之无尽藏也,而吾与子之所共适。"(《赤壁赋》)苏轼的这段文字,堪称是对儒、道、佛有无之辩立场的绝妙解读。在这篇千古名赋中,"莫取"是无为,是指对功名利禄要知足,对物质享受要知止;"取之无禁"是有为,是指对清风明月的陶醉,对天地自然之大美的

---

① 李波等主编:《中国古代文化简论》,中国文联出版社 2001 年版,第 195 页。

挚爱。

苏轼《赤壁赋》概括的"莫取"与"取之无禁"辩证之道所呈现的人生哲学立场及内蕴的智慧，对于我们领悟以儒、道、佛为代表的有无之辩中优秀传统的现代魅力具有形象且深刻的价值观启迪。也就是说，我们要充分意识到形成"识有知无"之人生价值观的必要性与重要性，从而才可能在人我之辩中让"我"通过有所不为而使"他者"之伦理境遇得以真正地实现。

2. 培植必要的敬畏之心

选择从"无为"的向度去发掘古代有无之辩传统中的优秀传统，尤其着力于探讨"我"如何通过无为、有所不为而成就"他者"之伦理境遇的具体路径，除了生成有所不为的理智力外，还有重要的一个向度，那就是敬畏之心的大力培植。

注重敬畏之心的培植是中华文明的一个显著特征。周公的"敬天保民"思想以对"上天"的敬畏来推衍出作为"天选之子"的周天子须以"保民"为政德之核心。这不仅开启了后代重民思想的先河，而且也是有确切文献记载且初具自觉形态的敬畏观。① 后来孔子的"三畏"说（《论语·季氏篇》）与"三戒"说（《论语·季氏》）则标志着古代敬畏理论的完善。宋明时期的哲人则更是将古代敬畏理论推向了高峰。受这一传统的熏陶，许多中国人至今对朱熹"君子之心，常存敬畏"（《四书集注·中庸章句》）、王阳明"能戒慎恐惧者，是良知也。"（《传习录》卷中）等语录耳熟能详。被誉为明万历年间天下"三贤"之一的吕坤曾经对敬畏之心有这样一段颇为著名的阐述："自天子以至于庶人，未有无所畏而不亡者也。天子者，上畏天，下畏民，畏言官于一时，畏史官于后世。百官畏君，群吏畏长吏，百姓畏上，君子畏公议，小人畏刑，子弟畏父兄，卑幼畏家长。畏则不敢肆而德以成，无畏则从其所欲而及于祸。"（《呻吟语》）在这里，吕坤对上至天子下至黎民百姓，各种身份之"我"须要敬畏的"他者"一一做了罗列。

从有无之辩而论，我们可以把敬畏之心归结为"不为"之心：因为心存敬畏，故行有不为。如果从人我之辩中"我"之生活的空间维度做一分类，那么也许可以依据现代社会公共生活、职业生活和婚姻家庭生活这样三大领域的划分，来分别探讨"我"对"他者"敬畏之心的有效培植。

其一是公共生活领域里对公德的敬畏。公德作为人们在社会公共生活领

---

① 蓝勇：《中国政治思想史》，高等教育出版社 2012 年版，第 42-43 页。

域里自觉遵循的行为规范原则,对社会风气的好坏起着最直接的影响与制约作用。在中国古代伦理道德思想的发展过程中,尽管有重私德而忽视公德的倾向,但由于中华传统文化向来强调"家国同构",强调群己合一,因而其私德规范也内在地包容了基本的公德要求在其之中。比如,孔子讲的仁、智、勇"三达德",管子讲的礼、义、廉、耻"四维",孟子讲的仁、义、礼、智"四端"以及董仲舒集先秦儒家之大成而提出的仁、义、礼、智、信"五常德"的理论等,其实无不内含了基本的公德规范在其中。也正是基于这一理由,越来越多的学者反对"儒学私德论"①。比如,刘东就认为:"把儒学贬成私德之后,它就缺乏文化的动能了。……再进一步说,真有哪种道德只属于'私德'吗?虽然就它的修为而言,可以属于一种高尚的'为己之学',然而就它的目标而言,却注定要指向身外的他者。"②可见,这些对"我"而言为私德但对"他者"而言为公德的传统伦理规范,只要我们善于剔除其中的封建糟粕,经过现代性改造、转换与创新,对我们构建与中国式现代化相匹配的公德规范,无疑有着重要的现实启迪作用。

从人我之辩而论,对公德的敬畏其实就是处于公共生活空间的"我"对单一或众多"他者"伦理境遇的实施。从有无之辩而论,"我"这一对"他者"伦理境遇的实施以不为的方式予以呈现,即"我"因心有敬畏,而对"他者"行有所止。就中国传统伦理道德思想的优秀传统而言,诸如"慎独"之类的修养方法特别给人以智慧启迪与价值观指引。以儒家为代表的中国传统伦理道德非常强调拥有独处时的慎独境界:"君子戒慎乎其所不睹,恐惧乎其所不闻。莫见乎隐、莫显乎微,故君子慎其独也。"(《礼记·中庸》)正因如此,在中国古代有极多的诸如杨子"四知"、许衡"不食无主之梨"的道德佳话流传。

　　据《后汉书·杨震列传》记载,杨子名震,为东汉时人,曾于某地任太守之职。一日深夜,某人携十斤黄金来访,欲以此金鬻官。杨子严词以

---

　　① 这一观点源自梁启超。他在比较了中西道德的区别之后,认为以儒家为"道统"的古代中国私德发达,公德几乎毫无建树。比如,在梁启超看来,《论语》《孟子》《大学》《中庸》《尚书》所标举的德行,如忠信笃敬、温良恭俭让,大体皆为私德;所教人的修养方法,如知止慎独、存心养性,皆为增进私德之方法。这些中国古人的著作对于养成人的私德,相当完备。而在公德培养方面,中国的传统文化却付诸阙如,这对近代国家的形成非常不利。(参见梁启超的《新民说》与《论私德》)后世有许多推崇西学的学者均非常认同梁启超的这一结论,并因此主张引进西方的"普世价值"作为"改造中华伦理"的当务之急。

　　② 刘东:《国学的当代性》,中华书局 2019 年版,第 169-170 页。

拒。此人心有不甘地说"夜深人静，无人知晓"，杨子勃然答曰："天知，地知，你知，我知，有此四知，岂能言无人知晓？"此人羞愧而去。被后世誉为"杨子四知"。

又据《元史·许衡传》记载：一次，元代文人许衡等人因逃避战乱而来到一片梨树下，又饥又渴的逃难者纷纷摘取梨子食用，惟有许衡端坐不动。有人非常不解地问道："无主之梨，食之何妨？"许衡却端坐正色答曰："梨无主，而吾心岂无主焉！"许衡此举，后被广为流传，成就了一段"不食无主之梨"的佳话。

就人我之辩而言，我们强调在公共生活空间中"我"对"他者"敬畏之心的培植过程中，"慎独"境界的必要性与重要性，是因为公共生活通常是"我"与众多陌生的"他者"相处，因而它最需要"我"生成高度的自律精神。也就是说，如果"我"身处熟人构成的"他者"环境时，因为是日后还要交往的熟人自然会有所顾忌，因此尚能自我约束的话，那么一旦置身完全是陌生人构成的"他者"环境时这种顾忌自然就不再存在。这时，敬畏之心对行有所止便起到特别关键的作用。

可见，在当前的公德建设中，不仅可以从传统伦理的具体德目诸如仁、义、礼、智、信这样一些规范中直接吸纳仁爱之心、见义勇为、诚信不欺等合理的思想内容，而且还可以从传统伦理的修养方法如"慎独"境界的生成中得到启迪，从而使全民族形成高度自觉自律的公德意识和公德习惯。这显然构成人我之辩中"我"对"他者"伦理境遇赋予的最经常、最普遍、最基础性的实现路径。

其二是职业生活领域里对职业道德的敬畏。职业是社会分工的结果，它是每一个人安身立命的前提。职业除了技能与专业的要求外也必然还有道德方面的要求。这就是职业道德。中国古代伦理道德思想中关于职业道德的遗产也是非常丰富的。比如，早在春秋时代的《尚书》中，就记载了官吏的道德规范："宽而栗，柔而立，愿而恭，乱而敬，扰而毅，直而温，简而廉，刚而塞，强而义。"（《尚书·虞书·皋陶谟》）在《孙子兵法》中对军人的职业道德规范则有如下的规定："将者，智、信、仁、勇、严。"（《孙子兵法·计篇》）对医德的记载，从春秋战国的《黄帝内经》中"疏五过""征四失"到扁鹊"随俗而变"的高尚医德，及唐代孙思邈"不得问其贵贱贫富、长幼妍媸、怨亲善友、华夷愚智"（《大医精诚》）的自我医德的制定，都表明着我国古代职业道德思想的产生几乎和社会分工的出现一样源远流长。

从敬畏之心的培植而论,古代以儒家伦理道德思想为主干的传统伦理中的"义利合一"这一基本原则,显然是职业生活空间最应该敬畏的基本原则。众所周知,职业道德与社会公德有一个显著的区别之处就是,职业道德与职业的功利行为直接相关。因而如何在职业谋利行为中又遵循基本的道义原则,使谋利行为与道义行为达到内在的统一,就是职业道德建设中所必须正确处理好的一个最基本的关系。在这个问题上,儒家的传统道德历来主张义利合一的基本原则。这个原则的基本内涵包括如下两方面的内容:一方面是"我"在信息不对称的情形下也能坚守见利思义,不谋不义之财的立场。从有无之辩而论,在有为的层面懂得所谓的君子爱财,取之有道;在无为的层面而言告诫"我"不谋不义之财。以孔子的话来说就是"不义而富且贵,于我如浮云"(《论语·述而》)。另一方面则是当义与利发生冲突时,"我"自觉地恪守义在利先的原则,在必要的情形下做到舍利取义,甚至不惜舍生取义。显然,儒家的这一义利合一思想,对于我们确立市场经济条件下的正确义利观,从而有效地改变当前职业生活领域里某些唯利是图、见利忘义的不良倾向,有着极富针对性的启迪作用。就人我之辩而论,如果在职业生涯中,每一个"我"都能够自觉地把义利合一这一原则作为职业道德的基本敬畏原则来予以坚守,那人我关系一定可以更加地和谐和温馨,社会风气也会因此而大大地得以改善。由此,"我"对"他者"的伦理境遇赋予,自然也就在职业生活空间得以切实地实现。

以孔子"为政以德,譬如北辰,居其所而众星共之"(《论语·为政》)的立场看,职业生活空间的敬畏之心首先要求为政者予以涵养。唐玄宗开元年间的宋璟堪称楷模。开元七年孟冬,朝廷依例选员,有一个叫宋元超的人,自称是宋璟的堂叔父,公然示意吏部要一个好差使。吏部诸员不敢怠慢,随即转告了相府,意思无非是想以此讨好当朝宰相。宋璟闻讯,不禁又好气又好笑。堂叔父家住洛阳他是知道的。平时他总是小心翼翼地避免与这些至亲接触,就是怕他们借自己的声望而弄权术或谋私利。现在堂叔父居然想利用私人关系捞取肥缺,真是荒唐透顶!他立即取出纸笔,给吏部下了一道牒书:"宋元超确系长辈,然而国家委任官吏,决不能因亲徇情。望你们秉公处理。"他刚要站起身,忽又想起自己虽然不愿以私害公,下属却仍有可能做顺水人情。想到这里,他毅然将最后一句划掉,改为:"从前元超不提起与我的关系,自当依例授职;如今既说了,谨请革去他的公职,以示儆戒!"吏部接到牒书,只得照办。此事一经传开,朝廷上下无不为之肃然起敬。

　　不仅如此。中国传统伦理道德思想对我们形成职业道德方面的敬畏之心,还体现在许多具体的职业道德规范中。比如,为政者的职业道德,孔子就曾这样说过:"政者,正也;子帅以正,孰敢不正?"(《论语·颜渊》)可见,在孔子看来,为政者对职业道德的遵循是尤为重要的,因为它直接影响社会的风气和道德风尚。孔子这一政德思想对于我们为政者形成正直、清廉、刚正、公正的职业道德无疑有着清晰的启迪意义。又比如,教师的职业道德,韩愈在《师说》中曾把师德概括为"传道""授业""解惑"三个基本规范,这三个规范对于我们今天的师德建设无疑是有借鉴意义的。它尤其警示师者一定要恪守师道、言传身教。还比如,医生的职业道德。中国古代医学著作在记载了丰富的医学知识的同时也记载了丰富的医学伦理规范和医德传统。如"未医彼病,先医我心"(刘昉:《幼幼新书·自序》)"夫医者,非仁爱不可托也;非聪明理达不可任也;非廉洁淳良不可信也"(杨泉:《物理论》)"人命至重,有贵千金,一方济之,德逾于此"(孙思邈:《备急千金要方·序》)"凡为医者,性存温雅、志必谦恭、动须礼节、举乃和亲、无自妄尊、不可矫饰""疾小不可云大,事易不可云难,贫富用心皆一,贵贱用药无别"(佚名:《小儿卫生总微论方·医工论》)等。古代医家对医德的这些概括同样是合理和精当的,它对今天的医德建设显然也有着多方面的启迪意义。

　　事实上,古代异常丰富的职业道德规范对于我们形成职业生涯的敬畏之心,从而懂得有所不为的现代启迪,对当今中国各行各业而言,许多从业者已然进入了由认知到行动的阶段,并取得了令世人瞩目的成就。比如,华为公司的"华为八条"就是从"敬畏商道,有所不为"(任正非语)的层面列出的企业价值观之具体规范:"其一、绝不搞迎来送往,不给上级送礼,不当面赞扬上级,把精力放在为客户服务上。其二、绝不动用公司资源,也不能占用工作时间,为上级或其家属办私事。遇非办不可的特殊情况,应申报并由受益人支付相关费用。其三、绝不说假话,不捂盖子,不评价不了解的情况,不传播不实之词,有意见直接与当事人沟通或报告上级,更不能侵犯他人隐私。其四、认真阅读文件、理解指令。主管的责任是胜利,不是简单的服从。主管尽职尽责的标准是通过激发部属的积极性、主动性、创造性去获取胜利。其五、反对官僚主义,反对不作为,反对发牢骚讲怪话。对矛盾不回避,对困难不躲闪,积极探索,努力作为,勇于担当。其六、反对文山会海,反对繁文缛节。学会复杂问题简单化,六百字以内说清一个重大问题。其七、绝不偷窃,绝不私费公报,绝不贪污受贿,绝不造假,也绝不允许任何人这样做,要爱护自身人格。其八、绝不允许跟人、站队的不良行为在华为形成风气。个人应通过努力工作、创造价值去争取机会。"①

从人我关系而论,职业绝不仅是谋生的手段,其社会意义在于它不仅是个体之"我"参与社会交往的手段,还是"我"以职业劳动获得"他者"及他者集合体之社会对其尊重的最重要依据。也就是说,正是不同职业角色下的"我"通过为"他者"提供的敬业且专业的服务,从而实现了个人的社会价值。除此之外,没有别的实现个体社会价值的路径。正是由此,职业道德的敬畏之心,作为"我"对"他者"伦理境遇赋予的重要心灵支撑,可以说是一个人职业生涯中最不可或缺的。

其三是家庭生活领域里对爱情婚姻道德的敬畏。由于中国古代是一个以血缘关系为纽带建立起来的宗法社会,故家庭生活是社会的最基本生活方式。费正清曾经说过:"中国社会的基本单位是家庭而非个人、政府或教会。"②这一特点就决定了在中国古代的伦理文化传统中向来特别注重家庭道德的建设。在古人看来,最原始的道德关系就产生于夫妇父子的家庭之中。在儒家推崇的"五经"之一《易》中曾有如下的一段经典论述:"有天地然后有万物,有万物然后有男女,有男女然后有夫妇,有夫妇然后有父子,有父子然后有君臣,有君臣然后有上下,有上下然后礼义有所措。"(《周易·序卦》)也因为这样一个缘由,故儒家特别重视家庭道德的教化功能,在修身、齐家、治国平天下的"成人"之道中,"齐家"既被视为"修身"的结果,又被认为是"治国平天下"的起点。正是在这样的文化背景下,中国古代形成了以慈、孝、贞、敬、悌等为核心范畴,且极为丰富的家庭道德规范。从人我之辩而论,这些具体的家庭道德规范就是"我"在婚姻家庭生活空间中与作为家庭成员之"他者"所相处与交往时必须敬畏的。

在婚姻家庭这一生活空间中,对女性"他者"之权益与尊严的伦理敬畏具有特别的意义。这是因为无论是中国还是西方那曾经的男尊女卑理

---

① 黎红雷:从任正非看企业儒学与中国式管理创新,《深圳社会科学》2024 年第 4 期,第 11 页。
② 费正清:《中国:传统与变迁》,张沛等译,世界知识出版社 2002 年版,第 15 页。

念至今还时有死灰复燃的情形出现。事实上，当媒体在讨论"女性是否该回归家庭"时，它呈现的正是对女性社会角色的歧视。正如在英语History一词所表明的那样，所谓人类的历史无非是"男人的故事或传奇（His-story）"，女人在其中不过是一个附庸性的存在，即一个没有自己的历史而由男人根据自己的欲望需要编码或压抑的性别存在。她们在历史或社会中根本无法表达自己的意欲和愿望，而只能按照男性的要求展现其所谓的女性气质，比如温柔、贤良、端庄、驯服等。但正如波伏娃在被称为"女性主义圣经"的《第二性》一书中所揭示的那样：女人或女性气质并不是天生的，而是在社会历史中"被"形成的："人类是男性的，男人不是从女人本身，而是从相对男人而言来界定女人，女人不被看做一个自主的存在。"①因此女性要摆脱"第二性"的地位，就必须打破这一不平等的性别神话。

可见，从人我之辩的立场而论，"我"对"他者"的伦理敬畏之具体规范必须与时俱进。也就是说，当前的婚姻家庭生活空间里"我"须心存敬畏的道德规范必然要从当代社会生活的实践要求出发而生成与涵养，这些以"心存敬畏、行有所止"方式呈现出来的具体道德规范首先是诞生于现时代的社会生活，是对"时代之问"的及时回应。但与此同时，对中华传统家庭美德的继承和弘扬也应该是一条重要的途径。比如，就传统美德中的慈、孝、贞、敬、悌而言，对现时代的家庭道德建设中"我"之敬畏心的有效培植无疑是有现代启迪的："慈"的道德规范在去除了"父为子纲"之类的封建因素之后，在现时代而言可以启迪父母在对子女抚养与教育时既要有一腔的关爱之心，又要遵循爱而不溺的理性原则，否则很可能会如古人告诫的那样，因爱而不智反而以爱溺爱；"孝"的道德规范在摒弃了"父母在，不远游"（《论语·里仁》）"不孝有三，无后为大"（《孟子·离娄上》）之类的糟粕之后，在现时代而言则可启迪子女对父母，对长辈要有体贴关爱之心，敬重、理解和赡养父母与长辈；"贞"的道德规范剔除了与人性相左的禁欲主义的色彩之后，在现时代而言，可以启迪夫妇双方在两性道德上履行忠诚、忠贞的道德义务；"敬"的道德规范在扬弃了繁文缛节的礼教成分之后，在现时代则可启迪在家庭成员中确立一种彼此平等、相互尊重、宽容和信任的基本德性规范；"悌"的道德规范在去除了"以长为尊"的不平等因

---

①　波伏娃：《第二性》，郑克鲁译，上海译文出版社2011年版，第8页。

素之后,对我们当今在家庭的兄弟姐妹之中形成彼此敬重、相互关爱的道德情感氛围,无疑也起到积极的促进作用。

众所周知,就人类的生存空间而论,社会公共生活、职业生活和婚姻家庭生活这样三大领域涵盖了每一个"我"的所有活动范围。如果我们在有无之辩的语境下,能够有效地在这三大领域里培植起理性且自觉自愿的敬畏之心,能够"心存敬畏、行有所止",那么,人我之辩语境下"我"对"他者"伦理境遇的赋予无疑就多了一条从"无为"或者说"有所不为"角度的实现路径。

四、小　结

陈来教授曾经以《有无之境》为题出过一本论述王阳明哲学精神的专著。在作者看来,以往儒家比较执着于"有"之境,对道与佛的"无"之境关注不够。只是到了王阳明这里,这一局面才得以彻底改观。陈来认为,在王阳明的心学世界里,"'无'即超越,这里的'无'是指境界的无,而不是本体的无;是通过'无'的内在超越,以获得来去自由的精神境界。"①

陈来教授在《有无之境》中的确把"无"的精义诠释得淋漓尽致。其实,即便是诉诸生活常识,我们也可感知到有无之辩中古代哲人之所以守持"尚无"立场的生活实践依据。我们常常可以发现,在现实生活中一个人如果什么都想要,如果什么都舍不得,结果反而是什么也得不到。这正是古代哲学"有所不为"智慧的真实写照。事实上,中国人的口头禅当中其实就有很多非常能体现我们传统哲学这一智慧的说法。比如"舍得"就是这样一个口头禅。它告诉我们,有"舍"才会有"得"。然而,也许是受西方近代意志主义哲学西学东渐的影响,也许是对传统哲学有时过分地强调"有所不为"的物极必反心态之使然,还也许是我们选择了市场经济这一注定推崇"有为"的经济模式的推波助澜,反观当下的现实生活总是可以见到许多人的心态是总想大小通吃,总是刻意地想多多地占有,总是任性与妄为到道德与法律的底线都敢触碰的程度。他们仿佛从来不知道什么是敬畏之心,自然也不会知道什么地方和什么时候人生应该有所不为,当然就更不可能领悟到人生有时要有云淡风轻的境界。这样的人生最后除了惨遭挫折与失败,不可能有其他的结局。

---

① 陈来:《有无之境——王阳明哲学的精神》,人民出版社 1991 年版,第 223 页。

　　其实，在近代以来尤其是五四新文化运动倡导反传统文化以来，对于传统哲学中的"无为"思想人们常常有一个望文生义的误解，以为"无为"就是"不为"。① 不仅国内学者存在这个误读，国外一些著名学者也存在这方面的问题。比如，《全球通史》的作者斯塔夫里阿诺斯就曾这样断言："道家学说的信徒被称为道教徒。顺从道的关键在于抛弃志向，避开荣誉和责任，在沉思冥想中回归大自然。"② 可见，这是一个对"无为"传统流行甚广故必须予以厘清的误读。其实，作为有无之辩中积淀的一种中国文化智慧，"无为"正如我们看到的那样是"有所不为"，并因为"有所不为"，从而能够"有所为"。这亦即是说，"无为"的理念在这里意味着"有所为"和"有所不为"的统一。它其实恰恰是一种人生哲学上的辩证法。这一辩证法在我们的生活实践中所揭示的是这样一个道理：只有"有所不为"才可能真正"有所为"。一个在任何时候、任何环节、任何方面都想"有所为"的人，往往是一个缺乏伦理智慧和道德坚守的人。

　　重要的在于，就人我之辩而言，一个不懂得"无为"之道而任性，甚至是肆意妄为的人是不可能对"他者"赋予伦理境遇的。恰恰相反，这样的"我"通常要以自我为中心，以"我"之私利最大化而蝇营狗苟、患得患失。这无疑是对人我合一之道的背离，是对"他者"利他主义情怀的放弃。

　　可见，在有无之辩中，我们应该纠正当前伦理生活中过于认同西方伦理传统中张扬意志、刚性有为的偏颇，回归传统文化所推崇的无为、有所不为的理性立场。也就是说，在今天这样一个极易把有为理解成什么都敢为，甚至胆大妄为的时代，倡导"有所不为"的传统哲学之道，尤其是倡导因敬畏"他者"而懂得行有所止的传统修身之道，显然呈现出了充分的必要性与重要性。否则，人我之辩中的人我合一之道，尤其是"我"对"他者"伦理境遇的赋予就丧失了一个重要的实现路径。

　　这正是我们以"时代之问"为导向，探究、激活并创新古代有无之辩中"尚无"这一优秀传统文化，并阐发其在人我之辩中对"他者"伦理境遇实现所特有价值之意义所在。

---

　　① 汪叔潜：新旧问题，《青年杂志》1915 年第 1 卷，第一号，第 45 页。
　　② 斯塔夫里阿诺斯：《全球通史：从史前史到 21 世纪》(第 7 版)(修订版)(上卷)，吴象婴等译，北京大学出版社 2005 年版，第 159 页。

第8章

心物之辩视阈下的"他者"伦理境遇

如果有无之辩传统的继承与创新，是从"尚无"这一否定性的向度实现"我"对"他者"伦理境遇的赋予，那么心物之辩传统的开掘则从快乐这一审美肯定性的向度来实现这一目的。在心物关系中，当我们走出把快乐视为物欲之满足的迷局，懂得真正的快乐源于心的道理，即领略到儒家推崇"仁者不忧"的仁心、道家崇尚"道法自然"的自然心、佛家主张看破、放下、自在的空观心恰带给我们快乐时，"我"对"他者"伦理境遇的赋予就有了善且美的实现路径。

——引言

在如何体验快乐的问题上，中西传统文化也体现出了不同的思路。是乐欲？还是乐道？也许是两者不同的最简单概括。正是由此，西方出现了物欲主义①的文化传承。与其不同的是，中国传统文化则更主张超越物欲，回归内心，从而在对"道"的内心体悟和践行中体验快乐。从"时代之问"的视阈来看，快乐感的缺失已构成现代人颇为普遍的感受。以传统的快乐观来审视这个问题，这一窘境的缘由恰在于世人受西方文化影响，把快乐与物欲之满足做了简单的勾连。也就是说，如果把问题的思考与探究置于传统文化的语境下，我们就可以发现问题的症结在于，现代人把快乐与"物"做了太多的牵扯，忘记了快

---

① "物欲主义"究竟何所指谓学界歧义颇多。本书作者借古代哲学的心物之辩的范式用以表达重身外之物、轻内心世界的一种伦理观及其价值取向。参见张应杭：物欲主义的超越，《学习与实践》2013年第1期，第26-35页。

乐其实更与"心"相关联。快乐其实源于心。从本质上讲快乐应该是一种心灵的感受，而不是对身外之物的过多占有。

事实上，快乐问题上的心物之辩直接制约着人我之辩中"我"对"他者"伦理情怀能否产生，规范着"我"对"他者"伦理境遇在多大程度上的实现。正是有缘于此，我们在本章中将探讨以儒、道、佛为代表的传统快乐观的基本内涵，梳理它与西方快乐观相比较而彰显的优秀传统，从而在审美的层面上为"他者"伦理境遇的实现提供若干智慧启迪与价值观指引。

一、中国古代哲学的"乐道"传统

如果对人我之辩的话题讨论仅限于"我"的论域，而且进一步把"我"之论域限定为每一个自我都普遍关注的话题，那么如何拥有快乐一定是其中最重要的话题之一。重要还在于，"我"对快乐的理解与追求，深刻地影响着对"他者"伦理境遇的实现。

1. 儒家把快乐理解为美德的守持

以心物之辩而论，最能体现儒家快乐思想的大概属《论语》里的如下一段记载：子曰："君子道者三，我无能焉：仁者不忧，知者不惑，勇者不惧。"子贡曰："夫子自道也。"（《论语·宪问》）孔子在这里是说："君子遵循的三个原则，我还没能做到：有仁德的人不忧虑，有理智的人不受诱惑，有勇敢精神的人无所畏惧。"子贡接过老师的话说道："这恰好是先生对自己的描述呀。"这里孔子及其弟子论及的"仁者不忧"境界，即为儒家推崇的快乐之道。也就是说，在快乐体验的获得过程中，以心物之辩的价值排序而论，儒家不仅把"心"排在"物"之前，而且还明确把这个"心"理解为仁爱之心。

在孔子为代表的儒家看来，仁者之所以不忧、之所以快乐是因为仁者的德行可以为"我"与"他者"交往带来快乐的体验。由此，孔子还有句名言："君子坦荡荡，小人长戚戚。"（《论语·述而》）孔子在这里是说："君子心胸宽广，小人却经常忧愁悲伤。"这显然是"仁者不忧"思想的另一种表达。

正是基于这样的语境，儒家认为快乐与物质生活的富有程度没有直接的关联性。《论语》记载：子贡曰："贫而无谄，富而无骄，何如？"子曰："可也。未若贫而乐，富而好礼者也。"（《论语·学而》）这里记载的是弟子子贡向孔子提的一个问题："虽然贫穷，却不去巴结奉承；虽然富有，却不傲慢自大，这样做怎么样?"孔子回答说:"这样算不错了,但是比不上贫穷却乐于道德的自我完善,富有却又崇尚礼节的。"孔子在这里提出"贫而乐"的人生哲学命题,成为儒家的一个道统而被后世儒家所继承。可以肯定的是,儒家并非教人要一味地生活在贫困中。正如我们已多次援引过的那样,孔子就曾经明确地表达过诸如"富而可求也,虽执鞭之士,吾亦为之"(《论语·述而》)的思想。儒家在这里只是告诫世人:当你不得已处在贫困的状态时,你不仅必须懂得"贫而无谄""贫而无怨"的道理,而且,还要能够拥有"贫而乐"的快乐境界。

孔子提出的"仁者不忧"的快乐思想,在当时就对儒门弟子影响极大。比如,颜回就可谓是孔子这一思想的践行者和体悟者。《论语》记载过孔子对弟子颜回这样一段评论:子曰:"贤哉,回也!一箪食,一瓢饮,在陋巷,人不堪其忧,回也不改其乐。贤哉,回也!"(《论语·雍也》)孔子在这里是赞叹说:"颜回是多么贤良呵!一筐剩饭,一瓢冷水,住在狭小的巷子里,别人都不能忍受那种苦楚,颜回却不改变他的快乐。多么贤良呵,颜回!"这就是儒家推崇的快乐之道,后世称孔颜之乐。可见,在儒家那里,快乐与人的富与贵无关,它是心灵中因为仁德的充盈而体验到的一种愉悦感受。

儒家"仁者不忧"的快乐观对现代人的价值指引无疑是多维的,比如它主张"不义而富且贵,于我如浮云"(《论语·述而》)的精神让人对财富的执着心可以变得淡泊一些;又比如它对美德熏陶的重视,推崇"里仁为美"可以让我们领略"德不孤,必有邻"(《论语·里仁》)的人生快乐境界;还比如"君子成人之美,不成人之恶"(《论语·颜渊》)的告诫让我们明白助人为乐的为人处世道理;再比如"反身而诚,乐莫大焉"(《孟子·尽心上》)的教诲让我们知晓什么是最大的快乐,如此等等。但是,针对时下人们太热衷于从物欲的满足来理解快乐的偏颇,我们认为儒家以"乐道"为核心价值的快乐之道有助于我们确立起以德性主义为基石的快乐观。也就是说,在快乐的追求和体验中我们必须自觉地走出太过关注物质享受,忽视德性培植的迷局。这应该是儒家快乐之道对现代人最彰显出价值意义之处。

时下的中国,物欲主义的一个非常令人忧心的表现就是"经济人"角色意识的增强和"道德人"意识的淡漠形成鲜明的比对。于是,我们不无忧虑地看到,在当代中国人的生活实践中,"失当"仿佛已不再遭贬斥,"正当"的行为却被无限地拓展,而"应当"的道德追求则被称为道德说教!有学者将这一情形概括为：道德虚无主义的盛行。① 其实，以儒家的快乐之道而论，道德虚无主义对人生快乐必然是否定性的。这一否定性表现在两个维度上：一方面是不道德的行为会导致社会道德舆论对行为主体做出否定性的评价。比如，网民对在车祸现场微笑的某安监局官员麻木不仁举止的批评、对酒后无德粗暴对待空姐的某人武部官员的曝光、对城管无视"他者"人身安全开着执法车辆追赶骑三轮车逃跑的小摊贩的行为被周围群众谴责等，均属于这一情形。另一方面，不道德行为的主体还会因为良知的觉醒而内疚。这也是导致现代人快乐感缺失的重要因子。比如，某著名企业家因为深陷"捐款门"事件而一再公开道歉，某知名教授因指导的博士生不堪学习压力而得抑郁症后深刻忏悔，某官员因去灾区指导工作却让很多灾民雨中等候他的大驾光临发视频致歉等就属这一情形。也许正是由此，孔子说："内省不疚，夫何忧何惧?"(《论语·颜渊》)

　　对儒家文化推崇"道德人"对"经济人"超越的这一传统之回望与激活，对市场经济的唯利是图本性的规范与引领，有显而易见的价值观指引。马克思·韦伯曾经从否定的意义上这样评价过儒家的这一传统。在他看来："儒教与佛教一样，仅仅是伦理。"②但蔡元培在其《中国伦理学史》之绪论中却从肯定的立场评价了儒家开创的伦理本位观："我国以儒家之伦理学为大宗。而儒家，则一切精神界之科学，悉以伦理为范围。"③这一泛伦理主义倾向自五四新文化运动以来曾一再被质疑与批判。然而，蔡元培却予以了明确的肯定。对后世称颂的君子"三德"——智、仁、勇，蔡元培更是将其视为孔子精神生活中对现代人有伦理指引意义的三个方面。事实上，在市场经济语境下"经济人"被普遍肯定的当下，中国古代儒家重德性、重伦理之传统的继承与创新显然有助于"道德人"的理性回归。而这种回归与快乐感的获得有直接的关联性。

---

① 对时下中国人的道德生活现状的评价，学界见仁见智，尚难形成共识。一些人习惯于用"道德滑坡"来概括，也有一些人则主张用"道德相对主义"来描述，还有一些人从诸如"13亿中国人讨论老人倒地要不要扶"的严峻现实出发，更倾向于用"道德虚无主义"来表达。参见包松：《市场经济与人格建构》(浙江大学出版社2004年版)，第77页。其实，无论是"道德相对主义"，还是"道德虚无主义"它至少表明了当今中国对儒家为代表的传统德性主义的远离。而事实上，这恰恰是现代人快乐感缺失的一个重要的心灵缘由。
② 马克思·韦伯：《儒教与道教》，王荣芬译，商务印书馆1995年版，第203页。
③ 蔡元培：《中国伦理学史》，上海古籍出版社2005年版，第1页。

可见,以儒家推崇"道德人"角色生成并主张"仁者不忧"的立场而论,我们要做一个快乐的人就必须走出道德虚无主义的迷局与困顿,让自己在仁爱的德行中体验以道为乐的精彩人生。事实上,在执政的中国共产党正大力倡导"立德树人"的现实背景下,儒家的这一快乐之道应该成为现代人体验快乐人生最主要的心灵途径。

从人我之辩而论,儒家的快乐之道的本质恰在于"我"赋予"他者"伦理境遇中实现的。它具体呈现为"我"战胜自私利己、贪婪、好色等天性,在克己的过程中,对"他者"以及诸多"他者"集合而成的组织、团队、集体、国家等施予仁义之举,从而体验到助人为乐、成人之美的快乐。这正是心物之辩中儒家推崇的"仁者不忧"境界的实现。

2. 道家认为快乐是崇尚自然

道家快乐之道的基本原则是崇尚自然。道家的创始人老子说:"人法地,地法天,天法道,道法自然。"(《道德经》二十五章)可见,在老子那里"道"的最基本含义就是自然。也因此,我们可以说"法自然"是道家哲学思想的基本命题。用老子的话说就是:"道之尊,德之贵,夫莫之命而常自然。"(《道德经》五十一章)老子开创的这一"道法自然"的自然哲学传统,一直构成后世道家的基本传承。可以肯定的是,道家"法自然"所指谓的"自然"既包括天地万物之自然,也包括国家社会存在的自然,同时还包括自我生命和人生之自然。[①] 在道家看来,人是天地之间的自然存在;故就身心关系而论,道家认为"心"的欲求必须顾及"身"的自然。这是道家推崇的身心合一的快乐之道。

正是依据这一"道法自然"的身心合一原则,老子认为人对快乐的追求必须如"圣人去甚、去奢、去泰。"(《道德经》二十九章)。显而易见,老子在这里是教谕世人要向悟道的圣人学习,去掉极端的、奢侈的、过分的欲求。因为在道家的立场看来,在人与自身的关系问题上,自我的欲求之心往往会无止境地追逐极端奢侈的生活。但这一追求对身体的自然存在必然是一种伤害。为此,道家认为保持饮食男女、功名利禄等欲求方面的自然心态,恰恰是快乐得以实现的前提。

可以肯定的是,人生而有欲。这是自我生命的一种自然。但以老庄为代表的道家在快乐的追求方面明确反对纵欲的人生态度。因为在老庄看来,纵欲恰恰是自我生命的一种不自然。这种不自然通常表现为内心世界的欲壑难

---

① 张应杭:《唯道是从:老子道法自然思想研究》,团结出版社 2015 年版,第 261 页。

填，即无止境地追逐功名利禄、声色犬马之类的欲望满足。道家认为，这样的追逐不仅会使人的德性败坏，而且本身也会给自然的生命带来巨大的伤害。正是有缘于此，老子要这样告诫说："五色令人目盲，五音令人耳聋，五味令人口爽，驰骋畋猎令人心发狂，难得之货令人行妨。"（《道德经》十二章）可见，道家快乐之道教导世人必须心怀自然之心，不为外在的声、色、货、利所迷，决不贪求耳、目、口、鼻、身等感官欲望的过分满足。

老子的这一快乐之道在庄子那里得以弘扬光大。庄子曾有这样一段话来批评那些"俗之所乐"者："夫天下之所尊者，富贵寿善也；所乐者，身安厚味美服好色音声也；所下者，贫贱夭恶也；所苦者，身不得安逸，口不得厚味，形不得美服，目不得好色，耳不得音声。若不得者，则大忧以惧，其为形也亦愚哉！"（《庄子·至乐》）庄子在这里是说，人们所趋者富贵寿善，厚味美服好色音声，所避者为贫贱夭恶之类。如果得不到所追求的这些东西，就会不快乐（"大忧以惧"）。庄子感慨道：这些人的这种生活态度真是很愚蠢啊！也是因此，庄子提出了"至人无己，神人无功，圣人无名"（《庄子·逍遥游》）的快乐原则。这是一种不以物喜，不以物悲，不以物挫志，不以物伤情的逍遥自在的至乐之境。

庄子曾有"君子通于道之谓通，穷于道之谓穷"（《庄子·让王》）的名言流传后世。这表明在心物之辩中，道家与儒家的立场几乎全然一致。现代汉语习惯把"贫穷"并提，其实在古人那里"贫穷"是人生两种不同的状态："贫"是物质上的匮乏，"穷"是精神上的困顿。而且，在老庄看来这种精神困顿最主要的体现就是不知"道"。孔孟也有类似的立场，他们主张"君子忧道不忧贫"（《论语·卫灵公》）的理由也在这里。可见，在中国古代哲人看来，做人的根本就是对天道与人道之基本规律进行把握，一旦领悟了"道"并能够孜孜践行，那么一个人的人生即便在物质上是匮乏的，但精神上的富有也是可以带给他快乐的。

道家"道法自然"的快乐之道对现代人的价值指引意义显然也是多方面的。其中尤其为我们摆脱对物欲满足过分迷恋的享乐主义提供了清明的人生观和价值观指引。正如法兰克福学派的马尔库塞所深刻指出的那样，人类在进入现代工业文明社会之后，物欲对人的压迫可谓无处不在。[1] 当今中国也

---

[1] 马尔库塞：《单向度的人》，刘继译，上海译文出版社 2014 年版，第 57 页。

存在同样的问题。改革开放以来,我们强调发展经济,充分关注人的物质欲望的满足。这无疑是必须的。事实也证明它给社会带来了效率与活力。但是在这个过程中,许多人在自我人生的快乐追求方面热衷于追逐功名、权势、财富带来的快感,津津乐道于饮食男女之类的感官享受,出现了颇为令人担忧的享乐主义思潮。这种享乐主义的人生哲学在一些极端的情况下甚至直接导致损伤身体、损害性命的后果发生。比如,前些年见诸报端的某官员上任不到一年,吃喝玩乐的签单消费就达二十余万元,不仅被撤职查办,而且自己的身体也出现了三高症状;又比如,某乡镇干部饮酒过量不治身亡,家属要求享受因公殉职的待遇而大闹乡政府;还比如,某正厅级领导在纪委约见他进行诫勉谈话后,夫妻二人连夜将 20 箱茅台酒倒入抽水马桶内,以至于整栋楼宇底层用户家家酒香四溢等。① 为了有效遏制这一现象的蔓延,《人民日报》甚至发表专栏文章呼吁"医治公款吃喝、公款消费的社会毒瘤,亟须入刑治罪这剂猛药。"②

其实,法治必然要辅之以德治。因为一个人如果其德性出问题了,法律条款即便再多再严厉,他也会视而不见,甚至以身试法。可见,从人生观、价值观层面教化世人走出享乐主义的迷误无疑是必须的。事实上,以道家的人生哲学来看,享乐主义恰恰不会带给人快乐。它本质上是以身殉物,走向了生命的异化。也就是说,以道家自然为本的理念来观照,这样的人生观显然是本末倒置的。正是由此,我们有必要重温老子的如下告诫:"名与身孰亲? 身与货孰多? 得与亡孰病? 是故甚爱必大费,多藏必厚亡。知足不辱,知止不殆,可以长久。"(《道德经》四十四章)老子在这里的三个追问真的太有针对性了:声名与身体相比哪一个更值得亲近? 身体与身外的财富比起来哪一个更值得看重? 得到与失去相比哪一个更值得成为心头之患? 正是对这三个追问的回应,老子总结说:过分的争名夺利就必定要付出更多的代价;过分地积敛财富必定会遭致更惨重的损失。一个悟道的人懂得满足,就不会承受屈辱;懂得适可而止,就不会遭遇危险;这样的人生才可以保持住长久的平安。

正是基于这样的现实语境,我们认为在人的物欲被过分张扬的当今时代,在世人还特别沉湎于享乐主义的今天,道家这一心物之辩中给出的法自然的快乐之道无疑特别地凸显其现代意义。也就是说,道家"见素抱朴,少私寡欲"

---

① 黄景瑜:《消费主义批判与政德修养》,团结出版社 2015 年版,第 129 页、第 176 页。

② 赵蓓蓓:关注公款吃喝,载《人民日报》2012 年 1 月 31 日,第 5 版。

(《道德经》十九章)和"恬淡为上"(《道德经》三十一章)的快乐哲学显然可以为我们寻觅和体悟真正的快乐提供必要的心灵指引。

与儒家相类似,从人我之辩而论道家的快乐观其本质也是"我"对"他者"伦理境遇的实现。只不过儒家是从正面阐述的,而推崇"正言若反"(《道德经》七十八章)的道家则从反面(无为)阐述这一本质。也就是说,在老庄为代表的道家看来,"我"若不懂得"知足不辱,知止不殆"(《道德经》四十四章)的道理,不领悟"至人无己,神人无功,圣人无名"(《庄子·逍遥游》)的生命境界,不仅必然地对"他者"产生不道德的言行举止,而且终究也无法使"我"获得快乐的体验。

3. 佛家以拥有空观的境界为快乐

佛家快乐之道是拥有"空观大千世界"的觉悟[①]境界。在佛家看来,小千世界、中千世界和大千世界构成"三千大千世界",这是世界万事万物存在之总括。如何看待我们身处的大千世界?佛家认为一个最基本的思路和心境,就是以"空"观之。以禅宗六祖慧能的话说就是:"世界虚空,能含万物色像,日月星宿、山河大地、泉源溪涧、草木丛林、恶人善人、恶法善法、天堂地狱、一切大海、须弥诸山,总在空中;世人性空,亦复如是。"(《坛经·般若品》)可见,在佛家的智慧看来只有了悟"空"之真谛,方能称一个人了悟佛法。人生"化烦恼为菩提"的快乐境界正是因此得以营造的。

由此,佛家断言:"色即是空,空即是色。"[②](《般若心经》)这是佛家对人和外部世界的关系的一个基本判断:形形色色的大千世界的一切都是变化无常的。自然界有沧海桑田的变化,人世间也是世事无常,甚至连自我的生命存在也是无常的,因为有一天我们终究会离开这个世界。这样,佛家就由"诸法无常"进而得出"诸法无我"的结论。可见,自我要有"空观"的智慧。佛门之所以被称为"空门",其依据也正源于此。可见,"空"是佛家最关键的觉悟法门。"空观"不是让我们消极,不是让我们没有进取心,也不是唯心论和神秘主义,它在这里讲的恰恰是这个世界的"无常"本相。因为世界和人生"无常",故而

---

① 佛教之"佛"本义是佛陀之简称,而佛陀一词原本是梵文 Buddha 的音译,如果以意思来译则为"觉悟者"。

② 佛家这一名句所说的"色"通常会被误读为美色。其实在佛家教义中,它指称的是形形色色的外部世界:诸如男色女色、金色的金子银色的银子、色香味俱全的美食,甚至春色满园的良辰美景等的存在。"空"则常常被误读为空无、没有,其实佛家历来有云:"空即无常之谓"。"无常"的意思是说包括人的生命体在内的大千世界是变化的,没有永恒的存在。

我们要学会看空和放下。

佛家正是从"空观大千世界"的教义出发,非常强调内心做功以营建空灵的生命境界。以佛家的立场来看,人之所以感觉到生命有很多不如意和痛苦感,一个很重要的原因是因为我们往往因着色界的诸多诱惑而生贪、嗔、痴"三毒",从而造下诸多的业障,人生由此如坠苦海。由此,佛家告谕世人,世间虽有无量的苦,但这种无量的苦不是偶然的,而是有着它的缘起,即世人没有了悟无常、无我之理,从而必然对身外之物执迷不悟,人生因此就有了诸如"求不得"之类的不快乐的体验。只有破除这一世人常有的执迷,才能"离苦得乐",从而达到"烦恼即是菩提"(《坛经·宣诏品》)的快乐境界。

借用佛家诸行无常、诸法无我、涅槃寂静的"三法印"说,我们也许可以把佛家的快乐逻辑做如下的解读:因为世间一切的存在均变化无常,尤其是"我"的生命也会消失,因此没有一个东西永远属于我们,也因此在我们的人生中注定没有那种失去了就不快乐的东西的存在。天台宗的倓虚和尚曾经说过一个六字箴言:看破、放下、自在。这很简洁地把佛家的快乐之道表达出来了。以心物之辩而论,倓虚和尚的快乐观可归纳如下:"自在"这一快乐心境的营造源自"心"对红尘世界诸多有诱惑之"物"的看破,并因看破而悟得断、舍、离这一放下的道理。

章太炎先生曾将佛家阐释的佛法称为"哲学的实证者"[1]。仅就佛家的快乐之道而论,我们的确可以感受到其人生哲学的实证智慧。比如,就心物之辩而论,佛家的"空观"智慧至少带给现代人如下两个层面上的快乐体验:一是因破除了过分贪财恋物之念而使生命有了一种"在欲而无欲,居尘不染尘"的豁达与超脱;二是因懂得无常、无我之真谛既能以欢喜心感恩当下所拥有的一切,又能以平常心接受变化的发生,不追求所谓的永恒、永远,从而生成一份"得失两由之"的淡定心态。这就是佛家在快乐问题上的"实证智慧"。

佛家因"空观"而"自在"的快乐之道对于现代人摆脱财富主义的心灵羁绊具有特别的指引意义。诚然,以马克思唯物史观的立场来看,人们对衣食住行的"需要即是他们的本性"[2]"当人们还不能使自己的吃喝住穿在质和量方面

---

[1]　章太炎:论佛法与宗教、哲学以及现实之关系,载《中国哲学》(第六辑),生活·读书·新知三联书店 1981 年版,第 156 页。

[2]　《马克思恩格斯全集》(第 3 卷),中共中央马克思恩格斯列宁斯大林著作编译局译,人民出版社 1957 年版,第 514 页。

得到充分保证的时候,人们就根本不能获得解放"①。因此,我们显然不能否定正常的财富需要。但时下人们对财富的过度推崇已然使得财富已逐渐演变为一种"异化"的力量反过来压抑自由人性。在过度的财富欲望的逼迫下,现代人为车、为房,甚至为一款时尚的手机、名表、时装而急功近利地去打拼,其人生的快乐感自然大大地打了折扣。更有甚者,一些人因为对财富的极度痴迷,甚至不惜去挑战法律的权威与道德的底线。比如某官员被双规后,办案人员在其家中共搜出现金达 1.5 亿之多,两台点钞机不堪重负导致电机烧坏;又比如被网民戏称为"房叔"的某官员其住房竟然多达 22 套;还比如某建筑公司老板因拖欠工人工资被法院强制执行时,执行法官惊讶地发现其保时捷等高档跑车就有 4 辆之多,如此等等。以佛家的观点来看,这些世间景象归根到底是因为世人太执着于财富,太痴迷于身外之物的缘故。正是由此我们说,佛家因"空观"而"无常",因"无常"而"无我",因"无我"而"无执",因"无执"而"放下",因"放下"而"自在"的快乐之道,对我们放下过度的财富欲望,走出财富主义的羁绊,使自我人生到达快乐和幸福的彼岸世界(即"般若蜜多"),显然有指点迷津之功效。

重要的还在于,作为物欲主义之自然衍生物的财富主义对人生快乐感的否定是必然的。这首先是因为人对财富的欲望是无止境的,以佛家《愚贤经》的比喻是"人心不足蛇吞象"。可见,如果把快乐建立在对财富的无休止追逐中,那一个人就注定与快乐无缘。财富主义对快乐感的否定也还因为财富的变化极度无常,一个人今天还腰缠万贯,明天却可能身无分文。有"佛书"之誉的《红楼梦》曾这样形象地描述道:"金满箱,银满箱,转眼乞丐人皆谤"。② 可见,以佛家的立场来看,快乐恰恰在于我们放弃了财富主义的执念之后才可能获得。这也就意味着,懂得放下过度的财富欲望应该也是现代人寻觅快乐之道必修的一门心灵功课。这正是心物之辩问题上佛家给出的智慧启迪。

对于财富带来的不快乐体验,佛家认为是双重的:财富没有获得时有"患得之苦",财富获得之后则有"患失之苦"。由此,人生便永远处于患得患失之中。这样的人生自然与快乐无缘。为了摆脱这种不快乐的窘境,《红楼梦》作者曹雪芹借一道人之口吟诵了一曲《好了歌》。在论及财富时

---

① 《马克思恩格斯选集》(第 1 卷),中共中央马克思恩格斯列宁斯大林著作编译局译,人民出版社 1995 年版,第 74 页。

② 曹雪芹:《红楼梦》(上卷),人民文学出版社 1985 年版,第 17 页。

它是这样说的："世人都晓神仙好,只有金银忘不了! 终朝只恨聚无多,及
到多时眼闭了。"值得一提的是,这位道人怕主人公甄士隐听不懂这曲《好
了歌》还特意点拨道:"可知世上万般,了便是好,好便是了。若不了,便不
好。若要好,须是了。"①以佛家的快乐观而论,《好了歌》里得出的结论:
"好"即是快乐,"了"即是无常与放下的结论,无疑是给人以智慧启迪的。

与儒、道两家相类似,佛家快乐观的本质就人我之辩而论也呈现为"我"之
对"他者"伦理境遇的实现。佛家的空观立场必然要得出"诸法无我"的结论,
因"无我"自然就不会对包括"他者"在内的诸多身外之物起各种贪、嗔、痴的执
念,即便偶尔起了这些执念又会因敬畏因果而自觉地放下这些念想。由此,
"我"对"他者"慈悲心就油然而生,众生情怀也就常驻心田。而佛家理解的快
乐(即"自在"②)也就在这种心境下真正得以实现。倓虚和尚曾非常简洁明快
地描述过这个快乐的逻辑,即看破、放下、自在。以这一快乐观来反观当下形
形色色的"我"为何总是抱怨快乐缺失,也许会有幡然醒悟乃至醍醐灌顶的
感觉。

二、中西哲学心物之辩传统的批判与超越

中西文化在心物之辩立场上的差异性是源自不同的哲学观。西方自古希
腊罗马就比较注重从对心外的世界的占有或征服来理解快乐,而中国哲学自
先秦以来更注重回到内心,无论是儒家推崇的仁爱之心,还是道家主张的自然
之心,墨家践行的兼爱之心,以及后来传入中国被中国文化改造了的佛家言说
的觉悟之心,其学理逻辑是"快乐源于心"。今天从比较文化的视阈去审视与
反省中西文化的差异,以互鉴与包容的心态予以取长补短,显然可为塑造与中
国式现代化实践相匹配的精神气质提供来自思想史的营养。

---

① 曹雪芹:《红楼梦》(上卷),人民文学出版社 1985 年版,第 18 页。
② 佛家以"自在"来描述真正的快乐。如果做点文本的梳理,"自在"一词源自佛陀:"观自在菩
萨,行深般若波罗蜜多时照见五蕴皆空,度一切苦厄。"(《般若波罗蜜多心经》)菩萨之所以可以超越痛
苦与不幸,从而拥有自在心境,是因为其悟到了色、受、想、行、识这五者聚合而成的法相世界的本相乃
是缘起性空的真谛。

1. 古代心物观传统的批判性继承

《周易》云:"天下同归而殊途,一致而百虑。"(《周易·系辞下》)从儒、道、佛心物之辩中所呈现的立场看,虽然也有一些诸如重心轻物在程度上的差异,其论证的路径也有所不同,但总体而论三家的心物观确实殊途同归,从而在中国思想史上积淀起与西方不同的文化传承。这一心物之辩的中国文化立场是:没有心与物的二元论分割,主张心物合一的理想人格构建与践行;当心物无法合一时,主张心高于物的价值排序与实践抉择。

如果立足于对西方文化中消极因素的批判性向度予以思考,我们可以认为古代心物之辩的传统对于民族精神气质塑造方面的一个最明显启迪在于,它可以为我们审视与超越西方现代化进程中出现的重物轻心,乃至心为物役的偏颇提供源自中国文化的批判性立场。

有必要指出的是,我们对西方现代化已然凸显的重物轻心或心为物役的偏颇之批判所持的中国文化立场,首先须基于对传统心物之辩的批判语境下予以展开的。这是一个批判之前的批判。也就是说,我们对古代心物之辩传统内蕴合理性的汲取必须呈现为一个批判性的继承。而且,它从逻辑顺序上呈现为先批判后继承。

以马克思的唯物史观立场而论,中国古代以儒、道、佛为主要代表的心物观存在着一个显而易见的弊端,那就是虽然在学理上秉持心物合一的立场,但在实践中极易导致对心外之物的忽视甚至是无视。于是,物极必反,这一弊端直接导致了"自五四新文化运动直至 1978 年改革开放之后的中国在反传统的过程中,开始出现了另一个片面性,即物质利益被过度地追求。由此直接造成了一些中国人精神世界里诸如理想主义被贬损为说教、物欲主义被视为天经地义、财富成为人生价值最重要标识之类不尽如人意的现象发生"[1]。事实上,我们今天强调中国式现代化建设过程中物质文明与精神文明并举,尤其提出我们的现代化要注重物质富足与精神富有两者相协调的论断,从一定意义上正是着眼于对古代心物之辩传统这一片面性的批判性超越。

在完成了对心物之辩传统的批判性审视和学理清理之后,我们应该承认传统心物观还是存在着诸多合理性成分有待开掘的。钱穆先生曾称中国古代的心性论及其衍生的心物观具有"片面的深刻性"。在钱穆看来,古代心物观对"心"的充实(如《孟子·尽心下》"充实之谓美"之语)与物的恬淡(如《道德

---

① 黄寅:《传统文化与民族精神:源流、特质及现代意义》,当代中国出版社 2005 年版,第 21 页。

经》三十一章"恬淡为上"之语）构成了虽片面却深刻的文化传承。① 由此，我们在对这一片面性进行了批判性超越的前提下，其深刻性的激活无疑可以为现代人解决所谓的精神空虚之类的现代性困境提供清明的价值观指引。

依据钱穆先生"片面却深刻"的评价，我们首先的学理探究无疑就是对其片面性进行厘定与超越。也就是说，在对传统文化视域下的快乐观及其现代意义讨论之际，有一个不能不涉及的问题，那就是儒、道、佛之传统快乐观的片面性如何批判性超越的问题。尽管这一对传统快乐观的评价问题学界分歧颇多，且似乎难以形成共识，但它却是一个无法回避的问题。否则，我们对传统快乐之道的解读与现代性的开掘将难免陷于偏颇。如果化繁为简，我们也许可以这样来概括其局限性：以儒家而论，其"仁者不忧"的快乐之道在正确强调了"乐道"之基调的同时，它对仁德以外的比如衣食住行、饮食男女的基本生存满足之于快乐的先决性意义是严重忽视的。这极易导致人们在快乐追求过程中虚伪心态的出现。以道家而论，其"道法自然"的快乐之道虽然可以让世人避免刻意而为，甚至胆大妄为而招致的失败，但是它却容易使人在"知足之足常足"（《道德经》四十六章）的自我宽慰中失却搏击人生的进取心。以佛家而论，其主张空观、放下的快乐之道，固然带给人超然物欲之上的一份洒脱，但如果把握不当，它极易导致禁欲主义的发生。

事实上，正是这些局限性直接导致了古代人我之辩中虽然注重了对"他者"伦理境遇的积极赋予，但却衍生了对"我"的不伦理境遇的出现。当年鲁迅先生甚至颇为激进地用了"吃人"②二字批评过这一不重视主体独立性的不伦理现象。

关于古代社会关注"他者"伦理境遇却忽视甚至无视"我"之伦理境遇的现象，在一个细节方面表现得特别明显。这个细节是明代来华的传教士利玛窦发现的。作为旁观者的他惊讶地发现对于那个时代的中国人来说，礼节似乎是日常生活中最不可或缺的一部分，甚至多到了繁琐的程度。比如，明朝人穿着袖口很大的衣服，他们在见面的时候会行礼。双方都把手缩在袖子里，然后互相弯腰作揖，同时压低声调重复地说"请"，以此来表示尊敬。如果是第一次见面或者是久别重逢的话，那么除了作揖

---

① 钱穆：《新亚书院演讲录》，台北智慧大学出版有限公司 1997 年版，第 113 页。

② 《鲁迅全集》（第 1 卷），人民文学出版社 2005 年版，第 447 页。

之外，还需要触地磕头，被跪拜的一方往往是长辈或者上级，他们会微微向前躬身或者点头作答。在家庭的日常生活中，跪拜与作揖则是每天必须做的事情，所谓"晨昏定省"。由此，利玛窦不由得惊叹道："中国人的礼节那么繁多，实在浪费了他们的大部分时间！"①

可见，在人我之辩中传统心物观在"我"的论域中存在显而易见的弊端。当"我"被淹没在所谓对"他者"的诸多伦理义务，且被要求哪怕是繁文缛节也得具有乐此不疲的觉悟时，这个快乐往往会显得勉强甚至虚幻。因此今天在梳理、激活与创新传统快乐观时必须对这一弊端予以坚决的摒弃。

不仅如此。即便传统快乐观在对待"他者"伦理境遇的实现方面我们也要与时俱进。在心物之辩问题上，传统文化理解的快乐观呈现在人我之辩中，必然要不断地告诫自己：一方面须克己、无私、无我；另一方面对"他者"要有利他主义立场的生成。这被认为是快乐的真谛，即所谓的助人为乐、成人之美。事实上，从快乐观上的中西文化比较来看，西方传统偏重物欲的满足，推崇向外开拓的思路带来了物质文明的发达。这恰恰是习惯于向内做功、注重心灵充实的中国传统文化所欠缺的。我们理解这正是改革开放以来，我们批判传统，主张向西方学习的重要缘由之所在。从这个意义上我们必须承认，时下人们对快乐的理解更倾向于物欲满足的思路也有某种历史与现实的必然性。但问题是，我们显然矫枉过正了。我们在物欲的过度追逐中出现了诸如道德虚无主义、财富主义、享乐主义之类的片面性。值得指出的是，因这一片面性使得我们在人我之辩中有意无意地强化了"我"的个人诉求，尤其是在财富占有、快乐享受时高扬了"我"的主体性，忽视了对"他者"主体性的认可，从而直接影响了对"他者"伦理境遇的积极赋予。

正是因此，我们认为在当今时代又有必要重提以儒、道、佛为主要代表的传统快乐观的合理性问题。我们主张对物欲主义的超越，积极倡导现代人用心体验"快乐源于心"的境界，我们更企望现代人学会在儒家推崇的美德里体验快乐，在道家崇尚的自然中感受快乐，在佛家主张的看空中体悟快乐。这也可以说是我们梳理、探究和开掘儒、道、佛之快乐观的现代意义之所在。

2. 西方心物观的合理汲取与批判性超越

西方著名的现代化问题研究专家哈贝马斯曾断言："现代性是一项未竟的

---

① 利玛窦：《利玛窦中国札记》，何高济等译，中华书局1983年版，第127页。

事业。"①这"未竟"通常被理解为西方的现代化道路正深陷现代性困境之中。而这一困境的一个最重要的表现以马尔库塞的话说便是因为现代人受到"物的包围"分不清"真实需要"和"虚假需要",正不得不承受着消费异化的痛苦折磨。在马尔库塞看来,处于现代性困境下的人生存在逻辑不再是笛卡尔的"我思,故我在"而是"我消费,故我在"。② 事实上,在物质财富的占有与消费无比执着的表象背后正是马克思所指出的"是异化了的人的生命的、物质的、感性的表现"③。而之所以出现这样的异化现象,马克思认为正是资本的本性所使然:"资本逻辑的首要方面是追求利润的最大化,因为谈到资本,它唯一的一种本能便是使自身增殖,不断积累。"④于是,置身这一资本逻辑宰制下的现代人,身心被消费主义营造的物之世界所裹挟,自然就成为了一种必然性的果报。

　　从中国古代心物之辩的论域来审视,这显然是"心"为"物"所役。事实上,不仅是马尔库塞,几乎所有的西方马克思主义者都揭露了这一心物关系上的异化现象。弗洛姆就曾这样剖析过现代人在物欲满足中的怪异心理:"我们甚至找不到使用它(指消费品——引者注)的借口。我们得到这些东西是为了拥有它们。我们满足于无用的占有"⑤。这种"无用的占有物"即使在买回来之后被立即扔进垃圾堆也无所谓,因为消费主体只是对购买的过程以及他"拥有"这个东西感兴趣。在这个过程中,人完全变成了服从于整个资本逻辑的"消费机器"⑥。

　　可见,就心物关系而论,当今西方世界正经历着的现代性困境无疑深刻揭示着这一现代化范式具有巨大的缺陷。这一缺陷正如马克思在《1844 年经济学哲学手稿》中早就指出的那样:"物的世界的增值同人的世界的贬值成正比"⑦。在这个人的世界的自我贬值中,人正遭受着深度的物化和精神世界贫

---

① 哈贝马斯:《现代性的哲学话语》,曹卫东等译,译林出版社 2006 年版,第 1 页。

② 马尔库塞:《单向度的人》,刘继译,上海译文出版社 2014 年版,第 9 页。

③ 马克思:《1844 年经济学哲学手稿》,中共中央马克思恩格斯列宁斯大林著作编译局译,人民出版社 2014 年版,第 78 页。

④ 马克思:《资本论》(第 1 卷),中共中央马克思恩格斯列宁斯大林著作编译局译,人民出版社 2004 年版,第 133 页。

⑤ 埃里希·弗洛姆:《健全的社会》,孙凯祥译,上海译文出版社 2011 年版,第 108 页。

⑥ 埃里希·弗洛姆:《健全的社会》,孙凯祥译,上海译文出版社 2011 年版,第 109 页。

⑦ 马克思:《1844 年经济学哲学手稿》,中共中央马克思恩格斯列宁斯大林著作编译局译,人民出版社 2014 年版,第 47 页。

乏化的双重困扰。

颇具讽刺意味的是,从启蒙时期开始,西方思想家们就在努力寻找真正的自由及其实现这一自由的现实主体。但在现代资本主义条件下,人虽实现了个体的独立性,但却是以物的依赖性为基础的。在这个对物的依赖性下,人成为受到物(资本及其消费品)深度操控的主体。可见,只有当人们不再是马尔库塞所说的"工业文明的奴隶"①时,自由和解放才是一种真实的可能性。也只有这时,西方社会的现代性进程这一被哈贝马斯称为"未竟的事业"也才可能真正得以完成。

众所周知,在探寻现代化的过程中我们是后发国家。在具有后发优势的同时也容易对已然完成了现代化的西方国家陷入"模仿"之中。事实上,我们的确一度有过这样的迷失。在某些极为推崇西方现代化的学者那里,就曾经提出过诸如"现代化就是西方化"之类的主张,而且还赢得了一些人的认同乃至喝彩。具体到心物之辩而论,我们从某种程度上也出现了类似于西方"心"为"物"所役的片面性。今天我们明确提出中国式现代化是物质富足、精神富有相协调的现代化,无疑正是对这一片面性的及时纠正、扬弃与超越。也正是基于这一现实语境,我们认为古代心物之辩传统中注重心物合一、重心轻物的文化传统与价值排序立场,对于廓清西方资本逻辑主宰下必然出现的诸如重物欲轻心性、"心"为"物"所役之类的迷障,超越财富主义、消费主义、享乐主义之类的流弊,具有相当对症的价值观指引意义。

可见,如果说西方的现代化在心物之辩上呈现为对古代中国心物观传统的一种否定,而且我们作为后发国家在推进现代化的过程中首肯了这一否定,那么,今天历史辩证法的发展则进入了一个否定之否定的阶段,即我们正借助于对古代心物之辩传统的批判性肯定,与创造性转换、创新性发展对西方现代化在心物问题上的片面性予以了自觉的超越。

三、古代心物之辩传统内蕴的现代价值发掘

党的二十大报告指出:"中国式现代化是物质文明和精神文明相协调的现

---

① 马尔库塞:《单向度的人》,刘继译,上海译文出版社 2014 年版,第 122 页。

代化。物质富足、精神富有是社会主义现代化的根本要求。"①这不仅在党的重要历史文献中首次提出了"精神富有"这一重要范式,而且它更为文化自信自强的打造与文化强国的构建阐明了实践方向。可以肯定的是,在新时代推进中国式现代化进程中作为与物质富足相对应的范式,精神富有的内涵不仅宏丰而且可从多维视阈予以解读。同时,精神富有的呈现方式也必然随着新时代的发展不断与时俱进、多姿多彩。但这并不妨碍我们以马克思主义世界观与方法论为指导,从古代儒、道、佛诸家的心物观中开掘并创新出对熔铸精神富有具有启迪意义的若干原则。

1. 德性主义立场的回归

就儒家在心物之辩的立场而论,新时代精神富有的熔铸意味着德性主义的回归。尽管现如今德性主义在不同语境下有不同的内涵,但先秦儒家被视为是德性主义的开创者这一点却是学界的共识。② 如果从心物之辩的语境下来审视德性主义,那么其内涵就是指儒家主张的内在德性之坚守要高于身外之物的获得这一伦理立场。儒家这一德性主义的本体论依据是人性对天性(动物性)的超越。在孔子看来,人的自私、利己、好色之类的天性不仅必要而且可能被后天的德性予以超越。所谓的人性正是这样生成的。这就正如冯契先生所言:"人性就是一个由天性发展成为德性的过程。"③如果德性超越不了天性,那人就无法成为人。这正是人禽之辩中儒家给出的清晰而坚定的立场。正是由此,孔子当年要感慨:"德之不修,学之不讲,闻义不能徙,不善不能改,是吾忧也。"(《论语·述而》)孟子也曾告诫:"人之所以异于禽兽者几希"(《孟子·离娄下》)。而这"几希"之处就是人有仁、义、礼、智这些最基本的德性。人一旦没有了这些德性,他就沦为了动物。正是这一儒家传统的熏陶,故中国人口头禅中所谓的衣冠禽兽之语,即是对一个德性败坏之人作为人之存在性的最根本否定。

正是因为德性对于人之为人具有人本学的依据,所以体现在心物之辩上儒家非常注重诸如仁义之心培植与坚守的至高无上性,孔孟甚至主张在必要时要有杀身成仁、舍生取义的自我牺牲精神。这种文化立场自汉以后至五四新文化运动,一直构成中华传统文化的"道统"。有学者曾这样评论作为德性

---

① 《党的二十大文件汇编》,党建读物出版社 2022 年版,第 17 页。
② 张岱年主编:《中华文史百科》(下册),浙江人民出版社 1998 年版,第 798 页。
③ 冯契:《智慧的探索》,华东师范大学出版社 1994 年版,第 166 页。

主义最高境界的杀身成仁与舍生取义说："后人把孔子的学说称为'杀身成仁'，把孟子的学说称为'舍生取义'。仁义与孔孟合而为一，磅礴于中华大地，穿流在历史长河，召唤着无数志士仁人勇往直前。"①

特别值得指出的是，儒家的德性主义主张与马克思主义具有相当的契合性。马克思曾说："道德的基础是人类精神的自律，而宗教的基础是人类精神的他律。"②可见，在马克思看来相比于他律的宗教而言，自律的道德更是人类理性精神的彰显。的确，无论是宗教的他律，还是法律法规的他律，抑或是单位里规章制度的他律，均可因主体囿于物欲的迷障而被任性地忽视乃至无视，唯有道德的自律因为是主体的自觉、自愿从而也是自由的选择，故它对人的天性（动物性）的规范与引导，对人性的培植与熔铸才体现出更本质、更深刻的影响力。可见，马克思主义不仅以社会性界定人的本质，纠正了西方文化中诸如达尔文主义那样将人理解为动物，或将人性的本质作"自私基因"解读的迷途，得出了与中国传统文化视德性培植为"成人之道"的相同结论，而且，马克思主义重视道德自律的道德观与儒家传统推崇修身为本的德性主义无疑也具有相似的价值观立场。新时代中国共产党主张："弘扬中华传统美德，加强家庭家教家风建设，加强和改进未成年人思想道德建设，推动明大德、守公德、严私德，提高人民道德水准和文明素养。"③堪称是古代德性主义传统在当下的创新性激活，它必将为中华民族的精神气质的熔铸与精神富有的涵养提供重要的思想史资源。

有学者将传统文化中的德性涵养置于核心地位的文化立场，概括为德智之辩中的"重德主义"传统："我国历史上的重德主义强调人的气节、品质，鄙弃有才无德的人，正是我国历史上仁人志士层出不穷的原因之一。近人梁启超在《论教育当定宗旨》中说：'夫使一国增若干之学问知识，随即增若干有学问、有智识之汉奸奴隶，则有之不如其无也。'这样阐述德智关系，有积极的社会意义。"④就梁启超在《论教育当定宗旨》中的这番议论来看，这位近代著名的西学派人物在德智之辩中倒是秉持了传

---

① 夏海：《国学要义》，中华书局 2020 年版，第 250 页。
② 《马克思恩格斯全集》（第 1 卷），中共中央马克思恩格斯列宁斯大林著作编译局译，人民出版社 1956 年版，第 15 页。
③ 《党的二十大文件汇编》，党建读物出版社 2022 年版，第 34 页。
④ 冯天瑜：《中国文化史断想》，华中理工大学出版社 1989 年版，第 54 页。

统的立场。重要的还在于,这一传统的激活与创新无疑有助于我们今天更好地理解与践行"立德树人"这一教育宗旨的必要性与重要性。

可见,儒家文化以人禽之辩中"以德成人"的德性主义立场,并通过以文化人、以文育人的教化与熏陶,使得中国人形成了诸多既与西方人不同,又超越了时代局限性的美德。这些美德支撑着我们民族从最初的"筚路蓝缕,以启山林"(《左传·宣公十二年》)到后来的"沐甚雨,栉疾风,置万国"(《庄子·天下》),走过了几千年的漫漫征程。置身以中国式现代化谋求中华民族伟大复兴的当下,中华传统美德依然是我们民族最值得激活与珍惜的精神动力。汤因比曾经以一个历史学家的睿智阐明过这一点:"今天高度评价中国的重要性,与其说是由于中国在现代史上比较短时期中取得的成就,毋宁说是由于认识到在这以前两千年间所建立的功绩和中华民族一直保持下来的美德的缘故。中华民族的美德,就是在那屈辱的世纪里,也仍在继续发挥作用。特别在现代移居世界各地的华侨的个人活动中也都体现着这种美德。"①

重要的还在于,精神富有的指归是人生快乐的最大化获得。德性主义传统的回归正有助于人生快乐感的切实获得。在快乐问题上,与西方物欲主义主张乐欲不同,中国古代德性主义更主张乐道。以荀子的话说就是:"君子乐得其道,小人乐得其欲。"(《荀子·乐论》)也就是说,在心物之辩中以儒家为代表的乐道思想主张快乐源于心,即源于一颗对仁道遵从和践行的心。这一德性主义传统对现代人的快乐观的指引无疑是多维的。

《庄子·让王》中记载:"孔子穷于陈蔡之间,七日不火食,藜羹不糁,颜色甚惫,而弦歌于室。……子路曰:'如此者,可谓穷矣!'孔子曰:'是何言也! 君子通于道之谓通,穷于道之谓穷。今丘抱仁义之道以遭乱世之患,其何穷之为,故内省而不穷于道,临难而不失其德,天寒既至,霜雪既降,吾是以知松柏之茂也。陈蔡之隘,于丘其幸乎!'孔子削然反琴而弦歌。"孔子被困陈国与蔡国交界处一事,在先秦颇多史籍均有记载,其事的细节虽有出入,但对孔子不以为苦反以为乐的心境描述却几乎一致。可见,"乐道不乐欲"的立场在古代几乎是士人的价值共识。尤其意味深长

① 汤因比、池田大作:《展望 21 世纪——汤因比与池田大作对话录》,荀春生等译,国际文化出版公司 1999 年版,第 287 页。

的是,从上述引文看即便是经常批评儒学的庄子及其后学,也对孔子"内省而不穷于道,临难而不失其德"赞赏有加。

可见,针对时下人们太热衷于从物欲的满足来理解快乐的偏颇,我们认为儒家以乐道为核心价值的快乐之道有助于我们确立起以德性主义为基石的快乐观。楼宇烈先生曾经论及中国文化最根本的精神特征之一是"上薄拜神教,下防拜物教"①。对这一摒弃拜物教之优秀文化传统的现代激活与创新,要求我们在快乐的追求和体验中必须自觉地走出太过关注物质享受,忽视德性培植的迷途。这正是当下中国在着力推进中国式现代化进程中熔铸精神富有的题中应有之义。

2. 自然主义立场的坚守

以道家心物观的启迪而论,新时代精神富有的熔铸也意味着自然主义立场的坚守。在心物之辩中推崇"道法自然"(《道德经》二十五章)、主张生成自然心的道家与马克思主义相关立场的契合,可以用自然主义这个范式来描述。马克思在早期文稿《1844年经济学哲学手稿》中曾这样论及自然主义:"这种共产主义,作为完成了的自然主义,等于人道主义,而作为完成了的人道主义,等于自然主义,它是人和自然界之间、人和人之间矛盾的真正解决"②。

从这段引文的最后一句话来解读,马克思在这里是从两个层面讨论了自然主义观的内涵:一是"人和自然界之间"的自然主义;二是"人和人之间"的自然主义。也就是说,马克思在《手稿》中首先强调人要寻求与自然界的和谐,因为"人直接地是自然存在物。""人作为自然存在物,而且作为有生命的自然存在物……与动植物一样是受动的、受制约的和受限制的存在物"。③ 西方生态学马克思主义者尤其推崇自然主义这一层面的内涵。在他们看来"只要存在唯利是图的资本主义制度,世界就一定会存在这样或那样的生态危机。这是一种必然性,而不是或然性。"④但与此同时,马克思通过自然主义这一范式,

---

① 楼宇烈:《中国文化的根本精神》,中华书局2016年版,第52页。

② 马克思:《1844年经济学哲学手稿》,中共中央马克思恩格斯列宁斯大林著作编译局译,人民出版社2014年版,第78页。

③ 马克思:《1844年经济学哲学手稿》,中共中央马克思恩格斯列宁斯大林著作编译局译,人民出版社2014年版,第103页。

④ 奥康纳:《自然的理由——生态学马克思主义研究》,唐正东等译,南京大学出版社2003年版,第34页。

在《手稿》中更强调了人要通过满足人自身的那些不同于动物、属于人所特有的自然属性,从而获得其本质力量的解放。这是马克思自然主义观的另一个内涵。为此,马克思强调指出:"只有在社会中,人的自然的存在对他来说才是人的合乎人性的存在,并且自然界对他来说才成为人。"①在这个人对自身自然属性的占有过程中,由于人与人之间关系中的资本主义私有制,以及由此衍生的资本牟利逻辑等的驱使,人的需求乃至人的本质力量被异化,从而处于一种不自然的窘境之中。西方马克思主义阵营里的法兰克福学派特别关注了马克思自然主义观的这一内涵。弗洛姆就曾批判现代西方无处不在的消费主义把人变成了物质性的存在,即成为了"消费机器",人的精神世界里诸如爱欲、自尊、幸福等均被异化的消费抹杀了。②

在理解了马克思关于自然主义的如上双重内涵后,我们便可发现其与道家法自然立场的高度契合性。就自然主义指向天地自然的这一内涵而论,其表达的立场即是道家推崇的天人合一之道,它主张"辅万物之自然而不敢为"(《道德经》六十四章);就自然主义指向人与人存在之自然的这一内涵而言,其表达的立场是道家的心物合一之道,它推崇"见素抱朴,少私寡欲"(《道德经》十九章)和"恬淡为上"(《道德经》三十一章)的心物观。

如果说天人合一层面上的自然主义立场,在气候变暖等环境问题迭起的现时代尚比较能够在现代人的精神世界里引起警觉,并达成理念与价值共识的话,那么在心物合一这一层面上的自然主义立场就需要我们特别地予以强调。事实上,置身新时代熔铸精神富有的语境下,道家在心物之辩中推崇自然心的自然主义立场,对现代社会的价值指引意义显然是多方面的。其中尤其为我们摆脱过分迷恋物欲满足的消费主义、享乐主义提供了清晰的价值观指引。马尔库塞曾指出,人类在进入现代工业文明社会之后,资本的推波助澜使得"物欲对人的压迫无处不在"。③

当今中国也不同程度地存在类似问题。改革开放以来,我们强调发展经济,充分关注人的物质欲望的满足。这无疑是正确的,且事实也证明它给社会带来了极高的效率与活力。但是在这个过程中,许多人在自我人生价值追求方面热衷于追逐豪车大宅,痴迷于权势或财富占有带来的快感,甚至津津乐道

---

① 马克思:《1844 年经济学哲学手稿》,中共中央马克思恩格斯列宁斯大林著作编译局译,人民出版社 2014 年版,第 79 页。

② 埃里希·弗洛姆:《健全的社会》,孙凯祥译,上海译文出版社 2011 年版,第 87 页。

③ 马尔库塞:《单向度的人》,刘继译,上海译文出版社 2014 年版,第 56 页。

于饮食男女之类的感官享受,出现了颇为令人担忧的消费主义、享乐主义思潮。就身心关系而论,这种消费主义、享乐主义的流俗在一些极端的情况下甚至直接导致损伤身体、损害性命的后果发生。正是有鉴于此,我们很有必要重温老子立足于自然主义立场的如下告诫:"名与身孰亲？身与货孰多？得与亡孰病？是故甚爱必大费,多藏必厚亡。知足不辱,知止不殆,可以长久。"(《道德经》四十四章)

也正是基于这样的现实语境,中国共产党人在领导中国人民以中国式现代化实现中华民族伟大复兴的征程中,不仅提出了熔铸精神富有这一范式以回应时代之问,而且在激活传统心物之辩中的优秀成分方面也率先垂范、积极践行。

就自然主义的天人合一立场而言,我国作为才刚刚摆脱绝对贫困的发展中国家,在低碳、减排、推进清洁能源等方面领先于全球。国际能源署发布的《2023年可再生能源》年度市场报告显示,2023年全球可再生能源新增装机容量比上年增长50％,为5.1亿千瓦。报告表示,"中国对全球实现'可再生能源增加两倍'目标发挥着至关重要的作用"①。在清洁能源技术推动下,中国的水电、风电、光伏、在建核电装机规模等多项指标近年来均保持世界第一,已建成世界最大清洁发电体系。尤其是中国风电、光伏产品已经出口到全球200多个国家和地区,帮助广大发展中国家获得清洁、可靠、用得起的能源。

就自然主义的心物合一立场而言,在党的二十大报告中明确提出:"在全社会弘扬劳动精神、奋斗精神、奉献精神、创造精神、勤俭节约精神,培育时代新风新貌。"②这些精神是现时代心物关系中"心"之涵养的主要内容,是处理好心物关系时必须时刻坚守与弘扬的原则。具体而论,劳动精神是物质富裕的源头、奋斗精神是克服困难创造物质文明的动力,奉献精神是超越小我的算计融入民族大业的德性保障,创造精神是克服墨守成规敢为天下先的创新、开拓、进取品性,勤俭节约精神更是中华民族自古以来的民族传统。事实上,我们党自建党那一刻起就把尚俭戒奢作为党员干部应该遵守的基本行为准则。值得一提的是,勤俭节约精神在物质匮乏时因贫困而节俭或许容易做到,而物质相对充盈尤其是西方消费主义、享乐主义文化入侵时,我们依旧能秉持勤俭节约精神这无疑是当代心物之辩中一种崇高精神境界的呈现。就新时代精神

---

① 中国为全球经济发展低碳化贡献能源转型力量,《中国经济时报》2024年4月24日,第2版。
② 《党的二十大文件汇编》,党建读物出版社2022年版,第34页。

富有的熔铸而言,中国共产党结合时代之问,激活古代圣贤心物观之合理思想引领精神气质,无疑可为中国式现代化提供不竭的精神动力与清晰的价值观指引。

3. 非物欲主义立场的确立

以佛家在心物之辩中呈现的心物观立场而论,新时代精神富有的熔铸也意味着非物欲主义立场的确立。在论述这方面问题时有必要申明的是,马克思从来反对禁欲主义人生观,他清晰地表明了对人之欲望的肯定性立场:"当人们还不能使自己的吃喝玩住穿在质和量方面得到充分保证的时候,人们就根本不能获得解放。"①而且,在马克思看来人们对衣食住行的"需要即是他们的本性。"②也正是基于这一唯物史观的立场,党的二十大报告明确号召全党要"不断厚植现代化的物质基础,不断夯实人民幸福生活的物质条件"。③但马克思主义显然更不认同物欲主义的人生哲学。事实上,马克思起初批判资本主义的一个重要理由就是认定它导致了人之全面性的异化。马克思认为"动物的生产是片面的,而人的生产是全面的"④。这种全面性至少是物质生产与精神生产的合一。

重要的还在于,在马克思看来,其中精神生产作为人特有的生产活动既证明了人对物质世界的超越,也印证了人脱离了动物世界。正是基于这一点,马克思说:"吃、喝、生殖等等,固然也是真正的人的机能。但是,如果加以抽象,使这些机能脱离人的其他活动领域并成为最后的和唯一的终极目的,那它们就是动物的机能"⑤。

可见,就心物关系而论,马克思认为仅有"物"的占有,人还没有占有自己属人的本质,只有"心"之层面上的精神生产及享有其成果,人才获得了真正意义上的本质和完整意义上的解放。这一立场显然也和中国古代的心物观非常契合。事实上,也正是基于这一理由,我们有理由认为佛家心物观在剔除其不

---

① 《马克思恩格斯选集》(第 1 卷),中共中央马克思恩格斯列宁斯大林著作编译局译,人民出版社 2012 年版,第 154 页。

② 《马克思恩格斯全集》(第 3 卷),中共中央马克思恩格斯列宁斯大林著作编译局译,人民出版社 1957 年版,第 541 页。

③ 《党的二十大文件汇编》,党建读物出版社 2022 年版,第 23 页。

④ 马克思:《1844 年经济学哲学手稿》,中共中央马克思恩格斯列宁斯大林著作编译局译,人民出版社 2014 年版,第 53 页。

⑤ 马克思:《1844 年经济学哲学手稿》,中共中央马克思恩格斯列宁斯大林著作编译局译,人民出版社 2014 年版,第 51 页。

时呈现出禁欲主义色彩的前提下，其既强调空观心这一正念的生成与守持，又主张对身外之物贪、嗔、痴之类的妄念做断、舍、离的功课，对物欲主义的克服显然颇显指点迷津之效。也就是说，佛家在心物之辩中的这种非物欲主义人生观、修行观，对于新时代人们精神富有的熔铸显然也具有积极的促进效应。诚然，我们不能否定正常的物欲需求之满足。但时下一些人对物欲的追逐已逐渐使物欲演变为一种异己的力量反过来压抑自我人性。正是有缘于此，佛家因"空观"而"无常"，因"无常"而"无我"，因"无我"而"无执"，因"无执"而"放下"，因"放下"而"自在"的心物观与快乐观，对我们放下过度的财富欲望，走出物欲主义的泥潭显然大有裨益。事实上，中国历史上诸多的文人墨客、名士贤达都曾借助佛家的这一修行功课而成就自我内心的空灵之境。

　　　　弘一法师俗名李叔同，于 1880 年生于天津的一户巨富之家，从小便过着衣食无忧的生活，并受到良好的教育。然而在李叔同 39 岁那年却突然在杭州定慧寺出家为僧。当时有一种挺流行的说法：1911 年李家生意失败，百万家产荡然无存，从而导致李叔同于绝望中看破红尘而出家。这其实是俗人之见。事实上，即便没有家庭提供的富裕物质条件，作为一代才子的李叔同不仅任教于浙江省立第一师范学校，还兼职南京高等师范学校，他完全可以过着衣食无忧的生活。事实上，李叔同的出家其实是对更高层次的精神生活的追求之使然。正是因此，出家后的弘一法师致力于弘扬佛法，成为南山律宗第十一代宗师。他一生提倡以慈悲心待人，以平常心对事。甚至抗日战争全面爆发后，身在红尘之外的弘一法师却以满腔热忱提出"念佛不忘爱国"的口号，影响远播海内外，极大地鼓舞了中国人民抗战的决心与信心。

值得特别予以讨论的是，就人我之辩而论，激活与倡导佛家心物观上的非物欲主义立场对于"我"积极地赋予"他者"伦理境遇有着显而易见的助力作用。这种助力作用尤其体现在佛家的修行理论之中。以禅宗为代表的中国佛教的修行理论集中体现为八正道、三学和六度说。所谓的八正道是指如下八种修行功课：其一是正见。佛家主张离开邪恶与不是的见解（即妄念），以寻找回真谛。比如追求永远即为妄念，无常方为正见。其二是正思维。它主张离开世俗的主观分别，离开执迷不悟。比如在观念中把"我"与"他者"分离开来就是不悟，懂得"自他不二"就是正思维。其三是正语。佛家有"口吐莲花"一

说,即主张纯正和善的语言,远离一切戏谑与冒犯之言。比如邻里之间互称
"善邻"即是正语,称呼"隔壁的"之类就不正。其四是正业。佛家称谓的"业"
指众生的行为和支配行为的意志。有意业(心理活动)、口业(发之于口)、身业
(身体行动)三种。众生所作的善业和恶业都会引起相应的果报。为此,佛家
主张正当的活动、行为、工作,不作一切恶行。其五是正命。主张从事"利众
生"的职业生涯,远离一切不正当的职业。其六是正精进。主张正确的努力方
向,止恶修善,向解脱精进,反对懈怠与无所事事。其七是正念。主张正确的
念想,即忆持正法,铭记苦、集、灭、道四谛等佛陀言说的真谛。其八是正定。
它主张正确的禅定,以身心寂静的状态借以洞察人生的真实,获得身心的解
脱。佛家的八正道修行功课之所以称"正道",从本质上看无非就是规定了
"我"在与"他者"交往过程中正确的理念与行动的汇总,即所谓的"诸恶莫作,
众善奉行。"佛家认为有了这个正道的加持,众生相聚时才可结成善缘。

　　佛家修行中所谓的三学是指戒学、定学、慧学,它由八正道归结而成。三
学互相联系,通常被认为是学佛修持的最核心内容。禅宗的北禅开山祖师神
秀曾非常简洁地把三学概括为:"诸恶莫作名为戒,诸善奉行名为慧,自净其意
名为定。"(《坛经·顿渐品》)可见,这戒、定、慧三学无非也是人我之辩中"我"
如何向内做功着力在诸恶莫作、诸善奉行、自净其意等方面的修为,从而对"他
者"施加慈爱、悲悯、护生等伦理境遇。值得一提的是,三学中"持戒"被置于首
位,尤其体现出人我之辩中佛家人我合一、利他主义的情怀。当年释迦牟尼深
谙每一个"我"因贪、嗔、痴而会对"他者"与众生做下诸多恶业,故在临涅槃时
特别交代诸弟子说:"我在世时,你们是以我为师;到我灭度以后,你们要以我
留下的戒为师。"这即佛陀临终嘱托中的"以戒为师"的由来。

　　佛家修行中所谓的六度,是对三学的扩充,为大乘佛教修习的主要内容,
具体有布施度悭贪、持戒度毁犯、忍辱度嗔恨、精进度懈怠、禅定度散乱、智慧
度愚痴。在佛教的修行理论中,六度意谓用作由生死此岸渡人到达涅槃彼岸
的六种途径或方法,故又被称为"菩萨行"。倘若我们对六度的具体内容进行
归纳,就会发现每一"度"都是针对"我"在红尘世界(此岸)滋生的劣根性,即悭
贪、毁犯、嗔恨、懈怠、散乱、愚痴而进行的自我超越。就人我之辩而论,古往今
来正是这些劣根性导致了"我"那些对"他者"及社会作恶悲剧一幕幕地发生。
可见,佛家心物观要借助六度修行之类的功课,根绝"心"之迷障。这就是佛家

"和谐世界,从心开始"①这一宣言要昭示的真谛。

四、小 结

当代西方对于心物之辩中源远流长的"乐欲"传统,一些具有批判精神的学者已做了颇多的反思。其中特别值得一提的是美国南加州大学经济学教授理查德·伊斯特林。众所周知,西方一直流行着所谓的萨缪尔森快乐方程式,即快乐=物质/欲望。它曾经使人确信,在欲望不变的前提下物质满足与快乐必然地成正比。但理查德·伊斯特林却在一项研究中发现,国民的整体快乐水平与人均 GDP 的持续增加并没有必然的关系。这便是著名的"伊斯特林悖论"(Easterlin Paradox),它表明人均收入的增长并不体现为快乐的增加。这显然就犹如在平静的湖面上投入了巨大的石块,激起了无数涟漪甚至波涛。由此引发了越来越多的学者开始怀疑或证伪萨缪尔森的快乐方程式。事实上,也正是始于对"伊斯特林悖论"的关注与思考,联合国开发计划署非洲局首席经济学家佩德罗·孔塞桑提出了如下全球性倡议:"我们必须追求这样一种生活方式,其目标是个人享有最大限度的自由和快乐,而非国民生产总值的最大化。"②

伊斯特林的研究从某种意义上堪称是对古代中国传统心物观立场的绝妙印证。在以物质文明和精神文明相协调推进中国式现代化的进程中,我们将物质富足、精神富有视为社会主义现代化的根本要求,可谓是传统的心物之辩在现代中国的当下呈现。由此,如何以马克思主义基本原理为指导,从传统的心物之辩中批判性地汲取其合理性的思想,并将其做创造性的转化和创新性的发展,无疑具有重要的理论价值与实践意义。

事实上,中西哲学无一例外地都要讨论快乐(幸福)问题。而且,它还往往会被视为是伦理学或人生哲学的终极问题。但在这个讨论中人类的理智却常

---

① 2006 年 4 月 13 日至 16 日在浙江省杭州市和舟山市举行首届"世界佛教论坛"。面对当今丛林法则盛行,地区冲突不断这样一个并不和谐的世界,"世界佛教论坛"组委会提出了"和谐世界,从心开始"的大会主题。"和谐世界"表明的是会议的主旨:不同国家、不同民族、不同宗教共同致力于建设一个持久和平、共同繁荣的和谐世界;"从心开始"表明的是和谐世界的实现路径:心净国土净,心安众生安,心平天下平。

② 佩德罗·孔塞桑:主观幸福感研究文献综述,《国外理论动态》2013 年第 7 期,第 10 页。

常会被本能所遮蔽。在西方伦理中颇为主流的"乐欲"思路及其引申出来的诸如享乐主义、财富主义、消费主义从本质上涉及的正是这个问题。"资本主义社会造成一种假象……它在达到幸福的方式方面,把幸福与时运、福气、机遇混为一谈,而在内容方面,则把幸福同有财、有权、舒适混为一谈。"①事实上,这一问题正被西方学界称为是"现代性迷失"的表征之一。为了从这迷失中回归理性,需要"重新肯定过去,唯有如此我们才可根据历史遗产来了解我们应对后人承担的责任"。② 也许正是由此之故,一些海外学者(比如新儒家、新道家)正积极地从东方文化的过去与历史遗产中找寻现代性迷失的"抗体"。可见,在心物之辩中,我们批判与超越西方伦理中的"乐欲"观,回归传统伦理的"乐道"立场,从某种意义上说既是对理性主义的一种回归,也是解决"现代性迷失"的一种中国路径。这一中国路径也许可以指引或匡正全球正不断遭遇现代化困境的现代人找到"什么是快乐的生活"。

　　重要的还在于,在心物之辩中批判与超越西方文化中的"乐欲"观,回归传统的"乐道"立场,从人我之辩这一论域而论这一"乐道"传统的回归,也就意味着"我"对"他者"伦理境遇赋予的自觉实现。这是因为以儒、道、佛为代表的"乐道"立场,虽然其对"道"的解读各有不同,但从心物之辩来看,它们均超越物欲主义的藩篱,主张回归心灵层面理解与寻觅快乐的本质。无论是推崇仁道的儒家主张"仁者不忧"的仁爱之心,还是推崇自然之道的道家崇尚"道法自然"的自然心,抑或是推崇空观之道的佛家主张看破、放下、自在的空观心,无一不给中华民族的文明史铭刻上了"乐道不乐欲"的文化印记。这一文化传统在人我关系的处理上殊途同归地认定只有在赋予"他者"伦理境遇的过程中,厚道做人,快乐才得以真正地实现。

　　这正是我们以"时代之问"为导向,探究、激活并创新古代心物之辩中"乐道"这一优秀传统文化,并发掘其在人我之辩中对"他者"伦理境遇实现的独特助力作用的现实意义之所在。

---

　　① 季塔连柯主编:《马克思主义伦理学》,黄其才等译,中国人民大学出版社 1984 年版,第 182 页。

　　② 丹尼尔·贝尔:《资本主义文化矛盾》,赵一凡等译,生活·读书·新知三联书店 1989 年版,第 344 页。

第9章

生死之辩视阈下的"他者"伦理境遇

> 与热衷于探讨灵魂不灭以期超越死亡的西方文化传统不同,中国传统哲学更主张"生则乐生,死则乐死"的理性态度。而且,在古代圣贤看来如果以乐生的态度认真地"践形"自我的生命,那么一个人的生命就可能以诸如立德、立功、立言等途径而达到"不朽"的最高境界。而这个不朽境界无一不是通过对"他者"伦理境遇的积极赋予中得以切实地实现的。与此同时,自我对其社会本质的占有与人生价值的实现在这个"不朽"中便有了最终的归宿。
>
> ——引言

无论对于"我"还是"他者",生死问题都是其人生最后必须要面对和思考的重要问题。当死亡降临的时候,生的价值在死那里似乎全部丧失了。由此,无论中西文化的背景有何差异,面对死亡的时候东方人也罢,西方人也罢,都几乎从本能上拒斥死亡。但生命科学的研究却表明:长生是虚幻的,死亡是不可避免的。于是,如何生才能不畏死,如何死又能转换成为生,即死而不朽或死而不亡的问题,就很自然地在中西哲人那里以生死之辩的形式被探讨和研究。与西方一直探讨灵魂不灭的文化传统不同,中国古代思想家们更关注死而不亡的问题,以老子的语录来表达就是:"死而不亡者寿"(《道德经》三十三章)。以形神关系来说,中国传统哲学的这一立场明确主张,与其探究死后灵魂或神不灭之类虚无缥缈的问题,还不如思考如何更好地生存,以自己对身心的孜孜"践形"来创造不凡的业绩,从而超越死亡以达不朽之境。

一、中西文化传统在生死之辩中的比较分析

从人生下来是性善还是性恶,到最后死亡可不可以超越以及以何种方式超越的问题,中西传统均有着不同立场与观点的差异性。这种差异性构成了中西民族不同的民族性格与区别其他民族的不同文化基因。置身全球化的现时代,我们强调中国式现代化的积极推进,探求与中国式现代化相匹配的民族精神与价值观取向,在这里就意味着对这一差异性进行比较文化意义上的理性分析,努力梳理出生死之辩传统中积淀的对中国式现代化有现代意义的优秀成分,从而助力民族精神与价值共识的有效构建。

1. 中国古代生死观中的不朽说

正如恩格斯分析过的那样,在远古时代人们会很自然地受做梦之类的心理景象影响,会误以为身体之外有个灵魂的存在,死亡的时候灵魂会离开肉体,"于是就产生一种观念:他们的思维和感觉不是他们身体的活动,而是一种独特的、寓于这个身体之中而在人死亡时就离开身体的灵魂的活动。"[①]事实上,中国古代的先民的确广泛地存在这样一个相信灵魂存在的蒙昧时期。考古发现就向我们展示了先民的这种原初意识。比如,考古工作者发现半坡文化等诸多早期人类的墓地,尸体几乎都呈现为头朝西仰卧伸展的姿势。这或许正反映了先民存在的人死后灵魂生活于西方冥界的原始信仰与观念。

但脱离肉体的灵魂是否存在毕竟无法被证明。因而在中国古代很早就出现了一批具有可贵理性思维的哲人,他们并没有被灵魂不死的观念所迷惑,而是冷静、严肃地思考和探讨人的生命起源、精神活动及形体与精神的关系。比如,在管子看来,人的生命是由形体与精神结合而成的,其中"天"出精气而构成精神,"地"出粗气而生成形体。由此,在形神关系中,一定是先有了气构成形体,然后有了生命,才有了思想与意识(《管子·内业》)。管子的这一思想在荀子那里得以继承和发展。荀子明确提出了"形具而神生"的命题。他认为人的好恶、喜怒、哀乐等精神活动是人的生理功能,分别依附于人的耳、鼻、目、口、形等生理器官,用他的话说就是"形则神,神则能化矣。"(《荀子·不苟》)

---

　　① 《马克思恩格斯选集》(第4卷),中共中央马克思恩格斯列宁斯大林著作编译局译,人民出版社1995年版,第223页。

可见,在生死之辩问题上,与西方有着悠久的灵魂不灭思想不同,中国古代更以务实而理性的态度对灵魂问题存而不论。比如,儒家对生死问题就一贯持"生则乐生,死则乐死"的态度。正是由此,孔子对于死后的问题一般不太注重。曾有学生"敢问死。子曰:未知生,焉知死!"(《论语·先进》)这是一种"人事天命"的积极心态。也是由此,孔子的得意弟子曾子对死有"以死为息"的说法:"曾子有疾,召门弟子曰:启予足,启予手。《诗》云:战战兢兢,如临深渊,如履薄冰。而今而后,吾知免夫! 小子!"(《论语·泰伯》)由于曾子把人生理解为一种谨慎勉力的重负,因而在他看来,死可以把这一切重负都免去。

正是基于这一立场,儒家认为死亡并不可悲与可怕。也由于儒家在死的问题上采取了一种较为洒脱超然的态度,所以在其伦理价值坚守和人生至道的追求中因为不畏死而强调"杀身成仁"(《论语·卫灵公》)、"舍生取义"(《孟子·告子上》)的壮举。这无疑是非常具有积极意义的。

道家立足老子开创的"道法自然"(《道德经》二十五章)立场,在生死问题上则持"生死齐一"的自然哲学立场。在庄子看来,生死无非是自然之变化:"死生,命也;其有夜旦之常,天也。人之有所不得与,皆物之情也。"(《庄子·大宗师》)由此,与儒家相似,庄子也认为必须对死采取理性而超脱的态度:"夫大块载我以形,劳我以生,佚我以老,息我以死。故善吾生者,乃所以善吾死也。"(《庄子·大宗师》)尤其独特的是,庄子还提出了生死齐等的观点:"胡不直使彼,以死生为一条"(《庄子·德充符》);"孰能以无为首,以生为背,以死为民,孰知生死存之一体者?"(《庄子·大宗师》)也正是由此,庄子认为对生死必须有"不知说(悦)生,不知恶死"(《庄子·大宗师》)的洒脱超然之心境。

正是有缘于此立场,在《庄子·外篇》中我们读到了庄子妻死,而庄子却鼓盆而歌的记载:"庄子妻死,惠子吊之,庄子则方箕踞鼓盆而歌。惠子曰:与人居,长子;老,身死,不哭亦足矣! 又鼓盆而歌,不亦甚乎? 庄子曰:不然。是其始死也,我独何能无慨然! 察其始,而本无生;非徒无生也,而本无气。……"(《庄子·至乐》)这段话记载的事是:庄子的妻子死了,惠子前往吊唁,庄子却正在分开双腿像簸箕一样坐着,一边敲打着瓦缶一边唱歌。惠子说:"你跟死去的妻子生活了一辈子,生儿育女直至衰老而死,她死了你不伤心哭泣也就算了,又敲着瓦缶唱起歌来,不也太过分了吧!"庄子说:"不对,她初死之时,我怎么能不感慨伤心呢! 然而仔细思考一下就会发现,她原本就不曾出生,不只是不曾出生而且本来就不曾具有形体,不只是不曾具有形体而且原本就不曾形成元气。夹杂在恍恍惚惚的境域之中,变化而有了元气,元气变化而有了形体,形体变化而有了生命,如今变化又回到死亡,这就跟春夏秋冬四季运行一样。死去的那个人将安安稳稳地寝卧在天地之间,而我却呜呜咽咽地围着她啼哭,自认为这样恰是未能通晓天命,故而我也就停止了哭泣。

道家在生死问题上的这种自然观甚至延伸到葬礼上。《庄子·列御寇》中有这样一则传说:"庄子将死,弟子欲厚葬之。庄子曰:'吾以天地为棺椁,以日月为连璧,星辰为珠玑,万物为赍送。吾葬具岂不备邪?何以加此!'弟子曰:'吾恐乌鸢之食夫子也。'庄子曰:'在上为乌鸢食,在下为蝼蚁食,夺彼与此,何其偏也!'"这个记载是说,庄子临终的时候,弟子们商议要厚葬他。但庄子却拒绝了:"我用天地做棺木,日月做随葬的璧玉,星辰作陪葬的珍珠,万物生灵都来送葬,这不是很厚葬了吗?我还有什么可求的?"弟子们赶紧解释说:"我们是怕老鹰来吃先生的尸体啊。"庄子笑答道:"在地上会被老鹰吃,在地下又会被蚂蚁吃。把我从老鹰那里抢过来给蚂蚁吃,你们太偏心了吧!"

庄子的后学直接继承了庄子的这些思想,提出了一系列颇为深刻的命题:"生之来不能却,其去不能止"(《庄子·达生》);"生亦死之徒,死亦生之始,孰知其纪?人之生,气之聚也。聚则为生,散则为死"(《庄子·知北游》),如此这般的命题与阐述还颇多见于史籍之中。庄子及道家学派对生死问题的论述一方面无疑充满了辩证法的深邃和睿智,但另一方面他们把生死视为齐一,便也否认了生之价值,这显然又失之偏颇。在这一点上,儒家"未知生,焉知死"(孔子语)的观点对人生无疑要更有积极意义一些。但值得肯定的是,道家这里呈现的是其将每一个"我"之必然要面对的死亡理解为回归自然的过程。这是道家特有的视死如归的自然心态。

在生死问题上中国古代伦理思想传统还有一大特点,这就是以儒家、道家为代表的思想家们一般不相信灵魂不死,故哲人们更倾向于探讨死后如何不朽的问题。这事实上是一个死如何向生转化的问题。在古代哲人看来,这一转化的关键便是积极赋予"他者"以伦理境遇,即在超越"我"的自私利己本性的基础上,为"他者"及诸多"他者"集合而成的家、国、天下而做出贡献乃至献身的伦理抉择中,实现自我生命的永恒与不朽价值。

事实上,在中国古代思想史上早在《春秋·左传》中便有"三不朽说":"太上有立德,其次有立功,其次有立言:虽久不废,此之谓不朽。"(《左传·襄公二十四年》)这里的意思是说:做人最上等的是树立德行,其次是建立功业,再其次是创立学说;这样,即使过了很久一个人的影响力也不会被废弃,这就叫做自我生命的不朽境界。这一如何达到不朽的三路径说思想直接为尔后的思想家所继承。比如,孔子比较注重立德。孔子曾经这样评价几位历史人物说:"齐景公有马千驷,死之日,民无德而称焉。伯夷、叔齐饿于首阳之下,民到于今称之。"(《论语·季氏》)显然,在孔子看来,齐景公无德便"有朽",而伯夷、叔齐有德则"不朽"。李泽厚先生在《论语今读》中点评齐景公这事时说:"名以'德'传,非以'阔'或'位'传。"①这一点评堪称一语中的。也就是说,一个人有朽还是不朽,取决于德性与德行,而不是家财万贯或富可敌国,更不是权高位重或血统高贵。又比如,孟子则从立功,即功垂千古这一意义上讲不朽:"君子创业垂统,为可继也。"(《孟子·梁惠王下》)可见,自孔孟起儒家便奠定了通过诸如立德或立业而使自我短暂生命走向永恒与不朽的基本立场。

可见,超越死亡而走向不朽是可能的。但要使这个可能性变成现实性,就必须在人我之辩中对"他者"或立德、或立功、或立言。那位曾被孔子评价为"无德"的齐景公,史籍里就有如下的记载:他是春秋后期的齐国君主,原名姜杵臼,系齐灵公的儿子。齐景公在位五十八年。司马迁曾经评价他:"好治宫室,聚狗马,奢侈,厚赋重刑。"(《史记·齐世家》)后世学者论及齐景公时常常会感慨,幸亏他在位时有名相晏婴辅政左右,否则说不定就是位亡国之君。据《晏子春秋》记载:有一次,齐景公手下有个养马的人错杀了他喜欢的一匹马。齐景公大怒,拿着剑要把这个养马人杀掉。晏子赶紧劝阻说:"请让我替您列举他的罪状,再杀他不迟。"齐景公同意了。于是,晏子走近那养马的人说:"你替君王养马却错杀了马,你的罪应当死;你让君王因为马的缘故杀了养马的人,你的罪过又应当死;你让国王因为马而杀人的事被诸侯们知道了,你的罪过还是应当死。"齐景公终于有所醒悟说:"放了这人吧,别因这事败坏了我好仁义的名声!"从这个事件看,孔子评价齐景公的那句"无德"之语还真恰如其分。讽刺的是,齐景公竟然还自诩"好仁义"。如果没有晏子的挺身而出与慧言相劝,齐景公视他人生命如草芥的本性必然使一具鲜活的生命灰飞烟灭。这正折射出齐景公的"无德"本性。

事实上,这正是孔子孟子当年周游列国竭力想劝说君王行仁政的历史语境。因为君王们对"他者"生命的冷漠与残暴本性是孔子孟子所深恶痛绝的。

---

① 李泽厚:《论语今读》,生活·读书·新知三联书店 2004 年版,第 465 页。

这也正是儒家要以是否有仁德、是否施仁政来评价治国理政者"不朽"或"有朽"的重要缘由。在儒家看来,齐景公的"朽"与晏子的"不朽"便是真真切切且寓意绵长的例证。

　　特别值得一提的是,司马光秉承了源自先秦儒家这一"立德不朽"的理念,对君主提出了仁、明、武之"三德"规范的要求。众所周知,当时担任皇帝陪读经师的司马光有感于以史为鉴的重要性,给宋英宗写了一个建议编辑过往史籍以彰往察来的奏折,得到了皇帝的首肯。于是有了这部皇帝亲自赐名的《资治通鉴》。难能可贵的是,司马光对作为君王的最高统治者也提出了"立德"的告诫。在司马光看来,君主仅靠世袭上位是不够的,还要修成仁、明、武"三德"才可成为治国安邦且名垂千古的明君。"三德"中所谓的仁即修政治、养百姓、利万物;明即知道义、识安危、辨是非;武即孔武有力、意志坚定、笃行不息。在他看来,"三者备则国治国强,阙一则衰,阙二则危,皆无一焉则亡。"(《资治通鉴》卷二二)这一思想显然非常难能可贵。

也正是在这个德行不朽思想的影响下,儒家才对生与死有了"生则乐生,死则乐死"的积极且坦然态度。同样,也是在这个思想的熏陶下,中华民族形成了诸如"厚生却不畏死",必要时敢于"以身殉道"的英雄主义气概。可以说,儒家在这一生死之辩问题上的基本伦理态度,就集中代表着我们传统文化在生死观上的普遍心态。这一生死问题上的价值取向和伦理心态对中华民族的历史影响显然是非常积极的。事实上,我们可以发现中国历史上那些名垂千古者,总是或以德,或以功,或以言,或兼而有之而使自己英名永存的。比如,以一句"人生自古谁无死,留取丹心照汗青"(《过零丁洋》)之千古绝唱名垂史册的文天祥,他在被俘之后被囚禁长达三年。元世祖忽必烈对他极为尊崇和器重,将丞相之职虚置三年,等他回心转意。但文天祥大义凛然,坚决不降。忽必烈甚至多次到牢里亲自劝降,自然也是毫无效果。最后一次,文天祥对忽必烈慷慨说道:"你如此器重我,也算我的知己,既然如此,那就成全我吧!"忽必烈终于明白劝降无望,于是只得点头应允。文天祥一听此言,恭敬地给忽必烈行大礼拜谢。然后,文天祥从容就义。

　　可见,在中国古代思想家看来死亡是可以超越的。比如,以文天祥的人生而论,他显然已经超越了死亡。重要的还在于,在战场上的视死如归,有时只须一时之勇，而文天祥三年不改初衷，则非大仁大义大勇者不能。这才是真正"死而不亡"（《道德经》三十三章）的崇高境界。这一境界的崇高正是因为他以"我"的生命之躯献给了许多"他者"集合而成的国家与民族。这一对国家与民族的精忠报国之德行，自古以来便是中华民族代代传承，且不断演绎为一幕幕惊天地泣鬼神事迹的"民族魂"。

值得一提的是，中国古代还因此推崇向死而生的伦理境界。道家的老子曾经这样论述过这个问题："民之轻死，以其上求生之厚，是以轻死。夫唯无以生为者，是贤于贵生。"（《老子·七十五章》）这句话的意思是说：百姓所以看轻生死去铤而走险，是因为他们的执政者贪求生活过分享受，由此百姓才看轻生死不惜铤而走险。也是由此，道家认为那些不在生的方面过分看重享受的人，比贪求个人生活奢侈安逸的人要更符合道与德。可见，老子在这里论述的是道家生死观上的一个基本立场：不一味贪求生之享乐的人，胜过重视生命苟且偷生的人。这是一种"不贵生"的抉择，尤其是为了对"道"的遵从而"不贵生"被视为是生命的至德境界。以人我之辩而论，这同样呈现为"我"对"他者"伦理境遇的主动赋予。

公元1220年的岁首，73岁高龄的丘处机率十八名弟子自莱州（今山东莱州市）昊天观出发，前往中亚，踏上了漫漫西行之路。此时成吉思汗正在西征途中，距离莱州有万里之遥。路途艰辛也就罢了，关键是嗜杀成性且喜怒无常的成吉思汗会不会善待丘处机一行仍是未知数。也是基于这一理由，多少人劝说丘处机不可贸然西行。然而，丘处机为天下黎民百姓计毅然决然地出发了。两年后，丘处机终于到达成吉思汗在塔里寒（今阿富汗境内）的行宫，当天就见到了成吉思汗。此后，成吉思汗先后三次询问治国之道，丘处机以敬天爱民、减少屠杀、清静无为等作为回应。成吉思汗接受了他的建议，自此减少了对各地反抗者的杀戮。这便是成语"一言止杀"的由来。值得一提的是，丘处机一行不仅造就了"立德""立功"的不朽，也还成就了"立言"的不朽。丘处机随行弟子李志常将西行路上的所见所闻，沿途的风土人情、地理地貌和历史事件编著成书，为后人留下一部研究13世纪初西域历史地理的著作——《长春真人西游记》。

尤其值得注意的是，这一"不贵生"的伦理传统不仅仅属于汉民族。据史书记载，成吉思汗在入主中原之前，曾经为统一草原的诸部落而浴血奋战。为了一统天下的需要,成吉思汗也曾极力提倡忠诚、勇毅之类的德行。比如,他就曾下令对待归降的将士,凡是背弃和杀戮故主的,一律处死;凡放走旧主使之逃跑,或为掩护旧主而积极抵抗的,反而以礼相待并予重赏。公元 1201 年,扎木合纠集起诸多部落讨伐成吉思汗。成吉思汗闻讯后也点起兵将等候扎木合的征讨大军。于是爆发了著名的阔亦田大战。开战后,扎木合命汪忽哈忽率一支人马向成吉思汗进击。汪忽哈忽手下有一副将只儿豁阿歹是个神箭手,他一箭射中了疾驰而来的成吉思汗,这位大汗顿时血流如注。幸亏有部下赶到,连忙救起坠马的成吉思汗。第二天,一个人来阵前投降,这个人就是只儿豁阿歹。他对成吉思汗说:"昨天用箭射中你的人就是我。因为不射中你,我们就会全军覆没。现在汪忽哈忽伤重死了,我才来投降你。如果我的主人他还有一口气,我是不会来投降的。如果你要我死,马上就可以办到,杀了我只不过溅污巴掌大的一块草原之地!"望着昂首挺胸、毫无惧色的只儿豁阿歹,成吉思汗哈哈一阵大笑后说:"只儿豁阿歹,你不但是神箭手,而且是忠义汉子。双方交战,各为其主,我不怪你射中我的头颈,即使那一箭正中我的咽喉我也不会怪罪于你!"成吉思汗让他做了自己的贴身护卫。这事让成吉思汗的美名一度被广为传颂。

　　史家记载只儿豁阿歹向死而生的故事,固然是为了彰显成吉思汗的豁达与大度,但事实上它更形象地诠释了中华民族生死观上一种非常优秀的传统。这个传统使得我们的民族历来把对事业、对组织、对信念的忠诚视为高于生命的存在。这显然是中国古代伦理文化推崇以德为本之立场在生死观上的必然衍生。事实上,正如有学者论证的那样:"这一'不贵生'的伦理抉择,必要时能够为别人、为组织、为国家、为民族、为全天下自觉地做一个殉道者的气概,恰恰是我们这个古老的民族虽历经磨难却始终没有亡国灭种的一个重要缘由。"[①]这里论及的"为别人、为组织、为国家、为民族、为全天下"正是人我之辩中"我"对诸多"他者"的一种利他主义抉择。正是在这个伦理抉择中,"我"在赋予了"他者"伦理境遇的同时,也实现了自我生命的不朽价值。这构成中国古代哲学在生死之辩中得以实现的最高,也是最后的真善美价值。

　　2. 西方生死观中的灵魂不灭说

　　西方哲学自古希腊以来同样对生死问题有着诸多的思考。可以肯定的

---

　　①　黄寅:《传统文化与民族精神——源流、特质及其现代意义》,当代中国出版社 2005 年,第 231 页。

是,在古希腊罗马时代也存在着类似于中国古代的自然主义态度。比如,这一时期著名的无神论者琉善就根据死亡的普遍性原则,明确地提出了"死亡面前人人平等"的口号。琉善认为,不管是穷人、富人、奴隶和国王都必有一死。为此,他曾把人生比作从高处冲下来的泉水激起来的水泡,无论是大的还是小的,迟早都要破裂。而且,当人们死亡的时候,不管他们活着的时候拥有什么,在死的时候,都"必须赤裸裸地离去",也都要变成一具具难看的骷髅。① 在生死之辩问题上,这当然是一种可贵的自然主义立场。

但我们同样可以肯定地说,苏格拉底关于灵魂的学说显然更构成西方死亡哲学的正统。② 正是苏格拉底的灵魂说使古代希腊哲学进一步把精神和物质的分化开始明朗起来。苏格拉底以前的哲学家,早已有灵魂不灭的说法。但在苏格拉底以前的哲人对于灵魂的看法还比较模糊。比如,就有哲人将灵魂看成是"最精细的物质"。如果以马克思主义哲学的立场来看,这一时期的灵魂说其唯心主义和唯物主义的界限还不明确。到苏格拉底才明确地将灵魂看成是与物质有本质不同的精神实体。在苏格拉底看来,事物的产生与灭亡,不过是某种东西的聚合和分散,灵魂也一样。所不同的是,灵魂是看不见、摸不着的精神存在。苏格拉底将精神和物质这样明确对立起来,成为西方哲学史上唯心主义哲学的奠基人。事实上,哲学基本问题在苏格拉底那里就是肉体与灵魂的关系问题。正是由此,恩格斯说:"不是别的,正是身心关系,或肉体与灵魂、物质与精神的关系问题,亦即何者第一性及其同一性的问题,构成了哲学的基本问题。"③

苏格拉底坚信,世界上那些相对立的事物都会在彼此之间互相转化。比如,热与冷、大与小、睡与醒等都是如此,同样的道理,生与死、肉体与灵魂也会互相转化。他认为,人在生之前是有灵魂的,因此灵魂与肉体的关系就有点像肉体与衣服的关系。一个肉体可以套很多件衣服,衣服坏了,肉体自然还在;一个灵魂同样可以配很多肉体,肉体死了,灵魂自然还是在的。苏格拉底特别强调的是,哲学家应该追求灵魂上的修行,而肉体只会阻碍灵魂的发展。因为肉体会饿、会累、会生病……而这一切都会拖累甚至阻碍灵魂的自由发展。

---

① 琉善:《琉善哲学文选》,罗念生等译,商务印书馆1980年版,第55、108-109页。

② 苏格拉底和他的学生柏拉图,以及柏拉图的学生亚里士多德并称为"古希腊三贤",被西方哲学史家广泛地认为是西方哲学的奠基者。

③ 《马克思恩格斯选集》(第4卷),中共中央马克思恩格斯列宁斯大林著作编译局译,人民出版社1995年版,第223-224页。

　　事实上,苏格拉底在死刑①面前丝毫不畏惧死亡,一则是因为他相信灵魂不灭,二则是因为他认为哲学家本来就期望摆脱肉体的束缚。所以在他看来,这个时候如果慌张或害怕,就一定是愚蠢而可笑的。据史籍记载,公元前399年 6 月的一个傍晚,在苏格拉底即将处死的那天晚上,只见他衣衫褴褛,散发赤足,而面容却镇定自若。他把自己的妻子和女儿打发离开后神情淡定地与他的学生斐多、西米亚斯、西帕斯、克里同等谈论起灵魂永生的问题。不久,狱卒走了进来对他说:"每当我传令要犯人服毒酒时,他们都怨恨且诅咒我,但我必须执行上级命令。你是这里许多犯人中最高尚的人,所以我想你绝不会恨我,而只会去怨恨那些要处死你的人。我现在受命执行命令,愿你少受些痛苦。别了,我的朋友!"说完这番话,狱卒泪流满面地离开了牢房。苏格拉底望着狱卒的背影说:"别了,朋友,我将按你说的去做!"然后他又掉转头来,和蔼地对那些学生说:"这真是个好人! 自我入狱以来,他天天来看望我,有时还跟我谈话,态度亲切。现在他又为我流泪,多善良的人呀! 克里同,你过来,如果毒酒已准备好,就马上叫人去取来,否则请他们快点去调配!"克里同回答说:"据说有的犯人听到要处决了,总千方百计拖延时间,为的是可以享受一顿丰盛的晚餐。请你别心急,还有时间呢!"这时,苏格拉底缓缓地说:"诚然你说得对,那些人这样做是无可非议的,因为在他们看来,延迟服毒酒就获得了某些东西;但对我来说,推迟服毒酒的时间并不能获得什么,相反,那种吝惜生命而获得一顿美餐的行为在我看来应当受到鄙视。赶快去拿酒来吧,请尊重我最后的请求!"

　　众所周知的是,就生死之辩而论,苏格拉底的这一灵魂不灭思想影响了柏拉图和亚里士多德。这事实上构成整个古希腊哲学在思考死亡之超越问题上的一个基本立场和结论。可以肯定的是,西方在生死问题上的这一立场就人我之辩的视阈而论,它基本不涉及"他者",其所有的关于灵魂不灭的思考无非都是对"我"的躯体不存在之后灵魂去哪里安放的问题。事实上,关于这一点苏格拉底也没有给出明确的答案。到了中世纪,这一问题是由上帝的出场才得以解决的。

　　中世纪是基督教一统天下的时代。中世纪最广泛的观点是认为灵魂乃上

---

　　①　苏格拉底把批评雅典看作神赋予他的神圣使命。正是这种使命感和由此而来的思考探索,便成为他生活与哲学实践的宗旨。他自称是针砭时弊的神圣"牛虻"。苏格拉底知道自己这样做会使许多人十分恼怒,他们都想要踩死他这只"牛虻",但神给自己的使命不可违,故他冒死不辞。果然,苏格拉底最终被控以藐视传统宗教、引进新神、教坏青年和反对民主等罪名,经投票表决后被判处死刑。

帝所创造,上帝为每一个新诞生的身体创造一个灵魂。基督教的灵魂说既继
承了苏格拉底的传统,又有了新的发展。比如,基督教认为灵魂不是不灭的,
而是可通过复活,最终会和同样复活了的肉体一起到天堂或地狱。根据《圣
经》的描述,已死信徒的身体自然会改变,这与耶稣的身体相似。死亡身体的
灵魂虽然还存在,但灵魂也与身体一样也会发生变化。因受古希腊哲学的影
响,中世纪的基督教信仰中,基本将人划分为两部分,即灵魂与身体。它在生
之时是不分离的,但死后灵魂与肉体则会分离。这时灵魂会进入一种自由自
在的状态。这是基督教灵魂观的基本观点。

值得一提的是,几乎是同一个时期的中国哲学却对灵魂与肉体两者可以
分离的思想进行了质疑和批判。在当时的形神之辩中,佛家坚决地主张神不
灭论。比如,南北朝时期的僧人慧远就认为:"火之传于薪,犹神之传于形,火
之传异薪,犹神之传异形。"(《弘明集》卷五)在他看来,火可以从此薪传到彼薪
而不熄灭,同样的道理,神也可以从此形传到彼形而不灭。可见,在慧远看来,
神是不灭的。面对慧远的问题,当时一大批思想家纷纷就形神问题著书立说,
展开了与佛教神不灭论的理论论战。

在这个论战过程中,真正动摇了佛教神不灭理论基础的是范缜。范缜针
对佛教哲学宣扬的神不灭论专门写了《神灭论》。据史籍记载,此书一出,"朝
野喧哗,上下皆惊",推崇佛教的梁武帝甚至亲自出马,率僧侣权贵 60 多人围
攻范缜。范缜面对强大的论敌,"辩摧众口,日服千人"(《弘明集》卷九)。范缜
的《神灭论》在理论上的突破,在于他继承了传统的无神论思想,特别继承了
"形神相资"的观点,全面地论述了"形神相即"的思想:"神即形也,形即神也;
是以形存则神存,形谢则神灭也。"(《神灭论》)范缜在此基础上还揭示了精神
活动的实质,认为精神是由物质形体派生出来的,是物质形体的作用之所在。
由此,他说:"形者,神之质;神者,形之用。是则形称其质,神言其用;形之与
神,不得相异也。"(《神灭论》)可见,在范缜看来,形神的关系是体用的关系,二
者是不可分割的,由此他得出"形神而体一"的结论。范缜从体用角度论证形
神关系,把二者看作是统一体的两个方面,杜绝了把形神分离的可能性。这在
古代形神关系的认识史上具有十分重要的解蔽意义。我们几乎可以断言,它
直接为中国哲学不关注死后的灵魂问题奠定了最为重要的认识论基础。

文艺复兴时期,西方哲学摆脱了基督教的统治以"复兴"的方式回归到了
古希腊时期的立场。在灵魂问题上基本承袭了苏格拉底的观点。甚至是那些
对基督教产生怀疑的哲学家如叔本华、尼采在思考死亡的超越问题时最终也

只得求助于灵魂不灭说。这可以说是西方哲学在生死之辩问题上的一个基本文化传统。比如,叔本华就曾说过人最根本的欲求是生命,最大的敌人是死亡和对死亡的恐惧。这样,哲学作为一种关于死亡的"形而上学的见解",作为对人类普遍存在的死亡恐惧症的一种"治疗",其存在的绝对必要性自然就不言自明了。由此,叔本华强调说:"所有的宗教和哲学体系,主要即为针对这种目的而发,以帮助人们培养反省的理性,作为对死亡观念的解毒剂。各种宗教和哲学达到这种目的的程度,虽然千差万别互有不同,然而,它们的确远较其他方面更能给予人平静面对死亡的力量。"①但是,在进一步探究如何"平静面对死亡"时,叔本华最终还是借助于灵魂不灭这一古老的理念。与其他西方哲人不同的是,叔本华除了对古希腊灵魂不灭思想予以继承之外,还汲取了印度原始佛教的"轮回"学说。②

在生死问题上,叔本华还从灵魂不灭或轮回的层面来理解甚至赞美"自杀",因为在他看来这种主动地选择死亡,恰使本来就有时限的生命变成了没有时限的轮回之中:"事实上很多古代的英雄或贤哲,也是以自杀来结束他们的生命。……例如,中国戏剧《赵氏孤儿》剧中,几乎凡是性格高超的人物,最后下场都是'自杀'。"③其实,叔本华显然搞混淆了灵魂的不灭或轮回与中国古代"不朽"的界限。正如我们在十八世纪便已传入欧洲的《赵氏孤儿》④剧中看到的那样,叔本华论及的最后以"自杀"收场的几位剧中人,无论是赵氏孤儿的生母晋国公主、还是得知此孤儿乃忠良之后故意放走他的韩厥、抑或是救了全城与赵氏孤儿年龄相当的孩子性命

①　叔本华:《爱与生的苦恼》,陈晓南译,中国和平出版社 1986 年版,第 149 页。
②　叔本华:《爱与生的苦恼》,陈晓南译,中国和平出版社 1986 年版,第 153 页。
③　叔本华:《叔本华论文集》,陈晓南译,百花文艺出版社 1987 年版,第 94-95 页。
④　该剧讲述的故事是,春秋晋灵公时期,赵盾一家三百多口尽被武将屠岸贾谋害诛杀,仅留存一个刚出生的婴儿,即赵氏孤儿。为保存赵家的唯一血脉,晋国公主即赵氏孤儿的母亲托付医生程婴将孤儿带走,并自缢身死。程婴将赵氏孤儿藏在药箱中,欲带出宫门,可又偏遇到屠岸贾部下韩厥。韩厥深知此乃忠良之后,便放走程婴和赵氏孤儿后自刎身亡。屠岸贾搜不到赵氏孤儿,遂下令将全城一月到半岁间的孩子都囚禁起来,并称如果窝藏赵氏孤儿者再不交出孩子,就将这些孩子全部杀死。程婴走投无路之下找到了晋国退隐老臣公孙杵臼,并与其商定,用自己的孩子替代赵氏孤儿。一切安排妥当后,程婴假意告发公孙杵臼,引屠岸贾到公孙杵臼家中搜到了假赵氏孤儿;屠岸贾杀死假孤儿后,公孙杵臼撞阶自杀。此后,程婴忍辱负重抚养赵氏孤儿。20 年后赵氏孤儿长大成人,得知真相后杀死屠岸贾,终于报了血海深仇。从叔本华引该剧剧情这一事例,可见《赵氏孤儿》在西方的影响力。难怪王国维要说:"它列之于世界大悲剧中,亦无愧色。"(《宋元戏曲史》)

的公孙杵臼，他们或自缢、或自刎、或撞阶而亡，正是一种对"他者"的大爱使然，是"立德"的不朽。这根本不是什么相信虚无缥缈的灵魂不灭或轮回所使然。

事实上，正是从古希腊的苏格拉底到后来叔本华这样一个传统的绵延不绝，直接导致了西方迄今为止对灵魂不灭的某种坚信。这或许正是现代西方濒死体验（Near Death Experience，NDE）兴起的一个根本缘由。所谓的濒死体验，是指心脏停止跳动或大脑功能停止后的病人被救活之后回忆自己的灵魂暂时离开肉体的经历。其实，这个现象自古就有记载。比如，柏拉图就曾记录过一个希腊士兵死而复活后回忆他进入彼岸世界的情景。在西方社会，这个濒死体验现象自从穆迪博士的畅销书《生命之后的生命》于1975年发表后被广泛关注，从此濒死体验渐渐进入学界的视野。康涅迪格大学心理学教授肯尼斯·瑞于1980年发表了《辞世时的生命》，这同样是一本关于濒死体验研究的重要著述。瑞教授发现有濒死体验的人常描述他们进入流光溢彩的彼岸世界。在那里，俗世的时间和空间概念已不复存在，而且他们还会遇到闪烁着奇异之光的别的生命在自由飘荡。

在濒死体验方面，坦博特发表于1991年的《全息宇宙》显然更具影响力。此书大量引述了相关研究者收集的案例。在一个例子中，一个妇女在手术期间离开她的肉体，飘游到了接待室，结果看到她的女儿穿着不对称的披肩。原来女佣那天给这个小女孩穿衣服时慌慌张张，以致她没有注意到这个错误。女佣非常惊异女孩妈妈后来谈到这件事，因为后者那天并没有见过女孩。在另一个例子中，一位女子离开身体后来到医院走廊，听到她的妹夫对一个朋友抱怨说，看来自己不得不取消原定的出差计划，因为要担任妻子姐姐葬礼的抬棺人。当这个妇女活过来后，她责备妹夫不该说如此不合时宜的话。从未在自己妻子面前说过此话的妹夫听闻此言此惊讶不已！

《全息宇宙》引述一些研究者的发现说，有濒死体验的人描述离开肉身的自己是一团能量，也可以根据自己的思想变化成人的形象。人离开肉身后会以全息的方式回顾自己刚刚过去的一生。而且每一个细节、每一个感觉都被瞬间地放映出来，一切都栩栩如生、历历在目。不仅人生的过去被完整地记录，人生的未来也被事先安排。更不可思议的是，很多有濒死体验的人被告知：你的时候还没到，从而被送回人世间。坦博特教授指出，这显然表明人的一生是有定数的。有的时候，一些人可以在彼岸世界被允许看上几眼自己此生的未来情景。颇令人难以置信的是,该书还引述了坦博特教授自己收集的一个案例:一个小孩在濒死体验的状态下被允许看到自己未来的一些细节,包括他将在 28 岁结婚,将会有两个孩子。他甚至看到成年的自己和自己将来的孩子坐在一间屋子里,而且墙上有一个很奇怪的东西。这个小孩回到人世,经历似水流年,童年时所瞥见的未来都一一实现。成年时的他蓦然回首,居然发现他在童年时看到的房间里那个墙上的奇怪的东西是一个强压式暖气片。事实上,这种暖气技术在他童年的时候还没有被发明出来。

　　值得一提的是,在当代西方,不仅是学者们在讨论灵魂不灭的问题,作家、艺术家们也几乎乐此不疲。比如,好莱坞从 20 世纪后半叶开始制作和发行了一大批诸如《人鬼情未了》《古墓丽影》《魔戒》之类的神怪电影,欧洲也有《卢浮魅影》等几乎相同题材的影片发行,并纷纷进入中国市场。这些以灵魂不灭为主题的电影通过精美的艺术包装,尤其是演员的精湛表演,在包括中国在内的全球产生了巨大的影响,其中诸如神秘主义之类的消极影响无疑需要我们予以学理厘清与认知甄别乃至清算。否则,我们在生活实践中必然会因为这方面的认知与价值观层面的迷失而身陷诸多困顿与不安之中。

　　更值得一提的是,西方文化在生死观、形神观中的消极影响往往呈现在其背后的个人主义立场上。关于这一点,有学者曾经这样指出过:"如果立足于自我与他人、集体、社会、国家的关系而论,西方从古至今的诸种灵魂不灭论,均带有浓郁的'个人主义'色彩,它无非是为'我'这个唯一真实可感知的存在如何换一种方式继续存在而进行理论铺垫。与此形成鲜明反差的是中国的不朽论,它主张通过超越'小我'而成就'大我',以利他主义的路径或光宗耀祖或为国为民为家立德立业,从而超越肉体的死亡以实现精神的永存。"[①]这显然是中国文化传统在生死之辩中的优秀成分。它彰显的是人我之辩中利他主义,甚至是自我牺牲的伦理抉择,并因这一为"他者"的伦理抉择或活在别人心中,或活在国家记忆中而青史留名。这当然是我们在以中国式现代化谋求中华民族伟大复兴中需要的一种可贵精神。

---

　　①　黄寅:《传统文化与民族精神:源流、特质及现代意义》,当代中国出版社 2005 年版,第 240 页。

二、作为"不朽"之实现路径的"践形"说

就作为生死之辩衍生出来的形神之辩而论,中国古代哲学自佛教传入后虽也有神不灭说,但却并没有像西方哲学史那样不仅发展成形形色色的灵魂说,还形成了严整的关于灵魂可以永生或不朽的宗教哲学。对此,哲学史家张岱年先生曾有这样的断言:"关于不朽,中国哲学中讨论不多。不朽的问题,是西洋哲学及印度哲学所持重的;而中国哲学则对之不甚注意。这也是中国哲学的一个特色。中国哲学所以不注重不朽问题,主要是因为中国哲学离宗教最远,对于有宗教意义的问题,认为无足重视。关于不朽,中国哲学多从影响贡献来说,而不从灵魂永存来说。"①

1. "践形"说中彰显的中国文化特色

如果要对中国古代形神之辩的传统做一个概括,那么我们也许可以说,"践形"说最能体现中国古代哲学在这一问题上的道统。如果做一点词源的考证,"践形"一词最早见于《孟子》一书:"形色天性也,惟圣人然后可以践形。"(《孟子·尽心上》)据杨伯峻先生考证,此句"天性"中的"性"并非如通常那样做"属性"之解,而是通"生"。②孟子在这里是说,形色是天生的,比如人的四肢五官等形体,只有圣人才能做到在后天的努力中运用好自己先天的形体。这就是"践形"一语的基本内涵。就形神之辩而论,以"践形"说的立场来看,追求虚无缥缈的神不灭、灵魂永存的"神道"是不明智的,人生所应有的现实理性态度是追求"人道"的践形。这显然是形神之辩中的中国智慧。

与天人之辩、人我之辩、义利之辩、心物之辩等相类似,"践形"说作为形神之辩所得出的一种认知结论和价值立场,自先秦的孔子、孟子开始便已基本确立。记载孔子语录的《论语》其开篇语录便是:"学而时习之,不亦说(悦)乎"(《论语·学而》)。孔子论及的"学"然后"习"的过程正是一种后天的"践形"。王阳明的《传习录》之名便是据此而来。正是由此,王阳明的心学不只主张拘泥于内心做功,它更在知易行难的论断下极力倡导知行合一。但正如有学者

---

① 张岱年:《中国哲学大纲》,中国社会科学出版社 1982 年版,第 485 页。
② 杨伯峻:《孟子译注》(下卷),中华书局 1981 年版,第 319 页。

指出的那样,就孔孟之道对王阳明所产生的影响而论,孟子的思想无疑影响更大。① 王阳明的心学思想就明显地受到孟子"践形"说的影响。比如,王阳明在与弟子讨论力与命的关系时就不赞同孔子说的"道之将行也与? 命也;道之将废也与? 命也"(《论语·学而》),他更认同孟子"命也,有性焉,君子不谓命也"(《孟子·尽心下》)的命题。② 事实上,孟子的"践形"说正是"君子不谓命"的集中体现。

源自先秦的这一"践形"说经过王充、张载、王阳明等人的发展,到了明清则以王夫之、颜元、戴震等人的思想最为经典。这一思想不仅对近代中国思想史产生了深远的影响,而且也成为近代知识分子着力救亡图存的重要人生信念之一。

王夫之通过对传统的知行、心物、形神之辩的总结,批判了重知不重行、重心不重物、重神不重形的错误倾向。在此基础上他提出了自己的"践形"主张:"形之所成斯有性,情之所显惟其形。故曰:形色天性也,惟圣人然后可以践形。"(《周易外传》)在王夫之的哲学中,"践形"就是主张人生必须发展形体各方面的机能,使其各得其所。正是有缘于此,他批判了不重"践形"的虚妄之学。王夫之就曾以道家的庄子和佛家的释氏为例予以了抨击:庄子说"堕肢体黜聪明",释氏称身体为臭皮囊,然而,离开了形体去求道,这个道只不过是一种空幻的存在而已(《周易外传》)。在王夫之看来,形体与道是一致的,但宋明理学因受老庄及佛学思想的影响,对此道理却没能了悟。正是由此,王夫之这样总结说:"形者性之凝,色者才之撰也。故曰汤、武身之也。谓即身而道在也。道恶乎察? 察于天地。性恶乎著? 著于形色。有形斯以谓之身,形无有不善,身无有不善,故汤、武身之而以圣。……天地之生,人为贵。性焉安焉者,践其形而已矣。"(《尚书引义》)可见,王夫之在新的时代条件下继承和发展了孟子的"践形"说。

尔后的颜元与戴震等人直接继承了王夫之的这一"践形"理论。在颜元看来,人生之道在于充分发挥自身形体固有之功能:"内笃敬而外肃容,人之本体也,静时践其形也。六艺习而百事当,性之良能也,动时践其形也。洁矩行而上下通,心之万物皆备也,同天下践其形也。"(《年谱》)这就是说,居处恭谨而严肃,为静时"践形";习行六艺而百事皆宜,为动时"践形";实行普世之道于天

---

① 韩文庆:《四书悟义》,中国文史出版社 2014 年版,第 476 页。
② 张荣缇:《阳明心学三部曲》,台湾白象文化出版社 2019 年版,第 441 页。

下,而与天地同流,乃是最高境界的"践形"。由此,在颜元看来,"践形"是人生最神圣的生活准则:"神圣之极,皆自践其形也"(《存学编》)。与颜元不同,戴震则从人生达情遂欲的角度强调"践形"的重要性与必要性。在他看来:"天下必无舍生养之道而得存者。凡事为皆有于欲,无欲则无为矣。有欲而后有为,有为而归于至当不可易之谓理。无欲无为,又焉有理?老庄释氏主于无欲无为,故不言理;圣人务在有欲有为之咸得理。是故君子亦无私而已矣,不贵无欲。"(《孟子字义疏证》)

自先秦以至近代,正是基于形神之辩中的这一"践形"说的基本立场,才形成了中国传统文化对人生不朽的独特看法。也就是说,在中国古代哲学那里,人生的不朽不是从神不灭或灵魂永存的角度探讨的,而是从"践形"这一实践理性角度阐释的。事实上,最早见于《春秋》的"三不朽"说,其强调的正是这样一个务实而理性的超越死亡的态度:"太上有立德,其次有立功,其次有立言:虽久不废,此之谓不朽。"(《左传·襄公二十四年》)

以中国古代哲人的理解,这"立德""立功""立言"之三不朽中,"德"指的是个人道德品格方面的价值,像屈原、岳飞、包公、文天祥一类的人,忠信精诚,品格高尚,使当时的人们即对其景仰敬爱,更使千百年后的人们崇敬怀念。这便是"立德"的不朽。"功"是指为国家社稷为黎民百姓建功立业,像秦王汉武唐宗宋祖,一代天骄成吉思汗,他们开辟新天地,统一大中华,为中华文明史谱写了新纪元,从而为子孙后代造福,功盖千秋。这是"立功"的不朽。"言"则是指言论、思想或著作,像老子的《道德经》,孔子的《论语》,孙武的《孙子兵法》;像《诗经》三百篇的许多无名诗人,像汉赋、唐诗、宋词、元曲、明清小说等千古名篇的作者;像司马迁的《史记》,班固的《汉书》,司马光的《资治通鉴》等。这是"立言"的不朽。可见,中国传统哲学的不朽说,不问人死后灵魂能否存在,只问他生前是否有或"立德"或"立功"或"立言",或兼而有之的奋斗,只问他开创的事业有没有永久存在的价值。可见,古代圣贤所谓的不朽,就是通过"践形"的创造活动给后人留下了物质或精神财富,从而被后人所景仰,所效仿,所纪念。而一个人生命的价值也就在这个"践形"的实践理性途径中得到了最后也是最高、最完美的体现。

众所周知,中西文化在形神之辩中形成了不同的哲学传统。相比于西方哲学形神二元对立下对具身(Embodiment)的轻视甚至打压,而一味注重灵魂修炼的做法不同①,中国传统哲学基于形神合一的立场,从而更重视有形有状之身体的后天"践形",并推崇在这个过程中历练心灵,从而真正实现对死亡的超越。这显然是形神、生死问题方面更具理性,也更彰显智慧的解决路径。

2. 在践形中实现"不朽"的人生

文化的重要功能之一在于以文化人、以文育人。我们探究中国古代哲学的"践形"说当然不是发思古之幽情,而是立足当今中国的现实以发掘这一理论的当代价值。就"践形"说在化人、育人方面的当代价值而论,它显然可以为中华民族伟大复兴这一伟业而努力奋斗的人生观提供来自传统文化的学理支撑和价值指引。

其一,在德性的"践形"方面,中国传统文化形成了崇尚仁义,在必要的时候不惜杀身成仁、舍生取义的君子之道。这一君子之道作为民族精神的最重要载体,可以为现代人的人格品性塑造提供丰富的精神营养。在中国古代思想史上孔子最早探讨了这一君子之道。春秋时期"君子"原是指西周宗法制度下的贵族,但孔子赋予了它道德的含义。孔子以德才兼备的标准划分出了君子与小人。在他看来,君子即是指那些品德高尚的人,不管他原来属于哪个社会阶层,只要恪守道义者就是君子。这也就是孔子"君子喻于义,小人喻于利"(《论语·里仁》)一语的本义之所在。由此,孔子说:"富与贵是人之所欲也,不以其道得之,不处也;贫与贱是人之所恶也,不以其道去之,不去也。"(《论语·里仁》)"不义而富且贵,于我如浮云。"(《论语·述而》)这就是说,君子不是不想要富贵,但不合道义而获得的那种富贵,君子把它看成浮云。这是君子必须死守的善道。重要的还在于,孔子认为这也是一个生命可以超越形体的具象而达到不朽之境界的最根本路径。

在孔子心目中,尧与舜的生命无疑是不朽的。而且,还是那种最高境界的不朽。《论语》里记载过孔子与弟子子贡如下一则对话:"子贡曰:'如有博施于民而能济众,何如?可谓仁乎?'子曰:'何事于仁,必也圣乎!尧舜其犹病诸?夫仁者,己欲立而立人,己欲达而达人。能近取譬,可谓仁之方也已。'"(《论语·雍也》)这段对话背后的意蕴非常值得发掘。子贡问孔子:假如有人做到了博施与济众,应该可以称得上您说的仁道境界了

① 杨儒宾:论孟子的践形观——以持志养气为中心展开的功夫论面向,《清华学报》(台湾)1990年第 6 期,第 67 页。

吧？孔子对子贡这个提问的答复很有意思。他说：你说的博施与济众这事，早就超越了仁者境界了，它已经是圣者的境界了。即便是古代有圣王之誉的尧与舜也会担心自己做不周全。可见，在孔子心目中"立德"也是区分为不同层次的。就"仁者，二人"所表达的境界还是利人利己，以人我之辩而论就是"我"与"他者"的人我两利。但圣者所呈现的境界就是"无私""无我"之意，以人我之辩而论就是"我"完全超越自私利己本性，完全赋予"他者"以最大化的伦理境遇。

而且，在孔子看来，君子在必要时为"践形"道义即使牺牲个人的生命也应在所不惜。用他的话来说就是："志士仁人，无求生以害仁，有杀身以成仁"（《论语·卫灵公》）。孟子直接继承了孔子的这一思想，提出了"舍生取义"的主张。孟子将孔子的"仁"理解为内心的德性，把"义"理解为依据"仁"而采取的外在行动："人皆有所不忍，达之于其所忍，仁也；人皆有所不为，达之于其所为，义也"（《孟子·尽心下》）。在孟子看来，这一由内心的"仁"达成外在的"义"的过程正是"践形"。正如有学者指出的那样，孟子"践形"说的意义在于其最终找到了内在德性与外在行为完美统一之君子人格的实现路径。[①] 在对"义"的践形方面，孟子曾有这样一段被广为传诵的名言："鱼，我所欲也，熊掌亦我所欲也；二者不可得兼，舍鱼而取熊掌者也。生，亦我所欲也，义，亦我所欲也；二者不可得兼，舍生而取义者也。"（《孟子·告子上》）

显然，这一"杀身成仁""舍生取义"的思想直接孕育了中国历史上志士仁人那种"可杀而不可辱"的崇高精神。这一崇高精神包括坚守操行、高风亮节、视死如归、不惜以生命来维护道德尊严等内容。我们所熟知的岳飞、文天祥、史可法等历史人物正是这种"杀身成仁""舍生取义"的生动典范。尤其是从文天祥的《正气歌》里，我们更是可以深切地感受到一个坚贞不屈的灵魂是如何因道义的"践形"而使生命拥有一股浩然正气的。这一浩然正气穿越时空，历久弥新，至今弥漫在中华优秀儿女的心中。也就是说，中华传统文化中所推崇的这种"杀身成仁""舍生取义"的浩然正气对中华民族产生了亘古及今的精神感召作用。尤其是在外敌入侵、民族危亡之际，总有无数的志士仁人挺身而出，以自己的生命和鲜血，谱写了一曲曲"惊天地，泣鬼神"的"正气歌"，它构成

---

① 陈志伟：孟子的"践形"观与仁义之道视域下的道德正当性，《宝鸡文理学院学报（哲学社会科学版）》2015年第8期，第76页。

中华民族最宝贵的精神财富。在实现中华民族伟大复兴的当下中国,这一"居仁由义"(《孟子·尽心上》)君子之道显然值得发掘并弘扬光大。在功利主义盛行,财富的诱惑无处不在的当今世界,它可以为我们的现实人生构建起以德为本的人生格局,为我们的人格品性中培育起守持道义的定力,为我们的身心发展提供仁心义举的清晰价值指引。

> 值得称道的是,作为中华优秀传统文化的忠实传承者与弘扬者,中国共产党对古代伦理文化推崇的不朽观不仅激活而且予以了创新,即赋予了"立德"以全新的内涵,即为人民利益而不懈奋斗与无私奉献,甚至必要时勇于自我牺牲。早在延安时期毛泽东为纪念张思德而作的《为人民服务》演讲中,就曾明确提出了这一共产党人的生死观:"人总是要死的,但死的意义有不同……为人民利益而死,就比泰山还重。"[①]新中国成立之后,中国共产党无论是在广大人民群众中倡导向雷锋同志学习,还是在党内提出做焦裕禄式的好干部,其核心精神都是对古老的德性不朽之生命观的积极肯定。

其二,在功名的"践形"方面,中国传统文化从来推崇大丈夫生当有所作为的积极人生态度。这一传统可以为当代中国人的创业人生、奋斗人生提供来自思想史的滋养。以功名立身可谓儒家积极入世之人生哲学的基本立场。孔子就曾说过:"君子疾没世而名不称焉"(《语论·卫灵公》)。孟子讲"不淫""不移""不屈"(《孟子·滕文公下》)的大丈夫人格也是以为国为民而立下功名为衡量的。遗憾的是,正如冯契先生指出的那样,宋明理学因误读道佛两家的虚静、空观思想,专注于返身向内求天理向外灭人欲,使这一人生哲学传统走向了"无中生有"的变异。[②] 但是,从明末清初开始,启蒙思想家们对宋明理学空谈性理,把哲学变成一味地封闭在内心世界里做功的心性之学,提出了尖锐的批评。这一批评的一个重要武器就是他们在发掘先秦儒家积极入世的"践形"传统时提出了"经世致用"的思想主张。作为明清之际思想界的一种主导意识,经世致用强调的是寻求治国安邦、济世惠民的实践途径。正是因为有了明清学者的倡导和践行,"经世致用"一词一时间成为明清知识界的流行语。在

① 《毛泽东选集》(第 3 卷),人民出版社 1991 年版,第 1004 页。

② 冯契:《中国古代哲学的逻辑发展》(下),《冯契文集》(增订版)(第六卷),华东师范大学出版社 2016 年版,第 194 页。

明清学者看来，一个人的治理天下之才必须在具体的治国安邦"践形"过程中才能真正地发挥出作用。

正是由此，这一时期的诸多哲人一方面回望传统，对先秦哲学中的"践形"说予以发掘并主张将其弘扬光大，另一方面则纷纷身体力行。比如，顾炎武就对自己提出了"博学于文，行己有耻"的为学主张，认为做学问要"博学"，还要"知耻"，应耻于做八股，耻于空谈性命（《与友人论学书》）。颜元也明确提出"学"与"习"两者务必统一的思想（《朱子语类评》）来勉励自己。王夫之认为朱熹把圣人之道解读为"至虚至静，鉴空衡平，此语大有病在"，为此他主张"欲修其身者为吾身之言、行、动、立主宰之学"（《读四书大全说·大学》）。事实上，明清思想家倡导并身体力行的经世致用学风，一方面由于致力于实践创新，注重调查研究，提出了解决当时社会问题的各种方案，另一方面也开创了"生当作人杰，死亦为鬼雄"的新人生观，大大提升了明清士人的人生格局。这一切大大地改变了宋明以来思想界空谈心性的腐儒风气，其积极影响一直持续至今。中国共产党人倡导的理论联系实际的学风和推崇求真务实、真抓实干的工作作风可以说是对这一优秀传统的直接继承和弘扬光大。就当今中国而论，这一经世致用、践形功名的为学之道显然为置身新时代、新使命、新征程中的每一个中国人的创业人生、奋斗人生提供着来自传统文化的不竭动力和丰厚的精神滋养。它让我们明白坐而论道不如起而"践形"，坐享他人的成果不如自己奋斗的人生真理。

其三，在精神的"践形"方面，中国文化形成了悠久的"君子谋道不谋食"（《论语·卫灵公》）、安贫乐道的幸福观。这一幸福观也为极易在物质欲望中迷失的当代中国人可以积极借鉴和合理汲取的。在中国古代哲人看来，做人的根本就是对天道与人道之基本规律进行把握，一旦能把握了"道"，那么人生的快乐也就在其中了。传统文化中的这一安贫乐道观同样是由孔子最早提出的。孔子曾教导他的弟子："君子食无求饱，居无求安"（《论语·学而》）"君子忧道不忧贫"（《论语·卫灵公》）"发愤忘食，乐以忘忧"（《论语·学而》）。可见，在孔子看来，人生最重要的不是追求富贵而是悟道和行道，一旦做到了这一点，那么，一个人无论处于什么样的境遇，都不会怨天尤人，而是能够非常快乐地生活。事实上，孔子自己的一生就是安贫乐道的一生。他以"仁道"去游说诸侯列国，虽然得不到赏识和重用，但他却执着如故，始终不忘初心。从《论语》的记载看，每当跟随他的弟子不免有些怨言时，孔子总会耐心地以安贫乐道之理给予谆谆教诲，从而重新激发起弟子们的信心。孔子所推崇的这一安贫乐道的生活方式,在他的著名弟子颜回那里也得到了生动的体现。正是由此,后人用"孔颜乐处"来概括孔子、颜回的这种安贫乐道的生活方式。

对孔子安贫乐道的幸福观,史籍里曾有这样一则很具体的记载:"子路问于孔子曰:'君子亦有忧乎?'子曰:'无也。君子之修行也,其未得之,则乐其意;既得之,又乐其治。是以有终身之乐,无一日之忧。小人则不然,其未得也,患弗得之;既得之,又恐失之。是以有终身之忧,无一日之乐也。'"(《孔子家语》)这里记载的是孔子与弟子子路的对话。子路问孔子说:"君子也有忧愁吗?"孔子说:"没有忧愁。君子在修身实践中,当他做事还没有获得成功时,他会为自己有做事的意念而高兴;当他获得成功的时候,他又会为自己能有所作为而高兴。由此,君子一生都很快乐,而没有一天是忧虑的。小人则不是这样,当他有想获得的东西而还没有得到的时候,他怕得不到而不快乐;得到了,又怕失去而不快乐。由此,他一生都因患得患失而充满忧愁,故没有一天是快乐的。

正是由此,"寻孔颜乐处",即过一种安贫乐道的生活,便成为中国历代志士仁人的精神追求。宋代的周敦颐就曾论证过安贫乐道对人生的重要性。他认为,富贵是人之所爱,颜回却不爱不求,这是因为在颜回看来,对道的认知和遵循比富贵更有价值。一个人不仅在内心悟了道,而且在行动中又能积极地践行道,即便没有富贵,其人生也不会感到有缺憾。可见,"乐道"是对精神生活的一种追求,而非物质欲望的满足。它与时下颇为流行的追求豪车大宅、华服佳肴的消费主义、享乐主义人生观完全不同。显然,这种幸福观对当代中国人的现实人生也有着积极的价值指引和智慧启迪作用。

三、古代生死之辩传统内蕴的现代价值发掘

在生死之辩问题上,尤其是如何超越死亡的问题上,一旦摒弃所谓的灵魂不灭或轮回之类的神秘主义结论,回归科学与理性的立场,那么我们就会看到以立德、立功、立言来实现"不朽"是超越死亡的最真实路径。而要做到这一点就人我之辩而言,就需要"我"具备一种为"他者"的献身精神。重要的还在于,以马克思历史唯物主义的语境来看,这其实既是"我"对人的社会本质的真正占有,也是对"我"之生命价值的最终实现。在这一点上,我们可以无比清晰地看到马克思主义基本原理与中华优秀传统文化相契合的又一例证。

1. 为"他者"而献身是超越生死的精神底色

既然在生死之辩中古代哲学奠定了"未知生，焉知死！"（《论语·先进》）的"乐生"传统，那么，作为对"何为乐生"的一种追问，我们常常要扪心自问：在"我"的生命中什么最美好？也许有人会说：金钱最美好，"著叶满枝翠羽盖，开花无数黄金钱。"（杜甫：《秋雨叹三首》）因为金钱几乎能给人带来所要的一切。但正因为它能带来一切，故它在带来幸福的同时，也能带来苦难和不幸。在我们的现实生活中，一些腰缠万贯的暴发户，钱多得令人咋舌，但钱给他们带来的并不一定是幸福，恰恰相反有时它带给人的是纷争、算计、苦闷和无聊。而为了摆脱这种感觉，他们不得不去寻求诸多稀奇古怪的刺激。他们中的一些人甚至为此曾自嘲道：自己是除了钱以外一无所有的穷人。也许，有人会说爱情最美好。爱情里那种"在天愿作比翼鸟，在地愿为连理枝"（白居易：《长恨歌》）的挚爱之情，确实是激动人心的。古往今来使人感动甚至使人震撼的文学艺术作品，几乎都是爱情的颂歌就是一例明证。但爱情离不开社会，社会也制约着爱情。我们总可以发现支持我们生命的还有比爱情更高的东西，比如对家庭、对社会、对国家以及对整个人类命运的责任。也许，有人会说青春是美好的。"青春须早为，岂能长少年。"（孟郊：《劝学》）青春的生命给了我们机会，让我们去爱，去工作，去生活，去仰望天上的星星，去俯视江海中的游鱼，去窥视林中的飞鸟。但一个人的青春生命，只有在为"他者"及诸多"他者"集合而成的家、国、天下而不懈奋斗才不至于虚度年华。

可见，当古代哲人说"人之生不能无群"（《荀子·富国》）时，这即是对人的社会性存在的朴实揭示。它与马克思说的"人的本质并不是单个人所固有的抽象物，在其现实性上，它是一切社会关系的总和"①表达的是相同的意思。正因为每一个"我"的这一社会本质，就决定了"乐生"不可能是利己主义的攫取与个人主义的安逸。就人我之辩而论，"乐生"之"我"注定要将最美好的东西理解为一种献身精神。这是一种超越自我的个体存在而为别人、为社会，甚至是为整个人类的利益而存在的精神。现代作家原野的《人生》一诗曾以优美的文字赞美了这种献身精神："人生，从自己的哭声中开始，在别人的眼泪里结束。这中间的时光，就叫做幸福。人活着，当哭则哭，声音不悲不苦，为国为民啼出血路。人死了，让别人洒下诚实的泪，数一数，那是人生价值的珍珠。"

---

① 《马克思恩格斯选集》（第 1 卷），中共中央马克思恩格斯列宁斯大林著作编译局译，人民出版社 1974 年版，第 18 页。

纵观一部中华文明史,我们甚至可以断言:没有献身的时代,是可悲的时代;没有献身的历史,不是真正的历史。事实上,中华民族的历史正是由许许多多献身者创造的历史。正是由此,中华文明的故事里才有大禹治水"三过其门而不入"(《孟子·离娄下》)的忘我精神,才有"周公吐哺,天下归心"(曹操:《短歌行》)的美名至今传颂,才有屈原"路漫漫其修远兮吾将上下而求索"(《离骚》)的执着,才有孔子为改变"德之不修,学之不讲,闻义不能徙,不善不能改,是吾忧也"(《论语·述而》)而历尽艰辛的周游列国;在霍去病那里才有"匈奴不灭,无以家为也"(《汉书·霍去病传》)的无私无畏,在苏武那里才有"杖汉节牧羊,卧起操持,节旄尽落"(《汉书·苏武传》)的不屈不挠,在岳飞那里才有"三十功名尘与土,八千里路云和月"(《满江红》)的征战,在陆游那里才有"一身报国有万死"(《夜泊水村》)的豪迈;在文天祥那里,才有"人生自古谁无死,留取丹心照汗青"(《过零丁洋》)的高歌;在于谦那里才有"粉骨碎身浑不怕,要留清白在人间"(《咏石灰》)的忠烈,在戚继光那里才有"封侯非我意,但愿海波平"(《韬钤深处》)的坦荡,在郑成功那里才有"丰功岂在尊明朔,确保台湾入版图"(张学良:《谒郑成功祠》)的伟业,在秋瑾那里,才有"拼将十万头颅血,须把乾坤力挽回"(《黄海舟中日人索句并见日俄战争地图》)的壮烈,在鲁迅那里才有赴日东渡时写下的"寄意寒星荃不察,我以我血荐轩辕"(《自题小像》)的吟唱。我们民族的历史永远铭记这些献身者。

有一种献身精神尤其值得肯定,因为它"貌似悲剧,实则内蕴悲壮之美"[①]。汤用彤先生就曾专门论及"志士事败,声誉瓦裂"却无怨无悔的志士仁人:"天下之最可伤心者,莫若志士事败,声誉瓦裂。古来之伤心人若屈平、若贾谊,怀才不遇若史可法,国亡身殉,若宗泽、若岳飞,抱恨以殁,即如老子之弃世束隐,夷齐之饿首阳,孔子之七十见而不用,然皆名与日月争光,于古不磨。虽其不得志于当时,而其精诚流传万古,不足为之悲也。"[②]从人我之辩而论,这是"小我"为"大我"(即众多他者集合而成的家、国、天下)的献身;从义利之辩而论,这是"我"超越功利主义算计为"他者"即众多"他者"之集合体的献身;从身心、生死之辩而论,这是"我"之身因心中的家国情怀之精诚而超越死亡,走向永恒的献身。

①　张应杭:《审美的自我》,山东人民出版社 2007 年版,第 344 页。

②　汤用彤:《理学·佛学·玄学》,北京大学出版社 1991 年版,第 50 页。

重要的还在于,就人我之辩而论不懂得战胜自私、不推崇献身精神的自我中心主义者的人生注定是不被认同的。因为自我中心主义者把"我"与"他者"及其集合而成的社会相割裂,并千方百计凌驾于他人、社会之上,它的人生逻辑是把自我置于世界的中心,一切都以我之私利的最大化来评判。"我"的得失成为其人生一切行动的标尺。由此,在现实社会生活中,自我中心主义者一方面是一事当前,总是先替自己打算,他人和社会利益却被置之一边。另一方面甚至不惜牺牲他人和社会的利益来满足自己的一己私欲。与此同时,自我中心主义者从不关心他人之疾苦。当别人处于困难的时候,不愿伸出援助之手;当国家利益受到侵害需要挺身而出时,这些人更是退避三舍。他们缺乏博爱之心,也少有社会责任感。此外,自我中心主义往往还只见自己的长处,不见自己的短处,夸大自己的优点,缩小自己的缺点,以为万事只有自己行,别人都不行。因此他们常常好高骛远,目中无人,其自我人生最终只落得个形影相吊的悲惨结局。以孔子的话说这类人即是斤斤计较的"斗筲之人"(《论语·子路》)。可见,我们必须厘清人我之辩中的自我中心主义迷误。列宁曾经这样揭露过这种人生观:"在唯我论者看来,'成功'是我在实践中所需要的一切。"[1]这种成功之所以被列宁加了引号,正是因为它是不可能实现的,事实上它只是一种一厢情愿式的狂妄。

当然,这并不意味着我们否定诸如个人奋斗那样的献身精神。应当承认,近代西方随着市场经济体制的确立与自我主体意识的觉醒,英美国家的文化中倡导的这样一种为"我"的功名利禄而献身,比之于那些不劳而获的吸血者和懒惰者而言要合理得多。但作为社会进步对其先进分子的德性要求,这样一种献身未免显得低俗。事实上,倘若我们通宵达旦地工作,夜以继日地发奋,无非是为了满足自己个人的私欲,那么,这种献身必然是非常可怜的。马克思在青年时代就说过:如果"只为自己劳动,他也许能够成为著名学者、大哲学家、卓越诗人,然而他永远不能成为完美无疵的伟人。"[2]事实上,为自己的利益而献身,不管多么坚韧,多么悲壮,总是很难赢得人们的景仰和钦佩的。我们知道,美国著名作家杰克·伦敦曾在文学史上留下了许多不朽的作品。但是当他公开声称自己写作的目的是钱时,他也就开始走上了不幸的歧途。

---

① 《列宁选集》(第2卷),中共中央马克思恩格斯列宁斯大林著作编译局译,人民出版社1960年版,第139页。

② 《马克思恩格斯全集》(第40卷),中共中央马克思恩格斯列宁斯大林著作编译局译,人民出版社1982年版,第7页。

他成名后,钱太多了,因此过着豪华奢侈的生活。他不仅在加利福尼亚建了大别墅,而且在大西洋海滨购置了豪华游艇。但为了维持这种生活,他又需要更多的钱。于是,他粗制滥造地写了一些完全背离自己信念的拙劣之作。1916年 11 月 22 日,绝望的他终于以自杀的方式在他的大别墅里结束了他年仅 40岁的生命。

可见,真正有价值的献身必然是为"他者"和社会而做出的,只有这样的献身,才具有真善美的意义,才能具有震撼灵魂的道德与审美感染力。重要的还在于,具备强大道德与审美感染力的献身并非只有轰轰烈烈的形式,有时它更多地寓于平凡之中。比如,当两位自己生活都显得拮据的老人含辛茹苦地养育着举目无亲的许多孤儿的时候,几十年里虽无人过问,但当这些得到庇护与爱的孤儿终于得以身心健康地走向社会时,老人家的付出便已然得到了最好的回报。又比如,一个农家妇女将一个素昧平生的流浪儿,从小学培养到大学,其动机就因为这个小孩对学习有强烈的欲求。这样的献身的确太平凡不过,但这位学有所成的流浪儿大概率地会成为这种爱的传承者。这就是爱的奉献与回报。这种平凡的献身,正如作家们所颂扬的那样:"它也许只是脸盆里的一个肥皂泡,但它却有洗净污垢的功效;它也许只是一滴圣水,但洒在婴儿身上,可以祝福他的未来;它也许只是花蕊上的一滴露水,被花的小口吸去以后,这花便给一个可爱的姑娘采了去,做了香水,洒在身上,这水就成了她的爱人追求她的力量。"①可见,即使只是一滴水也不能小看了它的献身精神。它简直就是人生意义的象征,闪耀着迷人而美丽的光彩。每一个"我"如果都能够领悟这一道理,那么即使在最平凡的岗位,或最不起眼的角落里,依然可以为"他者"而献身,并因此而变得不再平凡。

2021 年 6 月 26 日,武汉华中农业大学毕业典礼在狮子山广场举行。作为校训的"勤读力耕、立己达人"八个大字分外醒目。同样醒目的还有,这次毕业典礼特邀了来自学校食堂的服务员李倩作为嘉宾上台与莘莘学子话别。她深情地告诉同学们:"在你们校园生活的背后,还有许多像我一样的人,有我的同事、有医生护士、有图书管理员、有保安叔叔,也许你们不知道他们的名字,但他们却为你们能够安心学习默默保驾护航。你们今天的成长也有他们的奉献……"朴实而深情的语言,感动了无数台下

---

① 转引自张应杭:《人生美学》,浙江大学出版社 2004 年版,第 216-217 页。

的同学。也许此时此刻,同学们才意识到每天这些起得最早,或睡得最晚的后勤员工,真的是校园里一批最平凡、最不起眼,但却是同学们四年大学生涯里最离不开的"他者"。那一刻,同学们回报的热烈掌声与不时出现的欢呼声,再次印证了平凡岗位上的献身同样可以显得不平凡。

事实上,每一个平凡"我"的每时每刻其实都有将献身精神呈现为行动的机会。也就是说,在人我之辩的抉择中"我"对"他者"境遇的改善总是会有许多献身的机会在等待与考验着我们。如果我们要使自己的人格充满使别人为之动容的美,那么,我们就必须随时具有或崇高或优雅,或壮怀激烈或云淡风轻的献身精神。因为正是这一精神使我们的人格由平凡走向伟岸,使我们有时限的生命变得永恒与不朽。

2. 以献身精神助力中国式现代化伟业的实现

当前和今后一个时期是以中国式现代化全面推进强国建设、民族复兴伟业的关键时期。面对纷繁复杂的国际国内形势,面对新一轮科技革命和产业变革,尤其是面对着深化改革所必然遭遇到的各种难题与困境,它需要全民族在精神文化层面守正创新、凝心聚力、奋发进取,从而为实现这一伟业提供相匹配的道德情操与精神气质。其中源自优秀传统文化的献身精神的激活与涵养无疑显得特别的重要。

就人我之辩而论,献身精神的实质是"我"对"他者"的一种自觉自愿的付出与奉献。这个"他者"可以是单个的他人,可以是诸多他人构成的家、集体或国家、民族乃至全人类。它可以被理解为"我"对"他者"伦理境遇的最高层次的赋予。就具体的献身形式而论主要可分为立德、立功、立言三个向度。

比如,立德层面的献身。中华传统文化自先秦以来便形成了以德配天、立德树人的悠久传统。正是在这一传统的熏陶与引领下,中华民族在历史上涌现了浩若星辰的献身者。被孔子一再赞美其德行的周公就是这样一位立德层面的献身者。如果了解周朝的历史,我们就会知道正是周公提出了著名的"以德配天""敬德保民"理念。正如有学者提及的那样,周公的这一思想固然建立在神秘的天命论色彩之上,即所谓的"皇天无亲,惟德是辅"(《左传·僖公五年》)。但周公以商纣王亡国为前车之鉴,在古代治国理政的实践中第一次建立起一套比较完整的德治体系。它明确告知统治者如果德不配位,那就会被更有德性与德行者取而代之。① 重要的还在于,周公自己还率先垂范。《史记》记载:"周公戒伯禽曰:'我文王之子,武王之弟,成王之叔父,我于天下亦不贱矣。然我一沐三捉发,一饭三吐哺,起以待士,犹恐失天下之贤人。子之鲁,慎无以国骄人。'"(《史记·鲁周公世家》)这段文字记载的是这样一件事:周公命儿子伯禽代替自己去封地鲁国理政,虽然伯禽是一个很稳重的人,但他还是不太放心。在伯禽临行前,周公语重心长地对伯禽说:"伯禽,虽然我是文王的儿子、武王的弟弟、年幼成王的叔叔,在全天下人中我的地位也不算低了,但我仍然不敢因为这个原因而骄傲。听说有贤者来访,即使我正在洗头发也会几次三番把头发握在手中赶紧接待他;即使我正在吃饭也会多次吐出正在咀嚼的食物,去接待来访者。但即使我这样做,我都担心失掉天下的贤良志士。故你到了鲁国,千万要做到处事谨慎,礼贤下士。"这就是"周公吐哺,天下归心"典故的由来。

孔子对周公的赞美在《论语》里有多处,而最情真意切的一则记载是:"甚矣吾衰也! 久矣吾不复梦见周公!"(《论语·述而》)朱熹对这句话的解读是:"孔子盛时,志欲行周公之道,故梦寐之间,如或见之。至其老而不能行也,则无复是心,而亦无复是梦矣,故因此而自叹其衰之甚也。"(《四书集注·论语集注》)从朱熹的解读中让我们感受到孔子对周公的极度推崇。孔子之所以如此推崇周公,其根本的缘由正在于"周公堪称是一位以自己全身心的投入成就'道德完人'的圣人"②。事实上,周公留给后世的各种传说与典故,无一不是将其作为立德之楷模的。

由于深受儒家德治传统的影响,在中国古代不仅是居上位者要"先天下之忧而忧,后天下之乐而乐"(《岳阳楼记》)成为立德层面的献身者,就是普通的黎民百姓也往往是因为这而青史留名的。据《左传·僖公三十三年》记载:公元前 628 年,秦穆公决定偷袭郑国。大将孟明视受命带领 400 辆兵车途经滑国时,遇见了郑国一个叫弦高的商人。弦高正赶了十二头牛要到别国去贩卖,结果在滑国遭遇了远程奔袭的秦军。急中生智的弦高不慌不忙地赶着这十二头牛来到秦军安营扎寨之地。在见到孟明视时不卑不亢地说:"我们国君听说您长途行军经过敝邑,谨委派我带着这些牛来犒赏您及随从。"秦军见此情景,误以为郑国已经有了准备,被迫放弃了偷袭计划。于是,一个商人的义举使郑

---

① 江万秀等:《中国德育思想史》,湖南教育出版社 1992 年版,第 35-37 页。
② 韩文庆:《四书悟义》,中国文史出版社 2014 年版,第 236 页。

国避免了亡国之祸。更值得推崇的是,郑穆公想要奖赏弦高救国的行为,弦高却婉言谢绝道:"作为郑国的商人,忠于国家是理所当然的事,如果因此受到奖赏,岂不是把我当作外人了吗?"众人听闻,感动不已。

依据"太上有立德"(《左传·襄公二十四年》)的说法,立德层面的献身显然是儒家最推崇的献身方式。重要的还在于,相比于立功、立言而论,这一立德是每一个普通人都可做到的,这就如孟子比喻的那样"为长者折枝,语人曰'我不能',是不为也,非不能也。"(《孟子·梁惠王上》)可见,就人我之辩而言,"我"为作为"他者"的老人家折根树枝充做拐杖,不是不能而是不为。之所以不为正是因为缺乏对"他者"的仁爱之德。而孟子毕生的努力就是要以性善论为依据,让尽可能多的人涵养起"居仁由义"(《孟子·尽心上》)的德性与德行。

作为中华优秀传统文化继承者、弘扬者与创新者的中国共产党在自己的精神谱系里显然激活了这一立德层面的献身精神。比如,2021 年 9 月党中央批准了中宣部梳理的第一批纳入中国共产党人精神谱系的雷锋精神就是这一立德层面的典型。① 雷锋关于"立德"最著名的一句话就是:"活着就是为了使别人生活得更美好。"雷锋还非常形象地在日记里比喻说:"一滴水只有融进大海才不会干涸,一个人只有把有限的生命投入到无限的为人民服务之中去才能充分体现自身价值。"②这位生命定格在 22 岁便因公殉职的普通战士,因立德层面那些感人至深的献身精神,却使自我生命走向了永恒。就人我之辩而言,雷锋立德精神与事迹的核心就是以"我"之所能全心全意为人民服务。事实上,全心全意为人民服务的德性与德行是雷锋精神的实质,也是雷锋精神能够保持旺盛生命力和持久活力的源泉。

雷锋精神也在走向海外。其在海外的传播不仅是对雷锋相关作品的译介,还有对雷锋精神的解读,以便让国外学者和公众对雷锋精神有更深入的理解。英文版《告诉你一个真实的雷锋》便是解读雷锋精神的重要书籍之一。它从孤童雷锋、阳光雷锋、善行雷锋、哲思雷锋、百姓雷锋、世界雷锋、永远雷锋等多个角度,介绍了雷锋的可爱和极富感染力的鲜活形象。该书曾在英国规模第二大的会所——全国自由俱乐部进行过"告诉你一个真实雷锋,告诉你一个人间奇迹"的主题报告。此外,海外国家也

---

① 中国共产党人精神谱系第一批伟大精神正式发布,《人民日报》2021 年 09 月 30 日,第 1 版
② 《雷锋日记》,解放军文艺出版社 1963 年版,第 77 页。

主动介绍和研究雷锋精神。比如,美国的"学习雷锋研究会",专门学习和研究雷锋的优秀事迹,鼓励人们为社会做好事。又比如,泰国政府曾印发了《雷锋》小册子,号召国民学习"雷锋精神"。①

又比如,立功层面的献身。与立德层面的献身不同,立功更注重从建功立业的层面奉献自我的聪明才智。就志功之辩②而言,很多学者有一个倾向性的观点认为以儒家为道统的传统哲学具有尚志反功的立场。其实,这是一个流行的误解。孔子就很重视立"功":"桓公九合诸侯,不以兵车,管仲之力也。如其仁,如其仁。"(《论语·宪问》)事实上,孔子对管仲的诸多正面评价基本源于其立功而非立德。当然,孔子有时候则强调"志":"微子去之,箕子为之奴,比干谏而死。孔子曰:殷有三仁焉。"(《论语·微子》)殷商时期的这几位面对纣王的暴政,微子选择离开,箕子留下来力图劝喻,比干则因谏言而惨遭挖心之刑,三人功异但志同,故孔子均称其为仁者。孟子也基本承袭了孔子的这一志功并举的立场。故孟子虽主张"尚志"(《孟子·尽心章句上》),但他也承认"功"的作用。比如,与孔子一样,孟子也曾盛称管仲之"功":"当今之时,万乘之国行仁政,民之悦之,犹解倒悬也。故事半古之人,功必倍之,惟此时为然。"(《孟子·公孙丑上》)

遗憾的是,宋明理学在志功之辩问题上没有传承好孔孟的相关思想,出现了尚志反功的偏颇。比如,朱熹对汉高祖和唐太宗的否定性评价就主要是从"志"上寻找依据的:"视汉高祖唐太宗之所为而察心,果出于义耶? 出于利耶?……吾恐其无一念之不出于人欲也。"(《答陈同甫》)为此,陈亮针锋相对地从"功"上肯定了汉高祖和唐太宗:"汉唐之君本领非不洪大开廓,故能以其国与天地并立,而人物赖以生息。"(《答朱元晦》)从朱熹与陈亮的"重志"与"重功"之争中,可以看出两人在志功问题上是各有偏重的。显然,相比于孔孟强调的志功并重的思想,宋明理学家们的观点可以说是一种理论倒退。推崇事功之学,这也是陈亮批评朱熹的一个主要缘由。

事实上,从立功层面上梳理中国历史上那些令人叹为观止的献身精神,对我们今天探讨生命的终极意义问题同样有着重要的智慧启迪。就以朱熹与陈亮论及的汉高祖刘邦来说,他对中华文明的发展可谓功莫大焉。众所周知,春

①　张秀丽等:雷锋精神的海外译介与传播路径,《中国社会科学报》2023 年 4 月 24 日,第 5 版。
②　志功之辩涉及的是动机与效果的关系问题,其所要探讨的核心问题是行为的评价标准问题。具体地说就是,是以"志"还是"功",抑或"志功合一"去评价一个行为的善恶问题。

秋时期周天子权威衰落，各诸侯国强势崛起，天下礼崩乐坏。从春秋至战国，各地百姓更认同的是诸侯国的身份，"秦人""楚人""魏人""齐人"等身份语流行。如果这样的格局流传下来，中国可能就与如今的欧洲一样，变成诸国林立，各说不同语言，各有不同的民族身份认同。秦始皇统一六国后，不仅强行将六国百姓变成"秦人"，而且在六国推行秦国酷律，让百姓非常反感甚至愤怒。当初刘邦在秦都咸阳服徭役时见到秦始皇出游，曾经有"嗟乎，大丈夫当如此矣"（《史记·高祖本纪》）的感慨。但刘邦终究比秦始皇高明。比如，刘邦虽是楚人，但在国号上巧妙地避开了"楚人"对其余六国百姓的不适与反感，最终选择了封地"汉"字为国号。于是，自刘邦开始经过数代人努力，汉朝不仅消除六国隔阂，最终将中原、江南、岭南、辽东、西北等诸多民族统一在了"汉"的旗帜下，从此他们都成了"汉人"，而且还使中国字称为"汉字"，中国话称为"汉语"，中国服饰称为"汉服"，历经两千多年传承至今不变。

著名的英国历史学家汤恩比曾评价刘邦说："人类历史上最有远见、对后世影响最大的两位政治人物，一位是开创罗马帝国的恺撒，另一位便是创建大汉文明的汉太祖刘邦。恺撒未能目睹罗马帝国的建立以及文明的兴起，便不幸遇刺身亡，而刘邦却亲手缔造了一个昌盛的时期，并以其极富远见的领导才能，为人类历史开创了新纪元！"[①]正是这一丰功伟绩使平民出身的刘邦名垂青史，使自己有时限的生命变成了不朽的传说。

置身以中国式现代化谋求中华民族伟大复兴的现时代，激活、弘扬与创新传统文化在立功层面的献身精神，无疑特别有现实针对性。既然历史与现实昭示我们，中国式现代化是实现中华民族伟大复兴的必由之路，团结奋斗是中国人民创造历史伟业的必由之路，那么我们就必须清晰地意识到一个民族的伟大复兴一定需要这个民族产生一大批能够做出丰功伟绩的伟大人物。而与此同时，"天下兴亡匹夫有责"（顾炎武：《日知录·正始》）。因为伟大人物能够建立伟大的功勋，需要无数平凡却心怀梦想且脚踏实地，敢想敢为且善作善成，敢担当、能吃苦、肯奋斗的时代新人参与其中。

还比如，立言层面的献身。这在中国古代是士人超越"我"之生命有限性而实现不朽的最主要路径。事实上，我们今天之所以可以见到如此卷帙浩繁的文献资料，不仅在数量上任何一个民族都无法与之相提并论，而且对世界文

---

① 汤因比、池田大作：《展望二十一世纪——汤因比与池田大作对话录》，荀春生等译，国际文化出版公司 1999 年版，第 276 页。

明与文化的进步所产生的影响力也是其他民族那里极为罕见的。这正是历代先哲们"铁肩担道义,妙手著文章"的自觉献身精神所创造的。

就立言层面的献身精神而论,西汉的司马谈、司马迁父子及他们所著的《史记》堪称典范。司马氏父子是陕西韩城龙门人。司马谈本为汉太史,专治天文,熟悉史事,通晓先秦诸子之学,其所掌握的史料也很丰富。司马迁在其父亲的影响下也酷爱文史。他曾如此自述道:"迁生龙门,耕牧河、山之阳,年十岁则诵古文,二十而南游江、淮,上会稽,探禹穴,窥九疑,浮于沅、湘,北涉汶、泗,讲业齐、鲁之都,观孔子之遗风,乡射邹、峄,厄困鄱、薛、彭城,过梁、楚以归。"(《史记·太史公自序》)可见,司马迁不仅是一位学有渊源之人,而且是一位信奉"读万卷书,行万里路"的有识之士。然而,司马迁因替友人李陵辩冤得罪朝廷下蚕室受了宫刑。从此,司马迁不得再厕于士大夫之列。恰是在这样艰难困苦的境遇下,司马迁完成了中国古代史学的丰碑之作——《史记》。

据史书记载,司马迁之父司马谈因病无法完成编纂一部通史的夙愿时,他希望儿子务必继承其志。司马谈用以激励儿子的理由之一就是以史为鉴、为苍生立言乃史官之天职。他这样交代儿子司马迁:"幽厉之后,王道缺,礼乐衰。孔子修旧起废,论诗书,作春秋,则学者至今则之。"(《命子迁》)这段话的意思是说,周幽王、厉王以后,王道衰败,礼乐衰颓。幸亏有孔子研究整理旧有的典籍,修复、振兴被废弃、破坏的礼乐,论述《诗经》《书经》,写作《春秋》,从而使学者至今都可从孔子的立言中寻找到行为的准则。父亲这一励志"立言"的临终嘱托,再加上立志改变"王道缺,礼乐衰"的使命意识,成为了司马迁忍辱负重,以十五年的时间完成了《史记》这一鸿篇巨制的强大动力。

《史记》作为我国第一部纪传体通史,其记事起于传说中的黄帝,迄于汉武帝太初年间,上下共 3000 年左右。全书共 130 卷,计"本纪"十二卷自《五帝本纪》至《孝武本纪》,都是编年纪事;"表"十卷,自《三代世表》至《汉兴以来将相名臣年表》,一类是大事年表,一类是人物年表;"书"八卷计《礼书》《乐书》《律书》《历书》《天官书》《封禅书》《河渠书》《平书》等,系统地记述了政治、经济、天文、地理等方面的制度或重大事件;"世家"三十卷,自《吴太伯世家》至《三王世家》,基本上是以世为经纬加以叙述;"列传"七十卷从《伯夷列传》至《太史公自序》,在记载人物传记的同时,也记载了一些我国边疆各少数民族和一些邻近国家的历史。从《史记》的体裁来看,其中有编年史,有世代史,有专门史,有史表,有个人传记,古今历史体裁,几乎可以说皆具其中。事实上,中国古代以后的官修史书,均以《史记》为范本。《全球通史》的作者斯塔夫里阿诺斯认为:"后来的中国史学家对司马迁都很推崇,照搬他的方法。所以中国绵延几千年的编年史工作留下了其他任何国家都望尘莫及的大量史料。"[①]

"立言"需要一种献身精神,又岂止体现在司马迁的《史记》中。中国古代文化史曾留下如下的记载:《易经》从伏羲开始,经周文王至孔子才得以成书;左丘明几乎耗尽一生的光阴编成《左传》《国语》;司马光主编的总结历代治国理政之得失的《资治通鉴》历时十九年始成;李时珍及儿子李建中为编写《本草纲目》三易其稿费时二十七年之久;曹雪芹十年心血始成中国古代长篇小说的巅峰之作《红楼梦》;中国历史上规模最大的丛书《四库全书》的编纂过程更是异常艰辛,由纪昀等360多位学者编纂,3800多人抄写,共历时十三年才告成书。我们可以想象,这需要多么非凡的毅力与勇气才能够达成目的。但也唯其因为有了这种对"立言"坚定执着的献身精神,才使"立言"者们有限的生命获得了不朽的价值。重要的还在于,中华文明之所以成为世界上唯一从未中断的文明,它绵亘古今传承不息,与古往今来无数的士人先哲在"立言"层面的献身有着内在的关联性。

值得一提的是,以司马迁为杰出代表的士大夫们在立言的献身方面是有着清晰而自觉的使命意识支撑的。用司马迁的话说就是:"究天人之际,通古今之变,成一家之言"(《史记·太史公自序》)。这显然已超越了单纯的以史为鉴的视阈,提出了用社会发展的观点来探索社会历史变化原因的可贵思想。事实上,这也正是自古以来士人先哲们之所以在立言方面矢志不渝、笃行不怠的宗旨之所在。故北宋的张载也以"为天地立心,为生民立命,为往圣继绝学,为万世开太平"(《横渠语录》)表达了相类似的立场。

继承与弘扬古代士人先哲"立言"层面的献身精神,对现时代的中国而言同样意义深远。作为中国式现代化的重要组成部分,党中央提出了2035年建成文化强国的战略目标。这就要求我们在坚持马克思主义这一根本指导思想的前提下,植根博大精深的中华文化沃土,在积极回应时代之问、人民之问、世界之问的过程中,不断发展好具有强大思想引领力、精神凝聚力、价值感召力、

---

① 斯塔夫里阿诺斯:《全球通史:从史前史到21世纪》(第7版)(修订版)(上卷),吴象婴等译,北京大学出版社2005年版,第167页。

国际影响力的新时代中国特色社会主义文化,从而构筑起中华民族伟大复兴的强大文化根基。这势必要求我们以一种时不我待的献身精神,做好新时代的立言工作,努力发挥好文化塑人格、养心志、育情操的作用,从而涵养起全民族昂扬奋发的精神气质。

诗人艾青曾以感人的语言如此歌颂过平凡中依然执着的献身精神:"即使我们是一支蜡烛,也应该蜡烛成灰泪始干。即使我们只是一根火柴,也要在关键时刻有一次闪耀。即使我们在死后尸骨都腐烂了,也要变成磷火在荒野中燃烧。"(《光的赞歌》)这就是诗人眼中的献身之美。拥有这样献身精神的"我"一定是不朽的。因为在这个或立德、或立功、或立言、或兼而有之的献身中呈现出来的正是一种对"他者"责任的自觉担当,并因为这一对"他者"的献身而永远地活在了历史的记忆中。而这既是生死之辩中对死亡的一种真善美超越,同时也是人我之辩中"我"之生命的最圆满结局。当然,它也是我们全书探讨人我之辩这一话题的学理进路与实践逻辑的终极境界。

四、小　结

英国著名学者汤因比与日本的池田大作于二十世纪七十年代有过几次以"展望二十一世纪"为主题的学术对话。他们梳理了新世纪必须予以解决的很多问题,并给出了他们的解决方案。然而,在提及东西方文化均无法回避的生死问题时却显得有些无奈,甚至流露出无解的情绪。比如,在论及灵魂不灭的问题时,汤因比说:"'灵魂不灭'说和'再生'说,都找不到足以说服人的根据。同样,我所相信的有'终极的精神之存在',也找不到有说服力的证据。"对此,池田大作表示认同:"的确,人的知识有限。……关于人的生命本质的定义,都只好用'假说'来说明。"①

无独有偶,当代作家史铁生也曾经发表过类似的看法:"灵魂不死,是一个既没有被证实,也没有被证伪的猜想。而且,这猜想只可能被证实,不太可能被证伪。怎样证伪呢?除非灵魂从另一个世界里跳出来告密。"②这是作者写在被授予"2002 年度华语文学传媒大奖年度杰出成就奖"作品《病隙碎笔》中

---

① 汤因比、池田大作:《展望二十一世纪——汤因比与池田大作对话录》,荀春生等译,国际文化出版公司 1999 年版,第 318 页。

② 史铁生:《病隙碎笔》,陕西师范大学出版社 2003 年版,第 22 页。

的一段文字。身患绝症却著述不已的史铁生，在当代作家中对生死问题的体验、写作与思考一直颇受世人推崇。比如，华语文学传媒大奖的授奖词曾这样评价道：史铁生一如既往地思考着生与死等重大问题，并解答了"我"如何在场、如何活出意义来这些普遍性的精神难题。① 可即便如此，面对灵魂不灭或不死的问题，史铁生终究也流露出了与汤因比及池田大作相类似的感慨。

正是人类认知视阈里亘古存在这一精神难题，反衬了中国古代哲人的大智慧。这个智慧的绝妙与精到之处在于：一方面对诸如灵魂不灭或轮回之类的问题存而不论，另一方面则探索出超越肉体有生有灭这一时限的现实路径：不朽。

重要的还在于，生死之辩中古代哲人关于生命通过"践形"而使自己走向不朽的学说，对中华民族的历史显然产生了极为积极而深远的影响。中华民族史上那些至今英名永存的人，比如老子、孔子、屈原、司马迁、李白、杜甫、苏轼、文天祥、李世民、成吉思汗以及严复、康有为、孙中山、毛泽东等人，无不是以其独特的创造和不懈的奋斗精神，或立德、或立功、或立言、或兼而有之，而使自己的生命永垂不朽的。中国古代哲学这一通过"践形"而走向不朽、因而从不追求虚无的灵魂不灭或轮回的生死观至今仍有其不可取代的世界观和方法论意义。在以文化人、以文育人的现实语境下，它可以激励我们在新时代为中华民族伟大复兴这一中国梦的实现而励精图治，艰苦奋斗。毫无疑问，当今中国需要这样的时代精神。因为置身在今天这样一个以中国式现代化谋求中华民族伟大复兴的时代，尤其需要倡导立德、立功、立言或兼而有之从而使自我人生走向不朽。倘若我们没有这样的行动哲学，所谓中华民族的伟大复兴就只能是一句空话。

对生死问题，明代哲人罗伦曾有过如下一番议论："生而必死，圣贤无异于众人也。死而不亡，与天地并久，日月并明，其惟圣贤乎。"（《一峰文集》）诚哉斯言。以人我之辩而论，"我"之生命的躯体必定无法永存，但这个无法永存的生命在追求为"他者"而献身的崇高理想过程中，通过立德、立功、立言而使其精神之"我"走向不朽和永恒。这正是中国人耳熟能详的成语"永垂不朽"所表达的生命境界。

人的生命旅途无论多么遥远，迟早总有一天会走到尽头。在现实生活中

---

① 授奖词的全文较长，读者可参见史铁生的《病隙碎笔》（陕西师范大学出版社 2003 年版）一书的封底。

我们常可发现,许多人只是非常恐怖而无奈地等待死亡的来临,而不愿以生命的创造、抗争和献身去实现自己人生的不朽价值。这是人生一种与真、善、美相违背的不幸。事实上,一个人生命的价值不是以生命的时限来衡量的,而是以他为这个世界留下过什么有价值的东西来评判的。由此,如果我们能以自己对真善美理想的追求和创造,而使自我的生命永远活在别人的心中,那么我们可以幸福而自豪地说:我超越了死亡,走向了不朽。我们人生的价值也就在其中获得至真、至善和至美的实现。与此同时,我们中的每一个"我"在对"他者"践行向善的追求也就在这里画上了最后也是最圆满的句号。

可见,就人我之辩与生死之辩而论,当"我"的身之躯因为献身"他者"及诸多"他者"集合而成的家、国、天下而走向永恒,那无疑意味着我们已然超越了死亡,从而为宝贵却有时限的生命历程画上了最真、最善、最美的句号。

这正是我们以"时代之问"为导向,探究、激活并创新古代生死之辩中以立德、立功、立言的"践形"而实现"不朽"这一优秀传统文化,并发掘其在人我之辩中对"他者"伦理境遇实现之终极作用的现实意义之所在。

结束语

　　对于传统文化的现代意义问题，人类学家早就提出过这样的观点:传统文化是保存先人的成就,并使继起的后代适应社会的一种既定存在形态;若没有传统文化,现代人决不会比类人猿更高明,因为正是"文化传统深深地改变人类的先天赋予"①。这也就是说,生物学意义上的遗传最多只能使我们在生理构造方面比类人猿更精细一些,唯有传统文化的世代承袭才使我们改变或升华了先天赋予的动物性(天性)而成为了真正的人。可见,从最一般的意义上讲,传统文化对现代人不可能没有意义,它既是我们赖以生存和发展的理性指引,更是我们现代人征诸过去,印证现在,指向未来的一种智慧积淀。

　　传统文化的这种作用,联合国教科文组织的一项专题研究得出的数据也印证了这一点。课题组的相关专家发现,相比于经济、政治(其影响因子各为10%)而言,历史与文化对一个国家民众的价值观生成和民族自豪感产生更为深远的影响(其影响因子为24%～30%)。② 正是由此,我们可以肯定地说,塑造与中国式现代化相匹配的精神气质、价值共识与民族信仰固然有诸多的路径,但传统文化的继承与创新应该被认为是最重要的途径。

　　众所周知的是,从世界文明与文化史的范围来考察,我们可以发现,中华传统文化在1840年的鸦片战争之前一直是令人神往的。如果说罗马帝国时代中国文化仅以物态——丝绸的形式影响西方的话,那么,到了17—18世纪

---

　　① 马林诺夫斯基:《文化论》,费孝通译,华夏出版社2002年版,第99页。
　　② 联合国教科文组织:《世界文化报告2000:文化的多样性、冲突与多元共存》,关世杰等译,北京大学出版社2002年版,第233—234页。

在欧洲出现的"中国热"则表明西方人对中国的以儒家道德观念为主要形态的文化已然产生了浓厚的兴趣。德国哲学家莱布尼茨的《中国近事》(1697),法国哲学家伏尔泰的《风俗论》(1756)以及法国经济学家和重农学派的创始人魁奈的《中华帝国的专制制度》(1767)等一系列著作相继出版。在这些著作里,中国被描绘成了一个物产丰富,经济发达,君主贤明,官员睿智,制度优越,社会文明有序,一个有哲人气质的皇帝及一批主要通过文官考试选拔出来的官员管理的国家。德国启蒙哲学家沃尔夫在他1721年在德国哈勒大学的《论中国人的实践哲学》的演讲和他1728年在德国马堡大学的《哲人王与哲人政治》的演讲中,更是将中国的文化推崇为人类文明的极致,把中国文化背景下产生的政体夸奖为世界上最优秀的政体。在法国的思想启蒙运动中,伏尔泰等人则高举孔子人道思想的大旗,用以反对宗教神权、反对封建王权。他们对中国崇尚理性的道德观念深为推崇,他们纷纷著文呼吁欧洲各国政府必须以中国为范本。在这一时期,中国古代的道德理性甚至由此而成为法国启蒙思想的一个重要理论武器。①

哈佛大学的杜维明教授曾经这样评论说:"18世纪欧洲启蒙的倡导者像伏尔泰、莱布尼兹、魁奈都很敬重儒家传统,……这种以人文理性为内核的中华文化为西欧知识界提供了自我反思的借鉴和批判的助缘,这是无可争议的。"②杜维明在这里特别予以强调的中华传统文化中的"人文理性",的确既为启蒙学者批判中世纪以来的神学之虚幻性与神秘性提供了理性的依据,也为后来西方思想界扬弃科学主义思潮与工具理性的弊端提供了人文主义的立场。可见,以儒家为代表的中华传统文化可谓功莫大焉。

然而,同样众所周知的是,以1840年的鸦片战争为历史节点,中华传统文化受到了西方文化的强烈撞击。尽管我们今天可以很轻松地说:"没有撞击的文化是不幸的文化。这一点已为许多人类学家、科学史家、语言学家、文学艺术史家所再三阐述。"③但毋庸讳言的是,面对着西方文化创造的坚船利炮的撞击,我们的传统文化的确呈现出了无法与之抗衡的无奈与落寞。这一时期的古今、中西之争铭记下了太多对传统文化的无奈与落寞的痛苦记忆。

正是在这一历史语境下,近代中国开始了救亡图存的艰难征程。这是一个被近代史家称为"百年蹒跚"的苦难时期:"中国为了适应新的世界,从内部

① 周宁:《天朝遥远》(上卷),北京大学出版社2006年版,第171-177页。
② 杜维明:《儒家传统与文明对话》,彭国翔编译,人民出版社2010年版,第170页。
③ 陈平原:《在东西方文化碰撞中》,浙江文艺出版社1987年版,自序。

检讨与反省、从外面学习与模仿，中国的文明竟致撕裂、扯碎。"①这是近代中国向现代中国转变注定要经历血与火之洗礼的历史必然性。就传统文化而言，更是遭遇了能否凤凰涅槃的严峻考验。传统文化是"生存，还是毁灭"，堪称是那个时代中国版的"哈姆雷特之问"。

> 晚清遭遇的"三千年未有之大变局"（李鸿章语），使中华民族蒙难、古老文明蒙尘。这就正如有学者指出的那样："我们是以古老文明蒙尘为代价走向现代化的""被倒逼的现代化一开始可以说完全是外源性的，在相当长的时间内就直接体现为不同层面、不同程度的西方化。"②在意识形态与思想文化层面出现的西方化倾向的一个重要呈现，就是在人我之辩中对传统文化中推崇的诸如家国情怀、利他主义的质疑，与此同时则是对西方个人主义、合理利己主义人生观与价值观的信奉。

幸运的是，在五四新文化运动中登上历史舞台的中国共产党人，以中华优秀传统文化的忠实继承者和弘扬者的历史角色超越了那个时代的西化论与复古主义的藩篱，在马克思主义的世界观与方法论引领下形成了对待传统文化的科学、理性且辩证立场。比如，李大钊就很明确地提出："东洋文明与西洋文明，实为世界进步之二大机轴，正如车之两轮、鸟之双翼，缺一不可。而此二大精神之自身，又必须时时调和，时时融会，以创造新生命，而演进于无疆。"③如果说李大钊这一对待传统文化的态度还只是共产党人传统文化观之滥觞的话，那么毛泽东在《新民主主义论》中提出的"中国现时的新文化也是从古代的旧文化发展而来，因此，我们必须尊重自己的历史，决不能割断历史"④的论断就是中国共产党人传统文化观的科学表述。事实上，以毛泽东为杰出代表的中国共产党人以"古为今用"为宗旨，采取"取其精华，去其糟粕"的辩证态度已然使得古老的中华传统文化得以焕发出新的时代风采。

进入新时代的中国共产党人，更是立足于文化自觉与文化自信的立场，将中华传统文化的传承与创新推进到新的高度。自 2017 年中共中央办公厅、国务院办公厅联合印发《关于实施中华优秀传统文化传承发展工程的意见》，明

---

① 许倬云：《万古江河：中国历史文化的转折与开展》，湖南人民出版社 2020 年版，第 471 页。
② 沈湘平：《中国式现代化的传统文化根基》，江苏人民出版社 2024 年版，第 245 页、第 5 页。
③ 《李大钊全集》（第二卷），人民出版社 2013 年版，第 311 页。
④ 《毛泽东选集》（第二卷），人民出版社 1991 年版，第 708 页。

确规划要在 2025 年建成中华优秀传统文化传承体系,到党的二十大报告从指导思想的高度提出将马克思主义基本原理同中华优秀传统文化相结合,从而开辟马克思主义中国化时代化新境界的要求,为中国式现代化的推进奠定了清晰的意识形态指引与厚实的思想文化基础。

值得一提的是,"东学西渐"的中华传统文化对全球化语境下的世界性意义也不断呈现。在这方面许多西方著名学者曾发表过诸多对中华古老文明与文化的认同观点。比如,汤因比与池田大作对话时就曾经这样说过:如果允许他自由选择时间和国度的话,他说希望自己能成为公元 1 世纪的中国人。[①]值得一提的是,这位历史学家不仅认为中国古代文化是美好的,而且认为在世界的未来中国古代文化将进一步做出积极的贡献。他发现中华传统文化遗产中蕴含着一种无与伦比的伟大力量,这就是中华民族的世界精神,它包括儒学世界观中的人道主义思想、道教顺其自然的道德观等。由此,汤因比甚至断言:"将来统一世界的,大概不是西欧国家,也不是西欧化的国家,而是中国。并且正因为中国有担任这样的未来政治任务的征兆,所以今天中国在世界才有令人惊叹的威望。"[②]

其实,西方世界对中华传统文化的称羡与向往绝不仅仅是个别思想家的个人兴趣之所在,而是有其内在的历史必然性。众所周知,尽管在人类发展史上工业文明是在农业文明以后出现的,因此就总体而言工业文明要较农业文明更为进步;但工业文明本身也并非尽善尽美,而是自有其弊病和缺陷。特别是在一些工业文明高度发达的国家里,这些弊病与缺陷已日益凸显和充分地暴露出来,并积聚成了所谓的"现代性困境"。正是有缘于此,西方的学者在展望和设计"后工业社会"的时候,往往针对这些弊病与缺陷,不由自主地会从"前工业社会"的农业文明特别是以中华传统文化为主要代表形态的"东方文明"中去寻找智慧的启迪。

> 西方文化呈现出的弊端,就人我之辩这一具体的论域而论,最显而易见的就是借助工业文明与发达的科技手段,尤其是诸如航母集群、洲际导弹、核武器之类的打击能力对"他者"及其"他国""他民族"奉行丛林法则

---

① 汤因比、池田大作:《展望 21 世纪——汤因比与池田大作对话录》苟春生等译,国际文化出版公司 1999 年版,中文版序言。

② 汤因比、池田大作:《展望 21 世纪——汤因比与池田大作对话录》苟春生等译,国际文化出版公司 1999 年版,第 289 页。

而导致的危害。正是基于这一点，钱穆先生当年曾经这样预言道："惟有复兴中国民族文化的自信，然后可以复兴中国之民族。也惟中国文化之复兴，然后世界人类才能得其真正的和平。"①的确，我们有理由期待中华优秀传统文化可以为因丛林法则盛行，"恃强凌弱、巧取豪夺、零和博弈等霸权霸道霸凌行径危害深重，和平赤字、发展赤字、安全赤字、治理赤字加重"②的世界，提供解决问题的中国智慧、中国方案、中国力量。

如果说 19 世纪是以英国为代表的欧洲时代，20 世纪是以美国为代表的美洲时代，那么 21 世纪就是以中国为代表的亚洲时代。这就意味着 21 世纪为我们谋求中华民族伟大复兴提供了绝佳的时代条件与发展机遇。对中华民族的复兴而言，这可谓是百年未遇之机遇。这个复兴理所当然地内涵了我们中华民族文化的伟大复兴。由此，努力寻求中华民族的优秀传统文化与当代社会发展的契合点，发掘与揭示优秀传统文化所内蕴的当代价值与马克思主义基本原理相契合之处，并以此来培育和弘扬中华民族精神，从而为中国式现代化的推进提供不竭的精神动力，将是一项具有深远战略意义的课题。我们有理由相信，中国人民能够在新时代出色地完成这一时代的课题，从而迎来中华民族伟大复兴这一神圣时刻的到来。

我们在本书中通过对人我之辩传统对中国式现代化启迪所做的学理探究与实践探寻，如果能为这个中华民族伟大复兴的东方之潮增添一朵靓丽的浪花，那就乐莫大焉。

① 钱穆：《国学概论》，商务印书馆 1997 年版，第 360-361 页。
② 《党的二十大文件汇编》，党建读物出版社 2022 年版，第 45 页。

主要参考文献

马克思：《1844年经济学哲学手稿》（单行本），中共中央马克思恩格斯列宁斯大林著作编译局译，人民出版社2014年版

马克思、恩格斯：《共产党宣言》（单行本），中共中央马克思恩格斯列宁斯大林著作编译局译，人民出版社2014年版

毛泽东：《新民主主义论》，载《毛泽东选集》（第二卷），人民出版社1991年版

《毛泽东自述》（增订本），人民出版社1996年版

周溯源：《毛泽东评点古今人物续集》（上卷），红旗出版社1999年版

《党的十九大文件汇编》，党建读物出版社2017年版

《党的二十大文件汇编》，党建读物出版社2022年版

冯友兰：《中国哲学简史》，涂又光译，北京大学出版社2013年版

冯友兰：《三松堂全集》（第十四卷），河南人民出版社2001年版

张岱年：《中国哲学大纲》，中国社会科学出版社1982年版

张岱年：《中国伦理思想研究》，上海人民出版社1989年版

辜鸿铭：《中国人的精神》，黄兴涛等译，中国人民大学出版社2023年版

林语堂：《中国哲人的智慧》，中国广播电视出版社1991年版

钱穆：《国学概论》，商务印书馆1997年版

汤用彤：《理学·佛学·玄学》，北京大学出版社1991年版

冯契：《中国古代哲学的逻辑发展》（上），《冯契文集》（增订版）（第四卷），华东师范大学出版社2016年版

冯契：《中国古代哲学的逻辑发展》（下），《冯契文集》（增订版）（第六卷），华东师范大学出版社 2016 年版

冯契：《中国近代哲学的革命进程》，《冯契文集》（增订版）（第七卷），华东师范大学出版社 2016 年版

李泽厚：《中国古代思想史论》，人民出版社 1985 年版

李泽厚：《论语今读》，生活·读书·新知三联书店 2004 年版

张立文：《和合学与文化创新》，人民出版社 2020 年版

张绪通：《黄老智慧》，人民出版社 2005 年版

刘东：《国学的当代性》，中华书局 2019 年版

杨国荣：《哲学：思向何方》，中国社会科学出版社 2019 年版

陈来：《中国哲学的现代视野》，中华书局 2023 年版

陈来：《有无之境——王阳明哲学的精神》，人民出版社 1991 年版

杨念群：《问道：一部全新的中国思想史》，重庆出版社 2024 年版

万斌等主编：《马克思主义视阈下的当代西方社会思潮》，浙江大学出版社 2006 年版

成龙：《东方文化中的"我"与"他"——中国哲学对主体间关系的构建》，中国社会科学出版社 2015 年版

许倬云：《万古江河：中国历史文化的转折与开展》，湖南人民出版社 2020 年版

姜义华编：《中国现代思想史资料简编》（第一、二、三卷），浙江人民出版社 1983 年版

沈湘平：《中国式现代化的传统文化根基》，江苏人民出版社 2024 年版

程裕祯：《中国文化要略》（第 3 版），外语教学与研究出版社 2011 年版

夏海：《国学要义》，中华书局 2020 年版

黄寅：《传统文化与民族精神：源流、特质及现代意义》，当代中国出版社 2005 年版

黄寅：《诸子经典散论》，中国言实出版社 2007 年版

黄寅等：《要有钱也要有人性》，湖南人民出版社 2010 年版

朱晓虹等：《传统伦理文化的现代性研究》，浙江大学出版社 2019 年版

朱晓虹：《文化批判理论视阈下的中国传统文化现代意义研究》，浙江大学出版社 2023 年版

韩文庆：《四书悟义》，中国文史出版社 2014 年版

李波等主编:《中国古代文化简论》,中国文联出版社 2001 年版

吴金水等:《历史的选择与选择的历史》,浙江大学出版社 1992 年版

姜林祥:《儒学在国外的传播与影响》,齐鲁书社 2004 年版

周辅成编:《西方伦理学名著选辑》(上卷),商务印书馆 1987 年版

周辅成编:《西方伦理学名著选辑》(下卷),商务印书馆 1987 年版

季塔连柯主编:《马克思主义伦理学》,黄其才等译,中国人民大学出版社 1984 年版

埃德加·斯诺的《漫长的革命》,伍协力译,香港南粤出版社 1973 年版

斯图尔特·施拉姆:《毛泽东的思想》,"国外研究毛泽东思想资料选辑"编辑组译,中央文献出版社 1990 年版

利玛窦:《利玛窦中国札记》,何高济等译,中华书局 1983 年版

叔本华:《爱与生的苦恼》,陈晓南译,中国和平出版社 1986 年版

叔本华:《叔本华人生哲学》,李成铭等译,九州出版社 2003 年版

尼采:《尼采生存哲学》,杨恒达等译,九州出版社 2003 年版

尼采:《瞧！这个人——尼采自传》,刘琦译,中国和平出版社 1986 年版

弗洛伊德:《弗洛伊德心理哲学》,杨韶刚等译,九州出版社 2003 年版

道金斯:《自私的基因》,卢允中译,吉林人民出版社 1998 年版

汤因比、池田大作:《展望二十一世纪——汤因比与池田大作对话录》,荀春生等译,国际文化出版公司 1999 年版

马林诺夫斯基:《文化论》,费孝通译,华夏出版社 2002 年版

罗素:《西方哲学史》(下卷),马元德译,商务印书馆 1982 年版

罗素:《罗素论中西文化》,杨发庭等译,北京出版社 2010 年版

罗素:《中国问题》,秦悦译,学林出版社 1996 年版

英格尔斯:《人的现代化——心理·思想·态度·行为》,殷陆君译,四川人民出版社 1985 年版

费正清:《中国——传统与变迁》,张沛等译,世界知识出版社 2002 年版

马尔库塞:《单向度的人》,刘继译,上海译文出版社 2014 年版

埃里希·弗洛姆:《健全的社会》,孙恺祥译,上海译文出版社 2011 年版

彼得·J.多尔蒂:《谁害怕亚当·斯密——市场经济如何兼顾道德》,葛扬等译,南京大学出版社 2009 年版

吉尔伯特·罗兹曼:《中国的现代化》,国家社会科学基金"比较现代化"课题组译,江苏人民出版社 2010 年版

后　记

　　作为学校马克思主义理论和中国特色社会主义研究与建设工程"中华优秀传统文化专项"课题——"古代人我合一之道对中国式现代化道路的当代启迪"的最终成果,我和我的学术团队花了近3年的时间终于完成了这项工作。

　　书稿得以完成,首先要感谢我的两位合作者:苏程与孙嘉阳。没有她们的努力,本书不可能完成。事实上,我对本书的贡献仅在于提供了写作的思路,并据此写了引论这一章,主要阐释了本书的写作主旨与逻辑框架。余下的所有工作量均是浙江大学马克思主义学院2023级博士生、温州医科大学马克思主义学院讲师苏程与首都师范大学政法学院哲学系博士后孙嘉阳完成的。她俩的具体分工如下:第一、二、三、四、五章及结束语由苏程完成,第六、七、八、九章由孙嘉阳完成。本书的署名顺序真实地反映了我和我的合作者对本书贡献的大小。当然,为了尽可能使叙事逻辑与语言风格保持一致,在初稿出来后由我完成最后的统稿工作。

　　书稿写作方面还必须要致谢曾经在浙江大学马克思主义学院就读的朱晓虹(丽水学院马克思主义学院副教授)、周玲俐(丽水职业技术学院马克思主义学院讲师)、官依群(中华人民共和国外交部)、鲍铭烨(浙江台州市发改委)以及浙江大学马克思主义学院在读研究生周有强、潘睿等人。他们作为我学术团队的重要成员,为本书慷慨授权或提供了许多颇有新意的学术观点及诸多的文献资料。可以毫不夸张地说,没有他们的贡献本书也是不可能完成的。

　　那日在校园里不期而遇先我几年退休的余潇枫教授。闲聊之际,这位工科出身却成为文科大咖的他用六个字概括其一生:读书—教书—写书。佩服其简洁精妙之余便想,我的人生又何尝不是这样呢?

唯愿我和我的合作者倾力完成的这部著述,能让读者诸君开卷有益。尤其期待本书所做的学理梳理与实践探寻,能够为涵养与中国式现代化相匹配的民族精神气质与人格品性尽到绵薄之力。因为我们深知,中国式现代化是我们实现中华民族伟大复兴的必由之路。

张应杭

2024 年 12 月 30 日于浙大紫金港成均苑 2 栋 410 室